化学工业出版社“十五五”普通高等教育规划教材

高等学校电气类专业系列教材

普通高等教育教材

电气制图与识图

第三版

张大鹏　张　宪　主编

何宇斌　赵慧敏　副主编

化学工业出版社

·北京·

内容简介

本书对各类电气设备的电气制图与识图方法进行了具体分析。通过对电气图的识读、分析，读者能深入了解电气设备的工作过程及制图原理，从而更好地操作与维护设备，并在发生故障时快速定位问题根源，及时进行修复。

本书共分十一章，内容包括常用电气图形符号、电气制图的一般规则、电气图的基本知识、电气图和连接线的表示方法、工厂供电系统电气图、建筑电气工程图、继电器-接触器控制线路、常用电气控制电路图、电路图、电子电路图、逻辑功能图等。

本书可作为本科与职业院校电气相关专业的教学用书，亦可供电气技术人员参考和具有一定电工知识的电气爱好者自学。

图书在版编目（CIP）数据

电气制图与识图 / 张大鹏，张宪主编. -- 3 版.
北京 ：化学工业出版社，2026. 3. --（高等学校电气类专业系列教材）（普通高等教育教材）. -- ISBN 978-7-122-49942-4

Ⅰ. TM02

中国国家版本馆 CIP 数据核字第 2026DP5827 号

责任编辑：葛瑞祎　刘　哲　　　文字编辑：赵子杰　李亚楠
责任校对：宋　夏　　　　　　　装帧设计：张　辉

出版发行：化学工业出版社
（北京市东城区青年湖南街 13 号　邮政编码 100011）
印　　装：三河市航远印刷有限公司
787mm×1092mm　1/16　印张 15¼　字数 376 千字
2026 年 4 月北京第 3 版第 1 次印刷

购书咨询：010-64518888　　　　售后服务：010-64518899
网　　址：http://www.cip.com.cn
凡购买本书，如有缺损质量问题，本社销售中心负责调换。

定　　价：49.00 元

第三版前言

随着我国工农业生产的迅速发展，各种电气设备逐渐增加，各种电子电路越来越复杂，技术含量也越来越高，看图的难度也越来越大。

电气图形是电气技术人员和电工进行技术交流和生产活动的“语言”，是电气技术中应用最广泛的技术资料，是设计、生产、维修人员进行技术交流不可缺少的手段。对电气图的识读、分析，能帮助人们了解电气设备的工作过程及原理，从而更好地使用、维护这些设备，并在故障出现的时候能够迅速查找出故障的根源，进行维修。

本书是在第二版的基础上进行修订的，每章新增了学习目标和复习思考题，素质目标贯穿其中。由于近年来《电气简图用图形符号》不断更新，因此增加或更新了相关标准和内容。书中对各类电气设备的电气图做了具体分析，适合作为大学本科与职业院校电气相关专业的教学用书，亦可供电气技术人员参考和具有一定电工知识的电气爱好者自学。

识读电气图应掌握以下三点。

① 结合电工、电子技术基础知识识读电气图。要想准确、迅速地看懂电气图，必须具备一定的电气制图和电工、电子技术基础知识。

② 结合电气元件的结构和工作原理识读电气图。电路是由各种电气设备、元器件和装置组成的，如生产实际中常见的继电器、接触器、按钮等有触点电器组成的控制线路。因此，只有熟悉这些有触点电器的结构、工作原理、用途、与周围器件的关系，以及在整个电路中的地位和作用，才能正确识读继电器-接触器控制线路图。

③ 结合典型电路识读电气图。无论多复杂的电路，都是由典型电路组合或派生的，因此，熟悉各种典型电路，便能在识读分析时迅速分清主次以及它们之间的联系，抓住主要矛盾，从而达到正确识图的目的。

本书共分十一章，内容包括常用电气图形符号、电气制图的一般规则、电气图的基本知识、电气图和连接线的表示方法、工厂供电系统电气图、建筑电气工程图、继电器-接触器控制线路、常用电气控制电路图、电路图、电子电路图、逻辑功能图等。

本书从生产实际出发，从制图与识图的基础知识讲起，逐步深入地介绍看电气图的方法和步骤，内容力求深入浅出，通俗易懂，突出实用性，兼顾覆盖面，并注意培养读者分析问题和解决问题的能力，可供电气设备维修时参考。

本书由张大鹏、张宪担任主编，何宇斌、赵慧敏担任副主编，参加本书再版编写工作的还有何洪波、郝茂森、辛周、高静、阎阔、于梦陆、韩凯鸽等，全书由刘民杰、郭振武担任主审。

在编写本书时，参考了一些成功经验和资料，谨在此向相关作者表示诚挚的谢意。同时，鉴于实践经验和学识水平有限，书中缺点和不妥之处在所难免，恳请广大读者批评指正。

编　者

目录

第一章

常用电气图形符号

[学习目标]

① 掌握 GB/T 4728.1～13[1]《电气简图用图形符号》的最新标准及规范，严格遵守国家标准的有关规定。

② 熟悉电气图用文字符号的国家标准。

③ 理解常用电气简图用图形符号国家标准和部分新旧电路图形符号对照。

④ 掌握最新国家标准 GB/T 5465.2—2023《电气设备用图形符号 第 2 部分：图形符号》。

⑤ 培养严谨执行国家标准的自觉意识，以及由此产生的民族自信心与行业使命感。

电路图中的元器件、装置、线路及其他安装方法等，是按简图形式绘制的。在一般情况下都借用图形符号、文字符号来表达。这些符号就像电气工程语言中的“词汇”。在阅读电路图时，首先要了解和熟悉这些符号的形式、内容、含义以及它们之间的相互关系。

电子元器件的符号是各种实际元器件的代表，熟记电子元器件符号才能知道电路的组成，进而分析电路的功能，而了解电子元器件的外部特征是了解电路特定功能的基础。国家对电子元器件的符号都有统一的规定，例如国家市场监督管理总局和国家标准化管理委员会自 2018～2022 年先后发布的新的国家标准《电气简图用图形符号》GB/T 4728.1～13。《电气简图用图形符号》分为 13 个部分，列举如下。

GB/T 4728.1—2018 《电气简图用图形符号 第 1 部分：一般要求》；

GB/T 4728.2—2018 《电气简图用图形符号 第 2 部分：符号要素、限定符号和其他常用符号》；

GB/T 4728.3—2018 《电气简图用图形符号 第 3 部分：导体和连接件》；

GB/T 4728.4—2018 《电气简图用图形符号 第 4 部分：基本无源元件》；

GB/T 4728.5—2018 《电气简图用图形符号 第 5 部分：半导体管和电子管》；

[1] “GB/T”是推荐性国家标准的标准代号。

GB/T 4728.6—2022《电气简图用图形符号 第 6 部分：电能的发生与转换》；
GB/T 4728.7—2022《电气简图用图形符号 第 7 部分：开关、控制和保护器件》；
GB/T 4728.8—2022《电气简图用图形符号 第 8 部分：测量仪表、灯和信号器件》；
GB/T 4728.9—2022《电气简图用图形符号 第 9 部分：电信：交换和外围设备》；
GB/T 4728.10—2022《电气简图用图形符号 第 10 部分：电信：传输》；
GB/T 4728.11—2022《电气简图用图形符号 第 11 部分：建筑安装平面布置图》；
GB/T 4728.12—2022《电气简图用图形符号 第 12 部分：二进制逻辑元件》；
GB/T 4728.13—2022《电气简图用图形符号 第 13 部分：模拟元件》。

实际电路中的电子元器件虽然很多，但常见的是电阻、电容、电感、二极管、三极管、集成电路等，这些符号必须熟记。

在电路原理图中还标有文字符号，它一般标示在电子元器件的旁边。文字符号有两种，一种表示电子设备、装置和元器件的名称、功能、状态和特征；另一种表示元器件的型号及规格。

不同的电子元器件在电路中的作用是不同的。如最常用的电子元器件电阻是耗能元件，在电路中起限流及分压的作用；电容的基本特性是存储电荷，在电路中起隔直流、通交流的作用；电感与电容相反，直流容易通过，而对交流有阻碍作用，各种变压器、继电器、扬声器等都离不开电感线圈。

第一节 电路图常用文字符号

文字符号适用于电气技术领域中技术文件的编制，用以标明电子设备、装置和元器件的名称及电路的功能、状态和特征。

根据我国公布的电气图用文字符号的国家标准 GB/T 7159（部分由新标准 GB/T 20939 替代）规定，文字符号采用大写正体的拉丁字母，分为基本文字符号和辅助文字符号两类。基本文字符号分为单字母和双字母两种。单字母符号按拉丁字母顺序将各种电子设备、装置和元器件分为 23 大类，每大类用一个专用单字母符号表示，如“R”表示电阻器类、“C”表示电容器类等，单字母符号应优先采用。

双字母符号由一个表示种类的单字母符号与另一个字母组成，其组合形式应为单字母符号在前，另一个字母在后，如“TG”表示电源变压器，“T”为变压器单字母符号。只有在单字母符号不能满足要求，需要将某大类进一步划分时，才采用双字母符号，以便较详细和具体地表示电子设备、装置和元器件等。各类常用基本文字符号如表 1-1 所示。

表 1-1 电气设备常用基本文字符号

设备、装置和元器件种类	举例	基本文字符号	
		单字母	双字母
组件部件	分离元件放大器、激光器、调节器	A	
	本表其他地方未提及的组件、部件		
	电桥		AB
	晶体管放大器		AD
组件部件	集成电路放大器	A	AJ
	磁放大器		AM
	电子管放大器		AV
	印制电路板		AP
	抽屉柜		AT
	支架盘		AR

续表

设备、装置和元器件种类	举例	基本文字符号	
		单字母	双字母
非电量到电量变换器或电量到非电量变换器	热电传感器、热电池、光电池、测功计、晶体换能器、送话器、拾音器、扬声器、耳机、自整角机、旋转变压器、变换器或传感器(用作指示和测量)	B	
	压力变换器		BP
	位置变换器		BQ
	旋转变换器(测速发电机)		BR
	温度变换器		BT
	速度变换器		BV
电容器	电容器	C	
二进制元件、延迟器件、存储器件	数字集成电路和器件、延迟线、双稳态元件、单稳态元件、磁芯存储器、寄存器、磁带记录机、盘式记录机	D	
其他元器件	本表其他地方未规定的器件	E	
	发热器件		EH
	照明灯		EL
	空气调节器		EV
保护器件	过电压放电器件(避雷器)	F	
	具有瞬时动作的限流保护器件		FA
	具有延时动作的限流保护器件		FR
	具有延时和瞬时动作的限流保护器件		FS
	熔断器		FU
	限压保护器件		FV
发生器、发电机、电源	旋转发电机	G	
	振荡器		
	发生器		GS
	同步发电机		GS
	异步发电机		GA
	蓄电池		GB
	旋转式或固定式变频机		GF
信号器	声响指示器	H	HA
	光指示器		HL
	指示灯		HL
继电器、接触器	瞬时接触继电器	K	KA
	瞬时有或无继电器		KA
	交流继电器		KA
	电流继电器		KA
	闭锁接触继电器(机械闭锁或永磁铁式有或无继电器)		KL
	双稳态继电器		KL
	接触器		KM
	极化继电器		KP
	簧片继电器		KR
	延时有或延时无继电器		KT
	逆流继电器		KR
	电压继电器		KV
电感器、电抗器	感应线圈、线路陷波器、电抗器(并联和串联)	L	
电动机	电动机	M	
	同步电动机		MS
	可作发电机或电动机用的电机		MG
	力矩电动机		MT
模拟元件	运算放大器、混合模拟/数字器件	N	
测量设备、试验设备	指示器件、记录器件、积算测量器件、信号发生器	P	
	电流表		PA
	(脉冲)计数器		PC
	电度表		PJ
	记录仪器		PS
	时钟、操作时间表		PT
	电压表		PV

续表

设备、装置和元器件种类	举例	基本文字符号	
		单字母	双字母
电力电路的开关器件	自动开关	Q	QA
	转换开关		QC
	断路器		QF
	刀开关		QK
	负荷开关		QL
	电动机保护开关		QM
	隔离开关		QS
电阻器	电阻器	R	
	变阻器		
	电位器		RP
	测量分路表		RS
	热敏电阻器		RT
	压敏电阻器		RV
控制、记忆、信号电路的开关器件选择器	拨号接触器	S	
	连接级		
	控制开关		SA
	选择开关		SA
	按钮开关		SB
	机电式有或无传感器（单级数字传感器）		
	液体标高传感器		SL
	压力传感器		SP
	位置传感器（包括接近传感器）		SQ
	转速传感器		SR
	温度传感器		ST
变压器	电流互感器	T	TA
	控制电路电源用变压器		TC
	电力变压器		TM
	磁稳压器		TS
	电压互感器		TV
调制器、变换器	鉴频器、解调器、变频器、编码器、变流器、逆变器、整流器、电板译码器	U	
电子管、晶体管	气体放电管	V	
	二极管		VD
	晶体管		VT
	晶闸管		VT
	电子管		VE
	控制电路用电源的整流器		VC
传输通道、波导、天线	导线、电缆、母线、波导、波导定向耦合器、偶极子天线、抛物面天线	W	
端子、插头、插座	连接插头和插座、接线柱、电缆封端和接头、焊接端子板	X	
	连接片		XB
	测试插孔		XJ
	插头		XP
	插座		XS
	端子板		XT
电气操作的机械器件	气阀	Y	
	电磁铁		YA
	电磁制动器		YB
	电磁离合器		YC
	电磁吸盘		YH
	电动阀		YM
	电磁阀		YV
终端设备、混合变压器、滤波器、均衡器、限幅器	电缆平衡网络、压缩扩展器、晶体滤波器、网络	Z	

第二节 常用电气图用图形符号

本节列出了常用电路图用图形符号及文字符号，供使用时查找核对。图形符号符合国家标准《电气简图用图形符号》GB/T 4728。文字符号符合国家标准《技术产品及技术产品文

件结构原则 字母代码 按项目用途和任务划分的主类和子类》GB/T 20939。

一、电压电流及接线元件图形符号

电压、电流及接线元件图形符号见表 1-2。可参照 GB/T 4728.2—2018《电气简图用图形符号 第 2 部分：符号要素、限定符号和其他常用符号》与 GB/T 4728.3—2018《电气简图用图形符号 第 3 部分：导体和连接件》。

表 1-2　电压、电流及接线元件图形符号

图形符号	说明	文字符号	图形符号	说明	文字符号
	直流	DC		故障(用以表示假定故障位置)	
50Hz	交流,50Hz	AC			
	低频(工频或亚音频)			击穿	
	中频(音频)			屏蔽导线	
	高频(超音频、载频或射频)			同轴电缆、同轴对	
			∘	端子	
	交直流			导线的连接	
+	正极			导线的交叉连接	
−	负极			导线的不连接(跨越)	
	按箭头方向单向旋转			插座(内孔)或插座的一个极	
	双向旋转				
	往复运动			插头(凸头)或插头的一个极	
	非电离的电磁辐射(无线电波、可见光等)		或	插头和插座(凸头和内孔)	X
	电离辐射			接地一般符号	E
	正脉冲			接机壳或接底板(功能等电位联结)	
	负脉冲				
	交流脉冲			保护等电位联结	
	锯齿波				

二、无源元件图形符号

无源元件图形符号见表 1-3。可参照 GB/T 4728.4—2018《电气简图用图形符号 第 4 部分：基本无源元件》和 GB/T 4728.6—2022《电气简图用图形符号 第 6 部分：电能的发生与转换》。

表 1-3　无源元件图形符号

图形符号	说明	文字符号	图形符号	说明	文字符号
	电阻器一般符号	R	θ	热敏电阻器(θ 可用 $t°$ 代替)	RT
	可变(调)电阻器	R			
	滑动触点电位器	RP	x	磁敏电阻器	
	带开关滑动触点电位器	RP		光敏电阻器	
U	压敏电阻器(U 可用 V 代替)	RV		0.125W 电阻器	R
				0.25W 电阻器	R

续表

图形符号	说明	文字符号
	0.5W电阻器	R
	1W电阻器(大于1W用数字表示)	R
	熔断电阻器	R
	滑线式变阻器	R
	两个固定抽头的电阻器	R
	加热元件	
	电容器一般符号	C
	极性电容器	C
	可变(调)电容器	C
	预调电容器	C
	热敏极性电容器	C
	压敏极性电容器	C
	双联同调可变电容器	C
	差动可变电容器	C
	电感器、线圈、绕组、扼流圈	L

图形符号	说明	文字符号
	带磁芯、铁芯的电感器	L
	磁芯有间隙的电感器	L
	带磁芯连续可调的电感器	L
	有两个抽头的电感器(可增加或减少抽头数目)	L
	可变电感器	L
	双绕组变压器	T
	示出瞬时电压极性标记的双绕组变压器	T
	电流互感器、脉冲变压器	TA
	绕组间有屏蔽的双绕组变压器	T
	在一个绕组上有中心点抽头的变压器	T
	耦合可变的变压器	T
	单相自耦变压器	T
	可调压的单相自耦变压器	T

三、天线、指示灯等图形符号

天线、指示灯等图形符号见表1-4。可参照GB/T 4728.10—2022《电气简图用图形符号 第10部分：电信：传输》与GB/T 4728.8—2022《电气简图用图形符号 第8部分：测量仪表、灯和信号器件》以及GB/T 4728.9—2022《电气简图用图形符号 第9部分：电信：交换和外围设备》。

表1-4 天线、指示灯等图形符号

图形符号	说明	文字符号
	天线一般符号	W
	环形(框形)天线	W
	磁棒天线(如铁氧体天线)(如不引起混淆,可省去天线一般符号)	W
	偶极子天线	WD*
	折叠偶极子天线	WD*
	无线电台一般符号	
	原电池或蓄电池	GB

图形符号	说明	文字符号
	原电池组或蓄电池组	GB
	灯和信号灯一般符号	H
	闪光型信号灯	HL
	电铃	HA
	电警笛、报警器	HA
	蜂鸣器	HA
	传声器(话筒)一般符号	BM*

续表

图形符号	说明	文字符号	图形符号	说明	文字符号
	扬声器一般符号	BL*	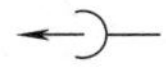	单声道录音磁头	B
	扬声-传声器	B	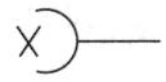	消磁磁头	B
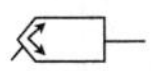	唱针式立体声头	B		双声道录放磁头	B
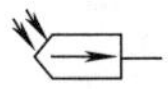	单音光敏播放头	B		具有两个电极的压电晶体	B
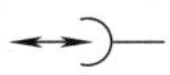	单声道录放磁头	B		具有三个电极的压电晶体	B

四、半导体器件图形符号

半导体器件图形符号见表 1-5。可参照《GB/T 4728.5—2018 电气简图用图形符号 第 5 部分：半导体管和电子管》。

表 1-5　半导体器件图形符号

图形符号	说明	文字符号	图形符号	说明	文字符号
	半导体二极管一般符号	VD*	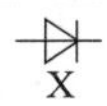	磁敏二极管	VD*
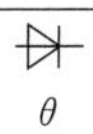	温度效应二极管（θ 可用 $t°$ 代替）	VD*		PNP、NPN 型半导体管	V
	变容二极管	VD*		NPN 型半导体管，集电极接外壳	V
	单向击穿二极管（电压调整二极管）	VD*		热电偶（示出极性符号）	B
	隧道二极管	VD*		具有 P 型基极单结型半导体管	V
	双向击穿二极管	VD*			
	反向阻断三极晶体闸流管（N 型控制极、阳极侧受控）	VS*		具有 N 型基极单结型半导体管	V
	反向阻断三极晶体闸流管（P 型控制极、阴极侧控制）	VS*	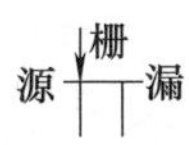	N 型沟道结型场效应半导体管（P 型箭头相反）	V
	光控晶体闸流管	VS*		耗尽型、单栅、N 沟道和衬底无引出线的绝缘栅场效应半导体管（P 沟道箭头方向相反）	V
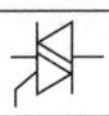	三端双向晶体闸流管	VS*			
	光电二极管	VD*		耗尽型、双栅、N 沟道和衬底有引出线的绝缘栅场效应半导体管	V
	发光二极管一般符号	VD*			
	光电半导体管（PNP 型）	V		增强型、单栅、N 沟道和衬底无引出线的绝缘栅场效应半导体管（P 沟道箭头方向相反）	V

五、放大器、整流器等图形符号

放大器、整流器等图形符号见表 1-6。可参照 GB/T 4728.6—2022《电气简图用图形符号 第 6 部分：电能的发生与转换》以及相关部分。

表 1-6 放大器、整流器等图形符号

图形符号	说明	文字符号	图形符号	说明	文字符号
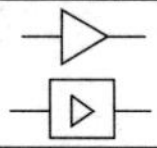	放大器一般符号	A	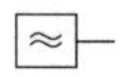	音频振荡器	G
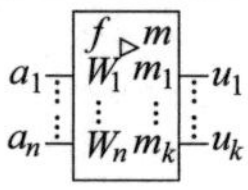	运算放大器一般符号	N	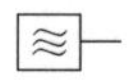	超音频、载频、射频振荡器	G
	整流器	UR*	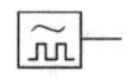	多谐振荡器	G
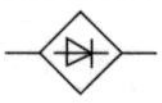	桥式全波整流器	UR*		音叉振荡器	G
	逆变器	UN*	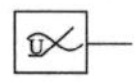	压控振荡器	G
	整流器/逆变器	U	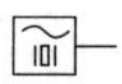	晶体振荡器	G
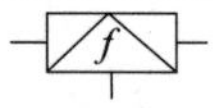	调频器、鉴频器	U	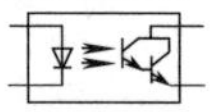	达林顿型光耦合器	
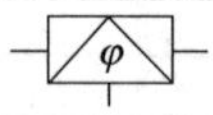	调相器、鉴相器	U	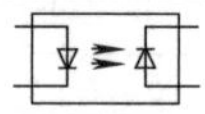	光电二极管型光耦合器	
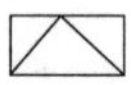	调制器、解调器或鉴别器一般符号	U	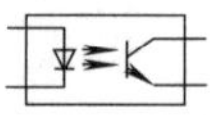	光耦合器、光隔离器(示出发光二极管和光电半导体管)	
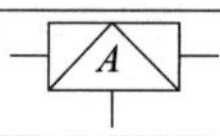	调幅器、解调器	U			
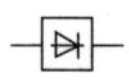	检波器		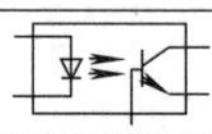	光电三极管型光耦合器	
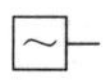	振荡器一般符号	G	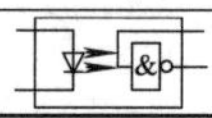	集成电路光耦合器	

六、数字电路图形符号

数字电路图形符号见表 1-7。可参照 GB/T 4728.12—2022《电气简图用图形符号 第 12 部分：二进制逻辑元件》以及相关部分。

表 1-7 数字电路图形符号

图形符号	说明	文字符号	图形符号	说明	文字符号
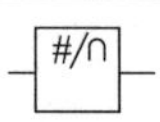	数-模转换器一般符号	N	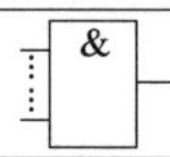	“与”单元(与门)通用符号	D
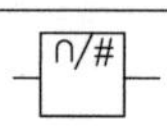	模-数转换器一般符号	N	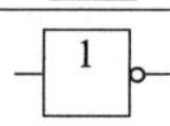	非门、反相器	D
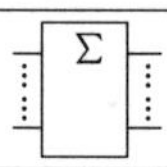	加法器通用符号	D	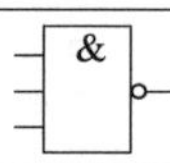	3 输入与非门	D
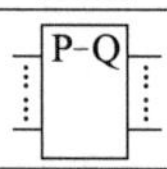	减法器通用符号	D	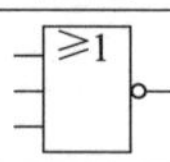	3 输入或非门	D
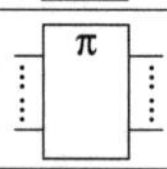	乘法器通用符号	D	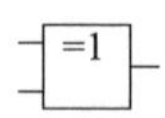	异或单元	D
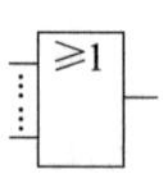	“或”单元(或门)通用符号	D	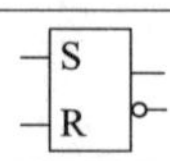	RS 触发器、RS 锁存器	D
			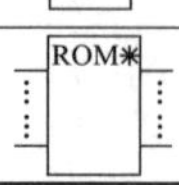	只读存储器	D

七、滤波器、仪表等图形符号

滤波器、仪表等图形符号见表 1-8。可参照 GB/T 4728.10—2022《电气简图用图形符号 第 10 部分：电信：传输》以及其他部分。

表 1-8　滤波器、仪表等图形符号

图形符号	说明	文字符号
	电机一般符号，符号内星号必须用下述字母来代替 G：发电机 M：电动机 MS：同步电动机 SM：伺服电机 GS：同步发电机	G
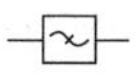	滤波器一般符号	Z
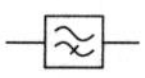	高通滤波器	Z
	低通滤波器	Z
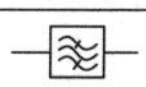	带通滤波器	Z
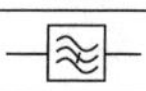	带阻滤波器	Z
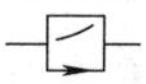	高频预加重装置	
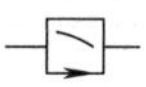	高频去加重装置	
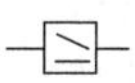	压缩器	Z
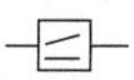	扩展器	Z

图形符号	说明	文字符号
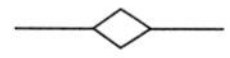	均衡器	Z
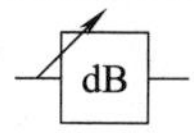	可变衰减器	
	电压表	PV
	示波器	P
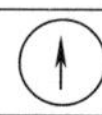	检流计	P
	温度计、高温计	P
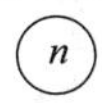	转速表	P
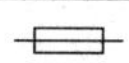	熔断器一般符号	FU
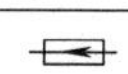	避雷器	F
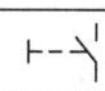	手动开关的一般符号	S
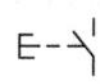	按钮开关（不闭锁）	SB
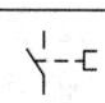	拉拔开关（不闭锁）	S
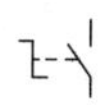	旋钮开关、旋转开关（闭锁）	S
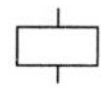	继电器一般符号	K

表 1-4～表 1-6 中带“*”的双字母符号是根据国家标准 GB/T 7159 中的“补充文字符号的原则”而补充的。

第三节　部分新旧电路图形符号对照

本节列出部分常用的新旧电路图形符号对照表，供使用时参考。

一、控制装置和阻容元件新旧电路图形符号对照表

控制装置和阻容元件新旧电路图形符号对照见表 1-9。

表 1-9　控制装置和阻容元件新旧电路图形符号对照表

新符号（GB/T 4728）		旧符号	
名　称	图形符号	名　称	图形符号
动合触点（本符号可作开关一般符号）	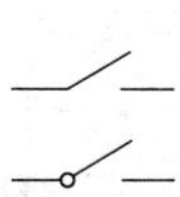	开关的动合触点	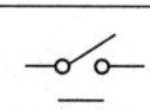
		继电器的动合触点	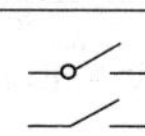

续表

新符号(GB/T 4728)		旧符号	
名　称	图形符号	名　称	图形符号
动断触点		开关的动断触点	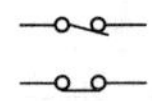
		继电器的动断触点	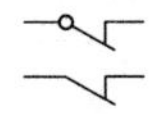
先断后合的转换触点	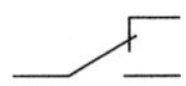	开关的切换触点	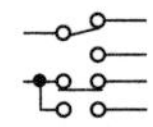
		继电器的切换触点	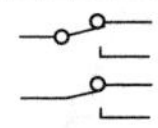
中间断开的双向触点	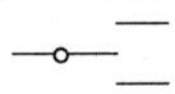	单极转换开关	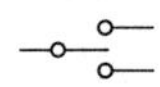
有弹性返回的动合触点		—	—
有弹性返回的动断触点		—	—
动合按钮开关	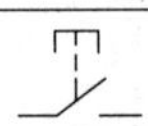	带动合触点的按钮	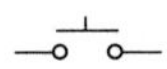
动断按钮开关		带动断触点的按钮	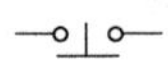
手动开关的一般符号		—	—
热敏电阻器	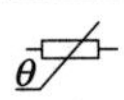	直热式热敏电阻	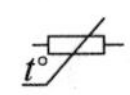
极性电容器	优选型　其他型 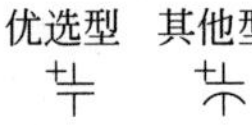	有极性的电解电容器	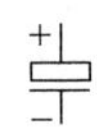
热继电器动合触点	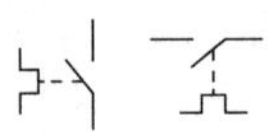	热继电器动合触点	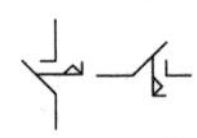
热继电器动断触点	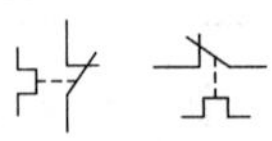	热继电器动断触点	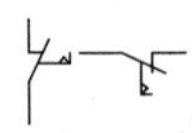
延时闭合的动合触点	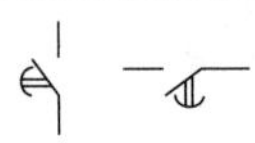	延时闭合的动合触点	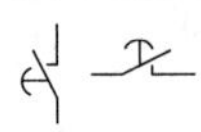
延时断开的动合触点	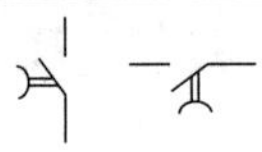	延时断开的动合触点	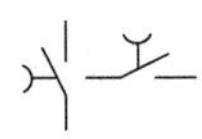
延时闭合的动断触点	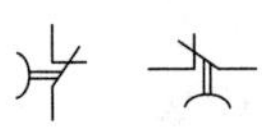	延时闭合的动断触点	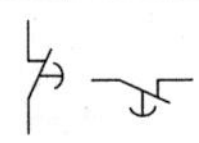
延时断开的动断触点	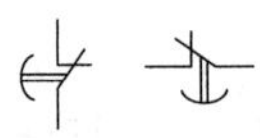	延时断开的动断触点	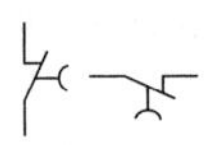
接近开关动合触点	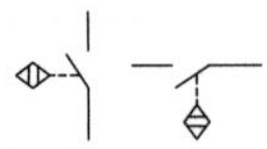	接近开关动合触点	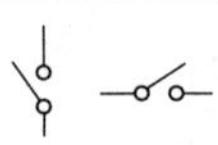
接近开关动断触点	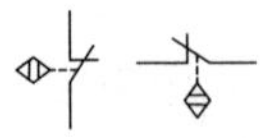	接近开关动断触点	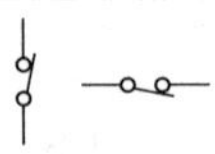
气压式液压继电器动合触点	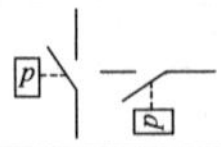	气压式液压继电器动合触点	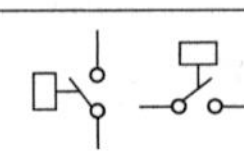

续表

新符号(GB/T 4728)		旧符号	
名　　称	图形符号	名　　称	图形符号
气压式液压继电器动断触点	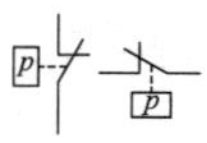	气压式液压继电器动断触点	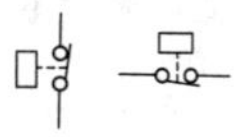
速度继电器动合触点	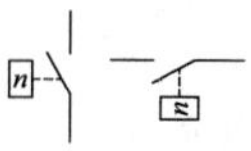	速度继电器动合触点	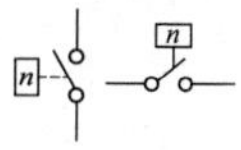
速度继电器动断触点	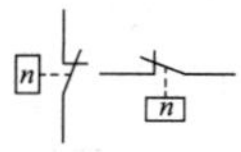	速度继电器动断触点	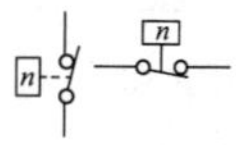
接触器线圈	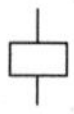	接触器线圈	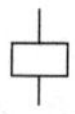
继电器线圈	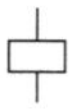	继电器线圈	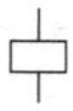
缓慢释放继电器的线圈	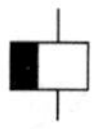	缓慢释放继电器的线圈	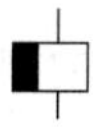
缓慢吸合继电器的线圈	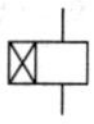	缓慢吸合继电器的线圈	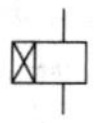
热继电器的驱动器件	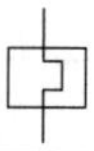	热继电器的驱动器件	
电磁离合器	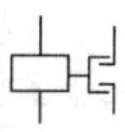	电磁离合器	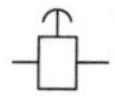
电磁阀	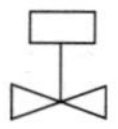	电磁阀	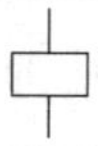
电磁制动器		电磁制动器	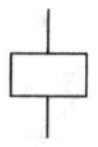
电磁铁	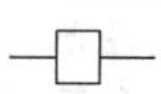	电磁铁	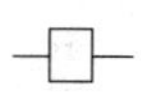
照明灯一般符号	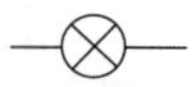	照明灯一般符号	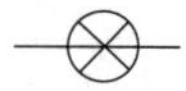

二、半导体器件新旧电路图形符号对照表

半导体器件新旧电路图形符号对照表见表 1-10。

表 1-10　半导体器件新旧电路图形符号对照表

新符号(GB/T 4728)		旧符号	
名　　称	图形符号	名　　称	图形符号
半导体二极管一般符号		半导体二极管、半导体整流器	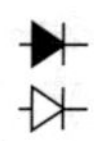
发光二极管		发光二极管	
变容二极管		变容二极管	

续表

新符号(GB/T 4728)		旧符号	
名　　称	图形符号	名　　称	图形符号
单向击穿二极管、电压调整二极管		稳压二极管	
光电二极管		光电二极管	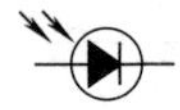
光电池		光电池	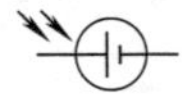
光敏电阻		光敏电阻	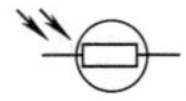
反向阻断三极晶体闸流管	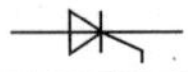	半导体可控硅	
双向晶体闸流管	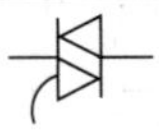	双向可控硅	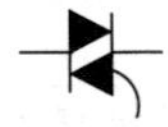
具有 N 型基极单结型半导体管	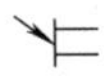	双基极二极管	
N 沟道结型场效应半导体管		—	—
PNP 型半导体管	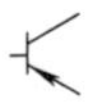	P-N-P 型半导体管	
NPN 型半导体管	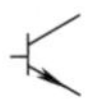	N-P-N 型半导体管	

第四节　常用电气设备用图形符号

本节涉及 GB/T 5465.2—2023《电气设备用图形符号 第 2 部分：图形符号》的部分图形符号，内容包括符号的编号、图形、名称、适用范围和使用说明等。常用电气设备用图形符号见表 1-11。

表 1-11　常用电气设备用图形符号

编号	图形	名称	英文名称	适用范围	使用说明
01		电池的一般符号	battery,general	用于电池电源设备	标识电池组测试按钮和测试灯或电池状态显示
02	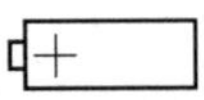	电池定位	positioning of cell	用于电池盒(箱)具或内部	标识电池组内部本身和表示盒(箱)电池的极性和位置
03		交流/直流变换器、整流器、电源转接器	A. C. /D. C. converter, rectifier, substitute powersupply	用于各种设备	表示交流/直流变换器本身；在有插接装置的情况下表示有关插座
04		可变性（可调性）	variability	用于各种设备	表示量的被控方式，受控量随图形的高度而增加
05		正号、正极	plus; positive polarity	用于各种设备	表示使用或产生直流电设备的正端 注：本图形符号的含义随其位置而定，该符号不能用于可旋转的控制装置

续表

编号	图形	名称	英文名称	适用范围	使用说明
06	—	负号、负极	minus, negative polarity	用于各种设备	表示使用或产生直流电设备的负端 注：本图形符号的含义随其位置而定，该符号不能用于可旋转的控制装置
07		通(电源)	on(power)	用于各种设备	表示已接通电源，必须标在电源开关或开关的位置以及与安全有关的地方 注：此符号不能用于可旋转的控制装置
08		断(电源)	off(power)	用于各种设备	表示已断开电源，必须标在电源开关或开关的位置以及与安全有关的地方
09		等待	stand-by	用于各种设备	指明设备的一部分已接通(合闸)，而使设备处于准备使用状态的开关或开关位置
10		通/断(按-按)	on/off (push-push)	用于各种设备	表示与电源接通或断开，必须标在电源开关的位置及与安全有关的地方，“接通”或“断开”都是稳定位置
11		通/断(按钮开关)	on/off (push button)	用于各种设备	表示已与电源接通，必须标在电源开关的位置以及与安全有关的地方，“断开”是稳定位置，只有当按下按钮时，才保持在“接通”位置
12		灯、照明、照明设备	lamp; lighting; illumination	用于各种设备	表示控制照明光源的开关，如室内的照明、电影机、幻灯机或设备表盘的照明灯等
13		铃	bell	用于控制铃的开关(按钮)，如门铃	
14	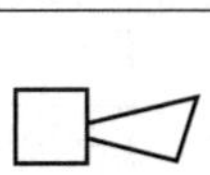	喇叭	horn	用于控制喇叭的开关，如厂用喇叭、音响报警信号	
15	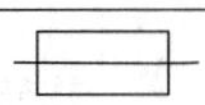	熔断器	fuse	用于各种设备	表示熔断器盒及其位置
16	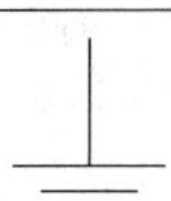	接地	earth(ground)	用于各种设备	在不需要用编号17或18符号的情况下，用其表示接地端子
17	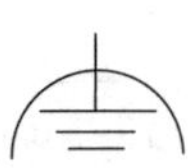	功能接地	functional earthing; functional grounding	用于各种设备	表示功能性接地或功能性电极的端子，如特别设计的接地系统，其与设备的连接点或引线产生的噪声不致影响设备的运转

续表

编号	图形	名称	英文名称	适用范围	使用说明
18		保护接地	protective earth (ground)	用于各种设备	表示在发生故障时，防止电击的与外保护导体相连接的端子，或与保护接地电极相连接的端子
19	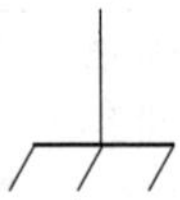	接机壳、接机架	frame or chassis	用于各种设备	表示连接机壳、机架的端子
20		等电位	equipotentiality	用于各种设备	表示那些相互连接后使设备或系统的各部分达到相同电位的端子 注：电位值可标在符号旁边
21	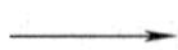	单向运动	movement in one direction	用于各种设备	表示控制动作或被控制物，沿着所指的方向运动 注：因旋转运动箭头的半径随有关控制器的直径而定，故只给出直线运动的图形
22		双向运动	movement in both directions	用于各种设备	表示控制动作或被控制物，可按标出的方向做双向运动 注：由于表示旋转运动方式的箭头的半径随有关控制器的直径而定，故本符号只给出表示直线运动的图形
23		双向局限运动	movement limited in both directions	用于各种设备	表示某个控制动作或被控制物可按标出的方向在一定限度内运动 注：由于表示旋转运动方式的箭头的半径随控制物的直径而定，故本符号只给出表示直线运动的图形
24	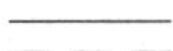	直流电	direct current	用于各种设备	标在只适用于直流电设备的铭牌上以及用于表示通直流电的端子
25		交流电	alternating current	用于各种设备	标在只适用于交流电设备的铭牌上以及用于表示通交流电的端子
26		交直流两用	both direct and alternating current	用于各种设备	标在交、直流两用的设备的铭牌上以及用以表示相应的端子
27	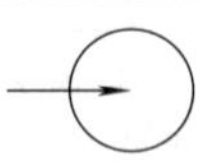	输入	input	用于各种设备	在需要区别输入和输出的场合表示输入端
28	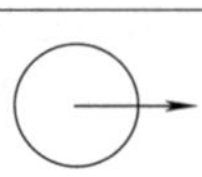	输出	output	用于各种设备	在需要区别输入和输出的场合表示输出端

续表

编号	图形	名称	英文名称	适用范围	使用说明
29		危险电压	dangerous voltage	用于各种设备	表示危险电压引起的危险
30		天线	aerial (U. S. A. :antenna)	用于无线电接收及发射设备	表示连接天线的端子。除专门说明其天线类型的以外，一般使用此符号
31	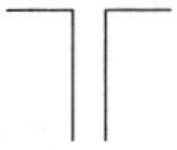	偶极子天线	dipole	用于各种设备	表示连接接收或发射设备的偶极子天线的端子
32		小心烫伤	caution,hot surface	用于各种设备	指示所标出的部分可能是烫的，不要随意触摸 注：用作警告标志时，应遵守GB 2894的规定
33	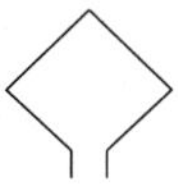	环形天线	frame aerial (U. S. A. :loop antenna)	用于无线电接收机和测向器	表示连接环形天线的端子
34	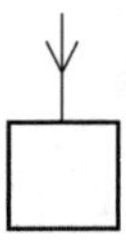	无线电台，一般符号	radio station, general symbol	用于无线电电台的设备	表示相应的电台装置
35	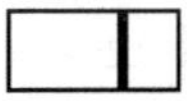	调谐	tuning	用于无线电接收机	表示控制调谐器的装置 注：为便于理解，可在调谐处再画一条相同颜色的粗竖线
36	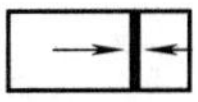	自动频率控制	automatic frequency control	用于诸如无线电或 电视接收机	表示接通或断开自动频率控制线路的开关
37		噪声抑制	muting (U. S. A. :squelch)	用于某些类型的无线电设备	表示噪声抑制电路接通的开关
38	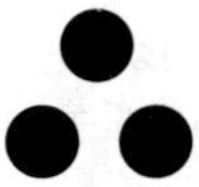	彩色（限定符号）	colour (qualifying symbol)	用于彩色电视设备	表示区别彩色电视与黑白电视的控制和终端装置 注：如本符号被复制成彩色的，应按左、上、右顺序分别用红、蓝、绿颜色标示
39	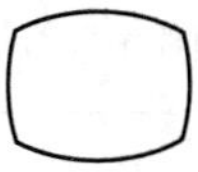	电视、视频	television,video	用于电视设备	表示专门用于视频信号（主要是黑白电视）的控制和终端装置
	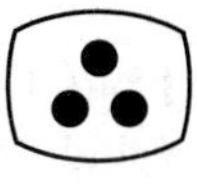	彩色电视	colour television	用于彩色电视设备	表示专门用于彩色电视信号的控制和终端装置 注：如复制彩色符号，应按左、上、右的顺序分别用红色、蓝色、绿色标示

续表

编号	图形	名称	英文名称	适用范围	使用说明
40	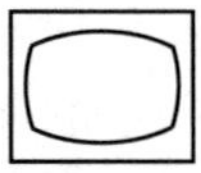	电视接收机	television receiver	用于电视设备	表示连接电视接收机的接线端和控制装置
41	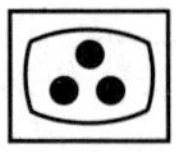	彩色电视接收机	colour television receiver	用于彩色电视设备	表示连接彩色电视接收机的接线端和控制装置
42	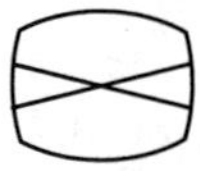	聚焦	focus	用于各种设备	表示诸如电视接收机、监视器、示波器和电子显微镜等设备的聚焦控制装置
43	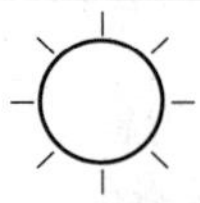	亮度、辉度	brightness，byilliance	用于各种设备	表示诸如亮度调节器、电视接收机、监视器或示波器等设备的亮度控制
44		对比度	contrast	用于各种设备	表示诸如电视接收机、监视器和示波器等的对比度控制
45		色饱和度	colour saturation	用于彩色电视接收机和彩色电视监视器	表示色饱和度控制
46		色调	hue	用于彩色电视接收机和彩色电视监视器	表示色调控制 注：如复制彩色符号，应按红、蓝、绿顺序标识于左、上、右
47	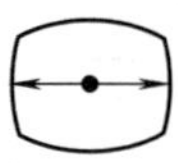	水平同步	horizontal synchronization	用于各种设备	表示诸如电视接收机或监视器的水平同步控制
48	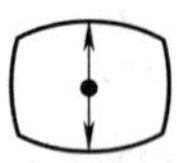	垂直同步	vertical synchronization	用于各种设备	表示诸如电视接收机或监视器的垂直同步控制
49		水平图像位移	horizontal picture shift	用于各种设备	表示诸如电视接收机、监视器、示波器和电影放映机等设备的图像水平位移的控制
50		垂直图像位移	vertical picture shift	用于各种设备	表示诸如电视接收机、监视器、示波器和电影放映机等设备的图像垂直位移的控制
51	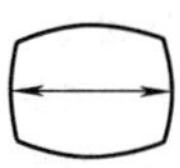	水平图像幅度	horizontal picture amplitude	用于各种设备	表示电视接收机、电视监视器的水平图像幅度的控制
52	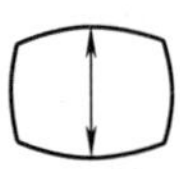	垂直图像幅度	vertical picture amplitude	用于各种设备	表示电视接收机、电视监视器的垂直图像幅度的控制
53	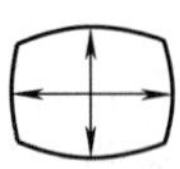	图像尺寸调整	picture size adjustment	用于各种设备	表示图像尺寸的控制
54	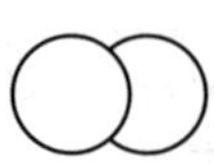	立体声	stereophonic	用于声像设备，标在唱片标签和拾音器上	表示可用于立体声重放或用在“立体声/单声道”开关，指示“立体声”位置

续表

编号	图形	名称	英文名称	适用范围	使用说明
55		平衡	balance	用于各种设备	表示平衡控制装置
56	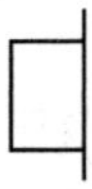	耳机	earphone	用于各种设备	表示连接耳机的插座、接线端或开关
57		头戴耳机	headphones	用于各种设备	表示连接头戴耳机的插座、接线端或开关
58		头戴立体声耳机	stereophonic headphones	用于各种设备	表示连接立体声耳机的插座、接线端或开关
59	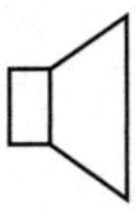	扬声器	loudspeaker	用于各种设备	表示连接扬声器的插座、接线端或开关 注：阻抗、电压和功率等额定值也可加注在图形符号上
60	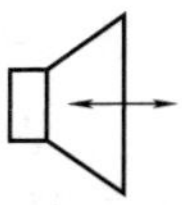	扬声器/传声器	loudspeaker/microphone	用于对讲设备	表示讲话/收听转换按钮
61		传声器	microphone	用于各种设备	表示连接传声器的插座、接线端或开关
62		立体声传声器	stereophonic microphone	用于各种立体声音响设备	表示连接立体声传声器的插座、接线端或控制装置
63		放大器	amplifier	用于各种设备	表示放大器及其接线端或控制装置
64		电话、电话适配器	telephone, telephone adapter	用于磁带录音机、口述录音机和电话间	表示连接电话连接器的端子，也可表示电话间
65		带式录音机	tape recorder	用于放大和测量设备	表示连接和操作磁带录音机的终端、开关和控制装置 注：本符号表示磁带和纸带录音机
66	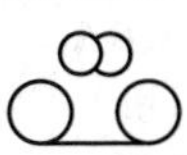	立体声磁带录音机	magnetic tape stereo sound recorder	用于立体声放大器	表示连接和操作立体声录音机的终端、开关和控制装置
67	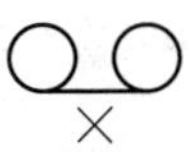	磁带消磁	erasing from tape	用于录制和重放设备	表示用于从磁带上消磁的开关或开关位置
68	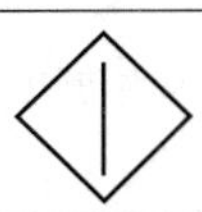	启动（动作的开始）	start(of action)	用于各种设备	表示启动按钮

续表

编号	图形	名称	英文名称	适用范围	使用说明
69	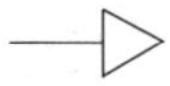 或 	常速运转	normal run	用于各种设备	表示按所指方向以正常速度运转（如磁带）的启动按钮或开关 注：图上所示符号方向表示“正常正向运转”；如果符号反向，表示“正常反向运转”
70	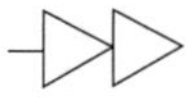 或 	快速运转	fast run	用于各种设备	表示所指方向运转速度比正常速度快的开关或开关位置 注：图上所示符号方向表示“快速正向运转”；如果反向，表示“快速反向运转”或“快倒”
71		不得用于住宅区	not to be used in residential areas	用于电子设备	表示标注有本符号的电子设备（如工作时产生无线电干扰的设备）不宜用在住宅区
72		停机（动作的停止）	stop(of action)	用于各种设备	表示停止动作的按钮 注：用于带式录音机时，本符号只表示断开局部电路情况下的停机
73	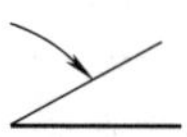	脚踏开关	foot switch	用于各种设备	表示与脚踏开关相连接的输入端子
74		信号灯	signal lamp	用于各种设备	表示接通或断开信号灯的开关
75	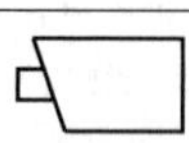	电视摄像机	television camera	用于电视设备	表示连接电视摄像机的接线端和控制装置
76	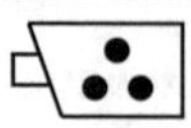	彩色电视摄像机	colour television camera	用于电视设备	表示连接彩色电视摄像机的接线端和控制装置
77	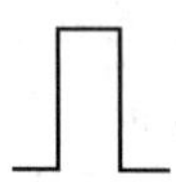	短脉冲	short pulse	用于航海的雷达控制台	表示脉冲持续时间选择开关的短脉冲位置 注：在与符号 78 连用时，本符号的意思是“短脉冲”
78	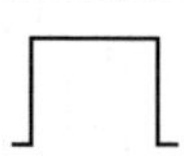	长脉冲	long pulse	用于航海的雷达控制台	表示脉冲持续时间选择开关的长脉冲位置
79		可编程定时器：经过的时间显示	elapsed time display: programmable timer	用于各种设备	表示从开始操作（例如烹调、洗涤、录音、复制等）起，所经过的时间的显示控制 注：本符号用于通常情况下
80		静电敏感器件	electrostatic sensitive devices	用于装有静电敏感器件包装上和器件本身	注：更详细的要求可参阅 IEC 747-1
81		指北方位	north-up presentation	用于航海的雷达控制台	表示在状态显示开关上指北方位的位置

续表

编号	图形	名称	英文名称	适用范围	使用说明
82		调到最小	adjustment to aminimum	用于各种设备	表示将量值调到最小值的控制，如“零”控制或电桥平衡，消除无用信号，仪表、指示器等的最小偏差等
83		调到最大	adjustment to amaximum	用于各种设备	表示将量值调到最大值的控制，如仪表、指示器等的调谐和最大偏差等
84	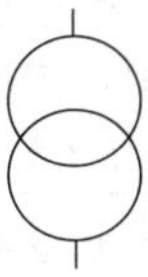	变压器	transformer	用于各种设备	表示电气设备可通过变压器与电力线连接的开关、控制器、连接器或端子。同样也可用于变压器的包封或外壳上（如插接装置）
85	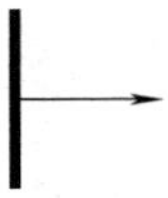	信息载体的读出或重放	reading or reproduction from an information carrier	用于各种设备	由开关或开关位置表示设备置于（它的）读出或重放位置
86	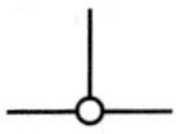	信号低端	signal low terminal	用于各种设备	表示最接近地电位或机壳电位的信号端电位
87		快速启动	fast start	用于各种设备	表示诸如加工、程序控制、磁带等启动，不需要很多时间就可以达到工作速度的控制
88		快速停止	fast stop	用于各种设备	表示诸如加工、程序控制、磁带等短时间立即停止的控制 注：特别适合与符号 72 用在同一设备上
89		测试电压	test voltage	用于各种电气和电子设备	表示该设备能承受 500V 的测试电压 注：测试电压的其他数值可以按照有关标准在符号中用一个数字表示
90		Ⅲ类设备	class Ⅲ equipment	用于各种设备	表示按电工电子设备防触电保护的相关规定符合安全要求的Ⅲ类设备
91		步调节	variability in steps	用于设备	表示量值的被控方式。被控量随图形的高度逐步增加 注：由于旋转图形底线的半径随控制动作的直径而定，图中不便表示，因此只给出直线表示法
92	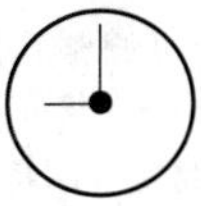	钟、定时开关、计时器	clock，timeswitch，timer	用于各种设备	识别与时间、时间开关和计时器有关的端子和控制装置

续表

编号	图形	名称	英文名称	适用范围	使用说明
93	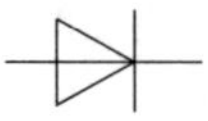	整流器的一般符号	rectifier, general	用于各种设备	表示整流设备及其相关的接线端子和控制器 注：整流功能符号可参阅符号 03
94		打印机	printer	用于各种设备	表示打印机
95		直流/交流变换器	DC/AC converter	用于各种设备	表示直流/交流变换器及其相应的接线端和控制装置 注：可参阅符号 03
96	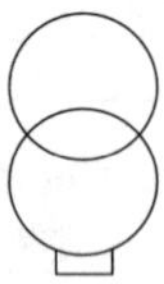	短路保护变压器	short-circuit-proof transformer	用于变压器	指明变压器能经受内部或外部短路 注：本符号也可写为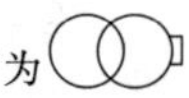取向
97	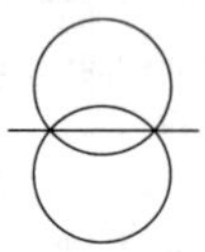	隔离变压器	isolating transformer	用于变压器	指明变压器是隔离型的 注：本符号也可写为取向
98	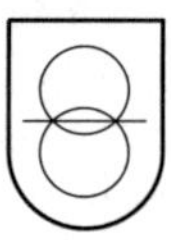	安全隔离变压器	safety isolating transformer	用于变压器	指明该变压器是安全隔离变压器
99		双位按钮控制的"按入"状态	in-position of a bistable push control	用于设备	表示对应双位按钮控制相应功能的"按入"状态
100		双位按钮控制的"弹出"状态	out-position of a bistable push control	用于设备	表示对应双位按钮控制相应功能的"弹出"状态
101	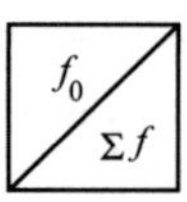	谐波发生器	harmonic generator	用于电信设备	表示从一个基频中产生谐波频率的单元。 注：f_0 可以用频率值替代，例如 4kHz
102		过压保护装置	over voltage protection device	用于设备	表示一种具有过压（如雷电过电压）保护的设备
103	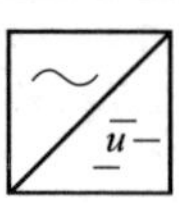	有稳定输出电压的变换器	converter with stabilized output voltage	用于电信设备	表示供给恒定电压的变换器
104	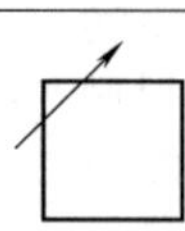	可调整装置	adjustable device	用于电信设备	表示一个可调整装置。可在符号内附加一个字母或图形符号，以表示此装置的特征

续表

编号	图形	名称	英文名称	适用范围	使用说明
105	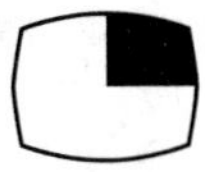	画中画	picture-in-picture mode	用于声像设备	表示画中画的控制
106	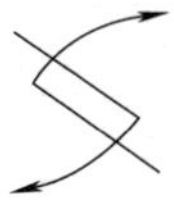	交换	interchange	用于电信设备	表示不同业务之间交换作用的控制，例如电话、电文等
107	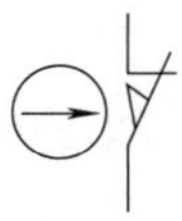	具有肯定断开操作的动断触点的行程开关	position switch having a break contact with positive opening operation	用于各种类型的行程开关	表示动断触点肯定断开的操作
108		有稳定输出电流的变换器	converter with stabilized output current	用于设备	表示供给恒定电流的变换器
109	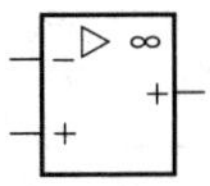	运算放大器	operational amplifier	用于电子设备	表示一个运算放大器
110	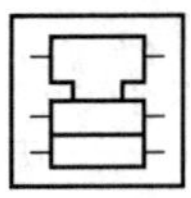	具有逻辑元件的设备	equipment containing logic elements	用于电子设备	表示执行逻辑运算的设备
111		二电平信号	two-level signal	用于数字传输	表示一个二电平信号，如一个两态信号
112	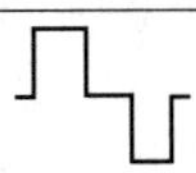	三电平信号	three-level signal	用于数字传输	表示一个三电平信号，如一个双向信号
113		二进制编码信号	binary coded signal	用于数字传输	表示一个二进制编码信号，如脉冲编码调制(PCM)
114		手持开关	hand-held switch	用于各种设备	表示与手持开关有关的控制或连接点
115		亮度/对比度	brightness/contrast	用于显像设备	表示亮度和对比度组合的控制
116	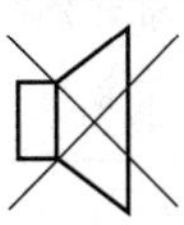	声音抑制	sound muting	用于各种设备	表示对抑制声音的控制
117	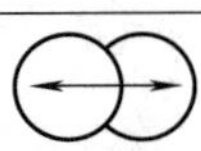	立体声效应	spatial sound effect	用于声像设备	表示立体声重放控制或立体声效应开关的位置
118	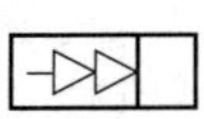	自动寻频	automatic search tuning	用于声像设备	表示自动调谐搜索的控制，例如频道、节目或台站等 注：本符号也可用图形

续表

编号	图形	名称	英文名称	适用范围	使用说明
119	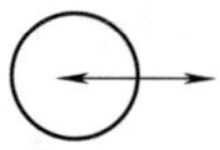	输入/输出	input/output	用于各种设备	表示组合的输入/输出连接器或方式 注:表示和视频设备的连接时建议采用符号 131
120	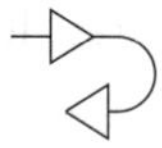	自动反向	auto reverse	用于声像设备	表示对自动反向功能的控制装置
121	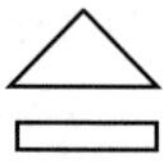	弹出	eject	用于声像设备	表示弹出功能的控制
122		卫星接收方式	satellite reception mode	用于无线电广播接收机	表示允许设备接收卫星广播 注:本符号与符号 39 组合(),用于表示接收卫星电视的控制
123	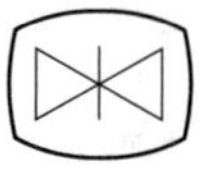	图像固定	picture freeze	用于显示设备	表示通过这种控制所显示的图像能够被固定 注:三角形可以填实
124	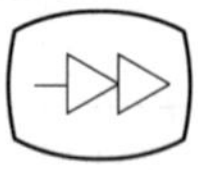	目测运转:信号	run with visualization:cue	用于视频设备	表示目测信号对正向快转的控制。 注:本符号还可用以下形式表示
125		逐个画面的一般符号	frame by frame, general	用于视频设备	识别逐个画面操作的控制,即逐一查看每个静止画面 注:1. 三角形可填实 2. 在视频显示设备上,可采用的形式
126	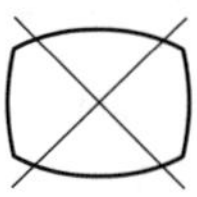	删除画面	cancel picture	用于视频设备	表示删除已显示画面的控制
127	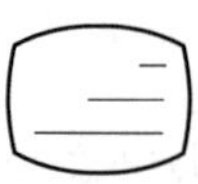	图文混合	TV and text mixed	用于图文设备	表示电视和文字画面相混合的控制
128		选单	menu	用于显示设备	表示能显示选单的控制
129	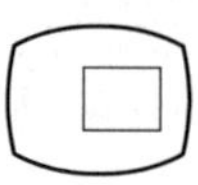	系统状态显示	system status display	用于显示设备	表示可显示与接口母线相连的仪表状态的控制

续表

编号	图形	名称	英文名称	适用范围	使用说明
130		多画面显示	multi-picture display	用于显示设备	表示可接通或断开画中多画面(PIP)功能或多画面显示功能的控制 注:实际使用中,画面数可与符号所显示的数不同
131	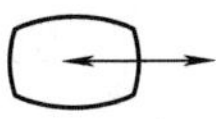	视频输入/输出	video input/output	用于各种设备	表示视频设备输入/输出控制及连接端子,当伴有音频信号时,也使用本符号
132	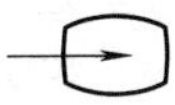	视频输入	video input	用于各种设备	表示视频设备输入控制和连接端子,当伴有音频信号时,也使用本符号
133	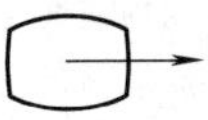	视频输出	video output	用于各种设备	表示视频设备输出控制和连接端子,当伴有音频信号时,也使用本符号
134	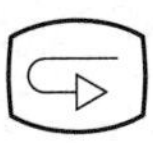	录制检查	record review	用于视频设备	表示返回检查新录制的部分,检查录制效果的控制
135	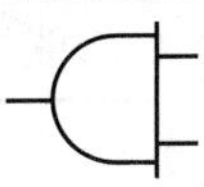	电源插头	power plug	用于各种设备	表示电源(总线)的连接件(如插头或软线)或标识连接件的存放位置
136	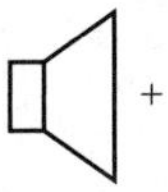	响度	loudness	用于声像设备	表示给定音量下提高低音和/或高音的控制
137		电池校验	battery check	用于电池	表示电池状况检验或标识电池状况指示器的控制 注:根据电池的状况,黑影部分的尺寸可改变
138		录制的一般符号	recording,general	用于录制和复制设备	表示或启动录制方式的控制装置
139		色温:自然光	colour temperature: natural light	用于视频摄像机或静止照相设备	表示相关的色温选择器的控制,以适应户外自然光
140		色温:白炽灯	colour temperature: incandescent lamp	用于视频摄像机或静止照相设备	表示相关的色温选择器控制,以适应室内白炽灯
141	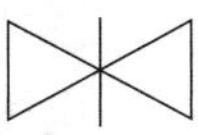	静止方式	still mode	用于视频设备	表示静止方式工作的控制 注:三角形内可以填实
142	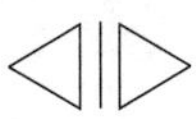	磁带运转方向	tape running direction	用于录音或复制设备	表示磁带运转方向的控制和指示器 注:运动方向可用适当方式指出

续表

编号	图形	名称	英文名称	适用范围	使用说明
143	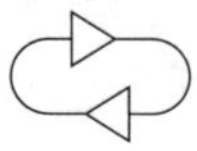	自动连续反转	auto reverse continuously	用于录制和复制设备	表示性能或选择器控制，每当磁带转到任一极限时，该控制使磁带运转自动反向
144	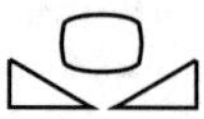	白色平衡	white balance	用于视频摄像机或静止照相设备	识别调节白色平衡的控制
145		双声道	two independent audio channels	用于视频设备，例如电视接收机	表示两个独立的声频通道
146		盒带	cassette	用于录制或复制设备	表示插入盒带或暗盒式狭带的信息
147	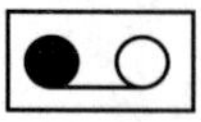	磁带末端	tape end	用于录制和复制设备	表示盒式磁带达到末端 注：如果两个符号表示在同一设备上，右边的圆可以填实，左边的圆不填实
148	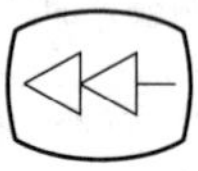	目视运转：倒带	run with visualization: review	用于视频设备	表示目视快速倒带的控制。 注：本符号也可用形式

复习思考题

1. GB/T 4728 是哪部国家标准？其中现行标准 GB/T 4728.1～13 分别是哪年发布的？
2. 写出基本无源元件电阻、电容、电感的基本文字符号。
3. 画出基本无源元件电阻、电容、电感的一般图形符号。
4. 解释以下图形符号、、、、、的含义。
5. 说明以下图形符号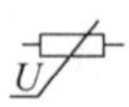、、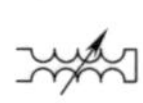、所表示的元件名称。
6. 画出半导体二极管、NPN 型半导体三极管、PNP 型半导体三极管的一般图形符号。
7. 画出整流器、逆变器、声频振荡器的图形符号。
8. 画出 3 输入与非门、3 输入或非门、异或门的图形符号。
9. 画出高通滤波器、低通滤波器、带通滤波器、带阻滤波器的图形符号。
10. 说明以下图形符号、、、、、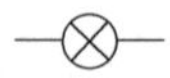所表示的元件名称。
11. 说明以下图形符号、、、的含义。

第二章

电气制图的一般规则

[学习目标]

① 掌握图纸的幅面和尺寸，严格遵守国家标准的有关规定。

② 熟悉标题栏和明细栏的国家标准。

③ 理解常用图线和字体以及围框和比例。

④ 掌握电气简图的布局方法和绘制原则。

⑤ 树立牢固的规则意识，自觉遵循规范。

电气图是一种特殊的专业技术图，它除必须遵守国家市场监督管理总局、国家标准化管理委员会颁布的《电气技术用文件的编制》GB/T 6988、《电气简图用图形符号》GB/T 4728、《工业系统、装置与设备以及工业产品结构原则与参照代号 第 1 部分：基本原则》GB/T 5094.1—2018、《技术产品及技术产品文件结构原则 字母代码 按项目用途和任务划分的主类和子类》GB/T 20939 等标准外，还要遵守机械制图、建筑制图等方面的有关规定，所以制图和读图人员有必要了解这些规则或标准。

第一节　图纸的幅面和分区

一、图面的构成及幅面尺寸

GB/T 6988.1 标准规定，电气图纸的幅面按 GB/T 14689《技术制图 图纸幅面和格式》规定。此外，诸如在制图胶片等媒体上编制正式文件，图纸幅面也应采用上述规定。对印刷文件，例如说明书或数据表，也可采用 GB/T 148—1997 中 B5 的规定。

1. 图纸格式

电气图纸的格式与机械图纸、建筑图纸的格式基本相同，通常由边框线、图框线、标题栏等组成，其格式如图 2-1 所示。

2. 幅面尺寸

由边框线所围成的图面称为图纸的幅面。幅面尺寸共分五类，即 A0～A4，幅面尺寸及代号见表 2-1，尺寸代号含义见图 2-1。

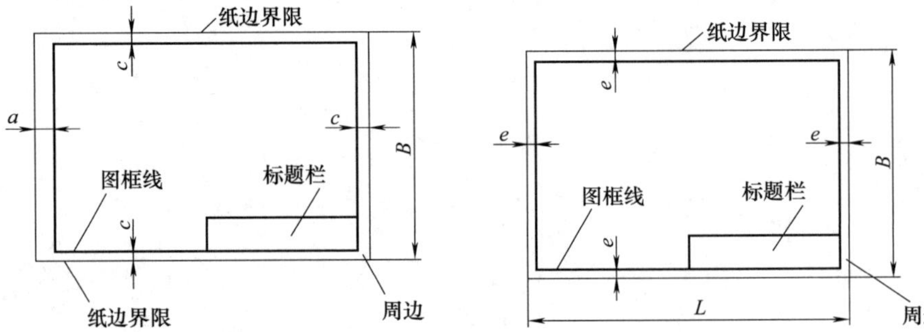

(a) 留装订边的图纸　　(b) 不留装订边的图纸

图 2-1 电气图的图纸格式

表 2-1 幅面尺寸及代号　　单位：mm

幅面尺寸代号	A0	A1	A2	A3	A4
宽×长(B×L)	841×1189	594×841	420×594	297×420	210×297
留装订边的边宽(c)	10			5	
不留装订边的边宽(e)	20		10		
装订侧边宽(a)	25				

注：尺寸代号含义见图 2-1。

A0～A2 号图纸一般不得加长；A3、A4 号图纸可根据需要，沿短边加长，例如 A4 号图纸的短边长为 210mm，若加长为 A4×4 号图纸，则为 210mm×4≈841mm，故 A4×4 的幅面尺寸为 297mm×841mm。加长幅面尺寸见表 2-2。

表 2-2 加长幅面尺寸

序号	代号	尺寸/mm	序号	代号	尺寸/mm
1	A3×3	420×891	4	A4×4	297×841
2	A3×4	420×1189	5	A4×5	297×1051
3	A4×3	297×630			

不留装订边的图纸与留装订边的图纸的绘图面积基本相等。随着缩微技术的发展，留装订边的图纸将会逐渐减少或淘汰。

图纸幅面的选用原则如下。

① 要求图面布局紧凑、清晰和使用方便。

② 要考虑设计对象的规模和复杂性。

③ 由简图种类所确定的资料的详细程度。

④ 应符合复印、缩微的要求。

⑤ 应尽量选用较小幅面，以便于图纸的装订和管理。

⑥ 应符合计算机辅助设计 CAD 的要求。

二、标题栏和明细栏

1. 标题栏

每张图样必须画出标题栏。标题栏是用以确定图样名称、图号等信息的栏目，相当于图样的“铭牌”。标题栏的位置和尺寸应符合 GB/T 14689 的规定。无论是水平放置的 X 型图纸或是垂直放置的 Y 型图纸，标题栏的位置都应在图纸的右下角。水平放置的 X 型图纸标题栏的位置如图 2-1 所示。

标题栏标识区必须按正常观图方向放置在右下角，最长 170mm。

填写图纸标题、图号、张次和有关人员签名等标题栏内容，一般应符合 GB/T 10609.1《技术制图 标题栏》的规定。如果标题栏要求包含项目代号，则项目代号应标在指定位置，这些项目代号对图纸上所有的项目是共用的，如图 2-2 所示。

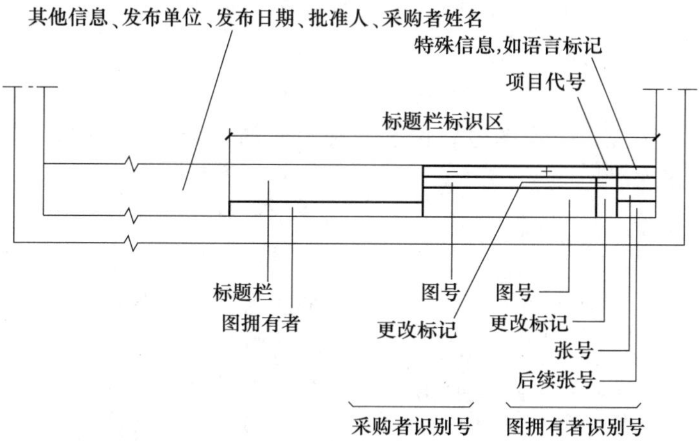

图 2-2 标题栏标识内容的示例

标题栏一般由更改区、签字区、其他区、名称及代号区组成，也可按实际需要增加或减少。

更改区：一般由更改标记、处数、分区、更改文件号、签名和年月日等组成。

签字区：一般由设计、审核、工艺、标准化、批准、签名和年月日等组成。

其他区：一般由材料标记、阶段标记、重量、比例、共×张等组成。

名称及代号区：一般由单位名称、图样名称和图样代号等组成。

标题栏通常放在右下角位置，也可放在其他位置，但必须在本张图纸上，而且标题栏的文字方向与看图方向要一致。会签栏是留给相关的水、暖、建筑、工艺等专业设计人员会审图纸时签名用的。标题栏的尺寸与格式举例见表 2-3。

表 2-3 标题栏一般格式

<table>
<tr><td colspan="4">××电力勘察设计院</td><td>××区域 10kV 开闭及出线电缆工程</td><td>施工图</td></tr>
<tr><td>所长</td><td></td><td>校核</td><td></td><td colspan="2" rowspan="4">10kV 配电装置电缆联系及屏顶小母线布置图</td></tr>
<tr><td>主任工程师</td><td></td><td>设计</td><td></td></tr>
<tr><td>专业组长</td><td></td><td>CAD 制图</td><td></td></tr>
<tr><td>项目负责人</td><td></td><td>会签</td><td></td></tr>
<tr><td>日期</td><td>年 月 日</td><td>比例</td><td></td><td>图号</td><td>B812S-D02-14</td></tr>
</table>

2. 明细栏

明细栏一般由序号、代号、名称、数量、材料、质量（单件、总件）、分区、备注等组成，也可按实际需要增加或减少项目。

序号：填写图样中相应组成部分的序号。

代号：填写图样中相应组成部分的图样代号或标准号。

名称：填写图样中相应组成部分的名称，必要时也可写出其型号与尺寸。

数量：填写图样中相应组成部分在装配中所需要的数量。

材料：填写图样中相应组成部分的材料标记。

质量：填写图样中相应组成部分单件和总件数的计算质量。以 kg（千克）为计量单位时，允许不写出其计量单位。

备注：填写该项的附加说明或其他有关的内容，必要时，应将分区代号填写在备注栏中。

三、图号

每张图在标题栏中应有一个图号。由多张图组成的一个完整的图，其中每张图都应按彼此相关的方法编制张次号。

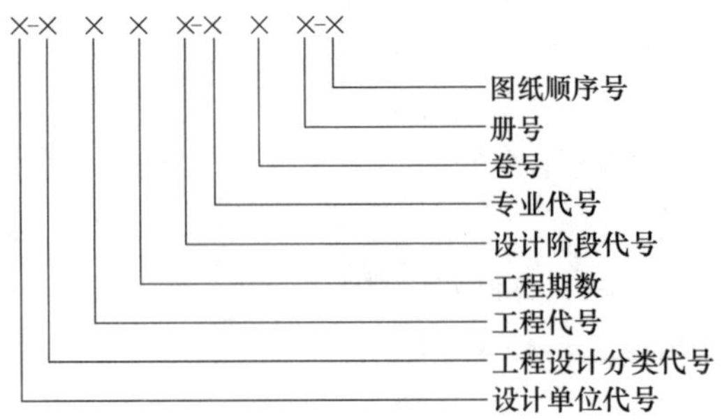

图 2-3 电气施工设计图的编号方法

如果在一张图上有几张几种类型的图，应通过附加图号的方式，使图幅内的每个图都能被清晰地分辨出来。

电气施工设计图的编号方法一般如图 2-3 所示。

四、图幅分区

为了便于确定图上的内容、补充、更改和组成部分等的位置及其他用途，也为了在电气图中迅速、准确地找到图中某一项目，往往对一些幅面较大、内容复杂的电气图进行分区。

图幅分区的基本方法是：在图的边框处将图纸的各边等分，竖边方向用大写英文字母编号，横边方向两边用阿拉伯数字编号；编号的顺序应从标题栏相对的左上角开始；将图纸相互垂直的两边各自加以等分，分区数应是偶数；每一分区的长度为 25～75mm。GB/T 6988.1 标准中的上述图幅分区，符合 GB/T 14689 的有关规定。

对于缩微摄影原件，可在图纸下面设置不标注尺寸数字的公制基准分度，以识别缩微摄影的放大或缩小的倍数。

为了读图、生产、管理和归档的需要，每张图纸在标题栏内要有一个编号。编号方法由各设计单位或各管理部门规定。多张图纸按彼此相关的方法编号。

图幅分区后，相当于建立了一个坐标，分区代号用该区域的字母和数字表示，字母在前，数字在后，如 B3、C4，也可用行（如 A、B）或列（如 1、2）表示。

这样，在说明设备工作元件时，就可让读者很方便地找出所指元件。图幅分区式样见图 2-4。

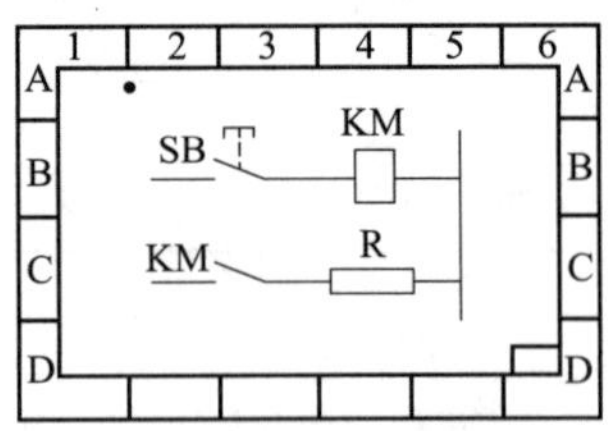

图 2-4 图幅分区示例

项目和连接线在图上的位置可用如下方式表示。

① 用行的代号（英文字母）表示。

② 用列的代号（阿拉伯数字）表示。

③ 用分区的代号表示。分区的代号为字母和数字的组合，且字母在左，数字在右。

图 2-4 中，图幅分成 4 行（A～D）、6 列（1～6），图幅内所绘制的元件 KM、SB、R 在图上的位置被唯一确定下来，其位置代号列于表 2-4 中。

表 2-4　图 2-4 元件的位置代号

序号	元件名称	符号	行号	列号	区号	序号	元件名称	符号	行号	列号	区号
1	继电器线圈	KM	B	4	B4	3	开关(按钮)	SB	B	2	B2
2	继电器触点	KM	C	2	C2	4		R	C	4	C4

在有些情况下，还可注明图号、张次，也可引用项目代号，例如：相同图号第 34 张 A6 区标记为“34/A6”，图号为 3219 的单张图 F3 区标记为“图 3219/F3”，图号为 4752 的第 28 张图 G8 区标记为“图 4752/28/G8”，等等。

第二节　图线、字体及其他

一、图线

在绘制机械图样时，应按 GB/T 4458.1《机械制图 图样画法 视图》标准规定选用适当的图线。

机械制图标准规定了 8 种基本图线，即粗实线、细实线、波浪线、双折线、虚线、细点画线、粗点画线、双点画线，其代号依次为 A、B、C、D、F、G、J、K，见表 2-5。

表 2-5　图线及其应用

序号	图线名称	图线形式	代号	图线宽度/mm	一般应用
1	粗实线	————	A	b=0.5～2	可见轮廓线、可见过渡线
2	细实线	————	B	约 $b/3$	尺寸线、尺寸界线、剖面线、重合剖面轮廓线、螺纹的牙底线及齿轮的齿根线、引出线、分界线及范围线、弯折线、辅助线、不连续的同一表面的连线、成规律分布的相同要素的连线
3	波浪线	～～～	C	约 $b/3$	断裂处的边界线、视图与剖视的分界线
4	双折线	—∧∨—∧∨—	D	约 $b/3$	断裂处的边界线
5	虚线	—————	F	约 $b/3$	不可见轮廓线、不可见过渡线
6	细点画线	—·—·—	G	约 $b/3$	轴线、对称中心线、轨迹线、节圆及节线
7	粗点画线	—·—·—	J	b	有特殊要求的线或表面的表示线
8	双点画线	—··—	K	约 $b/3$	相邻辅助零件的轮廓线、极限位置的轮廓线、坯料轮廓线或毛坯图中制成品的轮廓线、假想投影轮廓线、试验或工艺用结构(成品上不存在)的轮廓线、中断线

根据电气图的需要，一般只使用其中 4 种图线，见表 2-6。

表 2-6　电气图用图线的形式和应用范围

序号	图线名称	图线形式	一般应用
1	实线	————	基本线、简图主要内容用线、可见轮廓线、可见导线
2	虚线	—————	辅助线、屏蔽线、机械连接线、不可见轮廓线、不可见导线、计划扩展内容用线
3	点画线	——·——	分界线、结构围框线、功能围框线、分组围框线
4	双点画线	——··——	辅助围框线

缩微文件的图线宽度，应符合 GB/T 10609.4—2009《技术制图 对缩微复制原件的要求》的规定。在其他媒体上编制正式文件的图线宽度，必须满足与该媒体相适应的宽度要求。

如果采用两种或两种以上的图线宽度，任何两种线宽比例应不小于 2∶1。

两条平行图线边缘之间的间隙至少是粗线条的 2 倍；两条线宽一样的平行线之间的间隙，应不小于每条线宽的 3 倍；两条缩微文件的平行线之间的间隙应不小于线宽的 2 倍，最小值不小于 0.7mm。

对电气图中的平行连接线，其中心间距至少为字体的高度，如有附加信息标注，则间距至少为字体的高度的 2 倍。

二、字体

图中的文字，如汉字、字母和数字是电气技术文件和电气图的重要组成部分，是读图的重要内容，因此要求字体必须规范，做到字体端正、清晰、排列整齐、均匀。图面上字体的大小，依图幅而定。按 GB/T 14691《技术制图 字体》的规定，汉字采用长仿宋体，字母、数字可用直体、斜体；字体号数，即字体高度，分为 20mm、14mm、10mm、7mm、5mm、3.5mm、2.5mm、1.8mm 八种，字体的宽度约等于 $h/\sqrt{2}$，而数字和字母的笔画宽度约为字体高度的 1/14。因汉字笔画较多，一般不小于 3.5 号字。参数的字母可采用斜体，字头向右倾斜 75°。缩微文件的字体最小高度，根据图纸幅面大小，IEC 推荐采用 A0（5 号字）、A1（3.5 号字）、A2（2.5 号字）、A3（2.5 号字）、A4（2.5 号字）。

三、箭头和指引线

1. 箭头

电气图中的箭头符号在 GB/T 4728 中有规定，分为实心箭头和开口箭头符号，示例见表 2-7。

表 2-7 简图中的箭头符号示例

GB/T 4728 中图形符号编号	图形符号	说明	GB/T 4728 中图形符号编号	图形符号	说明
S00081		可调节性	S00099	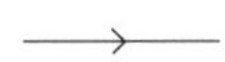	电气能量、电气信号的传递方向
S00093		力或运动方向以及直线运动(单向)	S00010	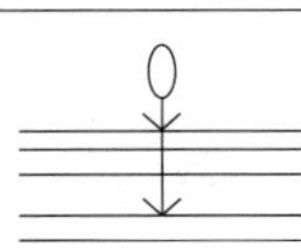	电缆线中的导线，其中箭头所指的在同一条电缆内

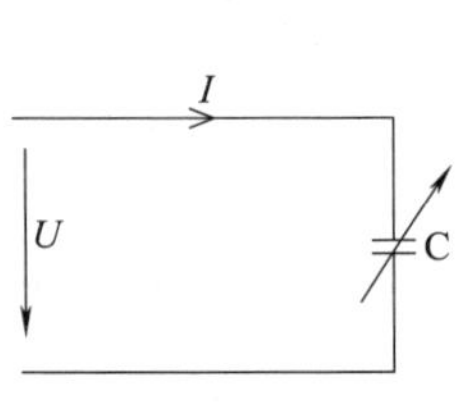

图 2-5 电气图中的箭头应用示例

箭头应用示例见图 2-5。其中，电流 I 方向用开口箭头表示，可变电容的可变性限定符号用实心箭头表示，电压 U 指示方向用实心箭头表示。

2. 指引线

指引线用于指示注释的对象，必须是细实线，其末端指向注释处。指引线的终止按 GB/T 4458.1 标注，如图 2-6 所示。

如末端在一物体的轮廓线内，用一黑圆点表示，如图 2-6（a）所示；如末端在一物体的轮廓线上，用一箭头表示，如图 2-6（b）所示；如末端在尺寸线上，既不用圆点，也不用箭头，如图 2-6（c）所示。但是，末端在连接线上的指引线，采用在连接线和指引线交点画一短斜线或箭头表示终止，允许有多个末端，如图 2-7 所示。

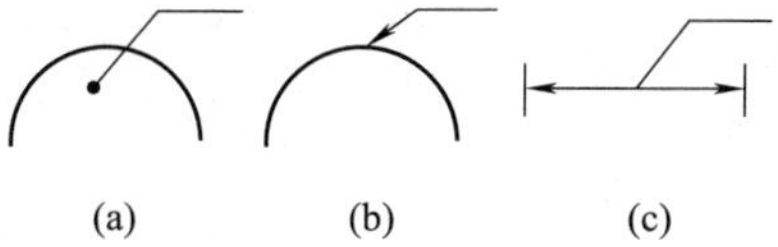

图 2-6　指引线及端接方式

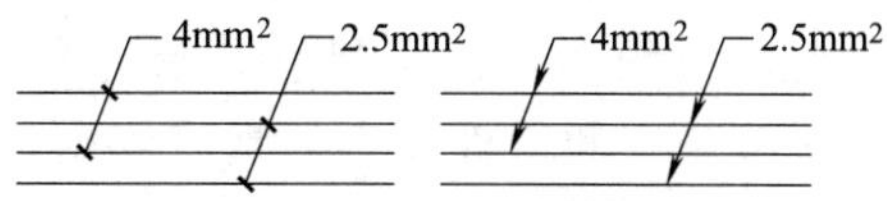

图 2-7　与连接线相接的指引线

四、围框

当需要在电气图上显示出其中的一部分所表示的是功能单元、结构单元或项目组（电器组、继电器装置）时，可以用点画线围框表示。为了图面清晰，围框的形状可以是不规则的，如图 2-8 所示。围框内有两个继电器，每个继电器分别有三对触点，用一个围框表示这两个继电器 KM_1、KM_2 的作用关系会更加清楚，且表示这两个继电器具有互锁和自锁功能。

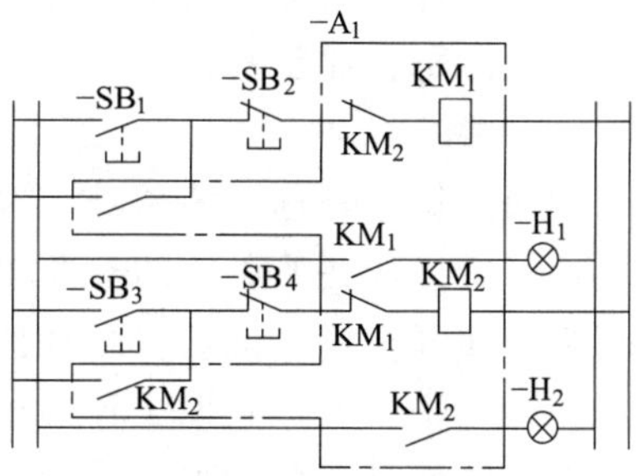

图 2-8　围框例图

用围框表示的单元，若在其他文件上给出了可供查阅其功能的资料，则该单元的电路等可简化或省略。如果在图上含有安装在别处而功能与本图相关的部分，这部分可加双点画线围框，例如图 2-9（b）的- A 单元内包含有熔断器- FU、按钮- SB、接触器- KM 和功能单元- B 等，它们在一个框内。而- B 单元在功能上与- A 单元有关，但不装在- A 单元内，所以用双点画线围起来，并且加了注释，表明- B 单元在图 2-9（a）中给出了详细资料，这里将其内部连接线省略。

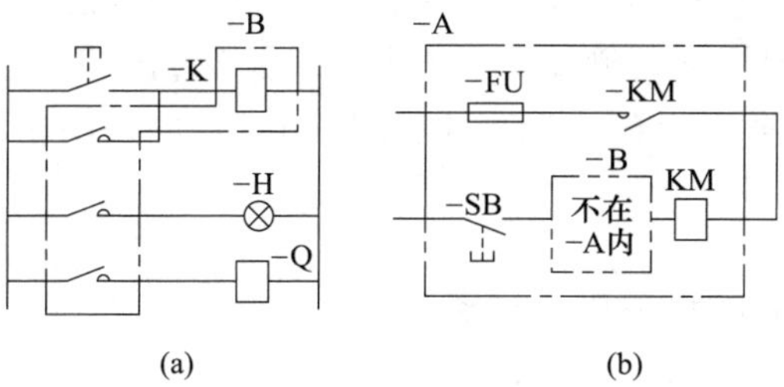

图 2-9　含双点画线围框

注意：在采用围框表示时，围框线不应与元件符号相交。

五、比例

图面上所画图形尺寸与实物尺寸的比值称为比例。电气简图主要是采用图形符号和连线绘制的，大部分电气线路图（或电路图）都是不按比例绘制的，但位置平面图等一般按比例绘制，这样在平面图上测出两点距离，就可按比例计算出两者间的实际距离（如线长度、设备间距等），这对导线的放线及设备机座、控制设备等的安装都有利。如果要按比例制图，则应按 GB/T 14690《技术制图 比例》的规定，从表 2-8 中选取比例。

表 2-8　技术制图中的推荐比例

类别	推荐的比例		
放大比例	50∶1 5∶1	20∶1 2∶1	10∶1
原比例	—	—	1∶1
缩小比例	1∶2 1∶20 1∶200 1∶2000	1∶5 1∶50 1∶500 1∶5000	1∶10 1∶100 1∶1000 1∶10000

如果按比例（测量）制图，在图中应有长度比例尺。

六、尺寸标准

一些电气图上标注了尺寸。尺寸数据是有关电气工程施工和构件加工的重要依据。

尺寸由尺寸线、尺寸界线、尺寸起止点（实心箭头或45°斜短画线）、尺寸数字四个要素组成，如图2-10所示。

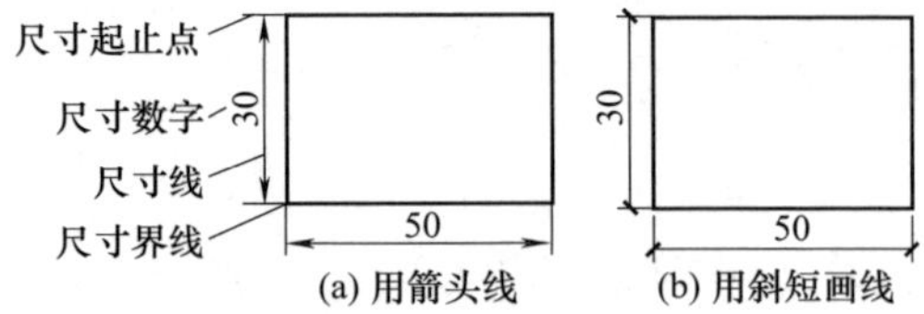

图2-10 尺寸标注示例

图纸上的尺寸通常以mm（毫米）为单位，除特殊情况外，图上一般不另标注单位。

七、注释、详图

1. 注释

用图形符号表达不清楚或不便表达的地方，可在图上加注释。注释可采用两种加注方式：一是直接放在要说明的对象附近；二是加标记，将注释放在另外位置或另一页。当图中出现多个注释时，应把这些注释按编号顺序放在图纸边框附近。如果是多张图纸，一般性注释放在第一张图上，其他注释则放在与其内容相关的图上。注释采用文字、图形、表格等形式，其目的就是把对象表达清楚。

2. 详图

详图实质上是用图形来作注释，相当于机械制图的剖面图，就是把电气装置中某些零部件和连接点等结构、做法及安装工艺要求放大并详细表示出来。详图可放在要详细表示对象的图上，也可放在另一张图上，但必须用一标志将它们联系起来。标注在总图上的标志称为详图索引标志，标注在详图位置上的标志称为详图标志，例如11号图上1号详图在18号图上，则在11号图上的索引标志为“1/18”，在18号图上的详图标志为“1/11”，即采用相对标注法。

第三节 简图的布局方法

电气图基本上都属于简图，因此简图的布局是电气制图中要考虑的一个重要问题。电气图要从对图的理解和使用方便出发，做到突出图的本意、布局结构合理、排列均匀、图面清晰、便于读图。

一、图线布局

电气图中一般用于表示导线、信号通路、连接线等的图线应为直线，即横平竖直，尽可能减少交叉和弯折。图线的布局通常有以下三种方法。

1. 水平布局

水平布局的基本方法是将设备和元件按行布置，使得其连接线一般成水平布置。如图2-11所示，各元件、二进制逻辑单元按行排列，从而使各连接线基本上都是水平线。在水平布局的图中，元件和连接线在图上的位置可用图幅分区的行的代号表示。

水平布局的图与一般图书中文字横排相对应，符合人们的阅读习惯。因此，水平布局是电气图中图线的主要布局形式。

2. 垂直布局

垂直布局的基本方法是将元件和设备按列排列，连接线成垂直布置，如图2-12所示。

元件、图线在图上的位置也可按图幅分区的列的代号表示。

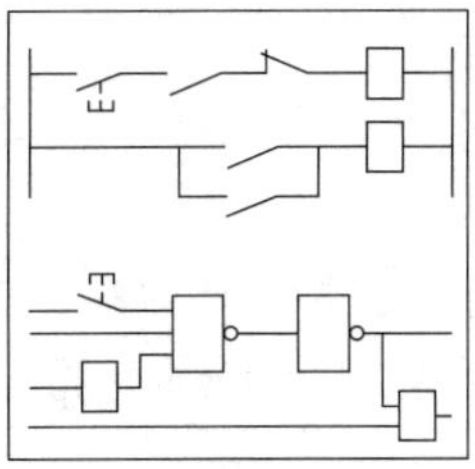

图 2-11　图线水平布局范例

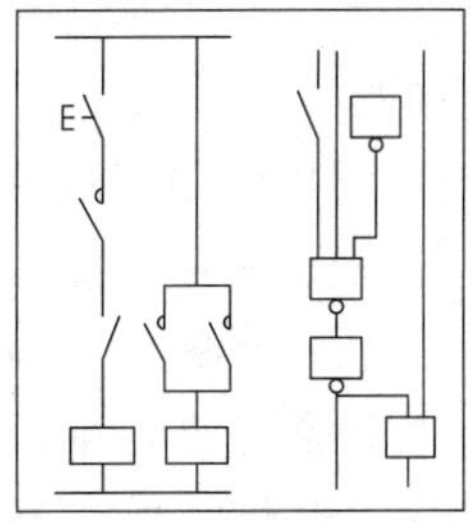

图 2-12　图线垂直布局范例

3. *交叉布局*

为了把相应的元件连接成对称的布局，也可以采用斜的交叉线的方式布置，见图 2-13。

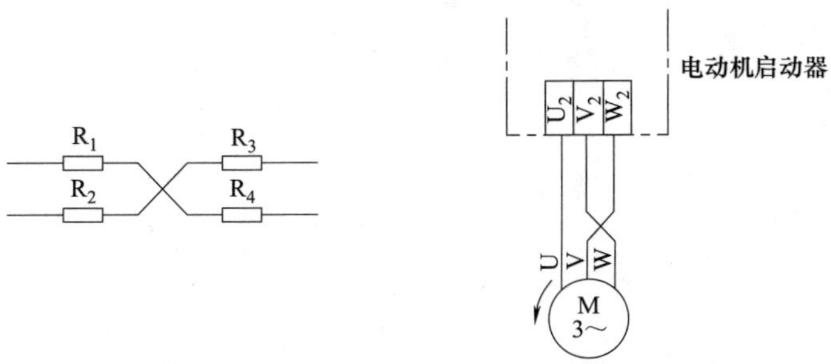

(a)　(b)

图 2-13　图线交叉布局

二、电路或元件布局

在电气简图中，电路或元件的布局方法有功能布局法和位置布局法两种。

1. *功能布局法*

对于强调项目功能和工作原理的简图，应采用功能布局法。

在按功能布局的简图中，电路尽可能按工作顺序布局，功能相关的符号应分组并靠近，从而使信息流向和电路功能清晰，并便于留出注释的位置。

在这种布局法中，将表示对象划分为若干功能组，按照因果关系、动作顺序、功能联系等从左到右或从上到下布置；为了强调并便于看清其中的功能关系，每个功能组的元件应集中布置在一起，并尽可能按工作顺序排列。大部分的电气图，如系统图和框图、电路图、功能表图、逻辑图等，都采用这种布局方法，例如，图 2-14 所示是水平布局，从左向右分析，SB_1、FR、KM 都处于常闭状态，KT 线圈才能得电。经延时后，KT 的常开触点闭合，KM 得电。不按这一规律来分析，就不易看懂这个电路图的动作过程。

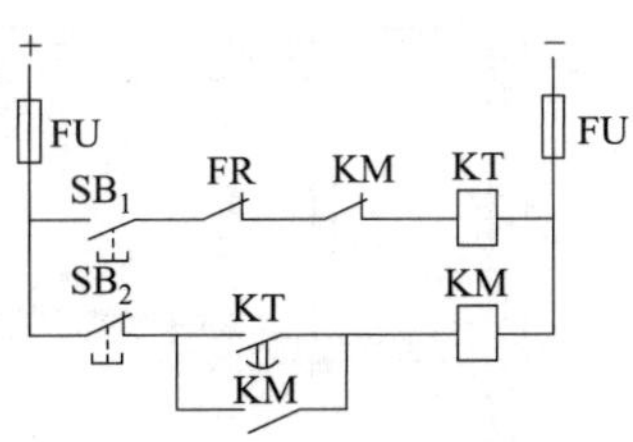

图 2-14　元件布局范例

采用功能布局法，一般应遵守以下规则。

① 对于概略图、功能图和电路图，主要信息流向应是从左至右，或者从上至下的。

② 如果单一信号流向不明显，在连线上必须画上开口箭头符号。开口箭头不应与元件符号（例如限定符号）相邻近，以免混淆。

③ 在闭合电路中，前向通路上的信息流方向应该是从左到右或从上到下的，反馈通路的方向则相反。对于需要体现信息流方向的多数方框符号、逻辑元件和模拟元件符号的电路布局，信号流向均被设计成从左至右。

④ 图的引入引出线最好画在图纸边框附近。这样布局可使看图方便，尤其是当绘制在几张图上时，能较清楚地看出输入输出的衔接关系。

在如图 2-15 所示的控制系统中，主控系统功能组应放在被控系统功能组左边或上边，按速度设定、速度控制、电流控制等功能单元布局，从右到左或从下到上的信息流（如电流、速度变化量）用开口箭头表示。

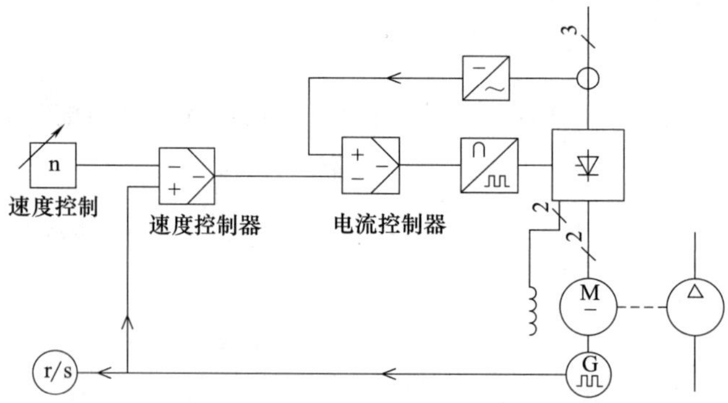

图 2-15 控制系统功能分组和信号流的示例

2. 位置布局法

对于强调项目实际位置的简图，应采用位置布局法。符号应分组，其布局按实际位置排列。位置布局法是指简图中元件符号的布置对应于该元件实际位置的布局方法。接线图、电缆配置图都采用这种方法，这样可以清楚地看出元件的相对位置和导线的走向。

例如表示各项目之间连接关系的安装图，见图 2-16；提供有关电缆的，诸如导线识别标记和两端位置以及特性、路径和功能信息的简图如图 2-17 所示。

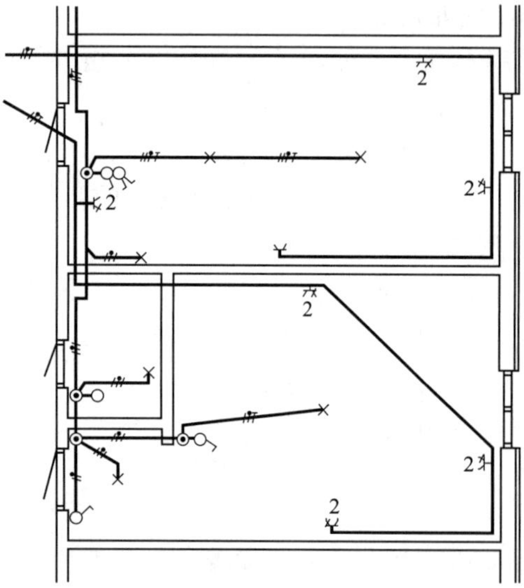

图 2-16 位置布局法表示建筑物内采光装置的安装简图

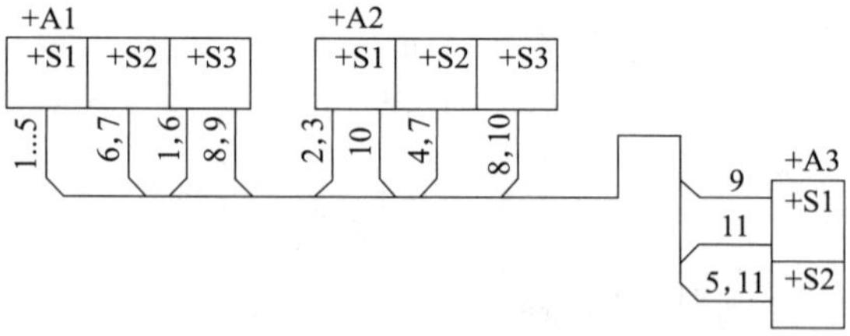

图 2-17 采用位置布局法的电缆图

第四节　电气原理图的绘制

电气原理图，也称原理接线图，是按国家统一规定的图形符号和文字符号绘制的表示电气工作原理的电路图，是电气技术领域必不可少的工程语言。

由于电气图不像机械图、建筑图那样形象直观和比较集中，因此识读时要将各种有关的图纸联系起来，对照阅读，如通过系统图、电路图找联系，通过接线图、位置图找位置，交错阅读则可产生事半功倍的效果。

各类电气图都有各自的绘制方法和绘制特点，掌握了这些特点就能提高识图效率。根据国家标准，绘制控制线路原理图应遵循下述原则。

① 电气原理图一般分为电源电路、主电路、控制电路、信号电路及照明电路等部分。电源电路在图纸的上部水平方向画出，电源开关装置也要水平画出。直流电源正端在上、负端在下画出，三相交流电源按相序 L1、L2、L3 由上而下依次排列画出，中性线 N 和保护地线 PE 画在相线下面。

主电路是指受电的动力装置和保护电路，它通过工作电流。主电路垂直于电源电路，在图纸的左侧。控制电路是指控制主电路工作状态的电路；信号电路是指显示主电路工作状态的电路；照明电路是指实现设备局部照明的电路。控制电路、信号电路、照明电路通过的电流较小，在原理图中垂直于电源电路，依次画在主电路右侧。电路中的耗能元件，如接触器的线圈、继电器的线圈、信号灯、照明灯等，画在电路的下方，各电器的触头一般都画在耗能元件的上方。

② 图中的各电器的触头位置都按电路未通电或电器未受外力作用时的常态位置画出。

③ 图中的各电气元件均采用国家规定的统一国标符号画出。

④ 图中同一电器的各元件按其在电路中所起的作用分别画在不同的电路中，但它们的动作相互关联，并标注相同的文字符号。当图中相同的电器不止一个时，要在电器文字符号后面加上序数以示区别。

⑤ 图中有直接电联系的交叉导线连接点，用实心小圆点表示。

第五节　电气图常用名词术语

一、电气图常用名词术语简介

① 半集中表示法。指为了使设备和装置的电路布局清晰，易于识别，将一个项目中某些部分的图形符号在简图上分开布置，并用机械连接符号表示它们之间关系的方法。

② 集中表示法。把设备或成套装置中一个项目各组成部分的图形符号，在简图上绘制在一起的方法。

③ 被控系统。指执行实际操作的设备。

④ 表格。将数据按纵横排列的表达形式列出，用以说明系统、成套装置或设备中各组成部分的相互关系，或者用以提供工作参数。表格采用行或列的表达形式，也可简称为表。

⑤ 图。用点、线、符号、文字和数字等描绘事物几何形态、位置及大小的一种形式。图是采用图示法的各种表达形式的统称。图是用图的形式来表示信息的一种技术文件。

⑥ 图样。根据投影原理、标准或有关规定表示工程对象，并有必要技术说明的图。

⑦ 平面图。表示水平视图、断面或剖面的图。

⑧ 地图。一个设施与其周围地形关系的图示形式：

⑨ 表图。表明两个或两个以上变量之间关系的一种图。在不致引起混淆时，表图也可简称为图。

⑩ 部件。指由两个或更多的基本件构成的组件的一部分，可以整个替换，也可以分别替换其中的一个或几个基本件，如过流保护器件、滤波器网格单元、端子板等。

⑪ 组件。由若干基本件、若干部件组成，或将若干基本件和若干部件组装在一起，用来完成某一特定功能的组合体，如发电机、音频放大器、电源装置、开关设备等。

⑫ 补充标记。一般用作主标记的补充，以每一根导线或线束的电气功能为依据的标记系统。

⑬ 程序图。详细表示程序单元、模块及其互连关系的一种简图。其布局应能使读者清晰地识别其相互关系。

⑭ 单元接线图或单元接线表。表示成套装置或设备中的一个结构单元内的连接关系的一种接线图或接线表。

⑮ 互连接线图或互连接线表。表示成套装置或设备的不同单元之间连接关系的接线图或接线表。

⑯ 单线表示法。在简图上只用一条线表示两根或两根以上的导线的方法。

⑰ 多线表示法。在简图上每根导线都分别用一条线表示的方法。

⑱ 等效电路图。用于分析和计算电路特性或状态的，表示等效电路的功能图，也是表示理论的元件及其连接关系的一种简图。

⑲ 电路图。表示系统、分系统、装置、部件、设备等实际电路的简图，采用按功能排列的图形符号，详细表示各元件、元件连接关系以及功能，而不考虑其实体尺寸、形状或位置。

⑳ 端子。用以连接器件和外部导线的导电件。

㉑ 端子板。装有多个互相绝缘并通常与地绝缘的端子的板、块或条。

㉒ 端子代号。用以同外电路进行电气连接的电气导电件的代号。

㉓ 端子功能图。表示功能单元的全部外接端子，并用简化的电路图、功能图、功能表图、顺序表图或文字来表示其内部的功能的一种简图。

㉔ 端子接线图或端子接线表。表示成套装置或设备的端子及其外部接线（必要时包括内部接线）的一种接线图或接线表。

㉕ 方框符号。用以表示元件、设备等的组合及其功能，既不给出元件、设备的细节，也不考虑所有连接的一种简单的图形符号。

㉖ 符号要素。一种具有确定意义的简单图形，必须同其他图形组合，以构成一个设备或概念的完整符号。

㉗ 高层代号。系统或设备中任何较高层次（对给予代号的项目而言）项目的代号，如热电厂中包括泵、电动机、启动器和控制设备的泵装置的代号。

㉘ 前缀符号。用以区分各个代号段的符号，包括“＝”“＋”“－”和“：”。

㉙ 图形符号。通常用于图样或其他文件，以表示一个设备或概念的图形、标记或字符。

㉚ 位置代号。项目在组件、设备、系统或建筑物中实际位置的代号。

㉛ 限定符号。用以提供附加信息的一种加在其他符号上的符号。

㉜ 一般符号。用以表示一类产品和该类产品特征的一种通常很简单的符号。

㉝ 种类代号。主要用以识别项目种类的代号。

㉞ 项目。在图上通常用一个图形符号来表示的基本件、部件、组件、功能单元、设备、系统等，如电阻器、继电器、发电机、放大器、电源装置、开关设备等都可称为项目。

㉟ 项目代号。用以识别图、图表、表格和设备上的项目种类，并提供项目的层次关系、实际位置等信息的一种特定的代码。

㊱ 功能。对信息流、逻辑流和系统的性能具有特定作用的操作过程定义。

㊲ 功能流。描述设备功能之间逻辑的相互关系。

㊳ 功能图。表示理论的或理想的电路而不涉及实现方法的简图。

㊴ 功能表图。表示控制系统的功能、作用和状态的表图。

㊵ 简图。由规定的图形符号、带注释的围框或简化外形表示系统或设备中各组成部分之间相互关系及其连接关系的示意性图。在不致引起混淆时，简图也可简称为图。

㊶ 基本件。在正常情况下不破坏其功能就不能分解的一个（或互相连接的几个）零件、元件或器件，如连接片、电阻器、集成电路等。

㊷ 逻辑图。主要用二进制逻辑单元图形符号绘制的简图。只表示功能而不涉及实现方法的逻辑图称为纯逻辑图。

㊸ 逻辑电平。假定代表二进制变量的一个逻辑状态的物理量。

㊹ 内部逻辑状态。描述假定符号框线内输入端或输出端存在的逻辑状态。

㊺ 外部逻辑状态。描述假定在符号框线外存在的逻辑状态。

㊻ 设备元件表。由成套装置、设备和装置中各组成部分的相应数据列成的表格。

㊼ 备用元件表。表示用于防护和维修的项目（零件、元件、软件、散装材料等）的表格。

㊽ 施控系统。接收来自操作者的信息并给被控系统发出命令的设备。

㊾ 数据单。对特定项目给出详细信息的资料。

㊿ 位置简图或位置图。表示成套装置、设备或装置中各个项目的位置的简图或图。

(51) 系统图或框图。用符号或带注释的框来概略表示系统或分系统的基本组成、相互关系及主要特征的简图。

(52) 印制板装置配图。表示各种元器件和结构件等与印刷板的连接关系的图样。

(53) 印制板零件图。表示导电图形、结构要素、标记符号、技术要求和有关说明的图样。

(54) 系统说明书。按照设备的功能而不是实际结构来划分的文件，也称功能系统说明书。

(55) 识别标记。标在导线或线束两端，必要时标在全长的可见部位，以识别导线或线束的标记。

(56) 主标记。只标记导线或线束的特征，而不考虑其电气功能的标记系统。

(57) 从属标记。以导线所连接的端子的标记或线束所连接设备的标记为依据的导线或线束的标记系统。

(58) 独立标记。与导线所连接端子的标记或线束所连接设备的标记无关的导线或线束的标记系统。

(59) 组合标记。从属标记和独立标记一起使用的标记系统。

(60) 媒体。用以记录信息的材料，如纸张、缩微胶片、磁盘或光盘。

(61) 文件。媒体上的信息。通常，文件按照信息的种类和表达方法来命名，例如概略图、接线表、功能表图。

注意： 信息可以以静态方式记录在纸张和缩微胶片上，或动态显示在图像显示装置上。

㉜ 分开表示法。为了使设备和装置的电路布局清晰，易于识别，将一个项目中某些部分的图形符号在简图上分开布置，仅用项目代号表示它们之间关系的方法。

㉝ 组合表示法。采用下列两种方式的表示方法：符号的各部分画在围框线内；符号的各部分（通常是二进制逻辑元件或模拟元件）连在一起。

㉞ 重复表示法。一个复杂符号（通常用于有电气功能联系的元件，例如用含有公共控制框或公共输出框的符号表示的二进制逻辑元件）示于图上的两处或多处的表示方法。同一项目代号只代表同一个元件。

㉟ 功能布局法。简图中元件符号的布置，只考虑便于看出它们所表示的元件之间的功能关系而不考虑实际位置的一种布局方法。

㊱ 位置布局法。简图中元件符号的布置对应于该元件实际位置的布局方法。

㊲ 网络图。在地图上表示诸如发电站、变电站及电力线、电信设备和传输线之类的电网的概略图。

㊳ 时序图。按比例绘出时间轴的顺序表图。

㊴ 总平面图。表示建筑工程服务网络、道路工程相对于测定点的位置、地表资料、进入方式和工区总体布局的平面图。

㊵ 安装图。表示各项目安装位置的图。

㊶ 装配图。通常按比例表示一组装配部件的空间位置和形状的图。

㊷ 布置图。经简化或补充，以给出某种特定目的所需信息的装配图。

㊸ 接线图。表示或列出一个装置或设备的连接关系的简图。

㊹ 安装说明文件。给出有关一个系统、装置、设备或元件的安装条件以及供货、交付、卸货信息的文件。

㊺ 使用说明文件。给出有关一个系统、装置、设备或元件的使用说明或信息的文件。

㊻ 维修说明文件。给出一个系统、装置、设备或元件的维修程序的说明或信息的文件，例如维修或保养手册。

二、常用新、旧名词术语对照

有些名词术语有多种表达方式，存在需要统一的问题。为了方便广大读者学习、识读电气图，现列出常用的新、旧名词术语对照表，如表 2-9 所示。

表 2-9 常用新、旧名词术语对照

序号	旧名词术语	新名词术语	序号	旧名词术语	新名词术语
1	周波	周	9	波头	波前
2	杂音、噪声	噪声	10	低电压	欠电压
3	趋肤效应	集肤效应	11	瓷瓶	绝缘子
4	均方根值	方均根值	12	连接组标号	联结组标号
5	导电率	电导率	13	变比	电压比（用于变压器、电压互感器）、电流比（用于互感器）
6	电阻系数	电阻率			
7	等值电路	等效电路			
8	克希荷夫定律	基尔霍夫定律	14	短路电压	阻抗电压

续表

序号	旧名词术语	新名词术语	序号	旧名词术语	新名词术语
15	角差、相角差	相位差	27	常开触头	动合触头
16	瓦斯继电器	气体继电器	28	常闭触头	动断触头
17	原边	初级（用于电机）、一次（用于变压器类）	29	串激	串励
			30	并激	并励
18	副边	次级（用于电机）、二次（用于变压器类）	31	复激	复励
			32	他激	他励
19	闸刀开关	刀开关	33	鼠笼型异步电动机	笼型感应电动机
20	自动开关	断路器	34	绕线式异步电动机	绕线转子感应电动机
21	自动开关、空气开关	低压断路器	35	暂态（瞬变）电抗	瞬态电抗
22	按钮开关	按钮	36	次暂态（超瞬变）电抗	超瞬态电抗
23	磁力启动器	电磁启动器			
24	降压启动器	减压启动器	37	可控硅元件	晶闸管
25	保险器	熔断器	38	印刷电路	印制电路
26	保险丝	熔体（熔片、熔丝）	39	外部设备	外围设备

复习思考题

1. 电气图由哪些部分组成？
2. 电气图的幅面尺寸共分几类？幅面尺寸及代号是什么？
3. 图纸幅面的选用原则有哪些？
4. 标题栏的作用是什么？
5. 标题栏由哪些部分组成？
6. 明细栏由哪些部分组成？
7. 图幅分区的基本方法是什么？
8. 图幅分区如图 2-18 所示，请列出图幅内绘制的元件 KM、SB、R 在图上的位置。
9. 电气图用图线的形式有哪几种？其应用范围有哪些？
10. 点画线围框在什么情况下应用？
11. 电气图形中比例是如何定义的？
12. 尺寸由哪些要素组成？尺寸标注的单位是什么？
13. 电气图在什么情况下需要加注释？
14. 图线的布局通常有哪几种方法？
15. 什么情况下采用功能布局法？
16. 电气简图中采用功能布局法时，一般应遵守哪些规则？
17. 什么情况下采用位置布局法？
18. 什么是半集中表示法和集中表示法？
19. 什么是分开表示法？
20. 什么是组合表示法？

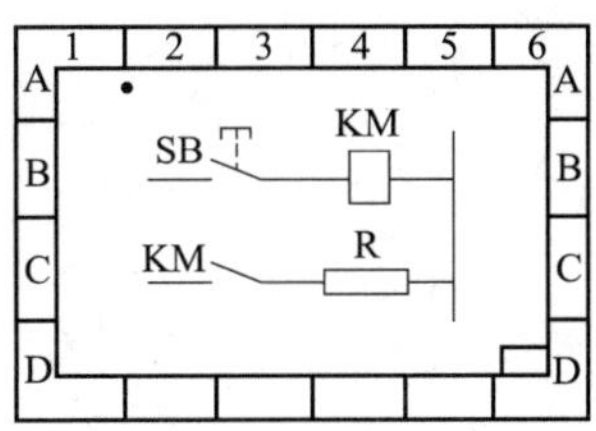

图 2-18　图幅分区

21. 什么是重复表示法?

22. 什么是单线表示法和多线表示法?

23. 什么是电路图?

24. 什么是功能图?

25. 什么是功能表图?

26. 什么是简图?

27. 什么是逻辑图?

28. 什么是位置简图或位置图?

29. 什么是框图?

30. 什么是印制板装置配图?

31. 什么是印制板零件图?

32. 什么是时序图、安装图、装配图、布置图、接线图?

第三章
电气图的基本知识

[学习目标]

① 了解电气图的分类。
② 掌握电气图的主要特点。
③ 掌握常用电气制图与电气图形符号的相关国家标准。
④ 理解电气识图的基本要求和基本步骤。
⑤ 培养夯实基础，为国奉献的责任感。

第一节　电气图的分类

电气图是电气工程中各部门进行沟通、交流信息的载体，由于电气图所表达的对象不同，提供信息的类型及表达方式也不同，因此电气图具有多样性。同一套电气设备，可以有不同类型的电气图，以适应不同使用对象的要求。对于供配电设备来说，主要电气图是指一次回路和二次回路的电路图。但要表示清楚一项电气工程或一种电气设备的功能、用途、工作原理、安装和使用方法等，光有这两种图是不够的，例如，表示系统的规模、整体方案、组成情况、主要特性需用概略图，表示系统的工作原理、工作流程和分析电路特性需用电路图，表示元件之间的关系、连接方式和特点需用接线图。在数字电路中，各种数字集成电路的应用使电路能实现逻辑功能，因此就有反映集成电路逻辑功能的逻辑图。

根据各电气图所表示的电气设备、工程内容及表达形式的不同，电气图通常可分为以下九类。

一、系统图或框图

系统图或框图（也称概略图）就是用符号或带注释的框概略表示系统或分系统的基本组成、相互关系及其主要特征的一种简图。它通常是某一系统、某一装置或某一成套设计图中的第一张图样。系统图或框图可分不同层次绘制，可参照绘图对象逐级分解来划分层次。它还可以作为教学、训练、操作和维修的基础文件，使人们对系统、装置、设备等有一个概略的了解，为进一步编制详细的技术文件以及绘制电路图、接线图和逻辑图等提供依据，也为进行相关计算、选择导线和电气设备等提供重要依据。

电气系统图和框图原则上没有区别。在实际使用时，电气系统图通常用于系统或成套装置，框图则用于分系统或设备。

系统图或框图布局采用功能布局法，能清楚地表达过程和信息的流向。为便于识图，控制信号流向与过程流向应互相垂直。系统图或框图的基本形式如下所述。

1. 用一般符号表示的系统图

这种系统图通常采用单线表示法绘制，例如电动机的主电路，如图 3-1 所示，它表示了主电路的供电关系，它的供电过程是电源三相交流电→开关 QS→熔断器 FU→接触器 KM→热继电器热元件 FR→电动机 M。又如某供电系统，如图 3-2 所示，表示这个变电所把 10kV 电压通过变压器变换为 380V 电压，经断路器 QF 和母线后通过 FU－QK_1、FU－QK_2、FU－QK_3 分别供给三条支路。系统图或框图常用来表示整个工程或其中某一项目的供电方式和电能输送关系，也可表示某一装置或设备各主要组成部分的关系。

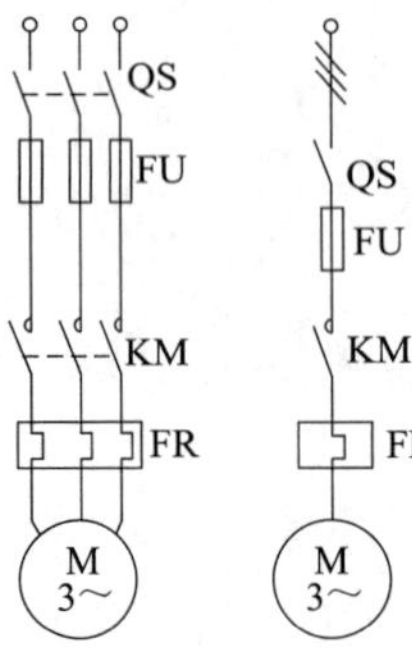

图 3-1　电动机供电系统图

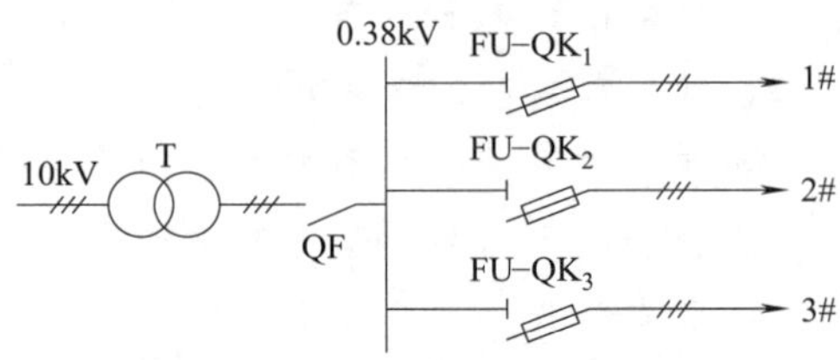

图 3-2　某变电所供电系统图

2. 框图

对于较为复杂的电子设备，除了电路原理图之外，往往还会用到电路框图。例如示波器是由一只示波管和为示波管提供各种信号的电路组成的，在示波器的控制面板上设有一些输入插座和控制按钮，测量用的探头通过电缆和插头与示波器输入端子相连。示波器的种类较多，但基本原理与结构基本相似，一般由垂直偏转系统、水平偏转系统、辅助电路、电源电路及示波管组成。通用示波器结构框图如图 3-3 所示。

电路框图和电路原理图相比，包含的电路信息比较少。实际应用中，仅根据电路框图是

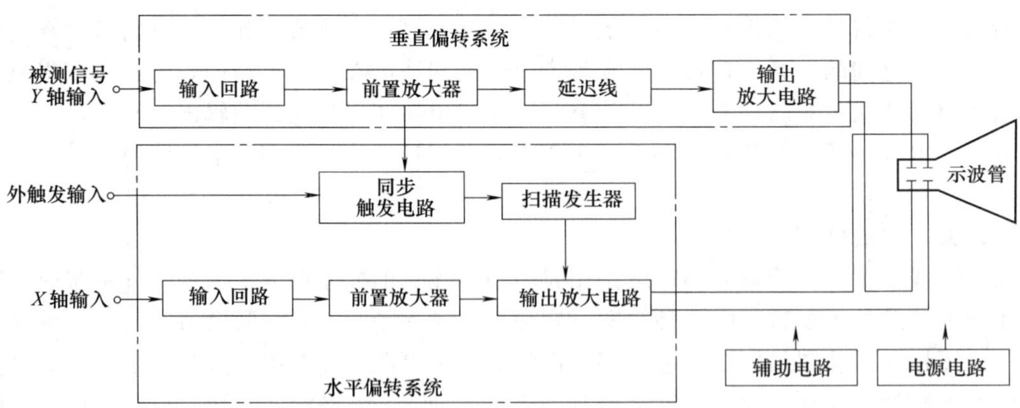

图 3-3　示波器的基本结构框图

无法弄清楚电子设备的具体电路的，它只能作为分析复杂电子设备电路的辅助手段。

二、电路图

电路图以电路的工作原理及阅读和分析电路方便为原则，用国家统一规定的电气图形符号和文字符号，按工作顺序将图形符号从上到下、从左到右排列，详细表示电路、设备或成套装置的工作原理、基本组成和连接关系。电路图是表示电流从电源到负载的传送情况和电气元件的工作原理，而不考虑其实际位置的一种简图，其目的是便于读图者详细理解设备工作原理，分析和计算电路特性及参数，为测试和寻找故障提供信息，为编制接线图、安装和维修提供依据，所以这种图又称为电气原理图或原理接线图，简称原理图。

电路图在绘制时应注意设备和元件的表示方法。在电路图中，设备和元件采用符号表示，并应以适当形式标注其代号、名称、型号、规格、数量等，应注意设备和元件的工作状态。设备和元件的可动部分通常应表示在非激励或不工作的状态或位置。符号的布置原则为：驱动部分和被驱动部分之间采用机械连接的设备和元件（例如接触器的线圈、主触头、辅助触头），以及同一个设备的多个元件（例如转换开关的各对触头）可在图上集中、半集中或分开布置。

电动机的控制线路原理如图 3-4 所示，表明了系统的供电和控制关系。

三、位置图（布置图）

位置图是指用正投影法绘制的图。位置图是表示成套装置和设备中各个项目的布局、安装位置的图。位置图一般用图形符号绘制。

四、接线图或接线表

表示成套装置、设备、电气元件的连接关系，用以进行安装接线、检查、试验与维修的一种简图或表格，称为接线图或接线表。

接线图主要用于表示电气装置内部元件之间及电气装置与外部其他装置之间的连接关系，它是便于制作、安装及维修人员接线和检查的一种简图或表格。

图 3-5 是电动机控制线路的主电路接线图，它清楚地表明了各元件之间的实际位置和连接关系：电源（L1、L2、L3）由 BX－3×6 的导线接至端子排 X 的 1、2、3 号，然后通过熔断器 FU1～FU3 接至交流接触器 KM 的主触点，再经过继电器的发热元件接到端子排的 4、5、6 号，最后用导线接入电动机的 U、V、W 端子。

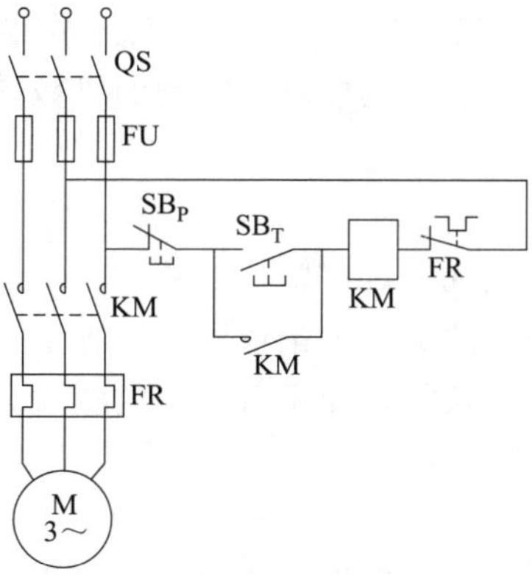

图 3-4　电动机的控制线路原理图

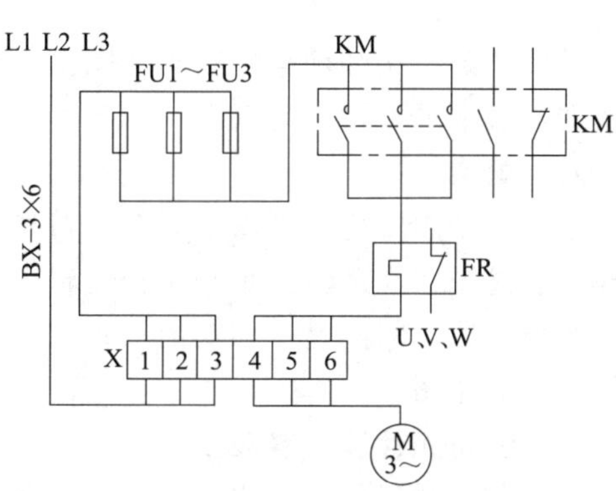

图 3-5　电动机控制线路接线图

1. 画电气接线图时应遵循的原则

① 电气接线图必须保证电气原理图中各电气设备和控制元件动作原理的实现。

② 电气接线图只标明电气设备和控制元件之间的相互连接线路，而不标明电气设备和控制元件的动作原理。

③ 电气接线图中的控制元件位置要依据它所在的实际位置绘制。

④ 电气接线图中各电气设备和控制元件要按照国家标准规定的电气图形符号绘制。

⑤ 电气接线图中的各电气设备和控制元件的具体型号可标在每个控制元件图形旁边，或者画表格说明。

⑥ 实际电气设备和控制元件结构都很复杂，画接线图时，只画出接线部件的电气图形符号。

2. 其他接线图

当一个装置比较复杂时，接线图又可分解为以下四部分。

① 单元接线图。它是表示成套装置或设备中一个结构单元内各元件之间的连接关系的一种接线图。这里“结构单元”是指在各种情况下可独立运行的组件或某种组合体，如电动机、开关柜等。

② 互连接线图。它是表示成套装置或设备的不同单元之间连接关系的一种接线图。

③ 端子接线图。它是表示成套装置或设备的端子以及接在端子上的外部接线（必要时包括内部接线）的一种接线图。

④ 电线电缆配置图。它是表示电线电缆两端位置的一种接线图，必要时还包括电线电缆功能、特性和路径等信息。

五、电气平面图

电气平面图是表示电气工程项目的电气设备、装置和线路的平面布置图。例如为了表示电动机及其控制设备的具体平面布置，可采用如图 3-6 所示的平面布置图。图中示出了电源经控制箱或配电箱，再分别经导线 BX－3×6、BX－3×4、BX－3×2.5 接至电动机 1、2、3 的具体平面布置。

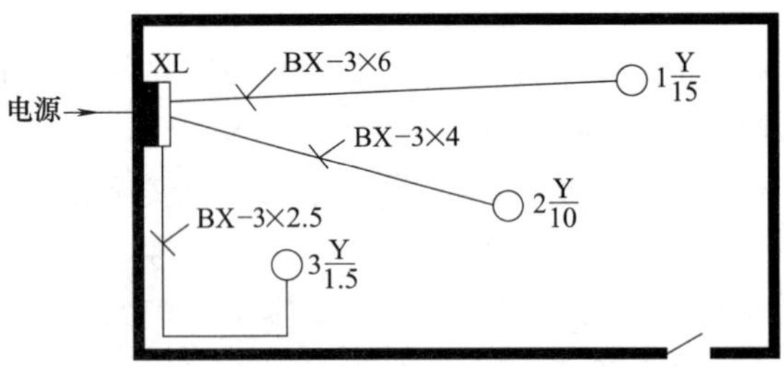

图 3-6 电动机平面布置图

除此之外，为了表示电源、控制设备的安装尺寸、安装方法和控制设备箱的加工尺寸等，还必须有一些其他图。不过，这些图与一般按正投影法绘制的机械图没有多大区别，通常可不列入电气图。

六、逻辑图

逻辑图是用二进制逻辑单元图形符号绘制的，用以实现一定逻辑功能的一种简图，可分为理论逻辑图（纯逻辑图）和工程逻辑图（详细逻辑图）两类。理论逻辑图只表示功能而不涉及实现方法，因此是一种功能图；工程逻辑图不仅表示功能，而且有具体的实现方法，因此是一种电路图。

七、设备元件和材料表

设备元件和材料表把成套装置、设备中各组成部分和相应数据列成表格，来表示各组成部分的名称、型号、规格和数量等，便于读图者阅读，了解各元器件在装置中的作用和功能，从而读懂装置的工作原理。设备元件和材料表是电气图中重要的组成部分，它可置于图中的某一位置，也可单列一页。表 3-1 是电动机控制线路元器件明细。

表 3-1　电动机控制线路元器件明细

代号	元器件名称	型号	规格	件数	用途
M	三相异步电动机	J52-4	7kW,1440r/min	1	驱动生产机械
KM	交流接触器	CJ0-20	380V,20A	1	控制电动机
FR	热继电器	JR16-20/3	热元件电流 14.5A	1	电动机过载保护
SB_T	按钮开关	LA4-22K	5A	1	电动机启动按钮
SB_P	按钮开关	LA4-22K	5A	1	电动机停止按钮
QS	刀开关	HZ10-25/3	500V,25A	1	电源总开关
FU	熔断器	RL1-15	500V 配 4A 熔芯	3	主电路保险

八、产品使用说明书上的电气图

生产厂家往往随产品使用说明书附上电气图，供用户了解该产品的组成、工作过程及注意事项，以达到正确使用、维护和检修的目的。

九、其他电气图

上述电气图是常用的主要电气图，但对于较为复杂的成套装置或设备，为了便于制造，有局部的大样图、印刷电路板图等，而为了装置的技术保密，往往只给出装置或系统的功能图、流程图、逻辑图等。根据表达的对象、目的和用途不同，所需图的种类和数量也不一样。对于简单的装置，可把电路图和接线图二合一；对于复杂装置或设备，应分解为几个系统，每个系统有以上各种类型图。总之，电气图作为一种工程语言，在表达清楚的前提下，越简单越好。

第二节　电气图的主要特点

电气图之所以能构成一大类专业技术图，是因为电气图与机械图、建筑图及其他专业技术图相比，有着本质区别，它表示系统或装置中的电气关系，所以具有独特的一面，有一些明显的特点。

一、电气图的简图

电气图的主要作用是阐述电气设备及设施的工作原理，描述产品的构成和功能，提供装接和使用信息，因此电气图的种类很多。

为了表示变电所的电气设备构成及其连接关系，可绘制如图 3-7 所示的电气系统图。这个图具有以下特点：各种电气设备和导线用图形符号表示，而不用具体的外形结构表示；各设备符号旁标注了代表该种设备的文字符号；按功能和电流流向表示各电气设备的连接关系和相互位置；没有标注尺寸。

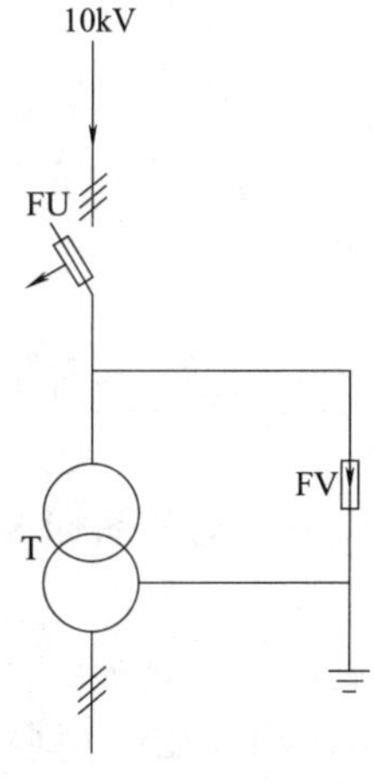

图 3-7　变电所电气系统图

类似图 3-7 的图称为简图。简图是用图形符号、带注释的围框或简化外形表示系统或设备中各组成部分之间相互关系及连接关系的一种图。很显然，绝大部分电气图都是简图，如系统图、框图、电路图、功能图、逻辑图、程序图等均属于简图，即使是安装接线图，仅仅表示了各设备间的相对位置和连接关系，也属于简图。所以简图是电气图的主要表达形式。

这里应当指出的是，简图并不是简略的图，而是一种术语。采用这一术语是为了把这种图与其他的图（如机械图中的各种视图、建筑图中的各种平面布置图等）加以区别。

二、电气图的特征

1. 清楚易懂

电气图是用图形符号、连线或简化外形来表示系统或设备中各组成部分之间相互的电气关系及连接关系的一种图。

如某一变电所电气图，如图 3-8 所示，10kV 电压变换为 0.38kV 低压，分配给四条支路。图中的四条支路用文字符号表示，并给出了变电所各设备的名称、功能和电流方向及各设备连接关系和相互位置关系，但没有给出具体位置和尺寸。

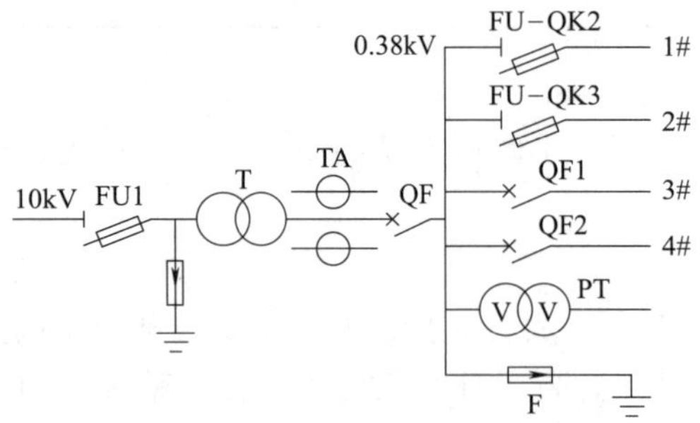

图 3-8　变电所电气图

2. 简单明了

电气图是采用电气元器件或设备的图形符号、文字符号和连线来表示的，没有必要画出电气元器件的外形结构，所以对于系统构成、功能及电气接线等，通常都采用图形符号、文字符号来表示。

3. 特性鲜明

电气图主要表示成套装置或设备中各元器件之间的电气连接关系，不论是说明电气设备工作原理的电路图、表明供电关系的电气系统图，还是表明安装位置和接线关系的电气平面图和接线图等，都表示了各元器件之间的连接关系。

4. 布局合理

电气图的布局依据图所表达的内容而定。电路图、系统图按功能布局，只考虑便于看出元器件之间功能关系，而不考虑元器件实际位置，要突出设备的工作原理和操作过程，按照元器件动作顺序和功能作用，从上而下、从左到右布局。而对于接线图、电气平面图，则要考虑元器件的实际位置，所以应按位置布局。

5. 形式多样

对系统的元件和连接线的描述方法不同，使电气图具有多样性，如元件可采用集中表示法、半集中表示法、分散表示法，连线可采用多线表示、单线表示和混合表示。同时，对于一个电气系统中各种电气设备和装置之间，从不同角度、不同侧面去考虑，存在不同的关系。

第三节　电气制图与电气图形符号国家标准

一、电气图标准简介

绘制电气图、阅读电气图的基本依据是电气制图与电气简图用图形符号的国家标准。电气制图的国家标准 GB/T 6988《电气技术文件的编制》，它与电气简图用图形符号的国家标准 GB/T 4728 共同构成电气制图的基本依据。

电气制图及电气图形符号国家标准主要包括如下四个方面：

电气制图；

电气简图用图形符号；

电气设备用图形符号；

主要的相关国家标准。

1. 电气制图国家标准 GB/T 6988

GB/T 6988 等同或等效采用国际电工委员会 IEC 相关的标准，这个国家标准的颁布和实施使我国电气制图领域的工程语言及规则得到统一，并使我国与国际上通用的电气制图领域的工程语言和规则协调一致。

GB/T 6988.1—2024《电气技术用文件的编制 第 1 部分：规则》，发布于 2024 年，对应 IEC 61082—1：2014，代替 GB/T 6988.1—2008。

电气制图国家标准还有 GB/T 5489—2018《印制板制图》。

2.《电气简图用图形符号》GB/T 4728 国家标准

GB/T 4728《电气简图用图形符号》国家标准共有 13 项，颁布于 2018～2022 年，是 GB 4728《电气图用图形符号》的修订版，属于国家推荐标准。这 13 个国标都是等同采用最新版本的国际电工委员会 IEC 617 系列标准修订后的新版国家标准。

GB/T 4728 由以下 13 部分组成：

①《电气简图用图形符号 第 1 部分：一般要求》GB/T 4728.1—2018；

②《电气简图用图形符号 第 2 部分：符号要素、限定符号和其他常用符号》GB/T 4728.2—2018；

③《电气简图用图形符号 第 3 部分：导体和连接件》GB/T 4728.3—2018；

④《电气简图用图形符号 第 4 部分：基本无源元件》GB/T 4728.4—2018；

⑤《电气简图用图形符号 第 5 部分：半导体管和电子管》GB/T 4728.5—2018；

⑥《电气简图用图形符号 第 6 部分：电能的发生与转换》GB/T 4728.6—2022；

⑦《电气简图用图形符号 第 7 部分：开关、控制和保护器件》GB/T 4728.7—2022；

⑧《电气简图用图形符号 第 8 部分：测量仪表、灯和信号器件》GB/T 4728.8—2022；

⑨《电气简图用图形符号 第 9 部分：电信：交换和外围设备》GB/T 4728.9—2022；

⑩《电气简图用图形符号 第 10 部分：电信：传输》GB/T 4728.10—2022；

⑪《电气简图用图形符号 第 11 部分：建筑安装平面布置图》GB/T 4728.11—2022；

⑫《电气简图用图形符号 第 12 部分：二进制逻辑元件》GB/T 4728.12—2022；

⑬《电气简图用图形符号 第 13 部分：模拟元件》GB/T 4728.13—2022。

有关以上电气简图用图形符号国家标准的详细资料可参见中国标准出版社出版的《电气简图用图形符号》一书。

3.《电气设备用图形符号》GB/T 5465 国家标准

电气设备用图形符号是指用在电气设备上或与其相关的部位上，用以说明该设备或部位的用途和作用的标志。

GB/T 5465 由以下两部分组成：

《电气设备用图形符号 第 1 部分：概述与分类》GB/T 5465.1—2009；

《电气设备用图形符号 第 2 部分：图形符号》GB/T 5465.2—2023。

4. 与电气制图有关的国家标准

与电气制图有关的国家标准主要有 11 项。但在电气制图及其图形符号的国家标准中所引用的国家标准和国际标准还有很多，可以参见相关的标准，这里不一一列举。

①《工业系统、装置与设备以及工业产品 结构原则与参照代号》GB/T 5094；

②《技术制图 标题栏》GB/T 10609.1；

③《技术制图 明细栏》GB/T 10609.2；

④《技术制图 图纸幅面和格式》GB/T 14689；

⑤《技术制图 字体》GB/T 14691；

⑥《信号与连接线的代号》GB/T 16679；

⑦《电气工程 CAD 制图规则》GB/T 18135。

除了以上这些相关标准外，在《电气制图》和《电气简图用图形符号》国家标准中，还引用了大量 IEC、ISO 国际标准和 GB/T 国家标准。

二、新国标的特点

1. 通用性强

20 世纪 70 年代末以来，随着对外开放政策的实行，国家已明确制定了“积极采用国际标准”的方针。电气制图标准作为电气领域中的基础标准，是在认真研究 IEC 标准和文件及其他国际组织和工业发达国家有关标准的基础上制定的一批电气制图标准，最大限度地采用了有关国际标准的规定，例如，在电气简图用图形符号和电气设备用图形符号标准中，采用了 IEC 有关标准的全部内容，电气制图标准中采纳了 IEC 已提出的全部规则，文字符号一律按国际标准采用拉丁字母。因此，新标准有利于对外开放和国内外经济技术交流。按这些标准绘制电气图的产品，在出口贸易时，技术文件中可直接使用这些电气图，而不必在产品出口时重新对电气图进行设计绘制，从而使这些产品更具国际竞争力。

2. 更具实用性和可操作性

表达精确、科学、明了而又简单、实用是各种图样的基本要求。新的《电气简图用图形符号》国家标准能尽量准确地表达电气图中各元器件的功能。电气图标准中，图形符号结构尽可能简化，减少了绘图工作量，而图形符号表达又更为确切，不易混淆。对电气制图的种类按要求进行了科学的划分，繁简适当，这些都使电气图更具实用性和可操作性。

3. 更具有先进性

在制定电气制图及电气图形符号标准时，既立足于当前的现状，又考虑到未来的发展。标准从较多侧面反映了当代电工技术的新发展，如制定了表达电气控制关系的功能表图、表达二进制逻辑关系的逻辑功能图等，增加了大量的微电子技术的图形符号。所有的图形符号可用手工绘制，也可适应计算机辅助绘图的要求。在制图规则中，线宽、间距和字体等规定均可满足计算机辅助绘图、复印以及缩微等技术要求。当然，图形符号还需要补充，特别是半导体器件、光纤、逻辑元件、医疗设备、电信设备等方面的符号，国家标准的内容尚不够完整，个别地方还不很成熟，反映电气技术的电气图标准仍需要不断发展和完善。

三、新、旧国标电气图举例

新、旧国标图形符号的差别是很明显的。

1. 直流电动机新、旧国标图形符号

三相笼型电动机和直流电动机（他励）的新、旧国标图形符号分别如图 3-9（a）、图 3-9（b）所示。

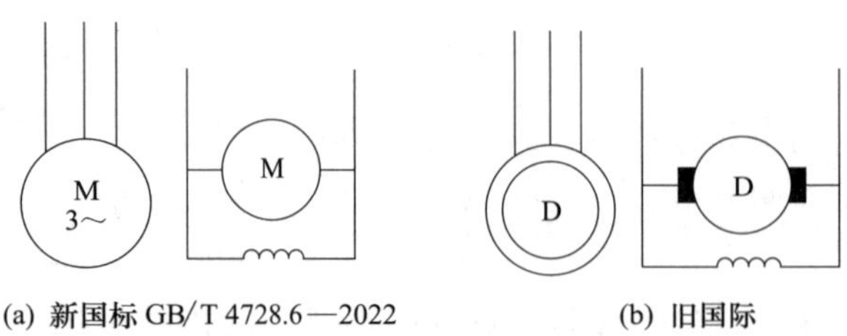

(a) 新国标 GB/T 4728.6—2022　(b) 旧国标

图 3-9 电动机的电气图形符号

2. 新、旧国标绘制的电动机正反转控制线路

如图 3-10 和图 3-11 所示分别是根据旧国标及新国标（GB/T 6988、GB/T 4728）所绘制的三相异步电动机的正反转控制线路图。从这两幅图中可以看出，其不同之处主要有两点：一是所采用的图形符号不同，一般新国标图形符号更能反映其功能，能简洁处尽可能简洁；二是文字符号完全不同，新国标采用的是英文缩写字母，而旧国标使用的是汉语拼音字母。

如图 3-11 所示为根据新国标绘制的电动机正反转控制线路，它和直接启动控制线路相比较，多使用了一个交流接触器和一个启动按钮。这种两个交流接触器不能同时工作的控制作用称为互锁保护或联锁保护。

闭合开关 QS，按下正转的启动按钮 SB_F 时，由于反转交流接触器 KM_R 的常闭辅助触头闭合，正转交流接触器 KM_F 的吸引线圈通电，其主触头接通，电动机正转。同时，与反转交流接触器 KM_R 的吸引线圈相串联的正转交流接触器 KM_F 的常闭辅助触头断开，这就保证了正转交流接触器 KM_F 工作时，反转交流接触器 KM_R 不工作。同理，当反转交流接触器 KM_R 的吸引线圈通电工作时，与正转交流接触器 KM_F 的吸引线圈相串联的反转交流接触器 KM_R 的常闭辅助触头断开。正转交流接触器 KM_F 不能工作，这就达到了互锁保护的目的。两交流接触器 KM_F、KM_R 的常闭辅助触头称为联锁触头。

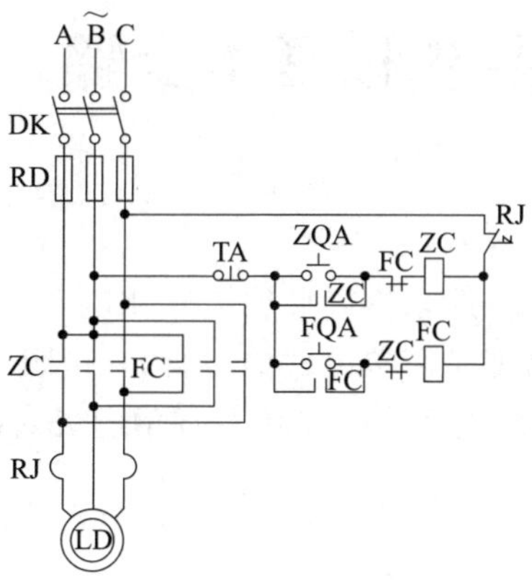

图 3-10 根据旧国标绘制的电动机正反转控制线路图

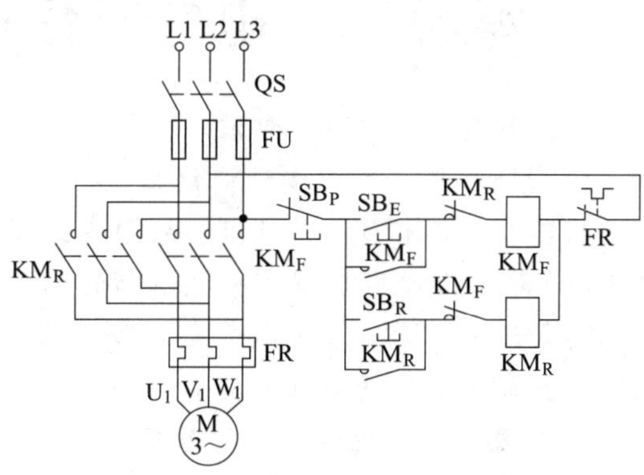

图 3-11 根据新国标绘制的三相异步电动机正反转控制线路图

3. 新、旧国标晶体管的图形符号

如图 3-12 和图 3-13 所示为根据新、旧国标绘制的晶体管放大电路。显然，新、旧国标晶体管的图形符号有很大不同。其中信号源、晶体三极管、二极管的图形符号和文字符号都有变化。

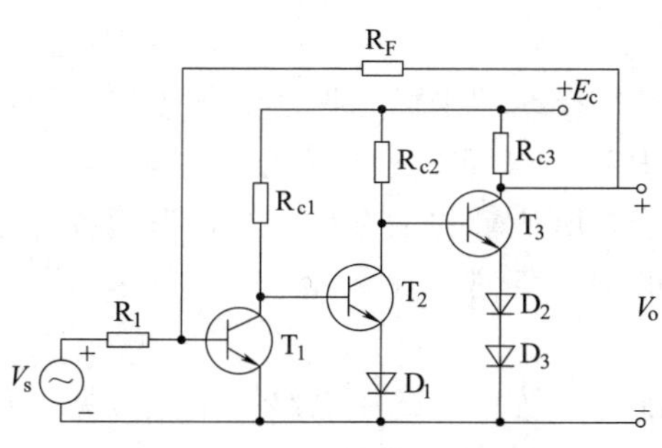

图 3-12 根据旧国标绘制的晶体管放大电路

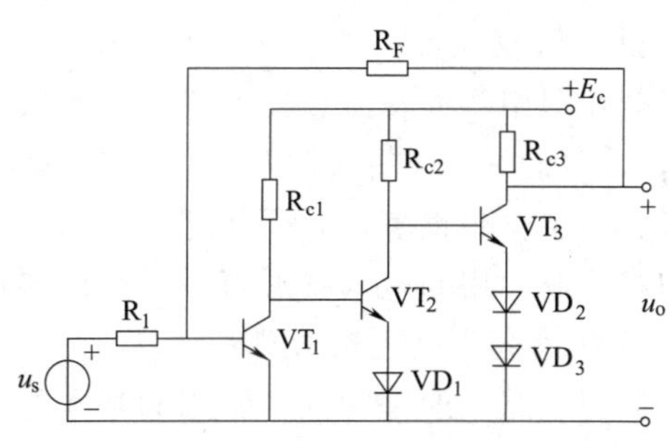

图 3-13 根据新国标绘制的晶体管放大电路

4. 国标二进制逻辑元件的不同图形符号

新国标二进制逻辑元件的图形符号能准确全面地表达电路的逻辑功能，例如图 3-14（a）所示的是国标 GB/T 4728.12 中 S01615 二进制逻辑器件 3 线～8 线代码转换器（74LS138 译码器），不但可根据图形符号分析得到其译码功能，而且还可以根据该图形符号的限定符号，写出其逻辑表达式。而如图 3-14（b）所示是另一种表达形式（国标 GB/T 4728.12 中 S01633），同一器件也具有多路分配器（或译码）的功能，但是画法不同。

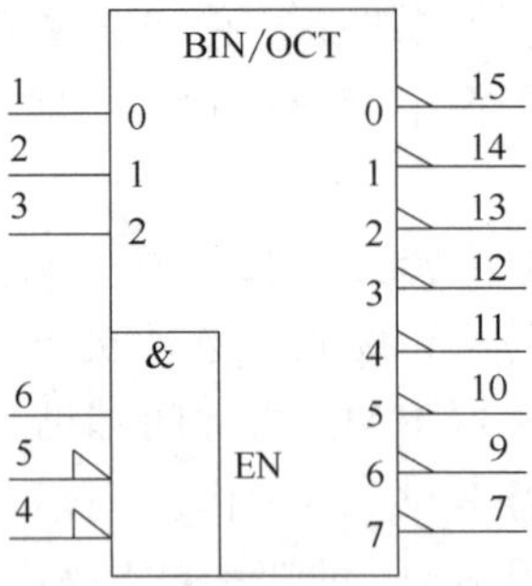

(a) 3线～8线代码转换器(74LS138)

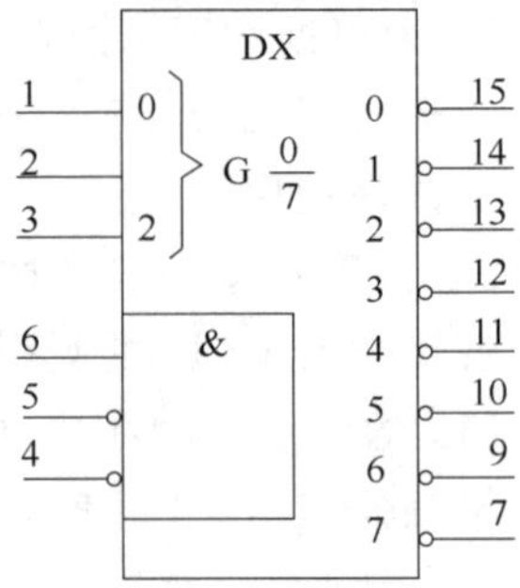
(b) 多路分配器(1对8)

图 3-14 3 线～8 线代码转换器与多路分配器的电气图形符号对比

第四节 电气识图的基本要求和基本步骤

一、电气识图的基本要求

1. 由浅入深，循序渐进地识图

初学识图要本着从易到难、从简单到复杂的原则。一般来讲，照明电路比电气控制电路简单，单项控制电路比系列控制电路简单。复杂的电路都是简单电路的组合，应从识读简单的电路图开始，弄清每一电气符号的含义，明确每一电气元件的作用，理解电路的工作原理，为识读复杂电气图打下基础。

2. 应具有电工电子技术的基础知识

在实际生产的各个领域中，所有电路，如输变配电电路、建筑电气电路、电气控制电路、照明电路、电子电路、逻辑电路等，都是建立在电工电子技术理论基础之上的。因此，要想准确、迅速地读懂电气图，必须具备一定的电工电子技术基础知识，这样才能运用这些知识分析电路，理解图纸所含的内容。如三相笼型感应电动机的正转和反转控制，就是利用电动机的旋转方向由三相电源的相序来决定的原理，用倒顺开关或两个接触器进行切换，改变输入电动机的电源相序，来改变电动机的旋转方向；而 Y-△启动则是应用电源电压的变动引起电动机启动电流及转矩变化的原理。

3. 掌握电气图用图形和文字符号

电气图用图形符号、文字符号以及项目代号、电气接线端子标志等是电气图的“象形文字”，是“词汇”“句法”及“语法”，相当于看书识字、识词，还要懂得一些句法、语法。图形、文字符号很多，必须熟记、会用。可以根据个人所从事的工作和专业，识读各专业共用和本专业专用的电气图形符号，然后再逐步扩大识读的范围。

4. 熟悉各类电气图的典型电路

典型电路一般是常见、常用的基本电路，如供配电系统中电气主电路图中最常见、常用的是单母线接线，由此典型电路可导出单母线不分段、单母线分段接线，而单母线分段接线又分为隔离开关分段和断路器分段；再如电力拖动中的启动、制动、正反转控制电路，联锁电路，行程限位控制电路。

不管多么复杂的电路，总是由典型电路派生而来，或者由若干典型电路组合而成的。因此，熟练掌握各种典型电路，在识图时有利于对复杂电路的理解，能较快地分清主次环节及与其他部分的相互联系，抓住主要矛盾，从而读懂较复杂的电气图。

5. 掌握各类电气图的绘制特点

各类电气图都有各自的绘制方法和绘制特点。掌握了电气图的主要特点及绘制电气图的一般规则，如电气图的布局、图形符号及文字符号的含义、图线的粗细、主辅电路的位置、电气触头的画法、电气图与其他专业技术图的关系等，并利用这些规律，就能提高识图效率，进而自己也能设计制图。由于电气图不像机械图、建筑图那样形象直观和比较集中，因而识图时应将各种有关的图纸联系起来，对照阅读，如通过系统图、电路图找联系，通过接线图、布置图找位置，交错识读会起到事半功倍的效果。

6. 把电气图与其他图对应识读

电气施工往往与主体工程及其他工程，如工艺管道、蒸汽管道、给排水管道、采暖通风管道、通信线路、机械设备等安装工程配合进行。电气设备的布置与土建平面布置、立面布置有关；线路走向与建筑结构的梁、柱、门窗、楼板的位置有关，还与管道的规格、用途、走向有关；安装方法又与墙体结构、楼板材料有关，特别是一些暗敷线路、电气设备基础及各种电气预埋件更与土建工程密切相关。因此，某些电气图还要与有关的土建图、管路图及安装图对应起来看。

7. 掌握涉及电气图的有关标准和规程

电气识图的主要目的是指导施工、安装，指导运行、维修和管理，一些技术要求不可能都一一在图样上反映出来，也不能一一标注清楚，由于这些技术要求在有关的国家标准或技术规程、技术规范中已有明确的规定，因此，在识读电气图时，还必须了解这些相关标准、规程、规范，才能真正读懂图。

二、电气识图的基本步骤

1. 了解说明书

了解电气设备说明书，目的是了解电气设备总体概况及设计依据，了解图纸中未能表达清楚的各有关事项，了解电气设备的机械结构、电气传动方式、对电气控制的要求、设备和元器件的布置情况，以及电气设备的使用操作方法、各种开关和按钮等的作用。

2. 理解图纸说明

拿到图纸后，首先要仔细阅读图纸的主标题栏和有关说明，搞清楚设计的内容和安装要求，了解图纸的大体情况，抓住看图的要点，如图纸目录、技术说明、电气设备材料明细表、元件明细表、设计和安装说明书等，结合已有的电工电子技术知识，对该电气图的类型、性质、作用有一个明确的认识，从整体上理解图纸的概况和所要表述的重点。

3. 掌握系统图和框图

由于系统图和框图只概略表示系统或分系统的基本组成、相互关系及主要特征，因此紧接着要详细看电路图，才能清楚它们的工作原理。系统图和框图多采用单线图，只有某些380/220V低压配电系统图才部分采用多线图表示。

4. 熟悉电路图

电路图是电气图的核心，也是内容最丰富但最难识读的电气图。看电路图时，首先要识读有哪些图形符号和文字符号，了解电路图各组成部分的作用，分清主电路和辅助电路、交流回路和直流回路；其次按照先看主电路后看辅助电路的顺序进行识读。

看主电路时，通常要从下往上看，即从用电设备开始，经控制元件依次往电源端看；当然也可按绘图顺序由上而下，即由电源经开关设备及导线向负载方向看，也就是弄清电源是怎样给负载供电的。看辅助电路时，从上而下、从左向右看，即先看电源，再依次看各条回路，分析各条回路元件的工作情况及其对主电路的控制关系。

通过看主电路，要搞清楚电气负载是怎样获取电能的，电源线都经过哪些元件到达负载，以及这些元件的作用、功能。通过看辅助电路，应搞清辅助电路的回路构成，各元件之间的相互联系、控制关系及动作情况等。同时还要了解辅助电路与主电路之间的相互关系，进而搞清整个电路的工作原理和来龙去脉。

5. 清楚电路图与接线图的关系

接线图是以电路为依据的，因此要对照电路图来看接线图。看接线图时要根据端子标志、回路标号从电源端依次查下去，搞清线路走向和电路的连接方法，搞清每个回路是怎样通过各个元件构成闭合回路的。看接线图时，先看主电路后看辅助回路。接线图中的线号是电气元件间导线连接的标记，线号相同的导线原则上都可以接在一起。由于接线图多采用单线表示，因此对导线的走向应加以辨别，还要搞清端子板内外电路的连接。配电盘内外线路相互连接必须通过接线端子板，因此看接线图时，要把配电盘内外的线路走向搞清楚，就必须注意搞清端子板的接线情况。

6. 熟悉电气元器件结构

电路是由各种电气设备、元器件组成的，如电力供配电系统中的变压器、各种开关、接触器、继电器、熔断器、互感器等，电子电路中的电阻器、电感器、电容器、二极管、三极管、晶闸管及各种集成电路等。熟悉这些电气设备、装置和控制元件、元器件的结构、动作和工作原理、用途和它们与周围元器件的关系以及在整个电路中的地位和作用，熟悉具体机械设备、装置或控制系统的工作状态，有利于电气原理图的识读。例如，在如图 3-15 所示三极管共发射极放大电路中，三极管 VT 是放大器件，了解它的结构，熟悉它的工作原理，就能正确认识它的放大原理：R_B 是基极偏置电阻，给放大电路提供合适的静态；R_C 是集电极负载电阻，起电压转换作用；C_1、C_2 是耦合电容，起通交流信号、隔直流信号的作用。

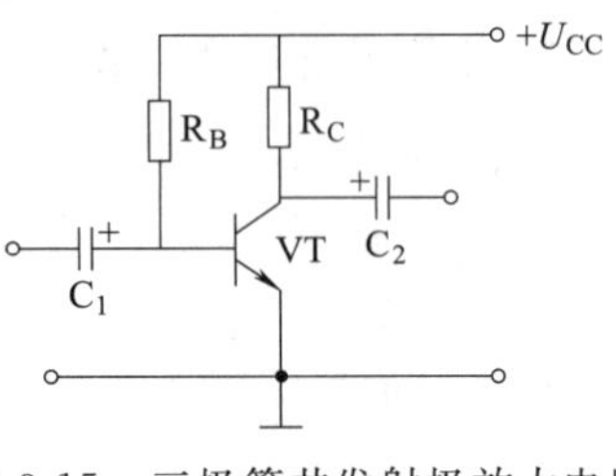

图 3-15　三极管共发射极放大电路

复习思考题

1. 什么是电气平面图？
2. 电气图的主要特征有哪些？
3. 新国标具有哪些特点？
4. 识读电气图的基本要求有哪些？
5. 电气识图的基本步骤有哪些？

第四章

电气图和连接线的表示方法

[学习目标]

① 了解电路的多线表示法和单线表示法。
② 掌握电气元件的集中表示法和分开表示法。
③ 了解元件接线端子的表示方法。
④ 掌握连接线的一般表示方法。
⑤ 理解元器件触点位置和工作状态表示方法。
⑥ 理解导线的识别标记及其标注。
⑦ 了解接线文件及其分类。
⑧ 培养科学、认真、严谨的学习态度和分析方法。

第一节　电路的多线表示法和单线表示法

电气图上各种图形符号之间的相互连线，可能是传输能量流、信息流的导线，也可能是表示逻辑流、功能流的某种图线。

按照电路图中图线表达的相数不同，连接线可分为多线表示法、单线表示法和混合表示法三种。

一、多线表示法

在电气图中，电气设备的每根连接线各由一条图线表示的方法称为多线表示法，其中大多是三线。图 4-1 就是一个可正反转的电动机主电路，多线表示法能比较清楚地表达电路工作原理，尤其是在各相或各线不对称的场合下宜采用这种表示法。但它图线太多，

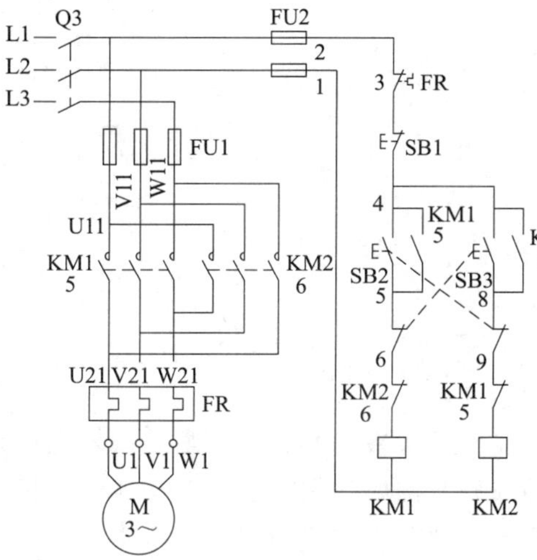

图 4-1　多线表示法例图

作图麻烦，特别是对于比较复杂的设备，交叉多，反而使图形显得繁杂，难以看懂。因此，多线表示法一般用于表示各相或各线内容的不对称和要详细表示各相或各线的具体连接方法的场合。

图 4-2 为多线表示法的互连接线图示例。其中三个结构单元的项目代号分别为＋A、＋B、＋C，它们的接线端子板代号均为－X1，每个端子代号分别用数码表示。各端子之间的连接导体均用电缆中的单根芯线表示，共三根电缆，项目代号分别为－W107、－W108、－W109。每根芯线均用数码标记。该接线图还给出了如下信息：＋A 单元的外接电源为交流 220V，由项目代号为＋D 的单元给出；所有电缆芯线直径为 1.5mm。

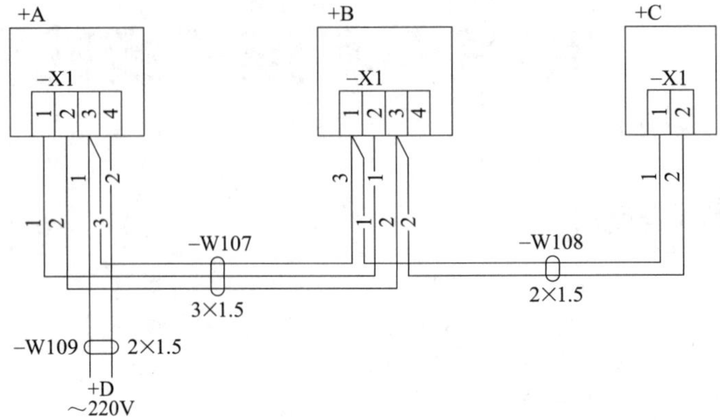

图 4-2　多线表示法的互连接线图示例

二、单线表示法

在电气图中，电气设备的两根或两根以上（大多是表示三相系统的三根）连接线或导线，只由一根图线表示的方法，称为单线表示法。图 4-3 是用单线表示的具有正、反转的电动机主电路图。这种表示法主要适用于三相电路或各线基本对称的电路图。对于不对称的部分应在图中注释，例如图 4-3 中热继电器是两相的，图中标注了“2”。

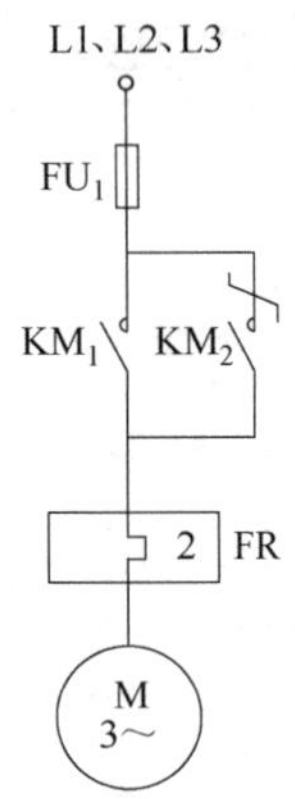

图 4-3　单线表示法例图

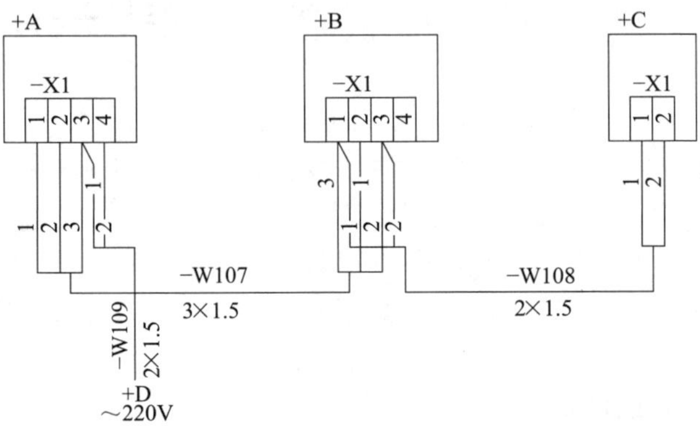

图 4-4　单线表示法的互连接线图示例

单线表示法易于绘制，清晰易读。它应用于三相或多线对称或基本对称的场合。凡是不对称的部分，例如三相三线、三相四线制供配电系统电路中的互感器、继电器接线部分，则应在图的局部画成多线的图形符号来标明，或另外用文字符号说明。

图 4-4 和图 4-2 是同样的结构单元间互连的接线文件，仅仅导线表示方法不同。图中三

根电缆－W107、－W108、－W109 均用单线表示。－W107 和－W108 在＋B －X1 处交错连接；－W107 和－W109 在＋A －X1 处交错连接。其他连接信息的介绍同图 4-2。

三、混合表示法

在一张图中，一部分采用单线表示法，一部分采用多线表示法，这种方法称为混合表示法，如图 4-5 所示。为了表示三相绕组的连接情况，该图用了多线表示法；为了说明两相热继电器，也用了多线表示法；其余的断路器 QF、熔断器 FU、接触器 KM1 都是三相对称的，采用单线表示法。这种表示法既有单线表示法简洁精练的优点，又有多线表示法描述精确、充分的优点。

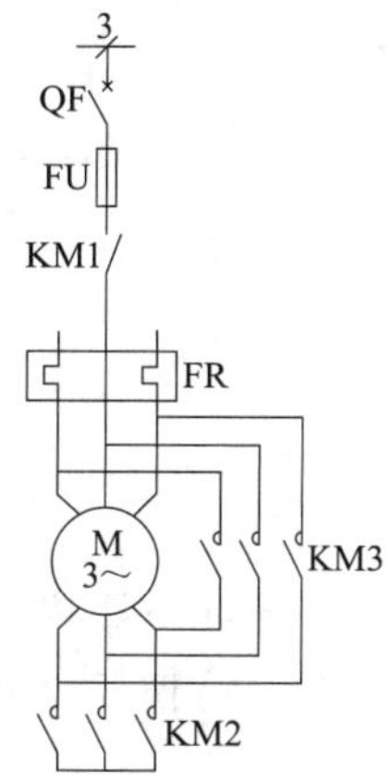

图 4-5　Y-△切换主电路的混合表示

四、电气制图中连接线表示方法比较

① 多线表示法是每根连接线或导线各用一条图线表示的方法，其特点是能详细地表达各相或各线的内容，尤其适用于各相或各线内容不对称的情况下。

② 单线表示法是两根或两根以上的连接线或导线只用一条图线表示的方法，其特点是只适用于三相或多线基本对称的情况。

③ 混合表示法是一部分用单线表示，另一部分用多线表示的方法，其既有单线表示法简洁精练的特点，又有多线表示法描述精确、充分的优点，并且由于两种表示法并存，使用起来更加方便、灵活。

第二节　电气元件的集中表示法和分开表示法

电气元器件和设备的功能、特性、外形、结构、安装位置及在电路中的连接，在不同电气图中有不同的表示方法。同一个电气元器件往往有多种图形符号，如方框符号、简化外形符号、一般符号等。在一般符号中，有简单符号，也有包括各种符号要素和限定符号的完整符号。

电气元器件在电气图中通常采用图形符号来表示，绘出其电气连接，在符号旁标注项目代号（文字符号），必要时还标注有关的技术数据。电气图中电气元器件完整图形符号的表示方法有集中表示法、分开表示法和半集中表示法。

一、集中表示法

把设备或成套装置中的一个项目各组成部分的复合图形符号，在简图上绘制在一起的方法，称为集中表示法。在集中表示法中，各组成部分用机械连接线（虚线）互相连接起来，连接线必须是一条直线，可见这种表示法只适用于简单的电路图。

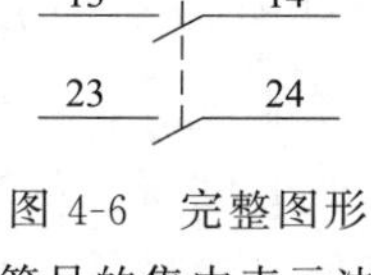

图 4-6　完整图形符号的集中表示法

图 4-6 中电磁式继电器有一个线圈和两对触点，它们分别用机械连接线联系起来，构成一体。

二、半集中表示法

为了使设备和装置的电路布局清晰，易于识别，把同一个项目（通常用于具有机械功能联系的元器件）中某些部分的图形符号在简图上集中表示，把某些部分的图形符号在简图中分开布置，并用机械连接符号（虚线）来表示它们之间关系的方法，称为半集中表示法。例如，图 4-7 中，交流接触器 KM 具有一个线圈、三对主触头和一对辅助触头，使用半集中表示法表达清楚。在半集中表示法中，机械连接线可以是直线，可以弯折、分支和交叉。这种表示方法显然适用于内部具有机械联系的元件。

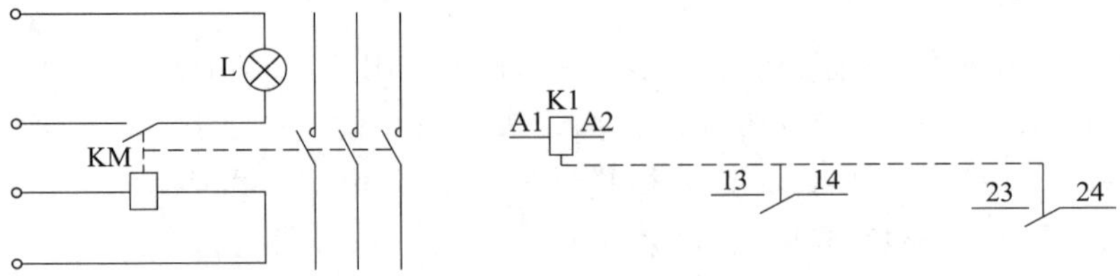

(a) (b)

图 4-7 半集中表示法示例

集中表示法和半集中表示法通常用于有机械功能联系的元件，用虚线连接具有功能联系的各部分。这种方法也可用于二进制元件的概念图解，见图 4-8，图 4-8（a）等效于图 4-8（b）。

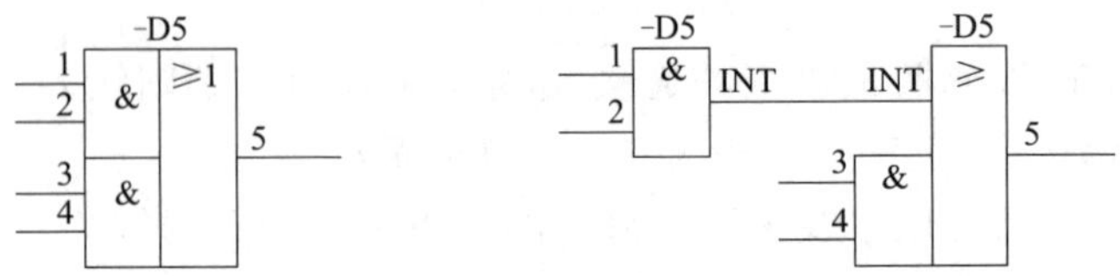

(a) 集中表示法 (b) 半集中表示法

图 4-8 二进制元件内部连接表示法示例

如图 4-8（a）所示是一个用集中表示法表示的与或门元件的符号示例。为了表示元件内部的连接关系，或表示左边符号的功能，采用了图 4-8（b）的半集中表示法，对该元件的概念起到图解作用，即该元件等效于两个 2 输入“与”元件的输出连接到一个 2 输入“或”元件的输入进行或运算。

三、分开表示法

分开表示法是为了使设备和装置的电路布局清晰，易于识别，把一个项目中某些部分的图形符号在简图上分开布置，并仅用项目代号来表示它们之间关系的方法。这种表示法显然适用于内部具有机械的、磁的或光的功能联系的元件，如图 4-9 所示。

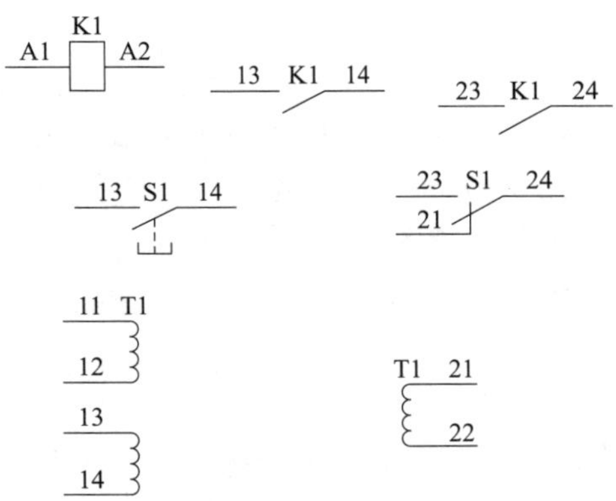

图 4-9 分开表示法

分开表示法在过去被称为展开表示法。如变电所二次接线原理电路图就多采用此种表示方法。分开表示法可使图中的点画线少，避免图线交叉，从而使图面更简洁清晰，而且给分析回路功能及标注回路标号也带来了方便。但是在看图时，要寻找各组成部分比较困难，必须综合观察全局图，把同一项目的图形符号在图中全部找出，否则在看图时就可能会遗漏。为了看清元件、器件和设备各组成部分，便于寻找其在图中的位置，分开表示法可与半集中表示法结合起来，或者采用插图、表格表示各部分的位置。

必须注意：在电气图中，电气元器件的可动部分均按“正常状态”表示。

四、项目代号的标注方法

采用集中表示法和半集中表示法绘制的元件，其项目代号只在图形符号旁标出，并与机械连接线对齐，见图 4-7 中的 KM。

采用分开表示法绘制的元件，其项目代号应在项目的每一部分自身符号旁标注。必要时，对同一项目的同类部件（如各辅助开关、触点）可加注序号。

标注项目代号时应注意以下四点。

① 项目代号的标注位置尽量靠近图形符号。

② 图线水平布局的图，项目代号应标注在符号上方；图线垂直布局的图，项目代号标注在符号的左方。

③ 项目代号中的端子代号应标注在端子或端子位置的旁边。

④ 围框的项目代号应标注在其上方或右方。

第三节　元件接线端子的表示方法

一、端子及其图形符号

在电气元器件中，用以连接外部导线的导电元器件称为端子。端子分为固定端子和可拆卸端子两种，固定端子用图形符号“◦”或“•”表示，可拆卸端子则用“⌀”表示。

装有多个互相绝缘并通常对地绝缘的端子的板、块或条，称为端子板或端子排。端子板常用加数字编号的方框表示，如图 4-10 所示。

二、以字母、数字符号标志接线端子的原则和方法

电气元器件接线端子标记由拉丁字母和阿拉伯数字组成，如 U1、1U1；也可不用字母而简化成 1、1.1 或 11 的形式。

接线端子的符号标志方法，通常应遵守以下原则。

1. 单个元器件

单个元器件的两个端点用连续的两个数字表示，如图 4-11（a）所示的绕组的两个接线端子分别用 1 和 2 表示，单个元器件的中间各端子一般用自然递增数字表示，如图 4-11（b）所示的绕组中间抽头端子用 3 和 4 表示。

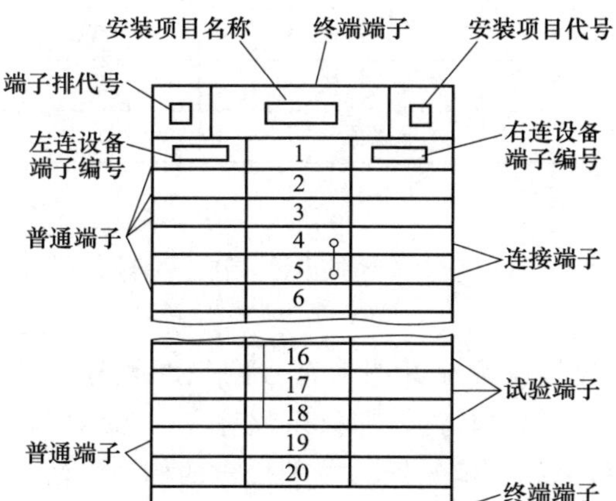

图 4-10　端子板及端子标志图例

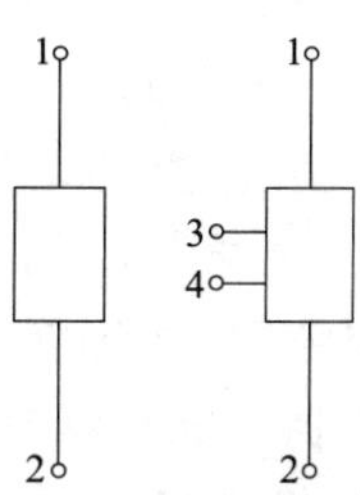

图 4-11　单个元器件接线端子标志示例

2. 相同元器件组

如果几个相同的元器件组合成一个组，则各个元器件的接线端子可按下述方式表示。

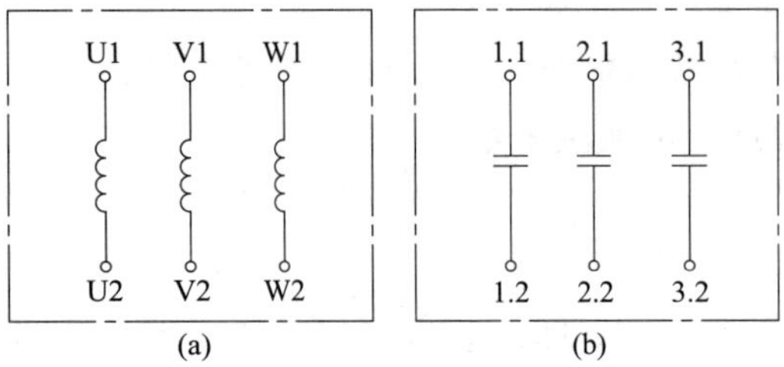

图 4-12 相同元器件组接线端子标志示例

① 在数字前冠以字母，例如表示三相交流系统电气端子的字母 U1、V1、W1 等，如图 4-12（a）所示。

② 若不需要区别不同相序，可用数字标志，如图 4-12（b）所示。

3. 同类元器件组

同类元器件组用相同字母标志时，可在字母前（后）冠以数字来区别，如图 4-13 中的两组三相异步电动机绕组的接线端子分别用 1U1、2U1 等来标志。

如图 4-14 所示的过电流保护电路中示出了继电器 KA1、KA2，跳闸线圈 YR1、YR2，及其线圈、触点的接线端子表示法。

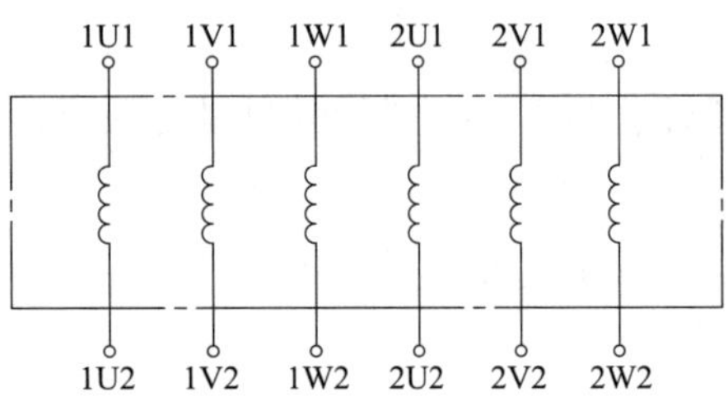

图 4-13 同类元器件组接线端子标志示例

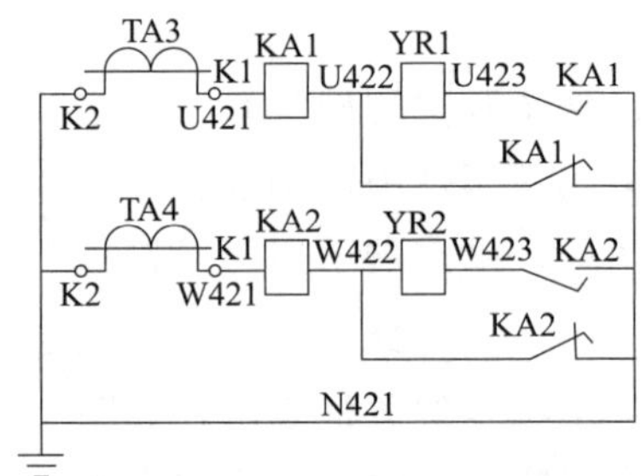

图 4-14 过电流保护电路

4. 电气接线端子的标志

与特定导线相连的电气接线端子标志用的字母符号见表 4-1，标志示例见图 4-15。

表 4-1 特定电气接线端子的标记符号

序号	电气接线端子的名称		标记符号	序号	电气接线端子的名称	标记符号
1	交流系统	1 相 2 相 3 相 中性线	U V W N	2	保护接地	PE
				3	接地	E
				4	无噪声接地	TE
				5	机壳或机架	MM
				6	等电位	CC

三、端子代号的标注方法

在许多图上，电气元件、器件和设备不但应标注项目代号，还应标注端子代号。端子代号可按以下三种情况进行标注。

① 电阻器、继电器、模拟和数字硬件的端子代号应标在其图形符号的轮廓线外面。符号轮廓线内的空隙用于标注有关元件的功能和注解，如关联符、加权系数等。作为示例，图 4-16 列举了电阻器、求和模拟单元、与非功能模拟单元、编码器的端子代号的标注方法。

② 对用于现场连接、试验和故障查找的连接器件（如端子、插头和插座等）的每一连接点都应标注端子代号。图 4-17 示出了接线端子板和多极插头插座的端子代号的标注方法。

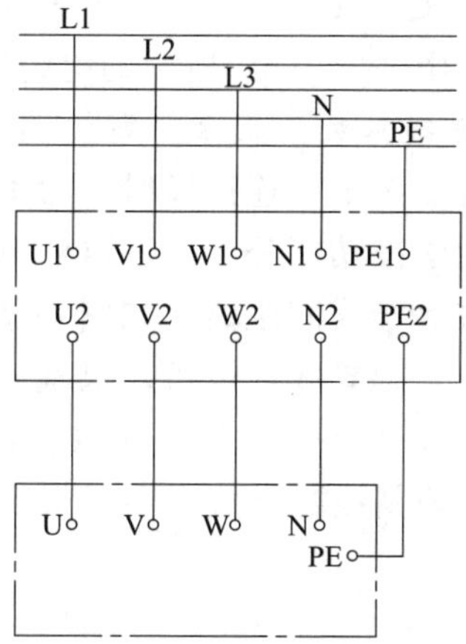

图 4-15 与特定导线相连的电气接线端子的标志示例

③ 对于端子标志，按 GB/T 4026—2019《人机界面标志标识的基本和安全规则 设备端子、导体终端和导体的标识》标注。端子代号及其标注为在简图和具体设备中查找具体的项目提供了方便。

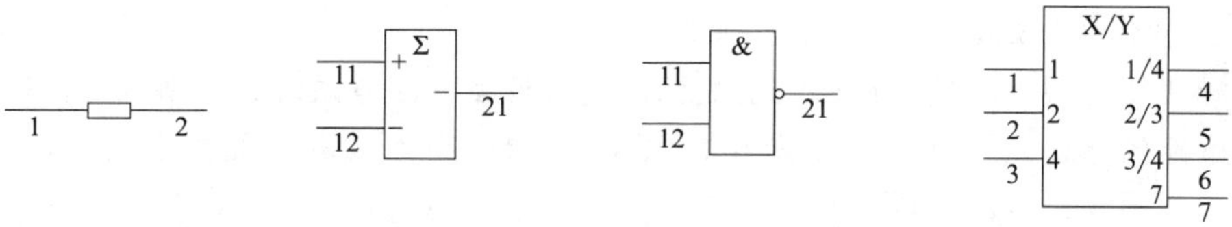

(a) 电阻器符号　(b) 求和模拟单元符号　(c) 与非功能模拟单元符号　(d) 编码器符号

图 4-16 模拟和数字硬件的端子代号标注示例

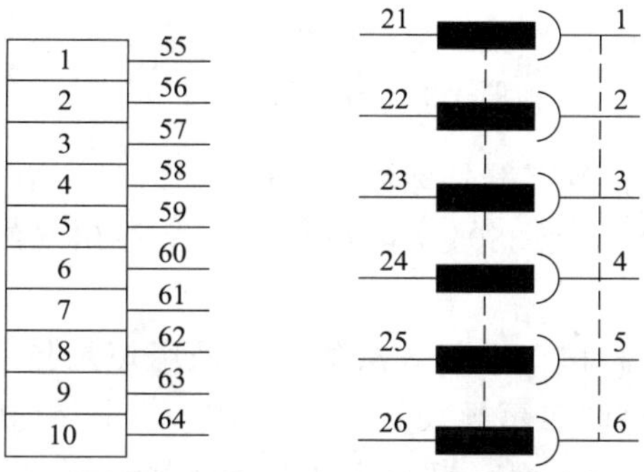

(a) 接线端子板　(b) 多极插头插座

图 4-17 连接器件端子代号标注方法示例

第四节 连接线的一般表示方法

一、导线的一般表示方法

1. 导线的一般符号

一般的图线可表示单根导线，见图 4-18（a），它也可用于表示导线组、电线、母线、绞线、电缆、线路及各种电路（能量、信号的传输等），并可根据情况，通过图线粗细和加图

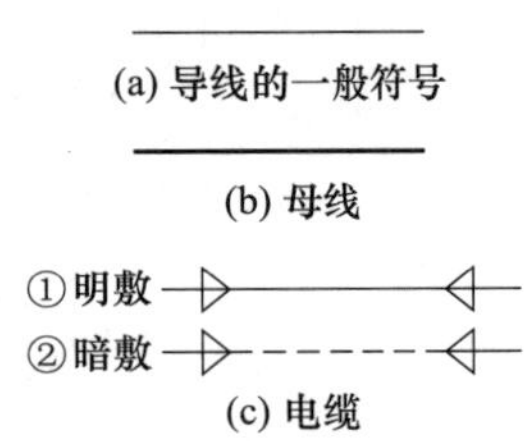

图 4-18 导线的一般表示方法及示例

形符号、文字及数字来区分各种不同的导线，如图 4-18（b）所示的母线、图 4-18（c）所示的电缆等。

2. 导线根数的表示方法

当有多条平行连接线时，为了便于看图，应按功能对其进行分组。如无法按功能分组，可以任意分组，但每组不多于 3 条。分组间距离应大于线间距离，如图 4-19 所示。

对于多根导线，也可以只画一根图线，但需加标志。当用单线表示一组导线时，为表示导线实际根数，可加小短斜线（45°）表示；根数较少（3 根以下）时，其短斜线数量代表导线根数；若多于 4 根，可在小短斜线旁加注数字 n 表示，如图 4-20 所示。

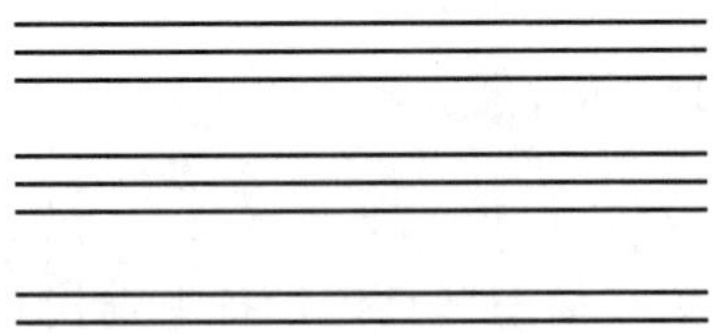

图 4-19 多条平行连接线的分组

图 4-20 导线根数的表示方法

3. 导线特征的标注方法

表示导线特征的方法是：在横线上面标出电流种类、配电系统、频率和电压等；在横线下面标出电路的导线数乘以每根导线截面积（mm^2），当导线的截面积不同时，可用“+”将其分开，如图 4-21（a）所示。

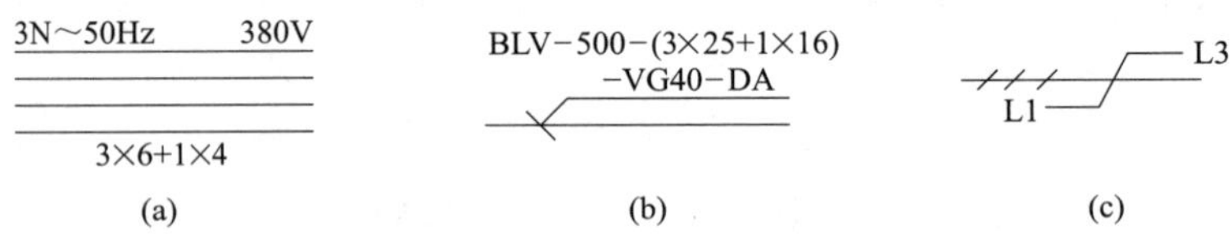

图 4-21 导线的表示方法

导线特征通常采用字母、数字符号标注，如图 4-21（a）中，在横线上标注出三相四线制交流，频率为 50Hz，线电压为 380V，在横线下方标注出导线（相线）截面积为 $6mm^2$，中性线截面积为 $4mm^2$。

要表示导线的型号、截面积、安装方法等，可采用短画指引线加标导线属性和敷设方法，如图 4-21（b）所示。该图表示导线的型号为 BLV（铝芯塑料绝缘线），其中 3 根截面积为 $25mm^2$，1 根截面积为 $16mm^2$，敷设方法为穿入塑料管（VG），塑料管管径为 40mm，沿地板暗敷。

4. 导线换位及其他表示方法

在某些情况下需要表示电路相序的变更、极性的反向、导线的交换等，可采用交换号表示，如图 4-21（c）所示为 L1 相与 L3 相换位。

其他的表示方法和含义一般由图中文字标注。

二、图线的粗细

为了突出或区分电路、设备、元器件及电路功能，图形符号及连接线可用粗细不同的图线来表示。图线宽度一般应从以下系列中选取：0.25mm、0.35mm、0.5mm、0.7mm、1.0mm、1.4mm。常用的图线宽度为 0.5mm、0.7mm、1.0mm。如发电机、变压器、电动机的圆圈符号不仅在大小上，而且在图线宽度上与电压互感器和电流互感器的符号应有明显区别。一般而言，电源主电路、一次电路、电流回路、主信号通路等采用粗实线。如在图 4-22 所示的收音机框图中，就采用了粗实线来强调主信号通路的连接线。又比如在图 4-23 中，为了突出电源主电路，电源线采用了粗实线。

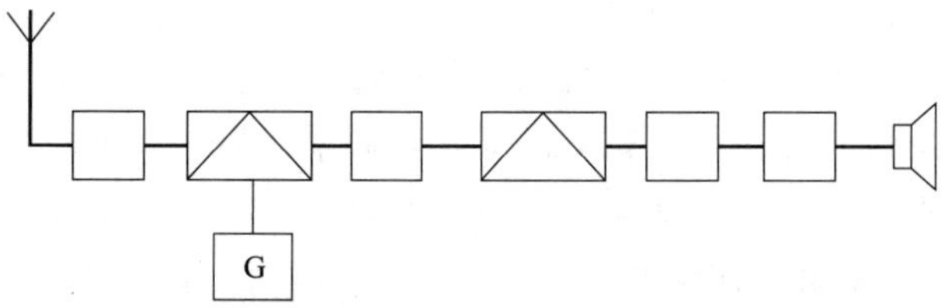

图 4-22　强调主信号通路用粗实线

控制回路、二次回路、电压回路等则采用细实线，而母线通常比粗实线还宽一些。电路图、接线图中用于标明设备元器件型号规格的标注框线及设备元器件明细表的分行、分列线，均用细实线。

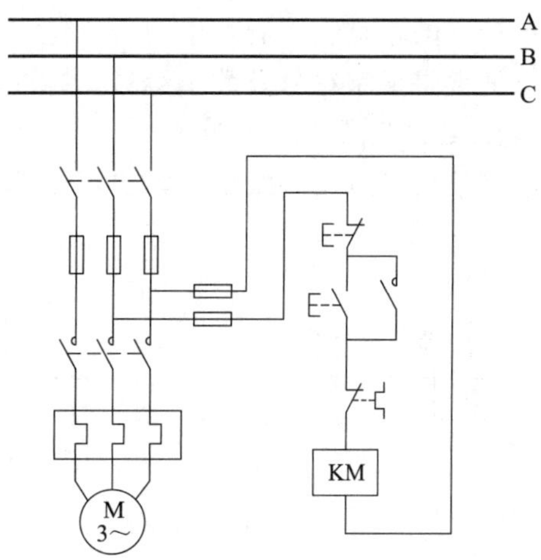

图 4-23　突出电源主电路采用粗实线

三、连接线分组和标记

为了方便看图，对多根平行连接线，应按功能分组。若不能按功能分组，可任意分组，但每组不多于 3 条，组间距应大于线间距。

为了便于看出连接线的功能或去向，可在连接线上方或连接线中断处做信号名标记或其他标记，如图 4-24 所示。

四、导线连接点的表示

导线连接一般有“T”形连接点、多线的“十”字形连接点两种，其标注方法如图 4-25 所示。对

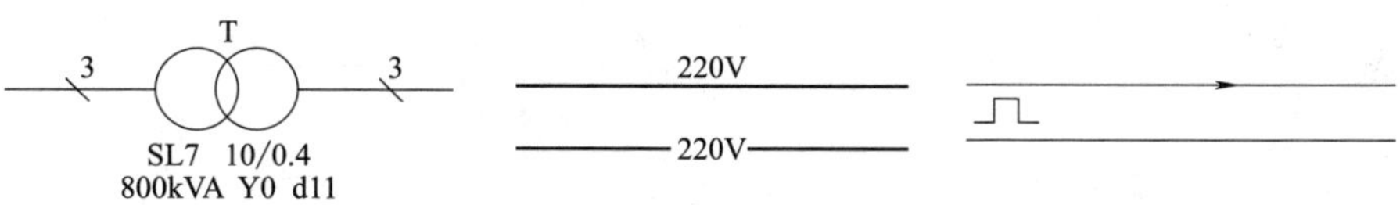

图 4-24　连接线标志示例

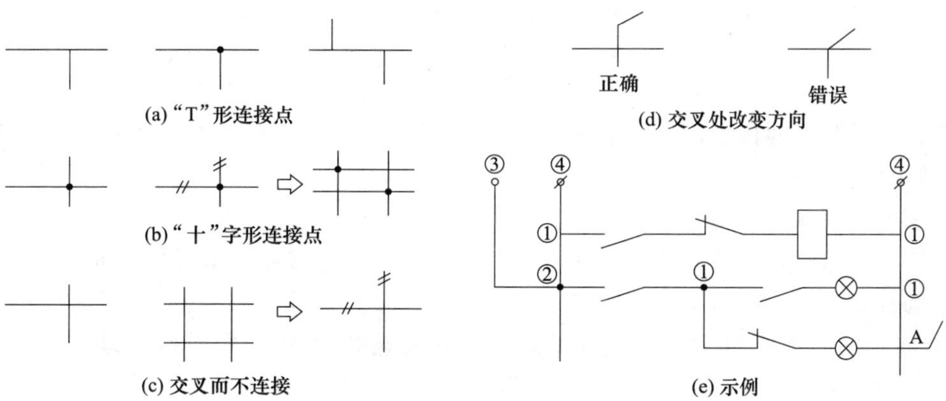

图 4-25　导线连接点的表示方法

于“T”形连接点，可加实心圆点“•”，也可不加实心圆点，如图 4-25（a）所示。对于“十”字形连接点，必须加实心圆点，如图 4-25（b）所示。

凡交叉而不连接的两条或两条以上连接线，在交叉处不得加实心圆点，如图 4-25（c）所示，并应避免在交叉处改变方向，也不得穿过其他连接线的连接点，如图 4-25（d）所示。

图 4-25（e）为表示导线连接点的示例。图中连接点①是“T”形连接点，可标也可不标实心圆点；连接点②是“十”字形交叉连接点，必须加注实心圆点；连接点③的“。”表示导线与设备端子的固定连接点；而连接点④的符号“ø”表示可拆卸（活动）连接点；右下角“A”表示两导线交叉而不连接。

五、连接线的连续表示法和中断表示法

为了表示连接线的接线关系和去向，可采用连续表示法和中断表示法。连续表示法是将表示导线的连接线用同一根图线首尾连通的方法；中断表示法则是将连接线中间断开，用符号（通常是文字符号及数字编号）标注其去向的方法。

1. 连接线的连续表示法

连接线既可用多线表示，也可用单线表示。为避免图线太多（如 4 条以上），使图面清晰，易画易读，对于多条去向相同的连接线常用单线表示法，但单线的两端仍用多线表示，导线组的两端位置不同时，应标注相对应的文字符号，如图 4-26（a）所示。当多线导线组相互顺序连接时，可采用如图 4-26（b）所示的表示方式。

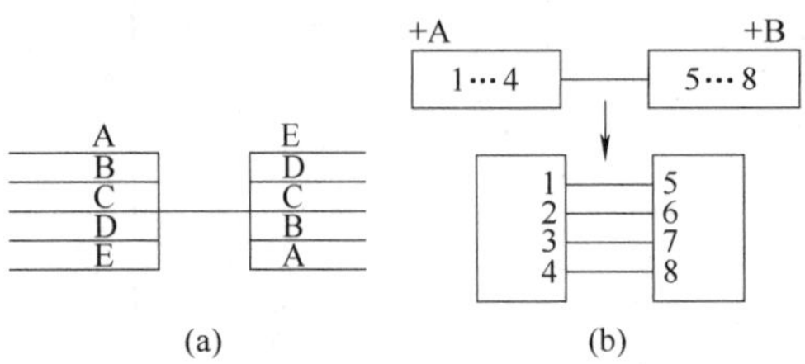

图 4-26 连接线表示法

当导线汇入用单线表示的一组平行连接线时，在汇入处应折向导线走向，其方向应为易于识别连接线进入或离开汇总线的方向，而且每根导线两端应采用相同的标记号，如图 4-27（a）所示，即在每根连接线的末端标注上相同的标记符号。

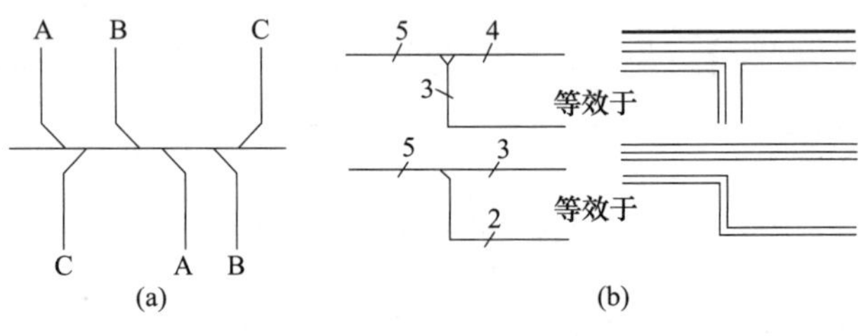

图 4-27 汇入导线表示法

当需要表示导线的根数时，可按图 4-27（b）表示。这种形式在动力、照明平面布置（布线）图中较为常见。

2. 连接线的中断表示法

为了简化线路图，或使多张图采用相同的连接表示，连接线一般采用中断表示法。中断线的使用场合及表示方法常有以下几种。

① 去向相同的导线组，在中断处的两端标以相应的文字符号或数字编号，如图 4-28 所示。

② 两功能单元或设备、元器件之间的连接线，用文字符号及数字编号表示中断。中断

表示法的标注采用相对标注法，即在本元件的出线端标注其连接的对方元件的端子号，如图 4-29 所示，PJ 元件的 1 号端子与 CT 元件的 2 号端子相连接，而 PJ 元件的 2 号端子与 CT 元件的 1 号端子相连接。

③ 连接线穿越图线较多的区域时，将连接线中断，在中断处加相应的标记，如图 4-30 中的 M 处。图 4-31 是将穿越较为稠密图面的连接线中断，在连接线中断处加“a”标记。

④ 在同一张图中断处的两端给出相同的标记号，并给出导线连接线去向的箭头符号，如图 4-32 中的“G”标记号。对于不同张的图，应在中断处采用相对标注法，即中断处标记名相同，并标注“图序号/图区位置”，见图 4-32。图中断点 L 为标记名，在第 20 号图纸上标有“L3/C4”，表示 L 中断处与第 3 号图纸的 C 行 4 列处的 L 断点连接；而在第 3 号图纸上标有“L20/A4”，表示 L 中断处与第 20 号图纸的 A 行 4 列处的 L 断点相连。

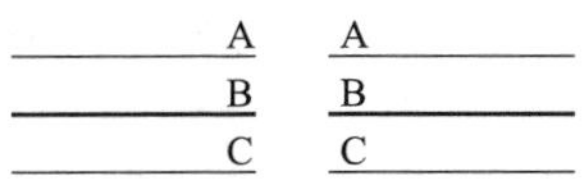

图 4-28　导线组的中断表示

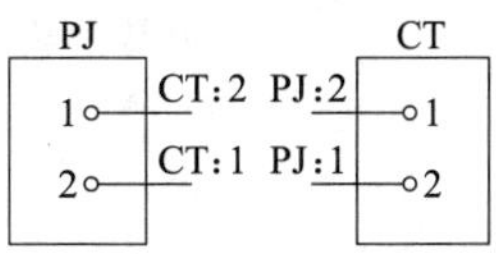

图 4-29　中断表示法的相对标注

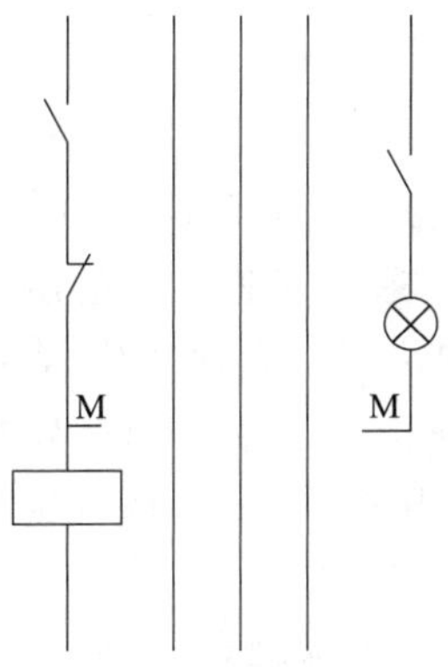

图 4-30　穿越图面的中断线

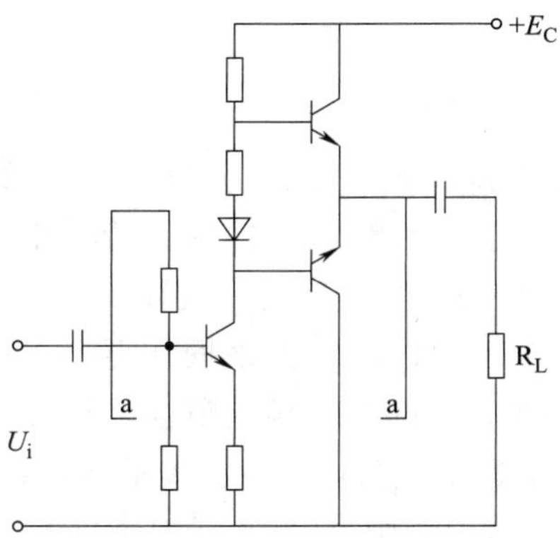

图 4-31　加在“a”标记的中断连接线

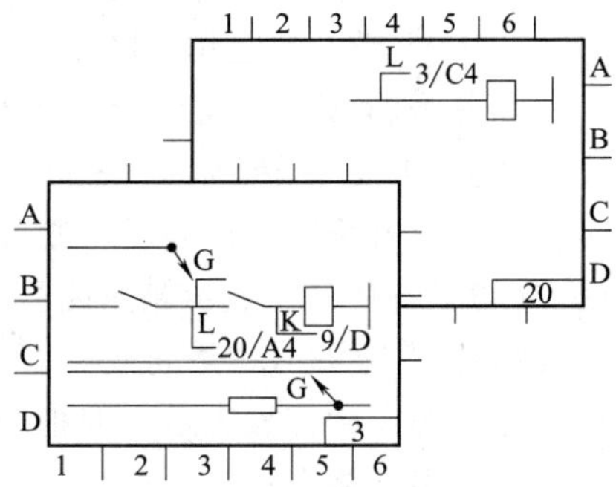

图 4-32　中断表示法及其标志

第五节　元器件触点位置和工作状态表示方法

一、电气元器件触点位置的表示方法

许多电气元器件和设备都带有一定数量的触点。按其操作方式，元器件的触点分为两大类：一类是由电磁力或人工操作的触点，如电量继电器（电磁型、感应型、晶体管型继电器等）、接触器、开关、按钮等的触点；另一类是非电和非人工操作的触点，如各种非电量继电器（气体、速度、压力继电器等）、行程开关等的触点。这两类触点在电气图上有不同的表示方法。

1. 电量继电器触点位置的表示

对于电量继电器、接触器、开关、按钮等项目的触点符号，在同一电路中，当它们在加电或受力后，各触点符号的动作方向应取向一致。触点具有保持、闭锁和延时功能的情况下更应如此。但是，在分开表示法表示的电路中，当触点排列复杂而没有保持等功能的情况下，为了避免电路连接线的交叉，使图面布局清晰，在加电和受力后，触点符号的动作方向可以灵活运用，没有严格规定。

触点符号通常规定为“左开右闭，下开上闭”，即当触点符号垂直放置时，触点在左侧为常开（动合），而在右侧为常闭（动断），当触点符号水平放置时，触点在下方为常开（动合），而在上方为常闭（动断），如图 4-33 所示。

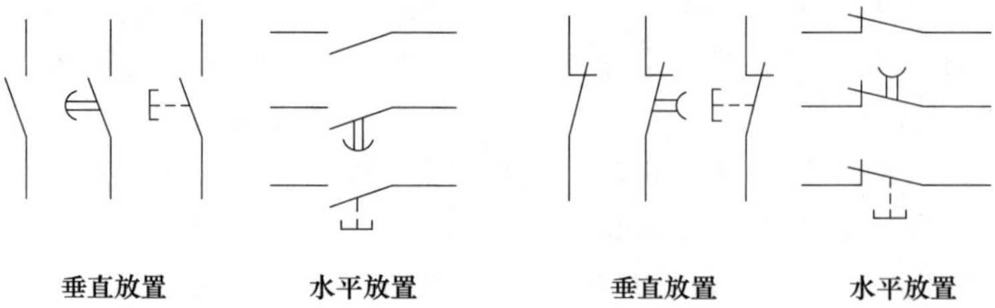

(a) 常开(动合)触点　(b) 常闭(动断)触点

图 4-33 触点符号表示示例

2. 非电和非人工操作的触点位置的表示

对于非电和非人工操作的触点，必须在其触点符号附近标明运行方式。一般采用三种方法。

① 用图形表示。

② 用操作器件的符号表示。

③ 用注释、标记和表格表示。

如图 4-34 所示为某行程开关触点位置表示方法。该行程开关的触点，在转轮转到 60°～180°之间时闭合，转到 240°～330°之间时也闭合，在其他位置均断开。这一行程开关的触点运行方式，若采用图形表示，则如图 4-34（a）所示，横轴表示转轮的位置，纵轴“0”表示触点断开，而“1”表示触点闭合。图 4-34（b）为该操作器件的一种符号表示，当凸轮推动圆球转到 60°～180°之间或 240°～330°之间时，触点闭合，其余为断开；图 4-34（c）也是操作器件的一种符号表示，但把凸轮画成展开式，箭头表示凸轮行进方向。

若采用表格表示，则如表 4-2 所示。表中“0”表示触点断开，“1”表示触点闭合。

这些表示方式完全等效，可根据图的特点和图面的布置，决定采取哪一种方式。

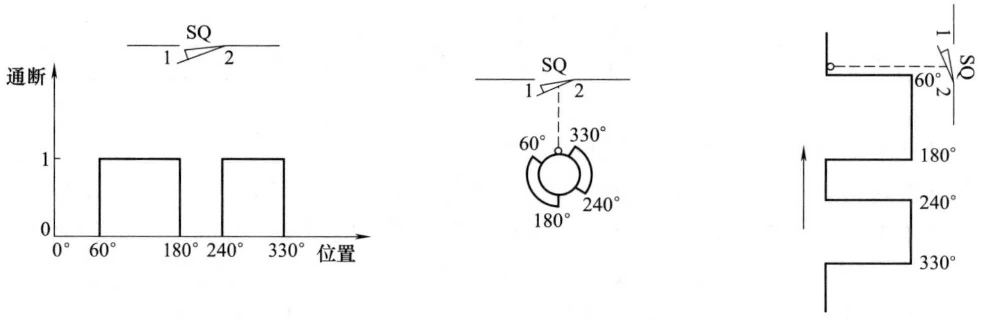

(a) 用图形表示　(b) 用操作器件符号表示1　(c) 用操作器件符号表示2

图 4-34 某行程开关触点位置表示方法

表 4-2 某行程开关触点运行方式

角度	0°～60°	60°～180°	180°～240°	240°～330°	330°～360°
触点状态	0	1	0	1	0

二、元器件工作状态的表示方法

在电气图中，元器件和设备的可动部分通常应表示在非激励或不工作的状态或位置。

① 继电器和接触器在非激励的状态，图中的触点状态是非受电下的状态。

② 断路器、负荷开关和隔离开关在断开位置。

③ 带零位的手动控制开关在零位位置，不带零位的手动控制开关在图中规定的位置。

④ 机械操作开关，例如行程开关，在非工作的状态或位置，即搁置时的情况，机械操作开关的工作状态与工作位置的对应关系一般应表示在其触点符号的附近，或另附说明。

⑤ 温度继电器、压力继电器都处于常温和常压（一个大气压）状态。

⑥ 事故、备用、报警等开关或继电器的触点应该表示在设备正常使用的位置，如在特定的位置，则图上应有说明。

⑦ 多重开关器件的各组成部分必须表示在相互一致的位置上，而与电路的工作状态无关。

三、元器件的技术数据及有关注释和标志的表示方法

1. 元器件技术数据的表示方法

电路中电气元器件的技术数据（如型号、规格、整定值等）一般标注在其图形符号旁，如图 4-35 所示。

图 4-35（a）所示的电力变压器，项目代号为 T1，标注的主要技术数据如下：型号为 SL7-1000/10，变压比为 10kV/0.4kV，联结组别为 Yyn0。

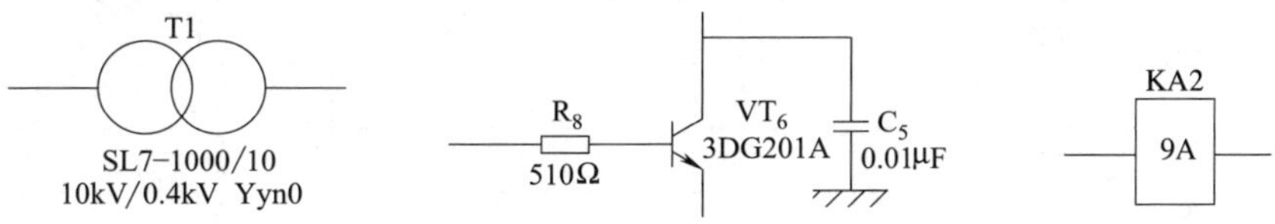

(a) 电力变压器　(b) 电阻、三极管、电容　(c) 电流继电器

图 4-35　元器件技术数据标注方法举例

技术数据标注的位置通常为：当连接线为水平布置时，尽可能标在图形符号的下方，如图 4-35（a）所示；垂直布置时，标在项目代号的下方，如图 4-35（b）所示；技术数据也可以标注在继电器线圈、仪表、集成块等元件的方框符号或简化外形符号内，如图 4-35（c）所示的电流继电器，项目代号为 KA2，继电器的额定电流为 9A。

在一次、二次接线图等电气图中，技术数据常用表格的形式标注。电气主接线图上要写出“主要电气设备材料明细表”字样，表格的主要项目为序号、代号、型号、规格、数量、备注等，序号由上向下顺序排列，而二次接线图中通常不另写文字“元器件明细表”，紧接标题栏上方序号自下而上顺序列出，例如图 4-35 中的几个元件，若是同一图上的元件，则在图上只标注项目代号，有关的技术数据可列于表中。

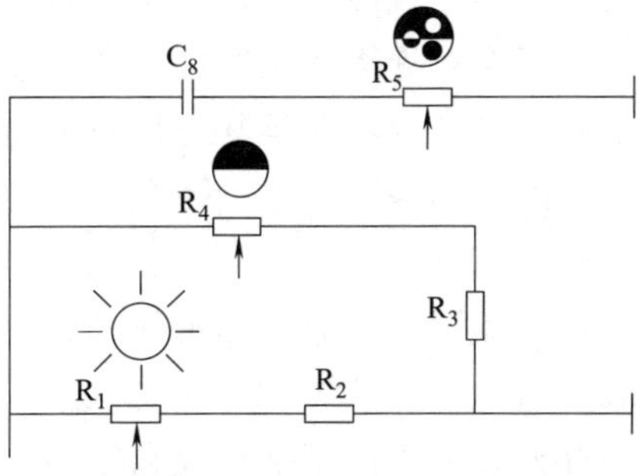

图 4-36　元器件有关信息标志示例

2. 注释和标志的表示方法

当元器件的某些内容不便于用图示形式表达清楚时，可采用注释的方式，如图 4-36 所示。图中的注释视情况有两种放置方法：一是直接放在所要说明的对

象附近，并将加标记的注释放在图中其他部位；二是如果图中注释较多，则应放在图样的边框附近，一般放在标题栏上方。标志的图形符号见第一章。

当设备面板上有信息标志（如人机控制功能的信息标志）时，则应在有关元件的图形符号旁加上同样的标志，例如图 4-36 中，R_1 为亮度（或辉度）控制，R_4 为对比度控制，R_5 为色彩饱和度控制，在 R_1、R_4、R_5 的符号旁加注了设备图形符号。

第六节 导线的识别标记及其标注

一、电气接线端子和导线线端的识别标记

与特定导线直接或通过中间电器相连的电气接线端子应按表 4-3 中的字母进行标记。

表 4-3 电气特定端子的标记和特定导线线端的识别标记（GB/T 4026—2019）

导体名称		标记符号			
		导线线端	旧符号	电气端子	旧符号
交流系统电源	导体 1 相	L1	A	U	D1
	导体 2 相	L2	B	V	D2
	导体 3 相	L3	C	W	D3
	中性线	N	N	N	0
直流系统电源	导体正极	L+	+	+	
	导体负极	L−	−	−	
	中间线	M		M	
保护导体		PE		PE	
保护联结导体		PB		PB	
保护联结导体(接地)		PBE		PBE	
保护联结导体(不接地)		PBU		PBU	
功能接地导体		FE		FE	
功能联结导体		PB		PB	

如图 4-37 所示为按照字母、数字符号标记的电气设备端子和特定导线线端的相互连接示例。

二、绝缘导线的标记

对绝缘导线做标记是为了识别电路中的导线和已经从其连接的端子上拆下来的导线。我国国家标准对绝缘导线的标记做了规定，该标准不适用于电气设备（如旋转电机和变压器）端子的绝缘导线，对于其他设备或电路（如电信电路或包括电信设备的电路），该标准仅作参考。限于篇幅且一般不常使用，此部分内容省略，这里仅对常用的“补充标记”进行叙述。

补充标记用于对主标记作补充，它是以每一条导线或线束的电气功能为依据进行标记的系统。

补充标记可以用字母或数字表示，也可采用颜色标记或有关符号表示。

补充标记分为功能标记、相位标记、极性标记等。

1. 功能标记

功能标记是分别考虑每一条导线的功能（例如开关的闭合或断开、位置的表示、电流或电压的测量等）的补充标记，或者一起考虑几种导线的功能（例如电热、照明、信号、测量电路）的补充标记。

2. 相位标记

相位标记是表明导线连接到交流系统中某一相的补充标记。

相位标记采用大写字母、数字或两者兼用表示相序，如表 4-4 所示。交流系统中的中性线必须用字母 N 标明。同时，为了识别相序，以保证正常运行和有利于维护检修，国家标准 GB/T 4026—2019 对交流三相系统及直流系统中的裸导线涂色规定（新、旧标准）如表 4-4 所示。

3. 极性标记

极性标记是表明导线连接到直流电路中某一极性的补充标记。

用符号标明直流电路导线的极性时，正极用“+”标记，负极用“—”标记，直流系统的中间线用字母 M 标明。如可能发生混淆，则负极标记可用“(—)”表示。

4. 保护导线和接地线的标记

保护导线和接地线的标记见表 4-3。在任何情况下，字母符号或数字编号的排列应便于阅读。它们可以排成列，也可以排成行，并应从上到下、从左到右，靠近连接线或元器件图形符号排列。

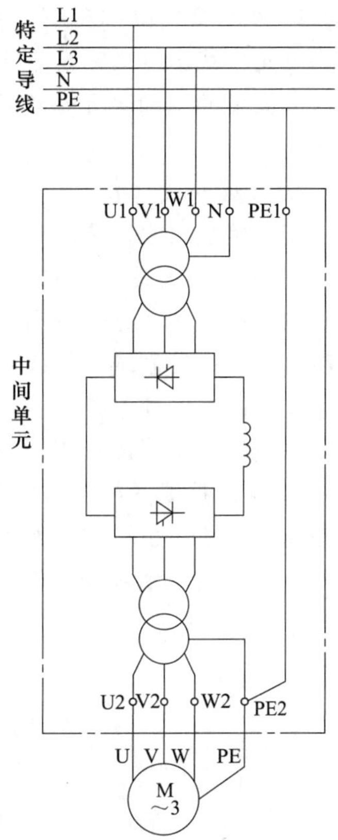

图 4-37 电气设备端子和特定导线的相互连接图

表 4-4 交流三相系统及直流系统中裸导线涂色

系统	交流三相系统					直流系统	
母线	第 1 相 L1(A)	第 2 相 L2(B)	第 3 相 L3(C)	N 线及 PEN 线	PE 线	正极 L+	负极 L—
涂色(旧)	黄	绿	红	淡蓝	黄绿双色	赭	蓝
涂色(新)	黑	棕	灰	蓝	黄绿双色	红	白

第七节 接 线 文 件

一、接线文件

接线图和接线表简称接线文件。接线文件提供了各个项目，如元件、器件、组件及装置之间实际连接的信息，可用于设备的装配、安装及维修。接线文件包含识别每一连接点及所用导线或电缆的信息。端子接线图和端子接线表只示出一端。

二、接线文件的分类

接线文件通常要和电路原理图、平面位置图结合起来使用，根据所表示的内容不同，可分为以下 3 类。

1. 单元接线图（表）

单元接线图（表）是表示成套设备或设备中一个结构单元内部各元件间连接关系的图（表）。这里的结构单元是指可以独立运行的组件或某种组合体，如电动机、继电器、接触器等。

2. 互连接线（表）

互连接线（表）是表示成套装置或设备内两个或两个以上单元之间连接关系的图（表）。

3. 端子接线图（表）

端子接线图（表）是用于表示成套装置或设备的端子及其与外部导线连接关系的图（表）。在具体绘制端子接线图时，通常不包括单元或设备内部的连接，但可以给出有关的图号，以在需要时便于查找。

一般端子接线图应遵循下列规定。

① 端子接线图的视图应与单元接线图的视图一致。各端子应基本按其相互位置表示，不得随意布置，也可在两组端子之间加辅助格，以便于填写端子的特征或简要说明，如图4-38所示。端子实物接线图如图4-39所示。

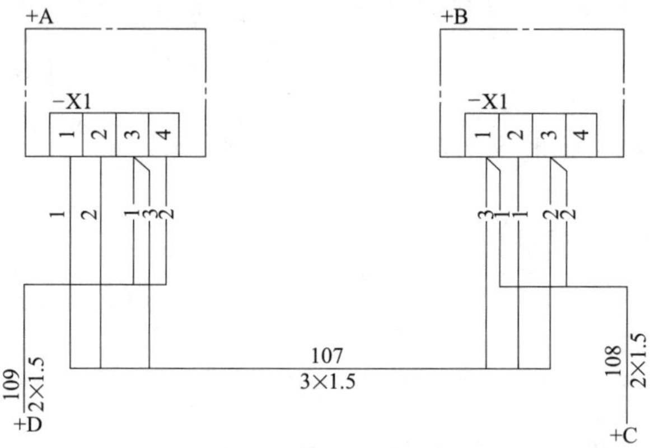

图 4-38 端子接线图

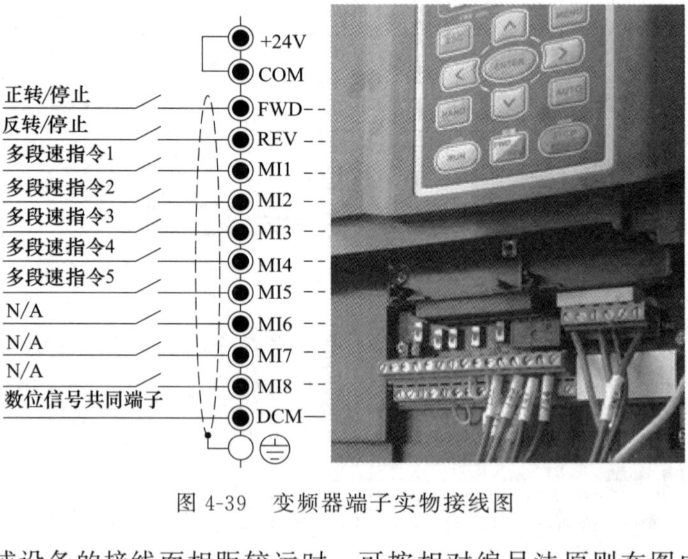

图 4-39 变频器端子实物接线图

② 当两单元或设备的接线面相距较远时，可按相对编号法原则在图中的端子处标出远

处端子接线图的端子标记，并在图中的电缆中断线标记处标明缆号及该电缆通向的远处设备号，如图 4-40 中的 X2：29，137＋B5。

端子接线表一般包括线缆号、线号、本端标志和远端标志（项目代号，端子号合二为一），端子接线表也可单独绘制，见表 4-5。

接线图的特点是图中只表示电气元件的安装地点和实际尺寸、位置和配线方式等，但不能直观地表示电路的原理和电气元件间的控制关系。

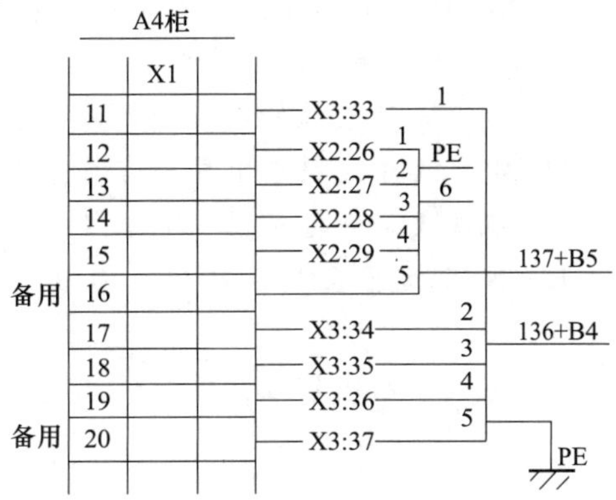

图 4-40 远处接线的表示法

有些接线文件还包含以下内容。

① 导线或电缆种类的信息，如型号牌号、材料、结构、规格、绝缘颜色、电压额定值、导线数及其他技术数据。

② 导线号或电缆号或项目代号。

③ 连接点的标记或表示方法，如项目代号、端子代号、图形表示法及远端标记。

④ 铺设、走向、端头处理、捆扎、绞合及屏蔽等说明或方法。

⑤ 导线或电缆长度。

⑥ 信号代号或信号的技术数据。

⑦ 需补充说明的其他信息。

表 4-5 以端子为主的端子接线表举例

项目代号	端子代号	电缆号	芯线号
－X	:11	－W136	1
	:12	－W137	1
	:13	－W137	5
	:14	－W137	3
	:15	－W137	4
	:16	－W137	2
	:PE	－W136	PE
	:PE	－W137	PE
	备用	－W137	6

复习思考题

1. 电气制图中连接线表示方法（单线表示法、多线表示法、混合表示法）都有哪些特点？

2. 举例说明集中表示法。

3. 举例说明半集中表示法。

4. 举例说明分开表示法。

5. 标注项目代号时应注意哪些事项？

6. 举例说明端子排及端子标志图例。

7. 接线端子的符号标志方法通常应遵守哪些原则？

8. 在连接线上加注标记和导线特征的方法是什么？

9. 如何表示导线的连接点？

10. 什么是连接线的连续表示法和中断表示法？试举例说明。

11. 电气图中电量继电器触点符号通常规定为“左开右闭，下开上闭”，试举例说明。

12. 试举例说明电气图中元器件技术数据的表示方法。

13. 国家标准 GB/T 4026—2019 对交流三相系统及直流系统中的裸导线涂色有哪些规定？

14. 电气制图中接线文件有哪几类？

第五章

工厂供电系统电气图

[学习目标]

① 了解电力输配电系统的主要电气设备并熟悉有关电气符号。

② 理解电气主接线的形式和配电线路的连接方式及其应用场合。

③ 掌握识读常用的电气主接线图和二次接线图的方法。

④ 供电系统是国家发展的先行保障，深刻认识“电力先行”对实现国家振兴的重要作用。

第一节　电力输配电系统

各发电厂中的发电机基本都是三相交流发电机。目前我国生产的三相交流发电机的电压等级有 400V/230V、3.15kV、6.3kV、10.5kV、13.8kV、15.75kV、18kV 等多种。

发电厂与用电地区和用户之间有较远的距离，而且用电设备电压等级与发电厂的电压等级之间有很大差别，例如家用电器设备、照明设备的额定电压为 220V 单相电压，而一般低压三相电动机的线电压为 380V。这样就存在远距离高压输电以及一次和二次变电问题。这个发电、输配电过程可用图 5-1 来表示。

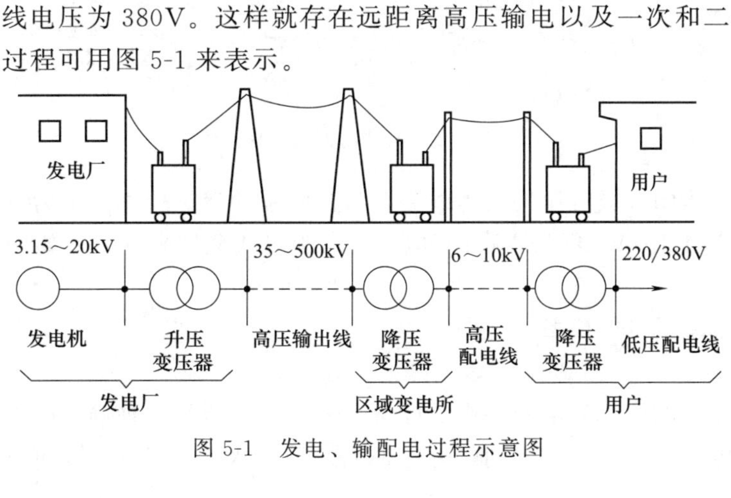

图 5-1　发电、输配电过程示意图

一、变电与配电

变电与配电是电力系统中的核心环节。变电所的任务是接收电能、变换电压和分配电能，是联系发电厂和用户的中间环节；而配电所只担负接收电能和分配电能的任务。

变电所和配电所的相同之处在于：一是都担负接收电能和分配电能的任务；二是电气线路中都有引入线（架空线或电缆线）、各种开关电器（如隔离开关、刀开关、高低压断路器）、母线、互感器、避雷器和引出线等。

各用电单位一般都设有中央变电所和车间变电所（小规模的企业往往只有一个变电所）。中央变电所接收送来的电能，然后再分配到各车间以及用电场所的变电所或配电箱（配电板），再从配电箱或配电板将电能分配给用电设备。

低压配电线路的额定电压为380V/220V；用电设备的额定电压多数是220V或380V；大功率电动机的电压为3kV或6kV；机床照明和矿井安全电压规定为36V。

二、电力系统

通常电能由发电机产生，发电机把轴上的机械能转换为电能，而轴上的机械能都是由一次能源转换而来的。

由各种电压的电力线路将一些发电厂、变电所和电力用户联系起来的发电、输电、变电、配电和用电的整体称为电力系统。图5-2是一个大型电力系统的系统图，它可以是由几个水力发电厂、火力发电厂、核能发电厂等联合供电的大型电力系统。

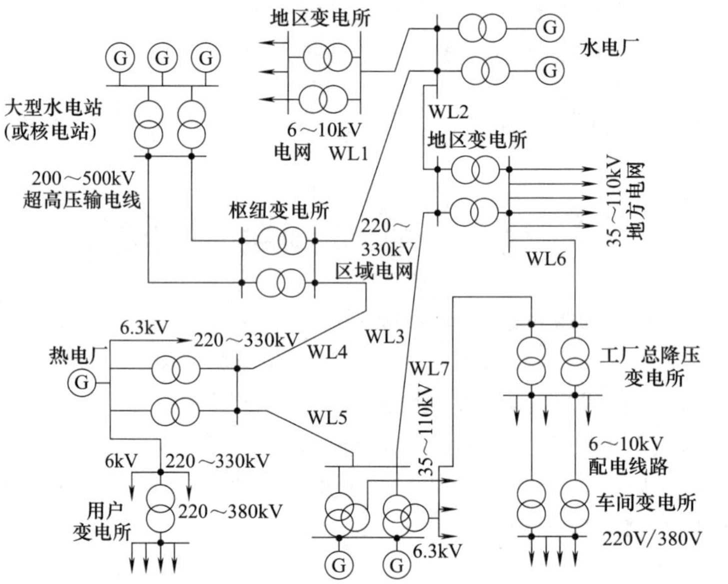

图5-2 大型电力系统图

通常将电力系统中各级电压的电力线路及与其联系的变电所称为电力网或电网。电网按电压等级来划分，有10kV电网、110kV电网等；也可按地域来划分，如华东电网、东北电网等。

三、电力系统主要电气设备

1. 电力变压器

电力变压器是发电厂和变电所的主要设备之一。变压器是一种静止的电气设备，用来将某一等级的交流电压转换为频率相同的另一种或几种等级的交流电压，但不改变传输容量。

在电力系统中，凡把以高电压输送的电能的电压降为用户供电电压的变压器，都称为配电变压器。通常使用的低压供电电压为 380V 或 220V，大型高压电动机使用的电压为 3kV 或 6kV，配电变压器高压侧电压一般为 6kV、10kV、35kV，在大电网中也有 110kV。

三相电力变压器的图形符号根据不同组别和绕组等有所不同。如图 5-3 所示为 Y-Y（即 Yyn0）和△-Y（即 Dyn11）组别的图形符号。

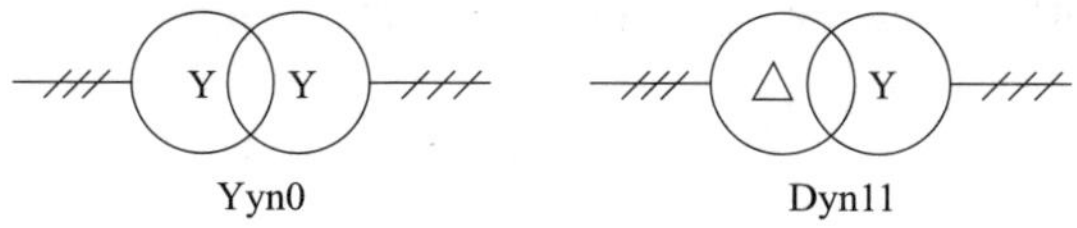

图 5-3　Y-Y（即 Yyn0）和△-Y（即 Dyn11）组别的图形符号

2. 高压断路器

高压断路器在电路正常时，用来接通或切断负荷电流；在电路发生故障时，用来切断巨大的短路电流。它是高压开关中最重要、最复杂的一种，既能切换正常负载，又可排除短路故障，同时承担着控制和保护双重任务。

常用的油断路器利用触头间产生的电弧使油分解，利用高压气体对电弧进行吹弧和冷却，将电弧熄灭。断路器分为多油断路器和少油断路器两种。常见的高压断路器有以下三种。

① 真空断路器。利用真空（$10^{-6}\sim10^{-2}$Pa）作为灭弧介质。户外高压真空断路器 ZW32-12/630A（带隔离智能看门狗）的实物如图 5-4 所示。

② 六氟化硫断路器。高压六氟化硫（SF_6）断路器是利用六氟化硫气体作为灭弧和绝缘介质的一种断路器。按灭弧方式的不同可分为气吹式、旋弧式和自行灭弧式，而气吹式又有单压式和双压式两种类型。

③ 压缩空气断路器。利用压缩空气强烈吹弧，使电弧冷却，并清除弧道内的残余游离气体，当电流过零时，使电弧熄灭。压缩空气还可用来维持分、合闸状态下的绝缘。

图 5-4　真空断路器 ZW32-12/630A

3. 负荷开关

高压负荷开关是用来在额定电压和额定电流下接通和切断高压电路的专用开关。它只允许接通和开断负荷电流，但不允许开断短路电流，即它仅能作为控制和过载保护元件，不能作为故障保护元件。它与高压熔断器配合使用时，可代替断路器。负荷开关按灭弧介质的不同分为固体产气式、压气式和油浸式三种，前两种有明显的外露可见断口，因此还能起到隔离开关的作用。

4. 隔离开关

隔离开关是以空气为绝缘介质，在无负荷的情况下接通或断开电路的电器。它在断开位置时形成明显可见的、足够的断开距离，把需要检修的电器与电源可靠隔离，以保证检修工作的安全；在合闸状态时，能可靠通过正常工作电流和短路故障电流。它在配电装置中的用量最多，通常是断路器的 3～4 倍。

5. 高压熔断器

高压熔断器是在电网中人为设置的一个最薄弱的元件，用以保护电气装置免遭过电流或短路电流作用而损坏。当过电流流过时，元件本身发热熔断，借灭弧介质的作用使电路开断，达到保护电力线路和电气设备的目的。熔断器在电压低于 35kV 的小容量电网中被广泛采用（因为熔断器的价格最便宜）。熔断器按使用场所分为户内式及户外式熔断器；按动作性能可分为固定式和自动跌落式熔断器；按工作特性又可分为有限流作用和无限流作用熔断器。

6. 成套配电装置

成套配电装置是以断路器为主的成套电器，它主要用于配电系统，起到接收与分配电能的作用。这类装置的各组成元件，按主接线的要求，以一定顺序布置在一个或几个金属柜内（根据需要，在柜内还可装设控制、测量、保护及调整等设备）。

7. 电流互感器

将电路中流过的大电流变换成小电流（额定值为 5A），供给测量仪表（如电流表、电能表、功率表）和继电器的电流线圈，这样就可以用小电流的仪表间接测量大电流。电流互感器通常有一个一次绕组（匝数少）和一个或两个二次绕组（匝数多）。一次绕组是串联在电路中的，一、二次绕组互相绝缘并且绕在同一个铁芯上，通过电磁感应，把一次绕组的大电流按一定比例变换成二次绕组的小电流。

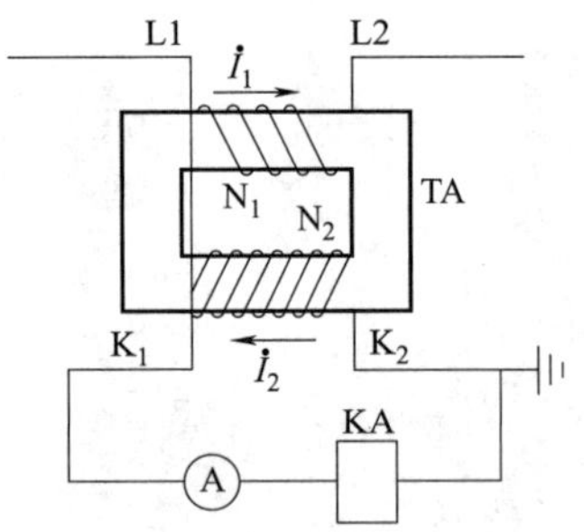

图 5-5 电流互感器的结构原理图

特别要注意： 在使用中电流互感器的二次侧不允许开路。

电流互感器的结构原理图如图 5-5 所示。

8. 电压互感器

将高电压（6kV、10kV、35kV 等）降为低电压（一般额定值为 100V），供给测量仪表（电压表、电能表、功率表）和继电器的电压线圈，这样就可以用低压仪表间接测量高压。电压互感器的基本结构由两个或三个互相绝缘的线圈绕在同一铁芯上所组成，一次绕组匝数多，二次绕组匝数少，通过电磁感应，把高电压按一定比例变换成低电压。电压互感器的一次绕组是与高压电路并联的。

特别要注意： 在使用中电压互感器的二次侧不允许短路。

电压互感器实质上就是一个降压变压器，一次绕组的匝数多，二次绕组的匝数少，其基本结构原理图如图 5-6 所示。

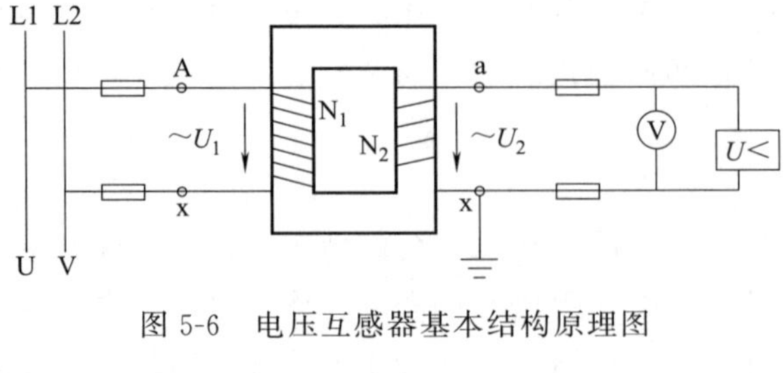

图 5-6 电压互感器基本结构原理图

此外尚有避雷器、电抗器、移相电容器等电气设备，不再赘述。

第二节 电气主接线的形式

变电所的电气主接线是变电所接受电能、变换电压和分配电能的电路，它表示由地区变电所电源引入→变压→各负载（车间等）的变配电过程。而配电所只担负接受电能和分配电能的任务，因此，它只有电源引入→各负载两个环节，相应地，其主接线中无变压器，其他则与变电所相同。

电气主接线图一般都用单线图表示，即一根线就代表三相。但在三相接线不同的局部位置要用三线图表示，例如最为常见的接有电流互感器的部位。

一、变电所电气主接线的基本要求

① 安全性。符合国家标准有关技术规范的要求，能充分保证人身和设备的安全，能避免运行人员的误操作以及能在安全条件下进行维护、检修工作。

② 可靠性。根据用电负荷的等级，保证在各种运行方式下提高供电的连续性，力求满足电力负荷对供电可靠性的要求。

③ 灵活性。主接线应力求简单、明显，没有多余的电气设备；投入或切除某些设备或线路的操作方便。灵活性还表现在能适应系统所要求的各种运行方式，操作灵活方便。

④ 经济性。在满足以上要求的前提下，尽量使主接线简单、投资最小、运行费用最低，并节约电能和减少有色金属消耗量，使主接线的初投资与运行费用达到经济合理。

⑤ 发展性。要考虑近期（5～10 年内）负荷发展的可能性。

另外，电气主接线的确定与电力负荷的等级、供配电电压、工程项目的规模、要求及投资条件等因素有相当密切的关联。

二、电气主接线的形式

变配电所有几路、十几路甚至更多的引出线，它们都从主变压器获得电能。为使众多的接线不致紊乱，必须采用母线。母线在图中用黑粗线表示。

母线是汇集和分配电能的导线，又称汇流排，按材料不同，还称为“铜排”“铝排”。连接各进出线的母线称为主母线，其余的为分支母线。有无母线及母线的结构是电气主接线形式的核心问题。

变配电所电气主接线的形式较多，基本形式如表 5-1 所示。

表 5-1 电气主接线的基本形式

<table>
<tr><td rowspan="12">电气主接线</td><td rowspan="7">有母线接线</td><td rowspan="4">单母线接线</td><td colspan="2">单母线不分段</td></tr>
<tr><td rowspan="3">单母线分段</td><td>隔离开关(刀开关)分段</td></tr>
<tr><td>断路器分段</td></tr>
<tr><td>分段带旁路母线</td></tr>
<tr><td rowspan="3">双母线接线</td><td colspan="2">具有专用旁路断路器</td></tr>
<tr><td colspan="2">以母线联络断路器,兼作旁路断路器</td></tr>
<tr><td colspan="2">分段或不分段</td></tr>
<tr><td rowspan="5">无母线接线</td><td rowspan="2">桥形接线</td><td colspan="2">内桥形</td></tr>
<tr><td colspan="2">外桥形</td></tr>
<tr><td>角形接线</td><td colspan="2">一般为四角至六角</td></tr>
<tr><td rowspan="2">单元接线</td><td colspan="2">发电机—变压器单元</td></tr>
<tr><td colspan="2">变压器—线路单元</td></tr>
</table>

对于中小型工厂的变配电所来说，其主接线大多采用单母线接线，也可能是表 5-1 所示的基本形式中两种的组合。

1. 单母线不分段接线

在主接线中，单母线不分段电路是比较简单的主接线方式，如图 5-7、图 5-8 所示，母线 WB 是不分段的。单母线不分段电路的每条引入、引出线中都安装有隔离开关及断路器，在低压线路中安装有刀开关。

图 5-7、图 5-8 中断路器 QF 的作用是正常情况下通过负荷电流，事故情况下切断短路电流及超过规定动作值的过负荷电流。

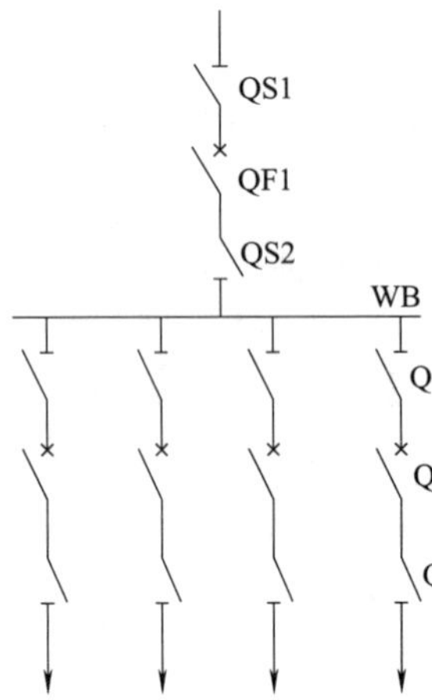

图 5-7 单母线不分段接线（一）

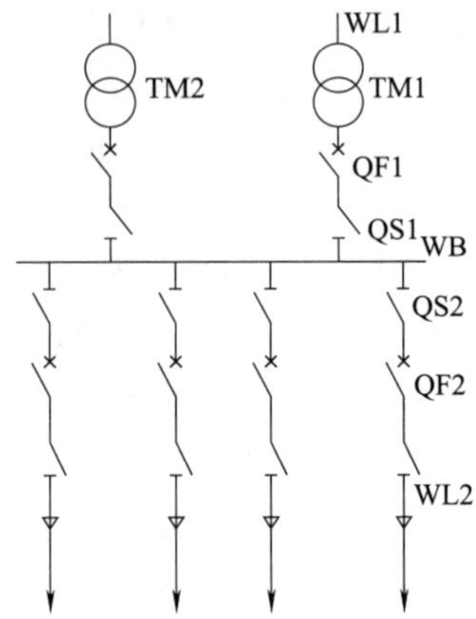

图 5-8 单母线不分段接线（二）

隔离开关 QS（或低压刀开关 QK）靠近母线侧的称为母线隔离开关，如图 5-7 中的 QS2、QS3，图 5-8 中的 QS1、QS2，其作用是隔离母线电源以检修断路器和母线。靠近线路侧的隔离开关称为线路隔离开关，如图 5-7 中的 QS1、QS4，其作用是防止在检修线路断路器时从用户（负荷）侧反向供电，或防止雷电过电压沿线路侵入，以保证维修人员安全。因此有关设计规范规定，对 6～10kV 的引出线，在下列情况时应装设线路隔离开关：

① 有电压反馈可能的出线回路；

② 架空出线回路。

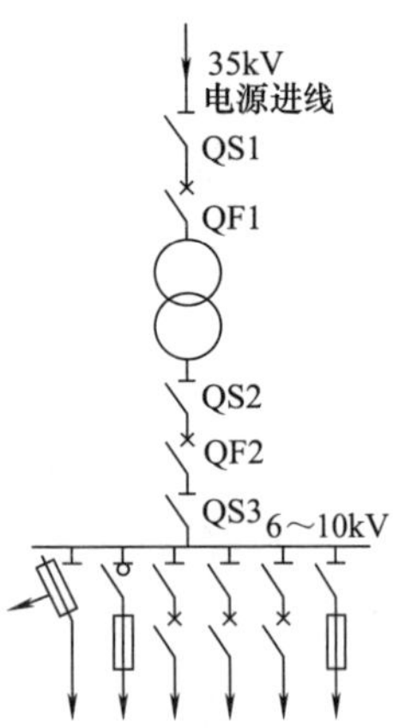

图 5-9 装有一台主变压器的总降压变电所主接线图

单母线不分段接线的优点是电路简单，投资经济，操作方便，引起误操作的机会少，安全性较好，而且使用设备少，便于扩建和使用成套装置。其缺点为可靠性和灵活性差，当母线或母线隔离开关故障或检修时，必须断开所有回路的电源，从而造成全部用户停电。所以单母线不分段接线适用于用户对供电连续性要求不高的情况。

只装有一台主变压器的总降压变电所主接线图如图 5-9 所示，通常采用一次侧无母线、二次侧单母线不分段接线，总降压变电所一次侧采用断路器作为主开关。其特点是简单经济，但供电可靠性不高，只适合三级负荷的工矿企业，即出线回路数不多及用电量不大的场合。

只装有一台主变压器的车间变电所主接线图如图 5-10 所示。其高压侧一般采用无母线的接线，根据高压侧采用的开关电器的不同，有三种比较典型的主接线电路。

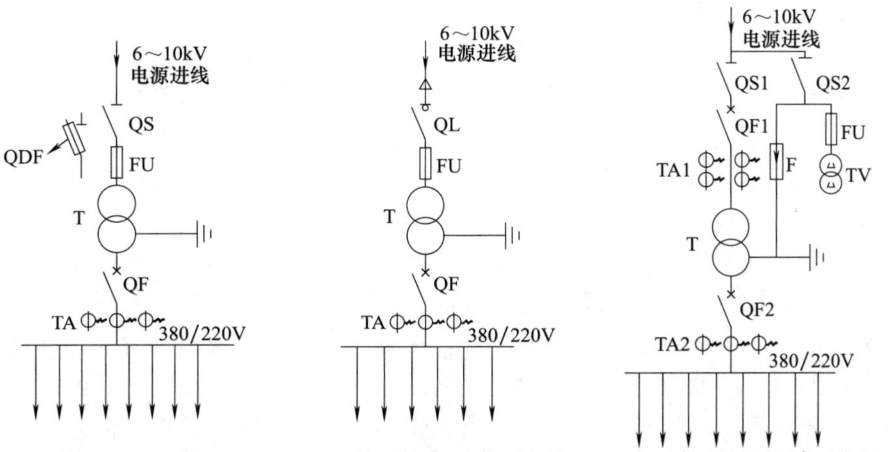

(a) 高压侧采用隔离开关、熔断器的变电所主接线图　(b) 高压侧采用负荷开关、熔断器的变电所主接线图　(c) 高压侧采用隔离开关、断路器的变电所主接线图

图 5-10　车间变电所主接线图

① 高压侧采用隔离开关和熔断器的变电所主接线，如图 5-10（a）所示。一般只适用于 315kV·A 及以下容量的变电所中。这种主接线简单经济，对于三级负荷的小容量变电所是相当适宜的。

② 高压侧采用负荷开关和熔断器的变电所主接线，如图 5-10（b）所示。这种主接线也比较简单经济，虽然能带负荷操作，但供电可靠性仍然不高，一般也只适用于三级负荷的变电所。

③ 高压侧采用隔离开关和断路器的变电所主接线，如图 5-10（c）所示。这种主接线由于采用了高压断路器，因此变电所的停、送电操作十分灵活方便，同时高压断路器都配有继电保护装置，在变电所发生短路和过负荷时均能自动跳闸，而且在短路故障和过载情况消除后，又可直接迅速合闸，从而使恢复供电的时间大大缩短。若配备自动重合闸装置，则供电可靠性可进一步提高。但是如果变电所只有这一路电源进线，一般只适用于三级负荷；若变电所低压侧有联络线与其他变电所相连，则可用于二级负荷；若变电所有两路电源进线，则供电可靠性相应提高，可供二级负荷或少量的一级负荷。

2. *单母线分段接线*

单母线分段接线如图 5-11 所示，是用断路器（或隔离开关）分段的单母线接线，是克服不分段母线存在的工作不够可靠、灵活性差等问题的有效方法。单母线分段根据电源的数目和功率、电网的接线情况来确定。通常每段接一个或两个电源，引出线分别接到各段上，并使各段引出线电能分配尽量与电源功率相平衡，尽量减少各段之间的功率交换。单母线既可以用隔离开关分段，也可以用断路器分段。由于分段的开关设备不同，其作用也有所不同。

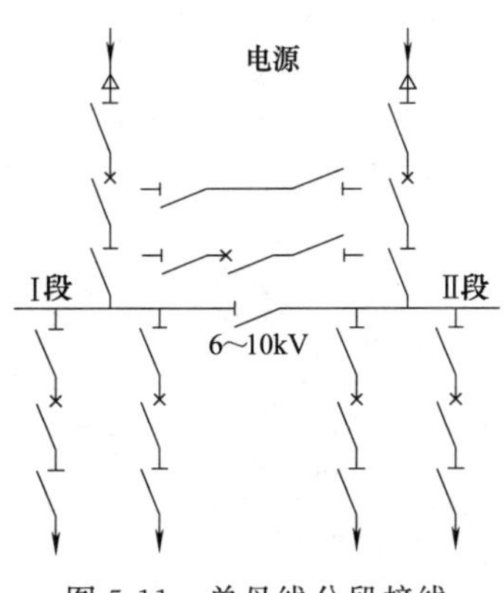

图 5-11　单母线分段接线

这种接线的母线中部用隔离开关或断路器分段，每一段接一个或两个电源，每段母线有若干引出线接至各车间。

① 采用隔离开关分段的单母线分段。母线检修可分段进行，可靠性较高。因为当某一段母线或隔离开关发生故障时，可以分段检修，所以只影响故障段母线的供电，且经过倒闸操作切除故障段，则无故障段可以继续运行；另外，对重要负荷可由两段母线，即两个电源同时供电。这样始终可以保证 50%左右容量不停电，因而比单母线不分段接线的可靠性有所提高。该接线方式适用于由双回路供电的允许短时停电的具有二级负荷的用户。

② 采用断路器分段的单母线分段。分段断路器除具有分段隔离开关的作用外，还装有继电保护器，除能切断负荷电流或故障电流外，还可自动分、合闸。母线检修时不会引起正常母线段的停电，可直接操作分段断路器，断开隔离开关进行检修，其余各段母线继续运行，保证正常段母线的不间断供电。在母线故障时，分段断路器的继电保护器动作，自动切除故障段母线，所以该接线方式可靠性有所提高，但其接线比较复杂，投资较高。

无论是采用隔离开关分段还是断路器分段，在母线发生故障或检修时，都不可避免地使该段母线的用户断电。检修单母线接线引出线的断路器时，该路负载也必须停电。

由此可见，单母线分段比单母线不分段提高了供电可靠性和灵活性，但它的接线方式比不分段复杂，投资较多，供电可靠性还不够高。

这种接线一般适用于三级负荷及二级负荷，但如果采用互不影响的双电源供电，用断路器分段则适用于对一、二级负荷供电。

③ 带旁路母线的单母线接线。为了克服以上两种单母线分段接线的缺点，可采用如图 5-12 所示的单母线加旁路母线的接线方式。当引出线断路器检修时，用旁路母线断路器代替引出线断路器，给用户继续供电，例如：当需检修图中引出线 W4 的断路器 QF4 时，先将 QF4 断开，再断开隔离开关 QS4、QS7，合上隔离开关 QS6、QS5、QS8，再合上旁路母线断路器 QF5，就可以给线路 W4 继续供电。对其他各引出线，在断路器检修时，都可采用同样方法，保证用户不停电。但带旁路母线的单母线接线因造价较高，仅在引出线数目很多的变电所中采用。

图 5-13 所示为高低压侧均为单母线分段的变电所主接线图。这种变电所的两段高压母线在正常时可以接通运行，也可以分段运行。一台主变压器或一路电源进线停电检修或发生故障时，通过切换操作，可迅速恢复整个变电所的供电，因此该接线方式供电可靠性相当高，可对一、二级负荷供电。

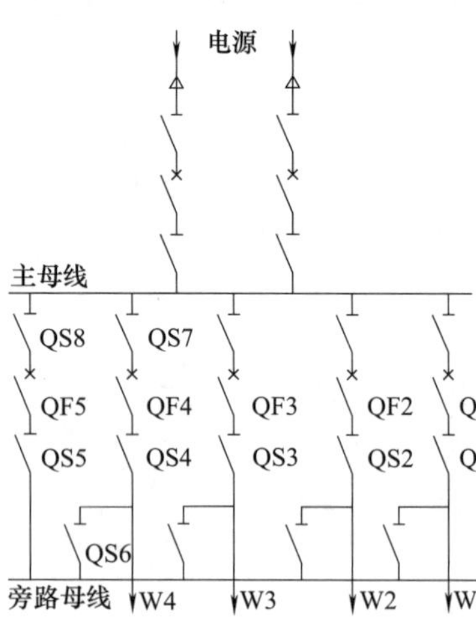

图 5-12 带旁路母线的单母线接线

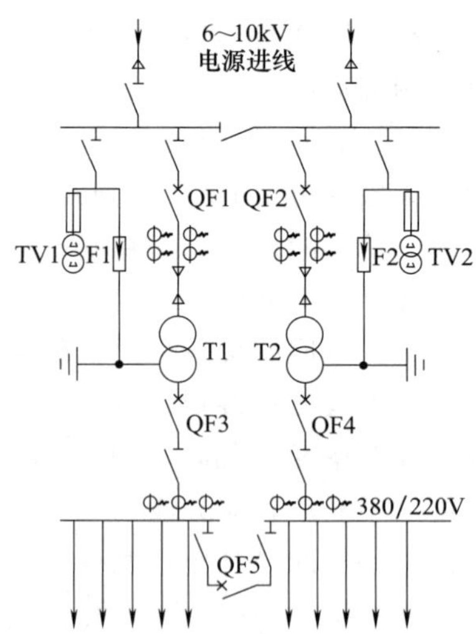

图 5-13 高低压侧均为单母线分段的变电所主接线图

综上所述，对于单母线分段的接线，由于电力系统的发展与技术的改进、备用容量的增加、带电快速检修输电线路技术以及自动重合闸的采用，可以满足对各种类型负荷的供电要求，因此单母线分段主接线已被广泛用在变电所的供电系统中。

3. 桥形接线

高压用户如果采用双回路高压电源进线，有两台电力变压器终端或总降压变电所母线的连接，则可采用桥形接线。因为它连接两个 35～110kV“线路-变压器组”的高压侧，其特点是有一条横连跨接的“桥”，所以称为桥形（或桥式）接线。根据连接“桥”的位置不同，分为内桥式和外桥式两种。

桥形接线要比单母线分段接线简单，它减少了断路器的数量，四回路只采用三台断路器。

（1）内桥式接线

一次侧采用内桥式接线、二次侧采用单母线分段接线的总降压变电所主接线图如图 5-14 所示。横连跨接桥靠近变压器侧，桥开关 QF10 装在线路断路器 QF11 和 QF12 的内侧，靠近变压器，变压器回路仅装隔离开关，不装断路器。内桥式接线可提高改变输电线路（WL1 与 WL2）运行方式的灵活性。当线路 WL1 需要检修时，断路器 QF11 断开，此时变压器 T1 可由线路 WL2 经过横连跨接桥继续受电，而不停电。同理，当断路器 QF11 或 QF12 需要检修时，借助于横连跨接桥的作用，两台电力变压器仍能始终维持正常运行。而当变压器回路（如 T1）发生故障或检修时，需断开 QF11、QF10，经过“倒闸操作”，拉开 QF21、QS113，再闭合 QF11 和 QF10，方能恢复正常供电。

综上所述，内桥式接线适用于以下场合。

① 一、二级负荷供电。

② 电源线路较长（故障和停电检修机会较多）。

③ 变电所没有穿越功率。

④ 负荷曲线较平稳，主变压器不需经常切换。

⑤ 供电可靠性和灵活性较好。

⑥ 终端型的工矿企业总降压变电所。

（2）外桥式接线

一次侧采用外桥式接线、二次侧采用单母线分段接线的总降压变电所主接线图如图 5-15

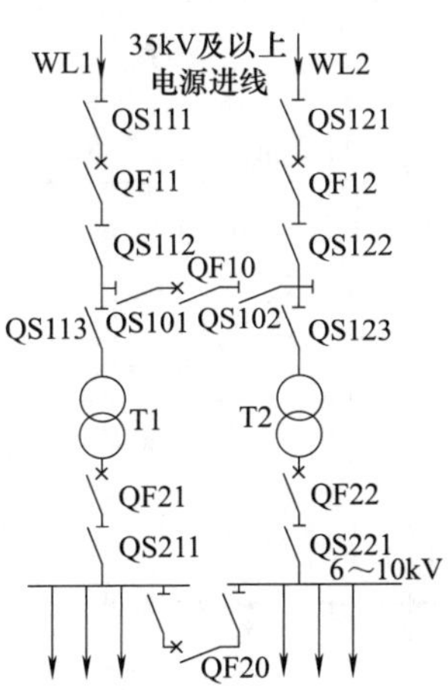

图 5-14 内桥式接线的变电所主接线图

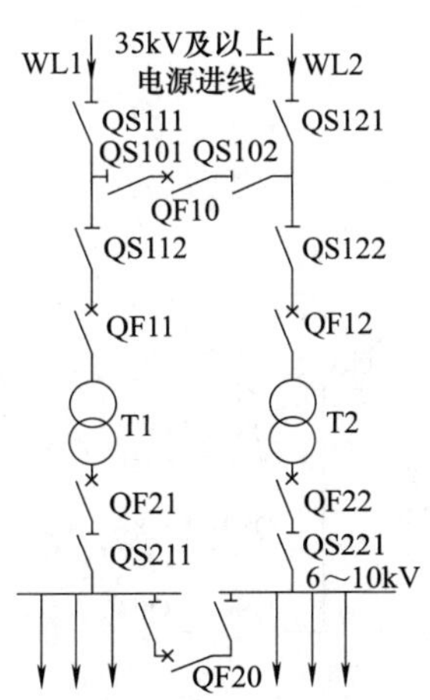

图 5-15 外桥式接线的变电所主接线图

所示。横连跨接桥靠近线路侧，桥断路器 QF10 安装在变压器断路器 QF11 和 QF12 之外，故称为外桥式。在进线回路仅装隔离开关，不装断路器。

对变压器回路，外桥式接线操作比较方便，但对电源进线回路不太方便。当电源线路 WL2 发生故障或检修时，需断开 QF12 及 QF10，经过“倒闸操作”，拉开 QS121，再闭合 QF12 和 QF10，方能恢复正常供电。当变压器 T1 发生故障或检修时，需断开 QF11，投入 QF10（其两侧的 QS 先闭合），使两路电源进线又恢复并列运行。

综上所述，可知外桥式接线适用于下列场合。

① 向一、二级负荷供电。

② 供电线路较短。

③ 允许变电所有较稳定的穿越功率。

④ 负荷曲线变化大，线路故障率较低而主变压器需要经常操作。

⑤ 中型的工矿企业总降压变电所。

当一次电源电网采用环形连接时，也宜采用这种接线，使环形电网穿越功率不通过进线断路器 QF11、QF12，这对改善线路断路器的工作及其继电保护的整定都极为有利。这种外桥式主接线的方式运行灵活，供电可靠性较高，适用于一、二级负荷的工厂。

三、配电线路的连接方式

电力线路是电力系统的重要组成部分，担负着输送和分配电能的重要任务。电力线路按电压高低分为高压线路（1kV 以上线路）和低压线路（1kV 及以下线路），其接线方式原则上有三种：放射式、树干式和环形式。

1. 放射式

放射式是由电源母线直接向各用电点供电的配电方式，如图 5-16 所示。

如图 5-16 所示是工厂的高压配电所的母线直接引出四条高压输电线给车间变电所的 4 台变压器的接线方式。这种接线方式的特点是：各供电线路互不影响，一条支路出现故障时，只能影响本支路的供电，因此供电可靠性比较高；线路敷设简单，操作维护方便，保护简单，而且便于装设自动装置，便于集中管理和控制。

高压放射式接线方式的缺点是总降压变电所的出线较多，需用高压开关柜数量多，投资较大，当任一线路或断路器发生故障时，由该线路供电的负荷就要停电。为提高供电可靠性，可采用双回路放射式接线系统或采用公共备用线路供电。采用公共备用线路供电的方式如图 5-17 所示。

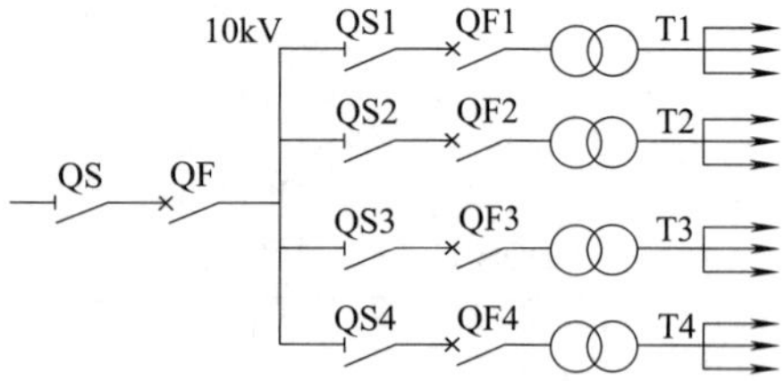

图 5-16 高压放射式接线方式

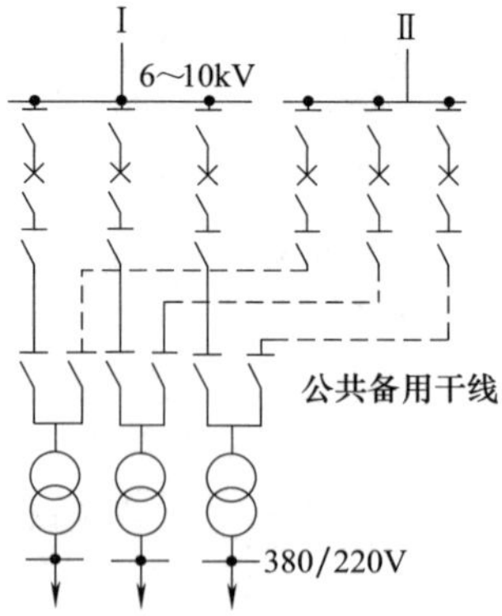

图 5-17 有公共备用干线的放射式线路

放射式低压配电线路主要用于负载点比较分散，而各负载点的用电设备又相对集中的场所。如图 5-18 所示为低压放射式接线，其特点是各引出线发生故障时互不影响，供电可靠性较高，但是一般情况下，其有色金属消耗量较多，采用的开关设备也较多，所以一次性投资大。放射式接线多用于设备容量大或对供电可靠性要求高的场合。

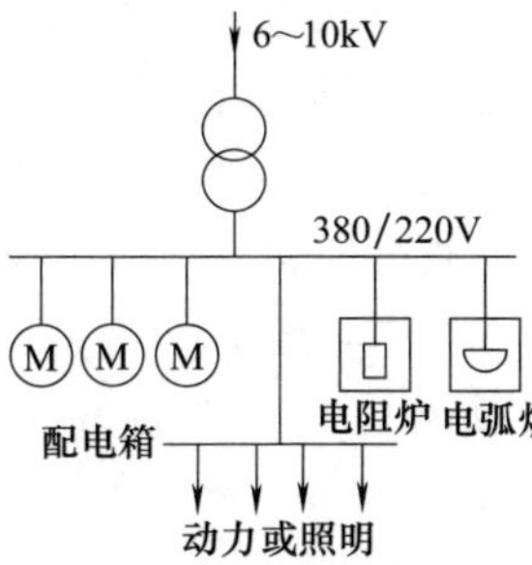

图 5-18　低压放射式接线方式

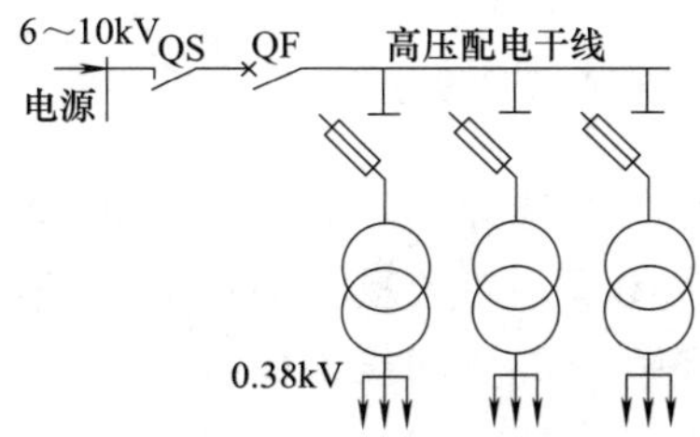

图 5-19　树干式接线方式

2. 树干式

树干式接线方式是由一条干线上分支出若干条支线的配电方式，就是由总降压变电所（或总配电所）引出的每路高压配电干线沿厂区道路架空敷设，每个车间变电所或负荷点都从该干线上直接接出分支线供电，如图 5-19 所示。这种接线方式的特点是：总降压变电所 6～10kV 的高压配电装置数量减少，出线减少，所以在多数情况下能减少线路的有色金属消耗量，降低线路损耗。采用的高压开关设备少，投资较少，主要用于负载点相对集中的居民用电系统，而各负载又距配电箱（配电板）较近，负载位置又相对比较均匀地分布在一条线（如车间的照明线路）上的场所。

这种接线的缺点是供电可靠性差，只要干线出现故障或检修时，接于该干线上的所有用户都得停电，影响面较大。因此，一般要求每回高压线路直接引接的分支线限制在 6 个回路以内，配电变压器总容量不宜超过 3000kV·A。这种树干式系统只适用于三级负荷。为了充分发挥树干式线路的优点，尽可能减轻其缺点所造成的影响，可采用如图 5-20 所示的双树干线供电或两端供电的接线方式，以提高这种接线方式的供电可靠性。

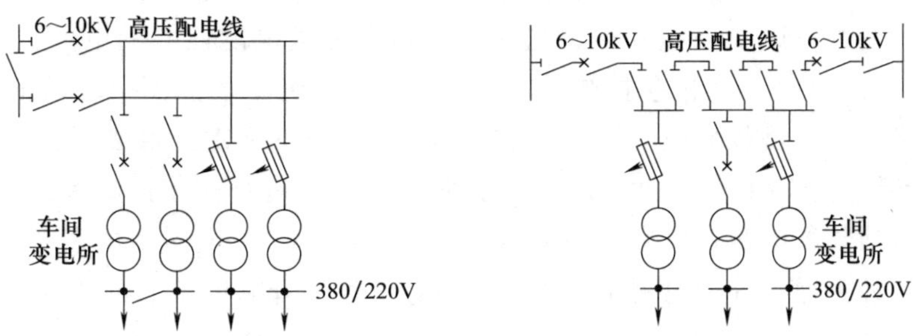

(a) 双树干线供电　　(b) 两端电源供电

图 5-20　双树干线供电和两端供电的接线图

放射式和树干式这两种配电线路现在都被采用。放射式供电可靠，但敷设投资较高；树干式供电可靠性较低，因为一旦干线损坏或需要修理时，就会影响连在同一干线上的负载，但是树干式配线灵活性较大。另外，放射式和树干式比较，前者导线细，但总线路长，而后者则相反。

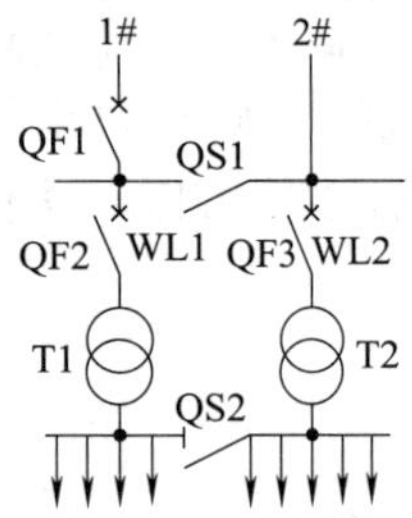

图 5-21 环形式接线方式

3. 环形式

环形式接线是由两条线路（或两个电源）同时向同一负荷点供电的方式，如图 5-21 所示。这种接线在现代化城市电网中应用很广。

其特点是：供电可靠性高，任何一条线路出现故障或检修时均不影响正常供电，但供电线路造价高，而继电保护装置及其整定比较麻烦，如配合不当，容易发生误动作，反而扩大故障时的停电范围。因此，为了避免环形线路上发生故障时影响整个电网，便于实现线路保护的选择性，大多数环形线路常采用开环运行，一旦发生故障，可把故障线路切开，投入闭环。对于重要的用电设备，可设一路进线为正常电源，另一路进线为备用电源，并装设备用电源自动投入装置。

例如，在图 5-21 中，当双进线（二回路）电源正常，WL1、WL2、T1、T2 都正常时，可把 QS1、QS2 断开，各自以放射式向相应的负荷点供电。当 1 号进线出现故障时，由 QS1“闭环”就可提供 T1 的电源；当 WL1 或 T1 出现故障时，QS2 合上，T1 的负荷就可由 T2 来提供电源。

环形式接线的供电通常宜使两路干线所担负的容量尽可能接近，所用的导线截面相同。

实际上，工厂的高压配电系统往往是几种接线方式的组合，依具体情况而定。不过一般来说，高压配电系统宜优先考虑采用放射式，因为放射式的供电可靠性较高，且便于运行管理。但放射式采用的高压断路器较多，投资较大，因此对于供电可靠性要求不高的辅助生产区和生活住宅区，可考虑采用树干式或环形式配电，比较经济。

第三节 识读电气主接线图

电气接线是指电气设备在电路中相互连接的先后顺序。按照电气设备的功能及电压不同，电气接线可分为电气主接线（一次接线）和二次接线。

电气主接线泛指发电、输电、变电、配电、用电电路的接线，也称为一次接线。

供电系统的变配电所中承担受电、变压、输送和分配电能任务的电路，称为一次电路（一次接线）或主接线。一次电路中的所有电气设备，如变压器、各种高低压开关设备、母线、导线、电缆及作为负载的照明灯和电动机等，称为电气一次设备或一次元器件。

电气二次接线是指为保证一次电路正常、安全、经济运行而装设的控制、保护、测量、监察、指示及自动装置电路，也称为副电路或二次电路。二次电路中的设备，如控制开关、按钮、脱扣器、继电器、各种电测量仪表、信号灯及警告音响设备、自动装置等，称为二次设备或二次元器件。

电流互感器 TA 及电压互感器 TV 的一次侧装接在一次电路，二次侧接继电器和电气测量仪表，因此，仍属于一次设备，但在电路图中应分别画出一、二次侧接线；熔断器 FU 在一、二次电路中都有应用，按其装设位置，分别归属于一、二次设备。

表达一次电路接线的电气图通常有供配电系统图、电气主接线图、自备电源电气接线图、电力线路工程图、动力与照明工程图、电气设备或成套配电装置安装图、防雷与接地工程图等。

一、发电厂的电气主接线图

发电厂的电气主电路担负发电、变电（升压）、输电的任务。发电厂附近有电力用户时，它还有分配供电的作用。

工矿企业和相当多的电力用户有自发电设备，则自备发电站的主电路担负有发电、变电、输配电的任务。采用低压发电机时，低压负荷可直配；采用高压发电机发电的，要经过变压器降压后供电给低压负荷。

发电厂的装机容量差别很大，因而电气主接线的形式有很多。图 5-22 是某小型发电厂电气主接线图。下面对该图进行分析。

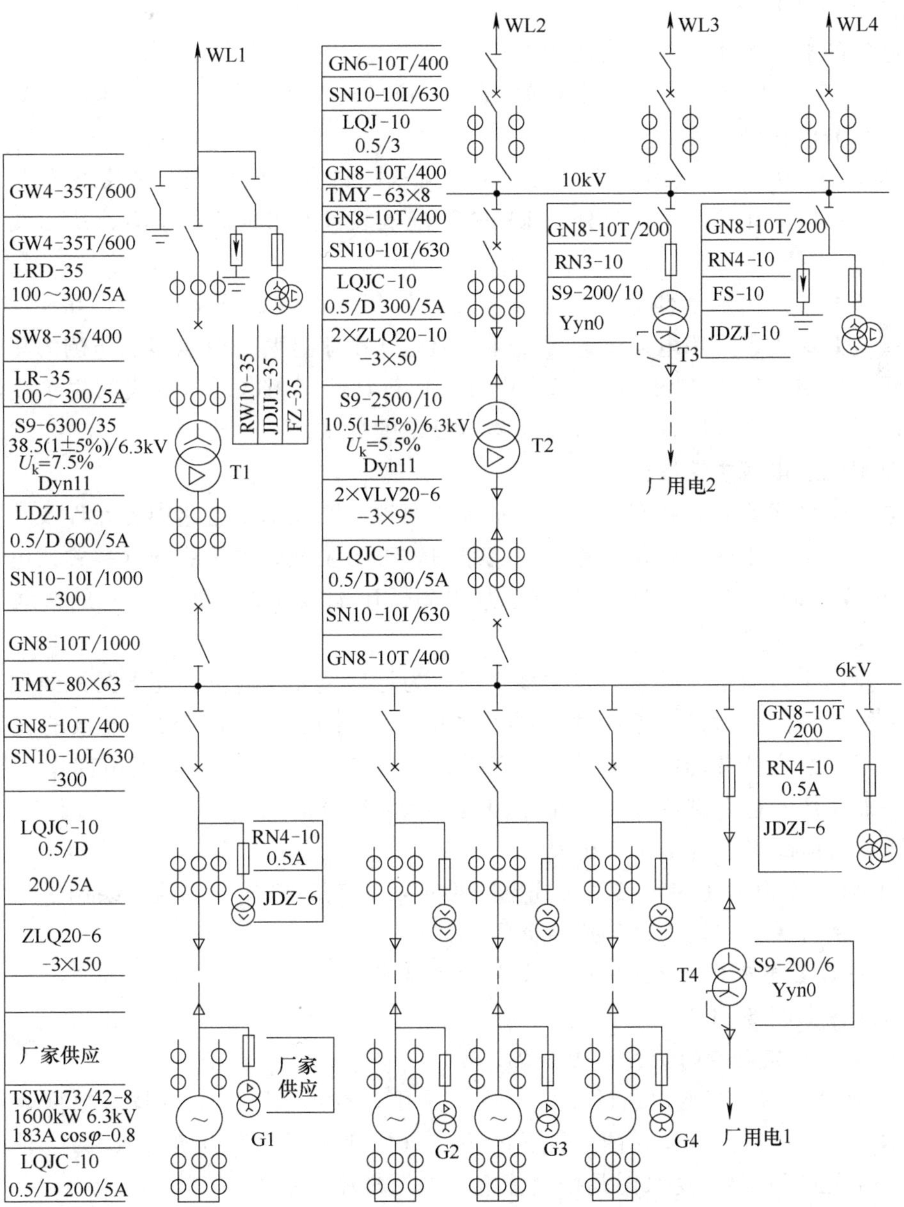

图 5-22 某小型发电厂电气主接线图

1. 发电厂的概况及负荷

该电厂为小型水力发电厂，装机容量为 4×1600kW。它离城镇较近，因此，除了向电网输送 35kV 电能外，还要向附近地区负荷输送 10kV 电能。

考虑到电厂的总装机容量、有较大的近区负荷以及最大可输电给 35kV 系统等因素，35kV 主变压器容量选为 6300kV・A。

近区负荷与发电厂距离不远，且与 10kV 系统连接，与所采用的发电机电压（6.3kV）直配线相比，除提高电能质量、减少输电损耗之外，10kV 变压器还对发电机的过电压保护极为有利，因此，将电厂发电机电压 6.3kV 经升压变压器 T2（容量为 2500kV・A）升为 10.5kV 后向近区供电。

2. 电气主接线的形式

该发电厂的电气主接线有下列两种形式。

① 单母线不分段接线。4 台发电机的 6kV 汇流母线及 2 号变压器高压侧 10kV 母线均采用了单母线不分段接线的形式。

② 变压器—线路单元接线。该电厂 35kV 高压侧只有一回出线，采用变压器—线路单元接线，不仅可以简化接线，而且使 35kV 户外配电装置的布置简单紧凑，从而减少了占地面积和费用。

另外，该电厂采用两台容量为 200kV・A 的厂用变压器，分别从 6kV 和 10kV 母线取得电源，双电源提高了厂用电供电的可靠性。但是，由于这两台变压器低压侧的相位不一定相同，因此，厂用电低压 220/380V 母线应分段运行，即厂用电低压母线的主接线形式应为单母线分段形式，而且一般常用单母线断路器分段的形式。

二、变配电所电气主接线图

变配电所主接线绘制方式有装置式和系统式两种。既表示主电路中各元件及装置的相互连接关系，又表示其排列、安装位置的主电路图，称为装置式主接线图（装置式电气主接线图）。通常按高、低压配电装置分开绘制，其中高低压配电装置（柜、屏）的接线依其装设位置的相互关系顺序排列。

在电气设计中，通常只画系统式主接线图，为订货及安装起见，还要另外绘制高低压配电装置（柜、屏）的订货图。系统式主接线图中的所有元件均按其相互连接的先后顺序绘制，而不考虑其装设位置的相互关系，如图 5-23、图 5-24 所示。装置式电路图主要用于供电设计中，而系统式电路图则在供电设计和运行中均广泛应用。

1. 35kV 总降压变电所主接线全图

35kV 总降压变电所主接线按系统式电路绘制，如图 5-23 所示。这里绘制了架空进线上装设的户外隔离开关、接地刀闸和避雷器等元件。

2. 装有一台主变压器的 10kV 降压变电所主接线图

其主接线图如图 5-24 所示。

3. 某小型工厂变电所的主接线图分析

图 5-25 是某小型工厂变电所的主电路图，采用单线图表示。元件技术数据表示方法采用两种基本形式：一种是标注在图形符号的旁边（如变压器、发电机等）；另一种以表格形式给出（如开关设备等）。这张图是按国标电气制图规则绘制的。

当拿到一张图纸时，若看到有母线，就知道它是变配电所的主电路图。然后再看看是否有电力变压器，若有电力变压器就是变电所的主电路图，若无则是配电所的主电路图。但是

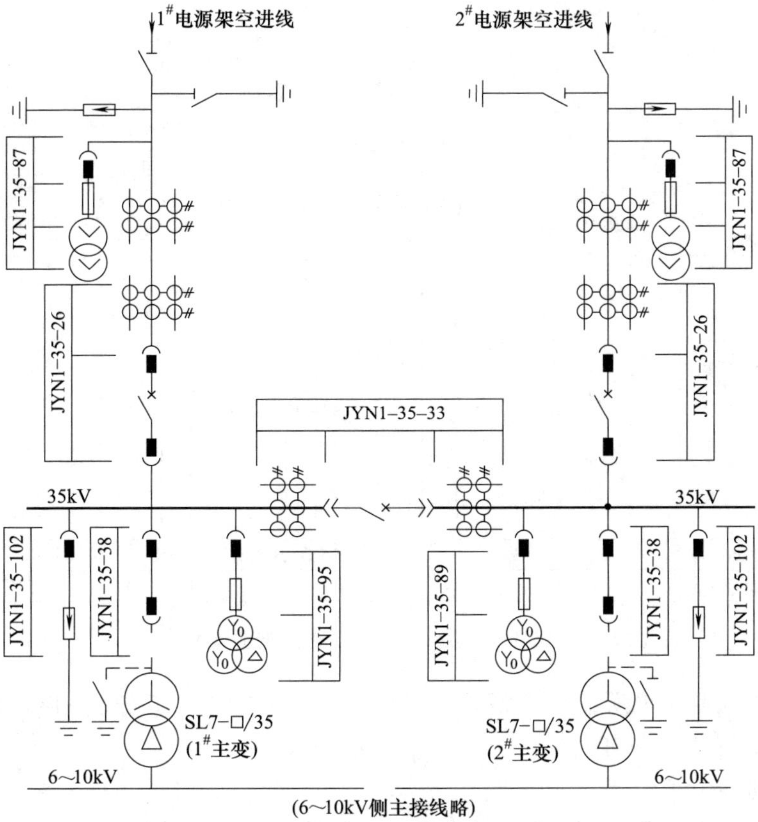

图 5-23 35kV 总降压变电所主接线方案示例

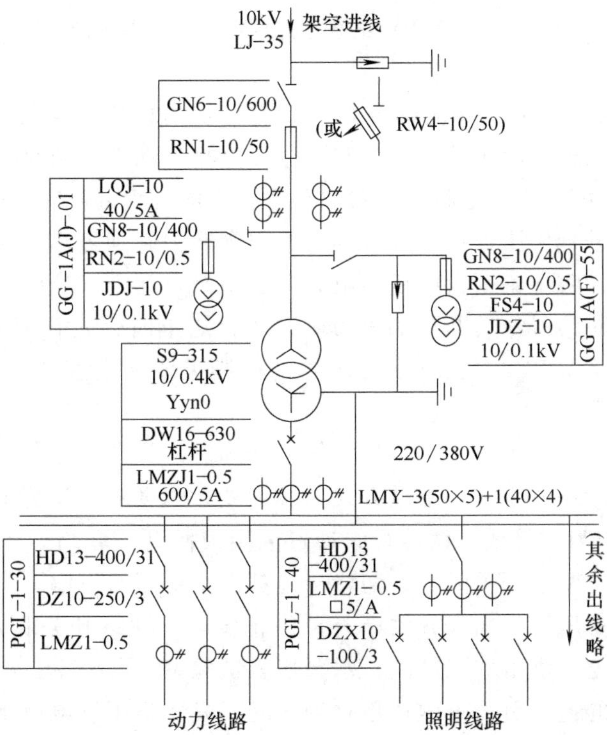

图 5-24 装有一台主变压器的 10kV 降压变电所主接线图

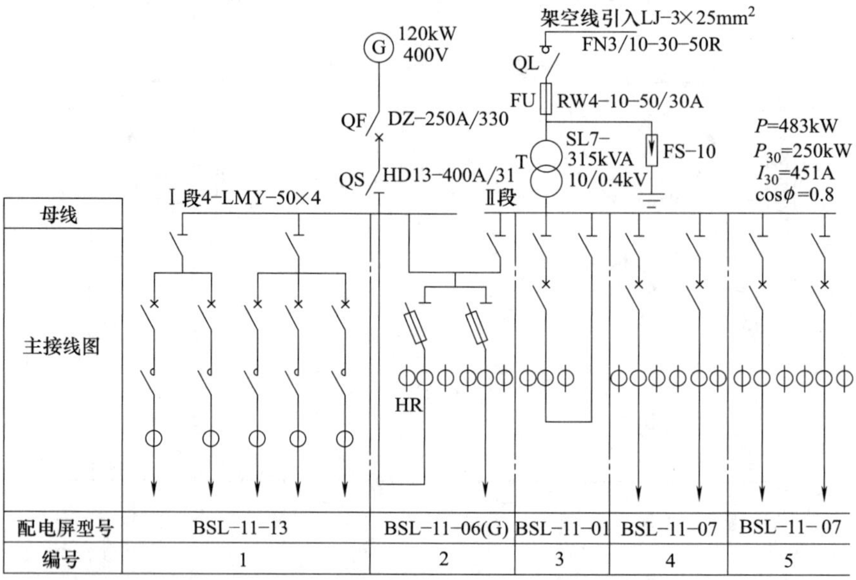

图 5-25 某小型工厂变电所的主电路

不管是变电所的还是配电所的主电路图，它们的分析（看图）方法是一样，都是从电源进线开始，按照电能流动的方向进行。

（1）电源进线

在本图中，电源进线采用 LJ-3×25mm² 的 3 根 25mm² 的铝绞线，架空敷设引入，经过负荷开关 QL（FN3-10/30-50R）、熔断器 FU（RW4-10-50/30A）送入主变压器（SL7-315kVA，10/0.4kV），把 10kV 的电压变换为 0.4kV 的电压，由铝排送到 3 号配电屏，然后送到母线上。

3 号配电屏的型号是 BSL-11-01，是一双面维护的低压配电屏，主要用于电源进线。由图和元件表可见，该屏有两个刀闸开关和一个万能型自动空气断路器。自动空气断路器为 DW10 型，额定电流为 600A。电磁脱扣器的动作整定电流为 800A，能对变压器进行过流保护，它的失压线圈能进行欠压保护。屏中的两个刀闸开关起到隔离作用，一个隔离变压器供电，另一个隔离母线，防止备用发电机供电，便于检修自动空气断路器。配电屏的操作顺序为：断电时，先断开断路器，后断开隔离刀闸开关；送电时，先合刀闸开关，后合断路器。为了保护变压器，防止雷电波袭击，在变压器高压侧进线端安装了一组（共三个）FS-10 型避雷器。

（2）母线

该电路图采用单母线分段式，配电方式为放射式，以 4 根 LMY 型、截面积均为 50×4（mm²）的硬铝母线作为主母线，两段母线通过隔离刀闸开关联络。当电源进线正常供电而备用发电机不供电时，联络开关闭合，两段母线都由主变压器供电。当电源进线、变压器等发生故障或检修时，变压器的出线开关断开，停止供电，联络开关断开，备用发电机供电。这时只有Ⅰ段母线带电，供给职工医院、水泵房、试验室、办公室、宿舍等，可见这些场所的电力负荷是该系统的重要负荷。但这不是绝对的，只要备用发电机不发生过载，也可通过联络开关使Ⅱ段母线有电，给Ⅱ段母线的负荷供电。

（3）出线

出线是从母线经配电屏、馈线向电力负荷供电。因此在电路图中都标注有：配电屏的型号，馈线的编号，馈线的型号、截面、长度、敷设方式，馈线的安装容量（或功率 P），计算功率 P_{30}，计算电流 I_{30}、线路供电负荷的地点，等等。

该变电所共有 10 个馈电回路，其中 3、9 回路为备用。

4. 识读变配电所电气主接线图的大致步骤

读标题栏→看技术说明→读接线图（可从电源到负载，从高压到低压，从左到右，从上到下依次读图）→了解主要电气设备材料明细表。

电气主接线图在负荷计算、功率因数补偿计算、短路电流计算、电气设备选择和校验后才能绘制，它是电气设计计算、订货、安装、制作模拟操作图及变电所运行维护的重要依据。

三、照明配电系统主接线

1. 照明配电系统的分类

① 按接线方式分类，可分为单相制（220V）与三相四线制（220/380V）两种。少数也有因接地线与接零线分开而成单相三线和三相五线的。

② 按工作方式分类，可分为一般照明和局部照明两大类。一般照明是指工作场所的普遍性照明；局部照明是在需要加强照度的个别工作地点安装的照明。大多数工厂、车间采用混合照明，即既有一般照明，又有局部照明。

③ 按工作性质分类，有工作照明、事故照明和生活照明三类。工作照明就是正常工作时使用的照明；在重要的变配电所及其他重要工作场所，应设事故照明。

④ 按安装地点分类，有室内照明和室外照明两类。其中室外照明包括道路交通、安全保卫、仓库料场、厂区、港口以及室外运动场地等的照明。

2. 照明配电系统的常用主接线示例

① 单相制接线。见图 5-26，这种接线十分简单，当照明容量较小、不影响整个工厂供电系统的三相负荷平衡时，可采用此接线方式。

② 三相四线制接线。见图 5-27，当照明容量较大时，为了使供电系统三相负荷尽可能满足平衡的要求，应把照明负荷均衡分配到三相线路上，以减小线路损耗。一般厂房、大型车间、住宅楼、院校等都采用 220/380V 三相四线制供电这种配电方式。

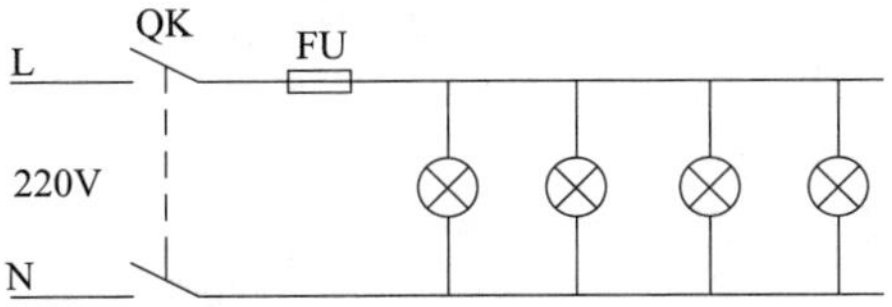

图 5-26　单相制照明配电主接线

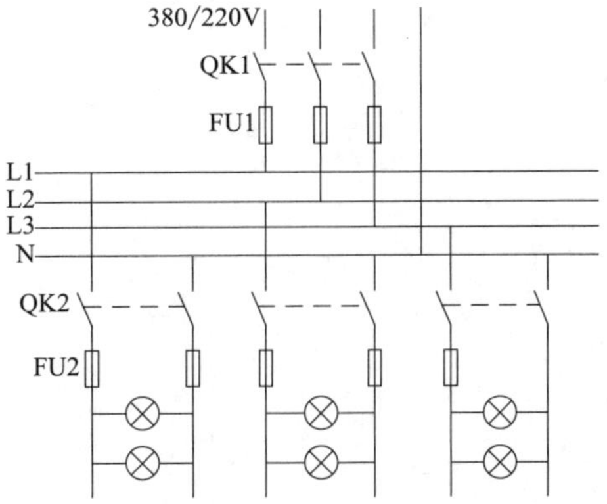

图 5-27　三相四线制照明配电主接线

照明控制一般都采用标准的照明配电箱，常用的标准照明配电箱有 $X\binom{R}{X}$M1（2、3、4、…、11）及 XM（R)-21 等。

复习思考题

1. 简要画出输配电过程示意图。
2. 变电所与配电所的任务是什么？
3. 画出 Y-Y（即 Yyn0）和△-Y（即 Dyn11）组别的图形符号。
4. 常见的高压断路器有哪些种类？
5. 简述电流互感器的测量原理。
6. 简述电压互感器的测量原理。
7. 对变配电所电气主接线的基本要求有哪些？
8. 变配电所电气主接线的形式有哪些？
9. 内桥形接线适用于哪些场合？
10. 外桥形接线适用于哪些场合？
11. 配电线路的连接方式有哪几种？
12. 画出环形式接线方式的配电线路。
13. 照明配电系统按接线方式分为哪几类？
14. 画出照明配电系统常用的单相制接线和三相四线制接线。
15. 照明配电系统按工作性质分为哪几类？

第六章

建筑电气工程图

[学习目标]

① 了解建筑电气工程图的用途与特点。
② 掌握照明供电系统图和动力及照明系统图。
③ 了解防雷和接地平面图。
④ 培养安全无小事的观念和安全用电意识。

工厂、企业、院校、农村等各种场所安装的电气设备，主要有变配电所、电力线路、电气动力设备、电气照明设备、电信设备和线路、自动控制设备以及防雷和接地装置等。表示这些电气装置的供配电方式、接线方案、工作原理、安装接线等，需要各种类型的工程图样。除了前述电气系统图、框图、原理图（电路图）、接线图、接线表、控制线路图、电子电路图及逻辑图等，还有一种常用的重要的电气图，即建筑电气工程图。

建筑电气工程图是表示电气装置、设备、线路在建筑物中的安装位置、连接关系及其工程安装方法的图。

第一节　建筑电气工程识图的基础知识

一、建筑电气工程图的用途与特点

建筑电气工程图是建筑电气工程造价和安装施工的重要依据，它具有电气图共有的特点，例如，各电气装置、设备、线路的安装位置、接线、安装方法，以及相应的设备编号、容量、型号规格、数量等，都是电气安装时必不可少的。

建筑电气工程中最常用的图种为系统图、位置简图（施工平面图）、电路图（控制原理图）等。建筑电气工程图的识读有以下几个要点。

1. 图文符号关系

建筑电气工程图大多是采用统一的图形符号并加注文字符号绘制出来的，属于简图之列。因为构成建筑电气工程的设备、元件、线路很多，结构类型不一，安装方法各异，只有借助统一的图形符号和文字符号来表达才比较合适。所以阅读建筑电气工程图时，首先就必须明确和熟悉这些图形符号所代表的内容和含义，以及它们之间的相互关系。

2. 了解电路组成

任何电路都必须构成闭合回路。只有构成闭合回路，电流才能够流通，电气设备才能正常工作，这是判断电路图正误的首要条件。一个电路的组成包括 4 个基本要素，即电源、用电设备、导线和开关控制设备。

3. 接线方式不同

电路中的电气设备、元件等，彼此之间都是通过导线连接起来构成一个整体的。导线可长可短，能够比较方便地跨越较远的空间距离，所以建筑电气工程图有时不像机械工程图或建筑工程图那样比较集中、直观。有时电气设备安装位置在 A 处，而控制设备的信号装置、操作开关则可能在很远的 B 处，而两者又不在同一张图纸上。了解这一特点，就可将各有关的图纸联系起来，对照阅读，从而很快实现读图的目的。一般而言，应通过系统图、电路图找联系，通过布置图、接线图找位置，交错阅读，这样读图的效率可以提高。

4. 图间关系复杂

建筑电气工程施工是与主体工程（土建工程）及其他安装工程（给排水管道、供热管道、采暖通风的空调管道、通信线路、消防系统及机械设备等安装工程）施工相互配合进行的，所以建筑电气工程图与建筑结构图及其他安装工程图不能发生冲突。特别是对于一些暗敷的线路、各种电气预埋件及电气设备基础，更与土建工程密切相关。因此，阅读建筑电气工程图时，需要对应阅读有关的土建工程图、管道工程图，以了解相互之间的配合关系。

5. 明确标准规范

建筑电气工程图对于设备的安装方法、质量要求以及使用、维修方面的技术要求等往往不能完全反映出来，而且也没有必要全部标注清楚，因为这些技术要求在有关的国家标准和规范、规程中都有明确规定，为了保持图面清晰，只要在说明栏中说明“参照××规范”就行了。

6. 读图规则不同

建筑电气工程的位置简图（施工平面布置图）是用投影和图形符号来代表电气设备或装置绘制的，阅读难度比其他工程的透视图大。投影法在平面图中无法反映空间高度，空间高度一般是通过文字标注或文字说明来实现的，因此，读图时首先要建立起空间立体概念。图形符号也无法反映设备的尺寸，设备的尺寸是通过阅读设备手册或设备说明书获得。图形符号所绘制的位置并不一定是按比例给定的，它仅代表设备出线端口的位置，所以在安装设备时，要根据实际情况来准确定位。

二、识读建筑电气工程图的步骤

识读建筑电气工程图必须熟悉电气图的表达形式、通用画法、图形符号、文字符号和建筑电气工程图的特点。

阅读建筑电气工程图的方法、步骤通常包括以下四个方面，即了解情况、重点细看、查找大样、细查规范。例如查看一套图纸时，可按以下步骤识读，然后再重点阅读。

① 先看标题栏及图纸目录。了解工程的名称、项目内容、设计日期及图纸数量和大致内容等。

② 查看总说明。了解工程总体概况及设计依据，了解图纸中尚未表达清楚的有关事项，如供电电源的来源、电压等级、线路敷设方法、设备安装高度及安装方式、补充使用的非国标图形符号、施工时应注意的事项等。有些分项的局部问题是在分项工程图纸上说明的，所以看图纸时要先看设计说明。

③ 识读系统图。各分项工程的图纸中都包含有系统图，如变配电工程的供电系统图、电力工程的电力系统图、照明工程的照明系统图以及电缆电视系统图等。识读系统图的目的是了解系统的组成，主要电气设备，元件等连接关系及其规格、型号、参数等，以便掌握该系统的组成概况。

④ 阅读平面布置图。平面布置图是建筑电气工程图纸中的重要图纸之一，如变配电所的电气设备安装平面图、电力平面图、照明平面图、防雷和接地平面图等，都是用来表示设备安装位置，线路敷设及所用导线型号、规格、数量，电线管的管径大小等的图纸。通过阅读系统图，就可依据平面布置图编制工程预算和施工方案。阅读平面布置图时，一般可按以下步骤：进线→总配电箱→干线→分配电箱→支线→用电设备。照明平面布置图如图 6-1 所示。

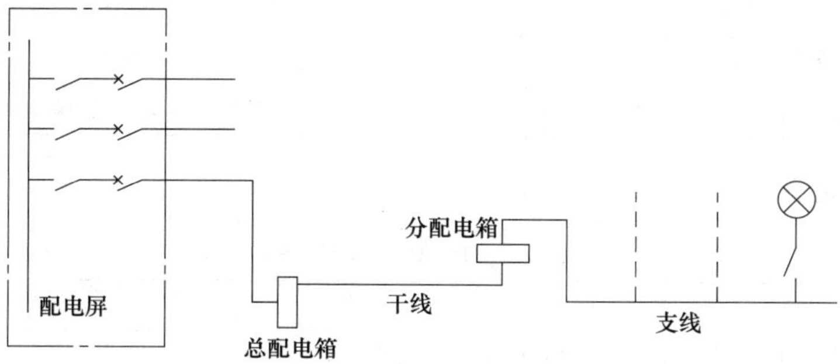

图 6-1　照明平面布置图的组成形式

⑤ 详解电路图。通过电路图清楚地了解各系统中用电设备的电气控制原理，以便指导设备的安装和控制系统的调试工作。由于电路图多是采用功能布局法绘制的，所以看图时应依据功能关系从上至下或从左至右仔细阅读。对于电路中各电器的性能和特点要提前熟悉，这对读懂图纸是非常有利的。

⑥ 细查安装接线图。从了解设备或电器的布置与接线入手，与电路图对应阅读，进行控制系统的配线和调校工作。

⑦ 观看安装大样图。安装大样图是用来详细表示设备安装方法的图纸，是进行安装施工和编制工程材料计划时的重要参考图纸。对于初学安装者更显重要，安装大样图多采用全国通用电气装置标准。

⑧了解设备材料表。设备材料表提供了工程所使用的设备、材料的型号、规格和数量，是编制购置设备、材料计划的重要依据之一。

为更好地利用图纸指导施工，使安装施工质量符合要求，还应阅读有关施工及验收规范、质量检验评定标准，以详细了解安装技术要求，保证施工质量。

三、建筑电气工程图制图规则

建筑电气工程图在选用图形符号时，应遵守以下使用规则。

① 图形符号的大小和方位可根据图面布置确定，但不应改变其含义，而且符号中的文字和指示方向应符合读图要求。

② 在绝大多数情况下，符号的含义由其形式决定，而符号的大小和图线的宽度一般不影响符号的含义。有时为了强调某些方面，或者为了便于补充信息，允许采用不同大小的符号，改变彼此有关的符号的尺寸，但符号间及符号本身的比例应保持不变。

③ 在满足需要的前提下，尽量采用最简单的形式。对于电路图，必须使用完整形式的

图形符号来详细表示。

④ 在同一张电气图样中只能选用一种图形形式，图形符号的大小和线条的粗细亦应基本一致。

第二节 动力和照明工程图

一、电气照明的分类

① 按照明方式分类，如表6-1所示。

表6-1 按照明方式分类

分类	说明
一般照明	一般照明是指不考虑特殊局部的需要，为照亮整个场地而设置的均匀照明
局部照明	局部照明是指为满足某些局部的特殊需要而设置的照明，如工作台上的照明就是局部照明

② 按照明用途分类，如表6-2所示。

表6-2 按照明用途分类

<table>
<tr><th>分类</th><th colspan="3">说明</th></tr>
<tr><td>正常照明</td><td colspan="3">正常照明是指在正常情况下使用的室内、外照明</td></tr>
<tr><td rowspan="3">应急照明</td><td rowspan="3">应急照明是指由于正常照明的电源发生故障而启用的照明</td><td>备用照明</td><td>在正常照明因故障熄灭后，将会造成爆炸、火灾和人身伤亡等严重事故的场所设置的供继续工作用的照明，或为了保证火灾时救火能正常进行而设置的照明</td></tr>
<tr><td>安全照明</td><td>用于正常照明发生故障而使人们处于危险状态下的场所，为能继续工作而设置的照明</td></tr>
<tr><td>疏散照明</td><td>为了避免正常照明因故障熄灭后引起工伤事故或通行时发生危险而设置的照明</td></tr>
<tr><td>值班照明</td><td colspan="3">值班照明是指在非工作时间，为需要值班的场所提供的照明</td></tr>
<tr><td>警卫照明</td><td colspan="3">警卫照明是指为保护人身安全，或对某些有特殊要求的厂区、仓库区、设备等的保卫与警戒而设置的照明</td></tr>
<tr><td>障碍照明</td><td colspan="3">障碍照明是指为了保障航空飞行安全而装设于飞机场附近的高层建筑上，或为了保障船舶航行安全而在河流两岸建筑物上装设的障碍标志照明</td></tr>
</table>

二、照明供电

1. 照明电压等级的选择

① 在正常工作环境中，照明电压多采用交流220V，少数情况采用交流380V。

② 容易触及而又无防止触电措施的固定式或移动式照明装置，其安装高度距地面2.4m以下时，在下列场所的使用电压不应超过安全电压36V：

a. 特别潮湿场所，相对湿度经常在90%以上；

b. 高温场所，环境温度经常在40℃以上；

c. 具有导电尘埃的场所；

d. 金属或特别潮湿的土、砖、混凝土地面等。

③ 手提行灯的电压一般为36V，但在不便于工作的狭窄地点，且工作人员接触有良好接地的大块金属面工作时，手提行灯的供电电压不应超过12V。

④ 热力管道、隧道和电缆隧道内的照明电压宜采用36V。

2. 照明供电方式

照明通常采用 380/220V 三相四线中性点直接接地的供电方式。

(1) 正常照明常用的供电方式

① 由电力与照明共用 380/220V 电力变压器供电，如图 6-2 (a) 所示。

② 工厂车间的电力采用“变压器—干线”式供电，而对外无联络开关时，照明电源应接在变压器二次侧总开关之前，如图 6-2 (b) 所示。

③ 工厂车间的电力采用放射式供电系统时，照明电源一般应接在单独回路上，如图 6-2 (c) 所示。

④ 辅助建筑物或远离变电所的建筑可采用电力与照明合用回路供电，但应在电源进户处将电力与照明线路分开，如图 6-2 (d) 所示。

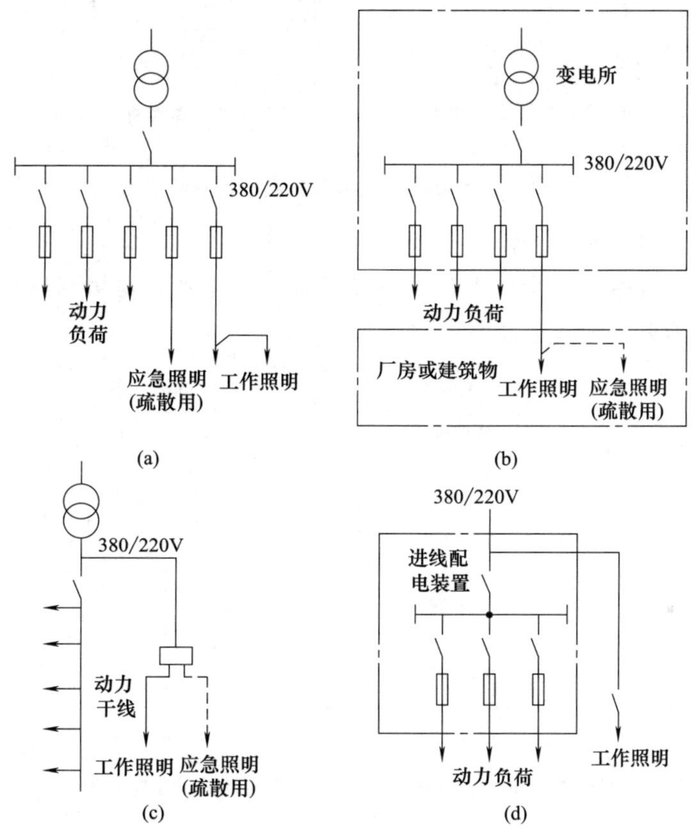

图 6-2 常用照明供电系统图

⑤ 在个别特殊情况下，蓄电池可作为特别重要的照明设备和特殊装置的备用电源，如图 6-3 所示。

(2) 较重要工作场所的供电方式

对于较重要的照明负荷，一般都在单台变压器的高压侧设两回路电源供电。当工作场所的照明由一个以上的单一变压器变电所供电时，工作和应急照明应由不同的变电所供电。变电所之间应装设低压联络线，确保某一变压器出现故障或检修时，能继续供给照明用电，如图 6-4 所示。应急照明电源

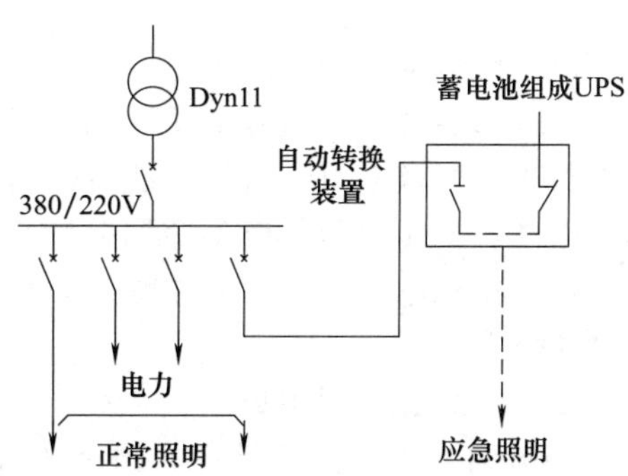

图 6-3 正常照明负荷供电的接线方式

也可以采用蓄电池组、柴油（汽油）发电机组等小型电源或由附近引来的另一电源线路供电。当工作场所的变电所内有两台变压器时，工作和事故电源应分别接于不同变压器的低压配电屏。

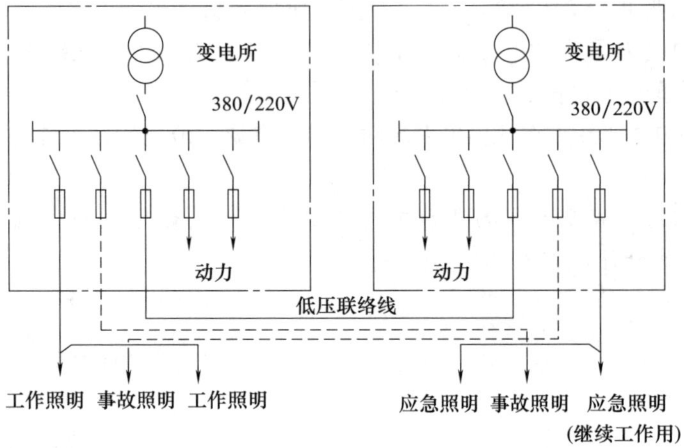

图 6-4　较重要场所照明负荷供电的接线方式

（3）重要工作场所的供电方式

照明负荷的电源可引自一个以上的单一变压器的变电所，也可引自两台变压器的变电所，但每台变压器的电源均为独立的，如图 6-5 所示。

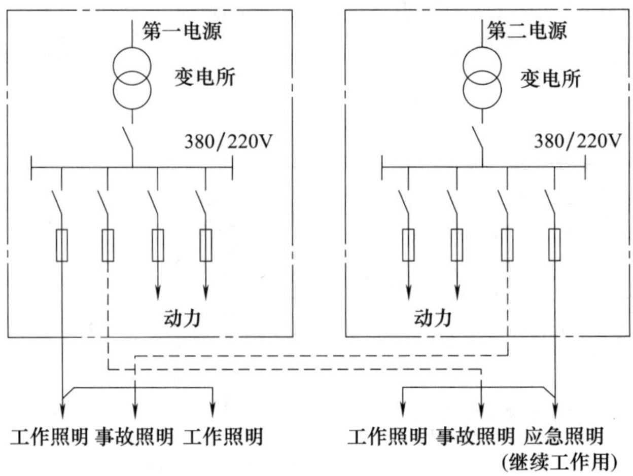

图 6-5　重要照明负荷供电的接线方式

（4）特殊重要场所的供电方式

特殊重要场所是指特别重要的、任何时间都不允许停电的照明场所。当由一个以上单一变压器变电所供电时，低压母线分段开关应设有备用电源自动投入装置，各变压器由单独的电源供电，工作照明与应急照明分别接在不同的低压母线上。应急照明最好另设第三独立电源，第二独立电源可采用蓄电池组，也可是附近引来的独立的电源回路。应急照明电源也应能自动投入。

三、动力及照明工程图

1. 常用动力及照明设备在图上的表示方法

常用的动力及照明设备，如电动机、动力及照明配电箱、灯具、开关、插座等，在动力及照明工程图上采用图形符号和文字标注相结合的方式来表示。常用动力及照明设备的图形符号如表 6-3 所示。

表 6-3 常用动力及照明设备的图形符号

序号	图形符号	说明	序号	图形符号	说明
1	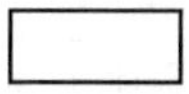	台、箱、屏、柜等一般符号	12	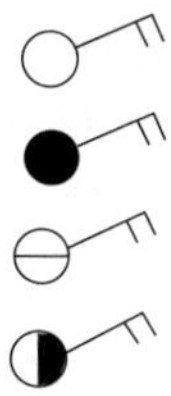	分别表示明装、暗装、密闭(防水)、防爆双极开关
2		多种电源配电箱			
3		事故照明配电箱			
4		动力照明配电箱	13	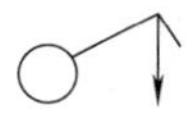	单极拉线开关
5		灯或信号灯的一般符号	14	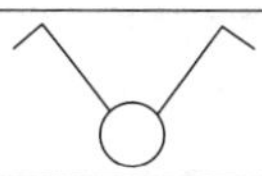	多拉开关，可用于不同照度控制(供参考)
6		安全灯	15	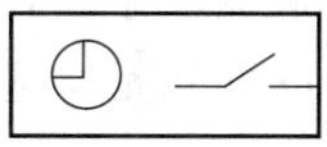	定时开关，如用于节能的开关
7		投光灯一般符号	16		插座或插孔的一般符号，表示单极
8		防水防尘灯	17		单相插座，分别表示明装、暗装、密闭(防水)、防爆
9		隔爆灯			
10	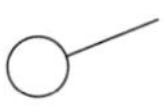	开关一般符号			
11	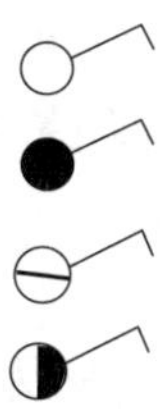	分别表示明装、暗装、密闭(防水)、防爆单极开关	18	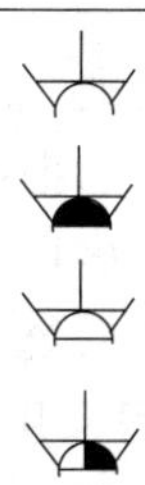	三相四孔插座，分别表示明装、暗装、密闭(防水)、防爆

文字标注一般遵循一定格式来表示设备的型号、个数、安装方式及额定值等信息。常用动力及照明设备的文字标注如表 6-4 所示。

表 6-4 常用动力及照明设备的文字标注

项目	文字标注	说明
用电设备的文字标注	$\frac{a}{b}$或$\frac{a}{b}+\frac{c}{d}$ $a\frac{b-c}{d(e\times f)-g}$(标注引入线)	a 为设备编号； b 为设备型号； c 为设备的额定容量，kW； d 为导线型号； e 为导线根数； f 为导线截面，mm^2； g 为导线敷设方式

续表

项目	文字标注	说明
配电设备的文字标注	$a\dfrac{b}{c}$或$a-b-c$ $a\dfrac{b-c}{d(e\times f)-g}$(标注引入线)	a、b、c、d、e、f、g 的含义同用电设备的文字标注
配电线路的文字标注	$d(e\times f)-g$ 或 $d(e\times f)G-g$	d、e、f、g 的含义同用电设备的文字标注，G 为穿线管的代号及管径
照明灯具的标注形式	$a-b\dfrac{c\times d\times l}{e}f$	a 为同类型照明器的个数； b 为灯具类型代号； c 为照明器内安装灯具数量； d 为灯具的功率，W； e 为安装标高，m； f 为安装方式代号

2. 动力及照明系统图

动力及照明系统图又叫配电系统图，描述建筑物内的配电系统和容量分配情况，配电装置，导线型号、截面、敷设方式及穿管管径，开关与熔断器的规格型号等。它主要根据干线连接方式绘制。

配电系统图的主要特点如下。

① 配电系统图所描述的对象是系统或分系统。配电系统图既可用来表示大型区域电力网，也可用来描述一个较小的供电系统。

② 配电系统图所描述的是系统的基本组成和主要特征，而不是全部。

③ 配电系统图对内容的描述是概略的，而不是详细的，但其概略程度则依描述对象的不同而不同。描述一个大型电气系统，只要画出发电厂、变电所、输电线路即可。描述某一设备的供电系统，则应将熔断器、开关等主要元器件表示出来。

④ 在配电系统图中，表示多线系统，通常采用单线表示法；表示系统的构成，一般采用图形符号；对于某一具体的电气装置的配电系统图，也可采用框形符号。采用框形符号绘制的图又称为框图。这种形式的框图与系统图没有原则性的区别，两者都是用符号绘制的系统图，但在实际应用中，框图多用于表示一个分系统或具体设备、装置的概况。

图 6-6 是一套住宅的配电系统示意图。该住宅照明电源引自附近变电站，电源电压为 380/220V，三相四线制。工程采用标准的配电箱，暗装于墙内，底边距地高度为 6m，所有配线均穿管后暗装，导线型号为 BV500，除标注者外，一律采用 2.5mm^2 导线。客厅与卧室空调插座距地 2.3m，厨房和卫生间插座距地 1.3m，其余插座距地 0.3m，电源在建筑物入口设有重复接地装置，接地电阻不大于 4Ω。

3. 动力及照明平面图

图 6-6、图 6-7 为某住宅楼某户的电气照明配电系统图和照明平面布置图。从图中得到的信息如下。

(1) 回路分配

由图 6-6 可知，住户从户内配电箱分出 6 个回路，其中 W1 为厨房插座回路，W2 为照明回路，W3 为大卫、小卫插座回路，W4 为柜式空调插座回路，W5 为主卧室、书房分体式空调插座回路，W6 为普通插座回路。照明回路也可以再分出一个 W7 回路，供过厅、卧室等照明用电。

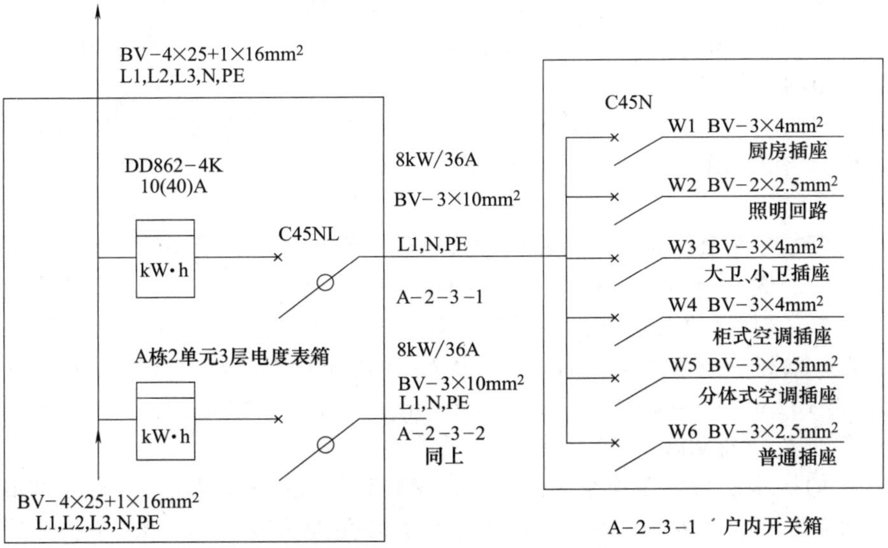

图 6-6 照明配电概略（系统）图

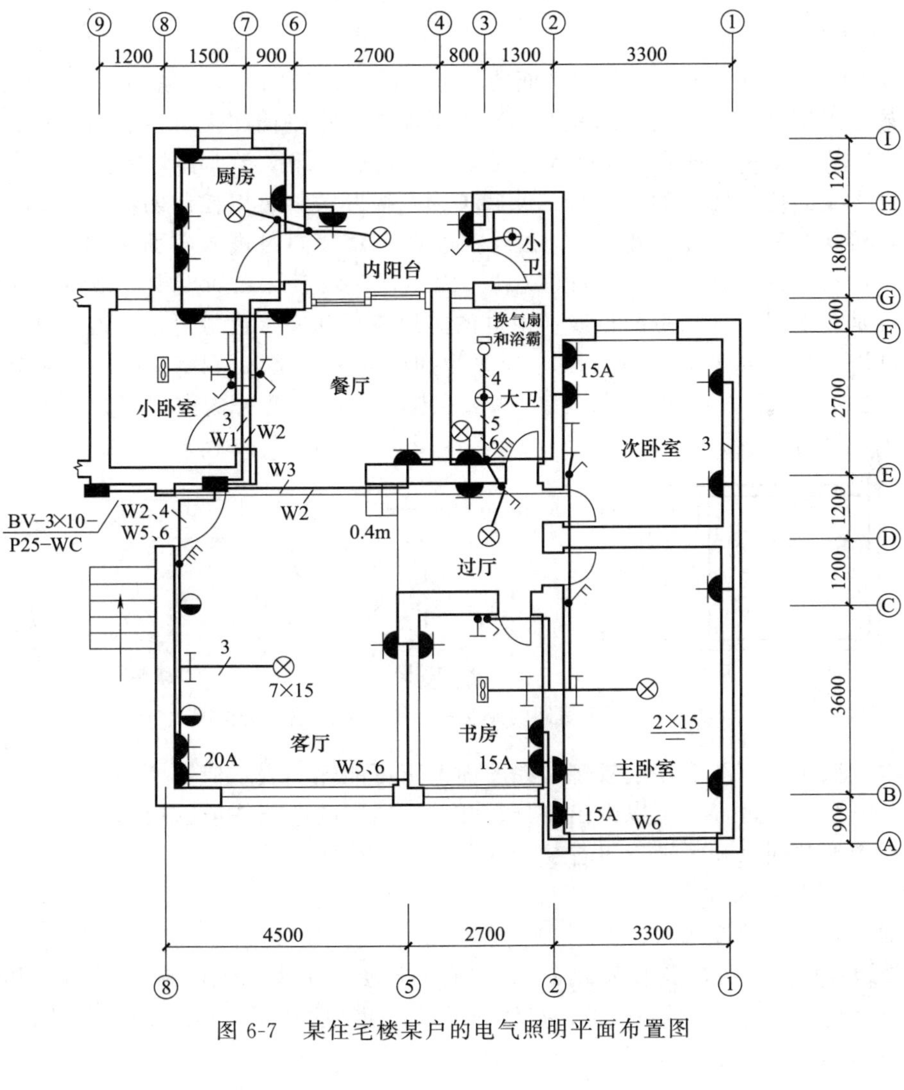

图 6-7 某住宅楼某户的电气照明平面布置图

由于该建筑为砖混结构，楼板为预制板，错层式，配电箱安装高度为 1.8m，因为配电箱下面有一个嵌入式鞋柜，所以配管配线不能直接走下面，只能从上面进出。

（2）配电箱的安装

为了分析方便，从配电箱开始，安装在⑨轴线的层配电箱为两户型配电箱，内装有 2 块电度表和 2 个总开关。箱体规格为 400mm×500mm×200mm（宽×高×深），安装高度为 1.5m。

户内配电箱内有 6 个回路，因为距离总配电箱较近，所以没有设置户内总开关，配电箱的尺寸为 300mm×300mm×150mm。配电箱中心距⑧轴线为 800mm，安装高度可以考虑底边距地为 1.7m，其上边与户外配电箱的上边平齐，考虑到进户门一般高度为 1.9m，门上一般有过梁，梁高一般为 200mm，总高为 2.1m，配管配线在 2.1m 以上进行。PVC 管 DN20，管长为 1.2m＋0.8m＋2×0.15m＝2.3m，$10mm^2$ 单根线长为 2.3m＋0.9m(箱预留)＋0.6m(箱预留)＝3.8m。

户内 15A 的插座是为分体式空调设计的，安装高度为 2m，厨房的插座安装高度为 1m，大卫、小卫的插座安装高度为 1.3m，其他插座安装高度为 0.3m，20A 的插座是为柜式空调设计的，安装高度为 0.3m。日光灯安装高度为 2.5m，壁灯安装高度为 2m，开关安装高度为 1.3m。

4. 房间照明平面图

如图 6-8 所示为两个房间的照明平面图、电路图、透视图，有 3 盏灯、1 个单极开关、1 个双极开关，采用共头接线法。图 6-8（a）为平面图，在平面图上可以看出灯具、开关和电路的布置。1 根相线和 1 根中性线进入房间后，中性线全部接于 3 盏灯的灯座上，相线经过灯座盒 2 进入左面房间墙上的开关盒，此开关为双极开关，可以控制两盏灯，从开关盒出来两根相线，接于灯座盒 2 和灯座盒 1。相线经过灯座盒 2 同时进入右面房间，通过灯座盒 3 进入开关盒，再由开关盒出来进入灯座盒 3。因此，在两盏灯之间出现 3 根线，在灯座 2 与开关之间也是 3 根线，其余是两根线。由灯的图形符号和文字代号可以知道，这 3 盏灯为一般灯具，灯泡功率为 60W，吸顶安装，开关为翘板开关，暗装。图 6-8（b）为电路图，图 6-8（c）为透视图。从图中可以看出接线头放在灯座盒内或开关盒内，因为共头接线，所以导线中间不允许有接头。

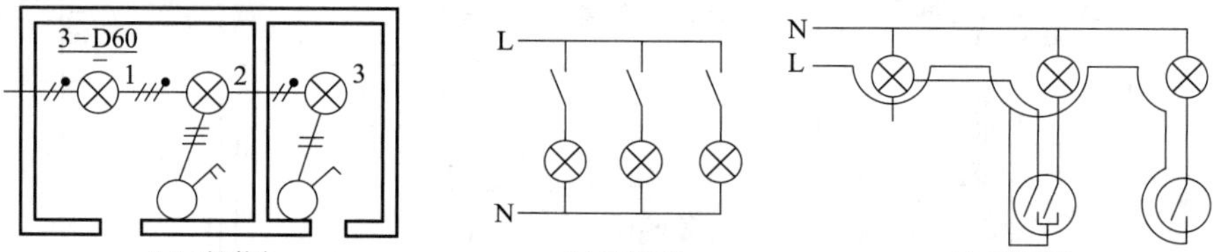

(a) 平面图 (b) 电路图 (c) 透视图

图 6-8 两个房间的照明平面图、电路图、透视图

由于电气照明平面图上导线较多，在图面上不可能逐一表示清楚。为了读懂电气照明平面图，作为一个读图过程，可以画出灯具、开关、插座的电路图或透视图。弄懂平面图、电路图、透视图的共同点和区别，再看复杂的照明电气平面图就容易多了。

5. 公用照明的控制方式

（1）面板开关双控方式

对于楼道和楼梯照明，多采用双控方式（有的长楼道采用三地控制），在楼道和楼梯入口安装双控跷板开关，其特点是在任意入口处都可以开闭照明装置，其接线原理如图 6-9 所示。

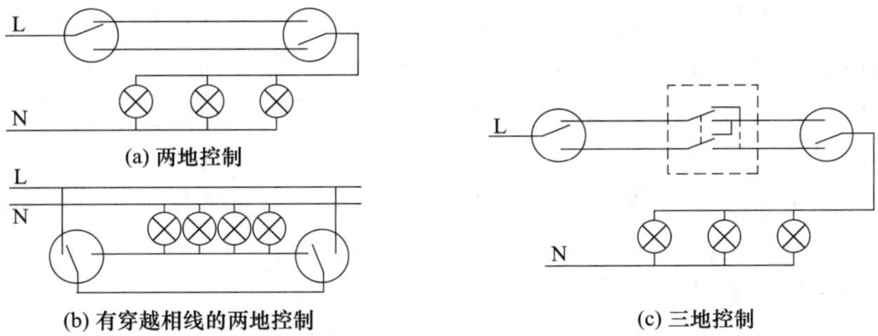

图 6-9　面板开关两地控制和三地控制

（2）定时开关或声光控开关控制方式

住宅楼、公寓楼楼梯间多采用定时开关或声光控开关控制，其接线原理如图 6-10 所示。消防电源 Le 由消防值班室控制或与消防泵联动。住宅、公寓楼梯公共照明开关采用红外移动探测加光控较为理想。

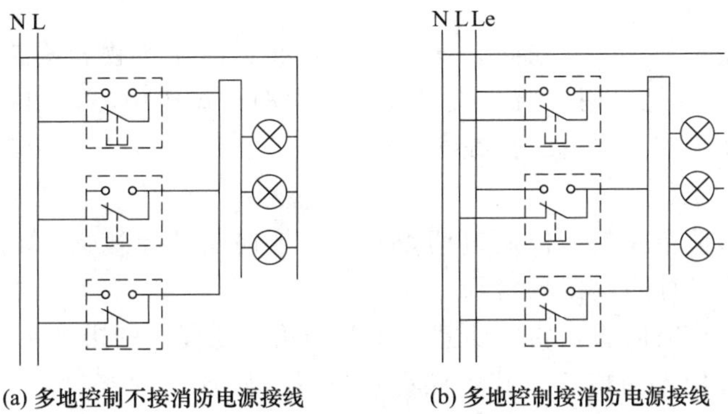

图 6-10　声光控或延时控制

第三节　防雷和接地平面图

为了电气设备和建筑物的安全，电力系统和建筑物都采取了防止雷击的措施。为了防止人身触电，在用电设备中采用了接地保护。在电气领域中，防雷和接地是必不可少的安全保护系统。

一、雷电的危害

图 6-11 为雷云对建筑物顶部放电示意图。雷击危害有三种形式。

（1）直击雷

雷电直接击中电气设备、线路或建筑物，强大的雷电流通过被击物体，产生有极大破坏作用的热效应和机械力效应，还伴有电磁效应和对附近物体的闪络放电（即雷电反击或二次雷击）。

（2）感应雷

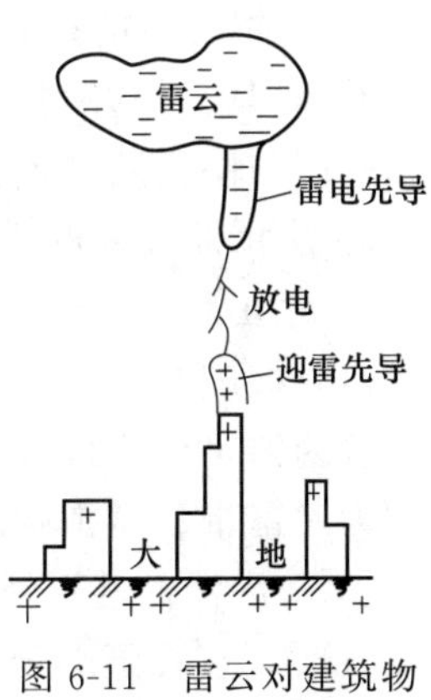

图 6-11　雷云对建筑物顶部放电示意图

雷云在建筑物和架空线路上空形成很强的电场，在建筑物和架空线路上便会感应出与雷云电荷相反的电荷。在雷云向其他地方放电后，雷云与大地之间的电场突然消失，但聚集在建筑物的顶部或架空线路上的电荷不能很快全部泄入大地，残留下来的大量电荷相互排斥而产生强大的能量，使建筑物震裂。同时，残留电荷形成的高电位往往造成屋内电线、金属管道和大型金属设备放电，击穿电气绝缘层或引起火灾、爆炸。

（3）雷电波侵入

直击雷或感应雷所产生的高电位雷电波沿架空线或金属管道侵入建筑物而造成危害。雷电波侵入的事故时有发生，在雷害事故中占相当大的比例。

二、建筑物的防雷等级

根据建筑物的重要程度、使用性质、雷击可能性的大小以及所造成后果的严重程度，民用建筑物按《建筑电气设计技术规程》规定，可以划分为如下三类。

（1）一级防雷建筑

具有重要用途的建筑物，属于国家级重点文物的建筑物、构筑物及高度超过 100m 的建筑物，如国家级的会堂、办公建筑、大型博展建筑、大型旅游建筑、国际性的航空港、交通枢纽等属一级防雷建筑。

（2）二级防雷建筑

重要的或人员密集的大型建筑物，属省级重点文物的建筑物和构筑物，19 层以上的住宅和高度超过 50m 的其他民用建筑，省级及以上大型计算机中心，如省部级办公室、省级通信广播建筑、大型的商店等属于二级防雷建筑。

（3）三级防雷建筑

不属于一、二级防雷建筑，但通过调查确认需要防雷的建筑物，如高度为 15m 及以上的烟囱、水塔等孤立的建筑物或构筑物。

第一级防雷建筑应有防直击雷、防感应雷和防雷电波侵入的措施；第二级防雷建筑应有防直击雷和防雷电波侵入的措施，其中储存易燃易爆物质的建筑物还应有防雷电感应的措施；第三级防雷建筑物应有防直击雷和防雷电波侵入的措施。

三、建筑物的防雷措施

1. 防雷措施简介

① 防直击雷的措施包括装设接闪器、引下线和接地装置，高度超过 45m 或 60m 的建筑物防侧击等。

② 防感应雷的措施包括：采用避雷器；建筑物内的主要金属物就近接地；平行敷设或交叉的金属管道的跨接，高度超过 45m 或 60m 的建筑物竖直敷设的金属管道和金属物的顶端和底端与防雷装置连接。

③ 防雷波侵入的措施包括架空和埋地的电缆、金属管道进出建筑物按标准设置。

2. 防直击雷

（1）接闪器

接闪器是用于接收雷电流的金属导体。接闪的金属杆称为避雷针；接闪的金属带、金属网称为避雷带、避雷网。

① 避雷针。避雷针一般采用镀锌圆钢（针长为 1m 以下时，直径不小于 13mm；针长为 1～2m 时，直径不小于 16mm）或镀锌钢管（针长为 1m 以下时，内径不小于 20mm；针长为 1～2m 时，内径不小于 25mm）制成，通常安装在构架、支柱或建筑物上，其下端经引下线与接地装置焊接，与大地构成通路。

避雷针的保护范围可以用一个以避雷针为轴的圆锥形来表示，采用滚球法对避雷针（避雷线）进行保护范围计算。滚球法就是设想一个半径为 hr 的球，围绕避雷装置左右、上下滚动，并认为可被此球接触到的地方均是可被雷电击中并引起损坏的地方，而装置附近未能与此球接触的空间是有效的保护空间，即在此空间内被击中的概率小，击中时也不会引起大的损坏。国标推荐采用滚球法确定避雷针的保护范围，并对单支和多支避雷针保护范围作了明确的规定。

使用滚球法确定保护范围的模型如图 6-12 所示，图 6-13 为双根避雷针保护范围示意图。表 6-5 示出的为按建筑物防雷等级确定的滚球半径和避雷网格尺寸。

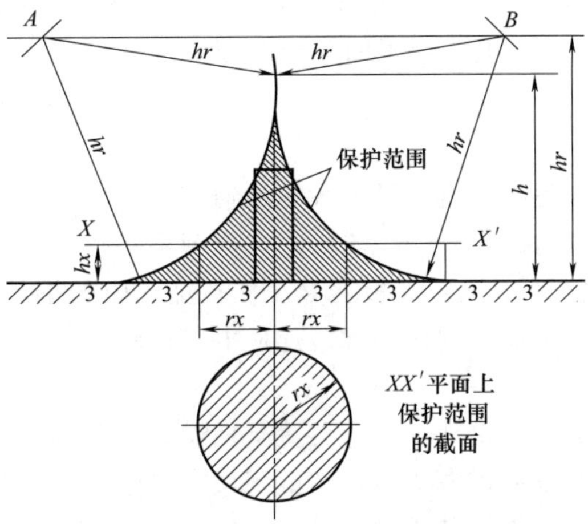

图 6-12　单根避雷针保护范围示意图

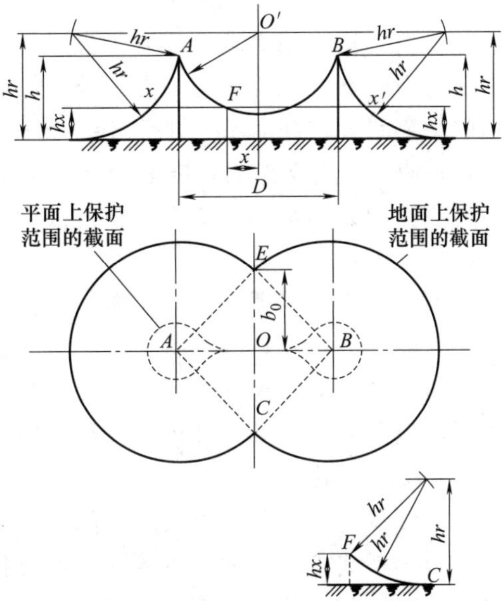

图 6-13　双根避雷针保护范围示意图

表 6-5　按建筑物防雷等级确定的滚球半径和避雷网格尺寸

建筑物防雷等级	滚球半径 hr/m	避雷网格尺寸/m
第一级防雷建筑物	30	≤5×5 或≤6×4
第二级防雷建筑物	45	≤hr 时为 10×10 或≤12×8
第三级防雷建筑物	60	≤20×20 或≤24×16

② 避雷带和避雷网。避雷带和避雷网普遍用来保护较高的建筑物免受直击雷击。长期经验证明，雷击建筑物有一定的规律，最可能受雷击的地方是屋脊、屋檐、山墙、烟囱、通风管道以及平屋顶的边缘等。建筑物易受雷击的部位如表 6-6 所示。

表 6-6　建筑物易受雷击的部位

建筑物屋面的坡度	易受雷击的部位	示意图	建筑物屋面的坡度	易受雷击的部位	示意图
平屋面或坡度不大于 1/10 的屋面	檐角、女儿墙、屋檐	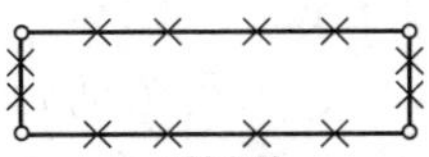 平屋顶 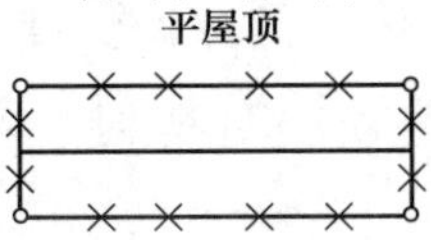 坡度不大于1/10	坡度大于或等于 1/2 的屋面	屋角、屋脊、檐角	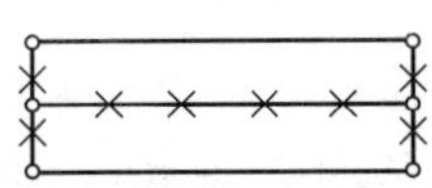 坡度大于1/2

续表

建筑物屋面的坡度	易受雷击的部位	示意图	建筑物屋面的坡度	易受雷击的部位	示意图
坡度大于1/10，小于1/2的屋面	屋角、屋脊、檐角、屋檐	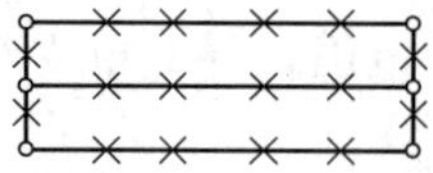 坡度大于1/10,小于1/2			

注：1. 屋面坡度用 m/n 表示，m 为屋脊高出屋檐的距离，单位为 m；n 为房屋的宽度，单位为 m。

2. 示意图中—×—×—为易受雷击的部位；○为雷击率最高的部位。

避雷带是用小截面圆钢或扁钢做成的条形长带，装设在建筑物易遭雷击部位。为了对不易遭受雷击的部位也有一定的保护作用，避雷带一般高出屋面 0.2m，而两根平行的避雷带之间的距离要控制在 10m 以内。避雷带一般用 8mm 镀锌圆钢或截面不小于 $50mm^2$ 的扁钢做成，每隔 1m 用支架固定在墙上或现浇的混凝土支座上。避雷网除沿屋顶周围装设外，必要时屋顶上面还用圆钢或扁钢纵横连成网，如图 6-14 所示。

(2) 引下线

引下线是将接闪器与接地装置相连接的导体，是将雷电流导入大地的通道。引下线一般采用镀锌圆钢或扁钢，圆钢直径不小于 8mm，扁钢截面不小于 $48mm^2$，厚度不小于 4mm，引下线还可利用建筑物的金属构件，如建筑物钢筋混凝土屋面板、梁、柱，基础内的钢筋，消防梯，烟囱的铁爬梯等都可作为引下线，但所有金属部件之间都应连成电气通路。

(3) 接地装置

电气设备的某部分与土壤之间的良好电气连接称为接地。接地装置是埋设在地下的接地导体（即水平连接线）和垂直接地极的总称，它可以将雷电流尽快疏散到大地之中。接地装置包括接地体和接地线两部分，接地体既可利用建筑物的基础钢筋，也可使用金属材料进行人工敷设，如图 6-15 所示。

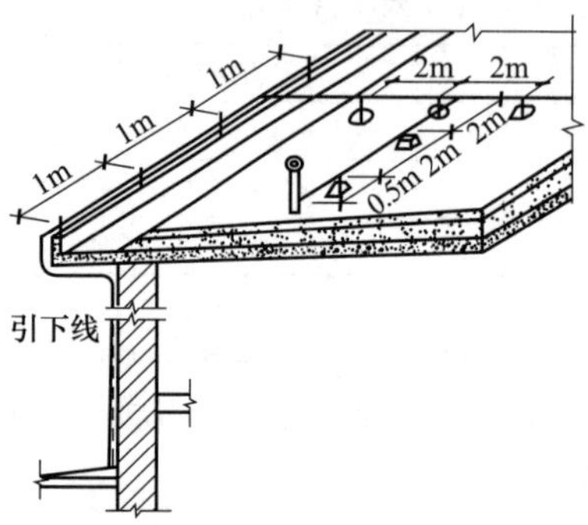

图 6-14 屋顶避雷网

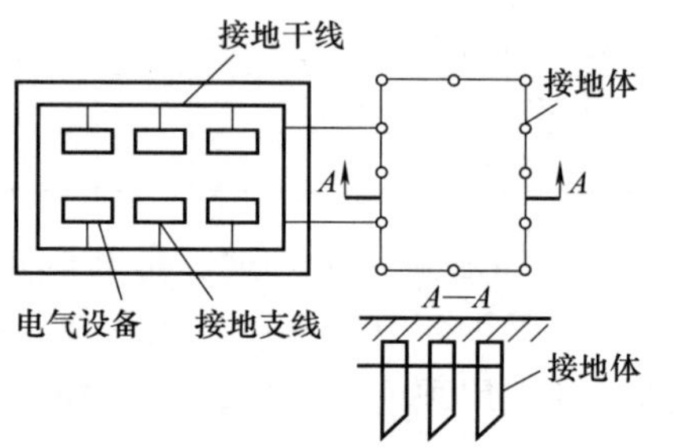

图 6-15 接地装置

① 人工接地体的尺寸。圆钢直径不小于 10mm；扁钢截面不小于 $100mm^2$，厚度不小于 4mm；角钢厚度不小于 4mm；钢管壁厚不小于 3.5m。

② 水平及垂直接地体距离建筑物外墙、出入口、人行道的距离不小于 3m。当不能满足要求时，可以加大接地体的埋设深度，水平接地体局部埋设深度不小于 1m，水平接地体的局部用 50～80m 的沥青绝缘层包裹，或采用沥青碎石地面，在接地装置上面敷设 50～80mm 厚的沥青层，其宽度超过接地装置 2m。

③ 利用建筑物基础钢筋网作接地体时应满足以下条件。

a. 基础采用硅酸盐水泥，周围土壤含水率不低于4%，基础外表无防腐层或沥青质的防腐层。

b. 每根引下线的冲击接地电阻不大于5Ω。

3. 防感应雷

雷云放电消失或雷电直击线路，都会使线路感应或残余的过电压沿着线路侵入变配电所或其他建筑物内。为了防范被保护设备或建筑的毁坏，通常采用避雷器，使避雷器与保护设备并联，并装在被保护设备的电源侧，如图6-16所示。

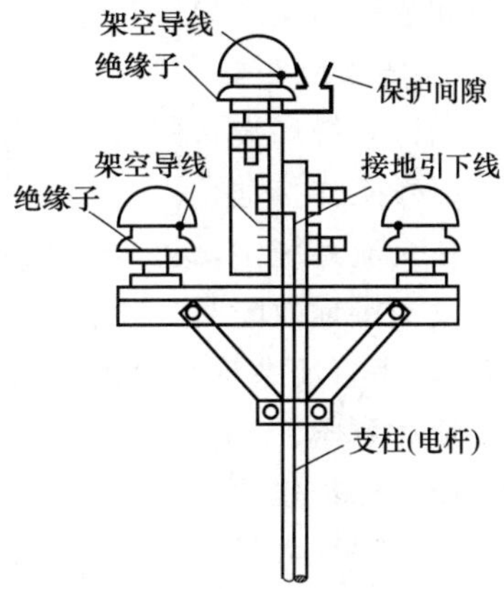

图6-16　顶线绝缘子附加保护间隙

其保护原理如下。正常时，避雷器的间隙保持绝缘状态，不影响运行。当高压冲击波来临时，避雷器间隙被击穿而接地，从而强行截断冲击波，此时能够进入被保护设备的电压仅为雷电流通过避雷器、引线以及接地装置而产生的所谓残压。雷电流通过后，避雷器间隙又恢复绝缘状态。

4. 防范雷电波侵入

防范雷电波侵入主要采取以下措施。

① 低压线路宜全线采用电缆直接埋地敷设。

② 在入户端应将电缆的金属外皮、钢管接到防雷电感应的接地装置上。

③ 当全线采用电缆有困难时，可采用钢筋混凝土杆和铁横担的架空线，并应使用一段金属铠装电缆或扩套电缆穿钢管直接埋地引入。

四、防雷平面图

用图形符号绘制以表示防雷设备的安装平面位置及其保护范围的图，称为防雷平面图。防雷平面图是在建筑平面图的基础上设计的，在四周设计有避雷带、引下线、扁钢、支架、卡子、接地体等，如图6-17所示。

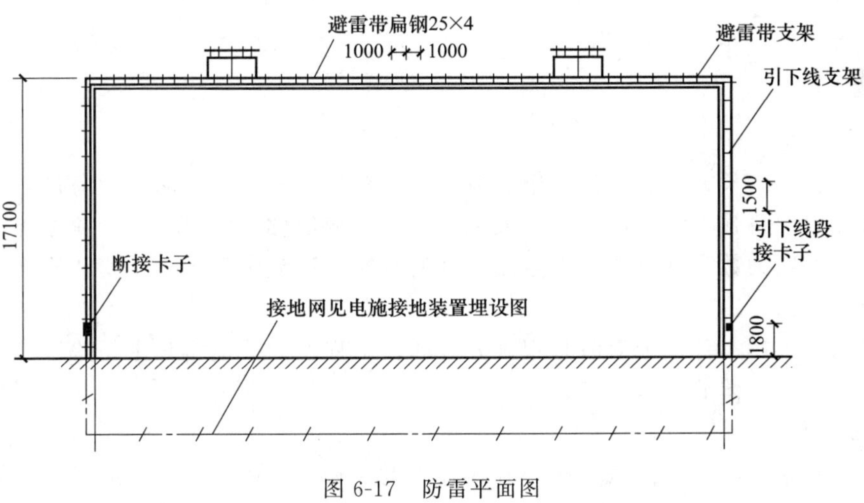

图6-17　防雷平面图

由图6-17可见：

① 采用避雷带防护直击雷，避雷带材料为25mm×4mm镀锌扁钢，暗敷在屋顶天沟边沿顶上和屋面隔热预制板上；

② 变电所由避雷带覆盖，故均在防护直击雷的保护范围内。

五、电气接地平面图

电气设备的接地系统是一个完整电气装置的重要组成部分。用图形符号绘制，表示电气设备和装置与接地装置相连接的平面简图称为电气接地平面图。

1. 接地的类型

电力系统和设备的接地主要有如下三种类型。

(1) 工作接地

在交流系统中，正常情况下流过工作接地电极的电流是数值不大的不平衡电流，只有在系统发生接地故障时，才会流过高达数十千安的短路电流，但持续时间不长（一般在 0.5s 左右），而直流系统在单极运行时，会有数千安的工作电流长期流过接地电极。图 6-18 为工作接地示意图。

(2) 保护接地

为了保证人身安全，电气设备的外壳必须接地，这种接地称为保护接地。当电气设备绝缘损坏而使外壳带电时，流过保护接地体的故障电流应使相应的保护装置动作，切除已损坏的设备，或使外壳的电位在安全值以下，从而避免电气设备外壳带电而造成触电事故。图 6-19 为保护接地示意图。

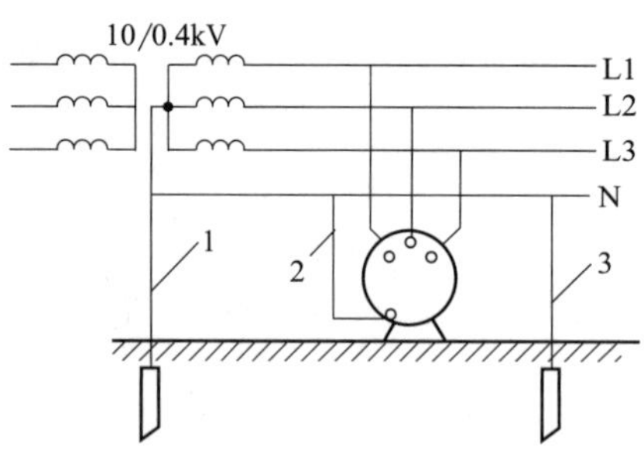

图 6-18 工作接地示意图

1—工作接地；2—工作接零；3—重复接地

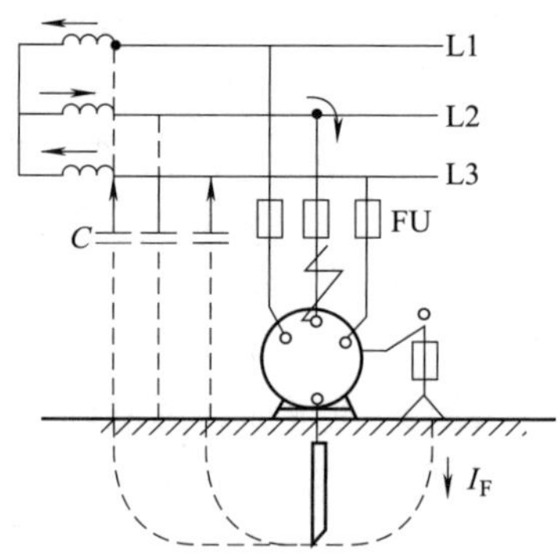

图 6-19 保护接地示意图

(3) 防雷接地

为了避免雷电的危害，金属杆、塔、避雷针（线）和避雷器等防雷设备都必须配以相应的接地装置，以便将强大的雷电流导入大地中，这种接地称为防雷接地。流过防雷接地体的是时间很短（一般为数十微秒）的雷电流，其值有时可达数十至数百千安。避雷器的接地电阻一般不超过 5Ω。

应当指出，上述三种接地有时是很难分开的，工程上的接地实际上是集工作接地、保护接地和防雷接地于一体的接地装置。

2. 接地系统的方式

接地系统有独立和等电位联结两种方式。等电位联结指用连接导线或过电压保护器将处于需要防雷的空间内的装置和建筑物的金属构架、金属装置、电气装置等连接起来。等电位联结是防止雷电冲击的重要技术手段，它不仅可以消除不同金属部件及导线间的雷电流引起的高电位差，而且可以很好地起到对雷电流分流的作用，以减少防雷空间内发生火灾、爆炸及人员生命危险的可能性。在实际防雷工程中，等电位联结的应用几乎无处不在。从某种意义上讲，共用接地就是接地系统间的等电位连接，而各种过电压保护器，即避雷器的安装，就是为了实现当雷电流侵入导线时与接地系统暂时连接，以均衡导线和接地系统间的电位的目的，其实质仍然是等电位联结。

GB 50054—2011《低压配电设计规范》规定：采用接地故障保护时，在建筑内应做总等电位联结（MEB），当电气设备或其某一部分的接地故障保护不能满足规定要求时，应在局部范围内做局部等电位联结（LEB）。

（1）总等电位联结

总等电位联结在建筑物进线处，将 PE 线或 N 线与电气装置接地干线、建筑物内的各种金属管道（如水管、煤气管道、暖气管道等）以及建筑物金属物件等都接向总等电位联结端子，使它们都具有相同的电位。

（2）局部等电位联结

局部等电位联结又称辅助等电位连接，是在远离总等电位联结、非常潮湿、触电危险性大的局部区域内进行的等电位联结，是总等电位联结的一种补充。

图 6-20 是某建筑物的接地系统图。在进线配电箱内有保护接地的小母线，由此与用电设备分配电箱上的 PE 线连接，在进线配电箱的保护接地小母线上做总等电位联结，而在分配电箱的保护接地干线上做了局部等电位联结。

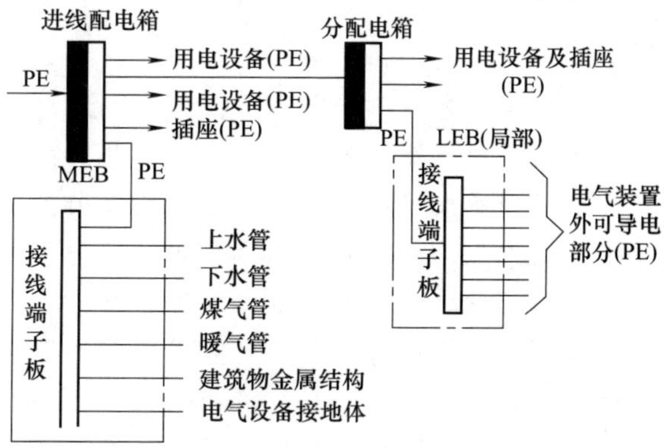

图 6-20　总等电位联结和局部等电位联结

3. 接地平面图

接地平面图如图 6-21 所示，简要说明如下。

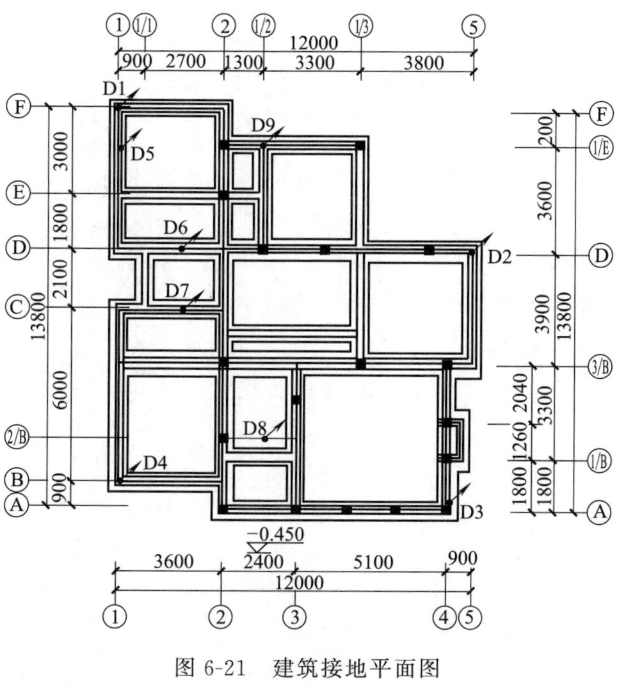

图 6-21　建筑接地平面图

① 用 ϕ10mm 的不锈圆钢，采用搭接焊连接成的避雷带，架设在女儿墙和所有屋脊上。避雷带的支架间距、固定方法参照国家标准确定。

② D1～D4 点为引下线，是房屋剪力墙外侧的两根主钢筋，其上部与避雷带焊接连通，下部与联合接地体的钢筋焊接连通。

③ 联合接地体由钢筋混凝土基础内金属构件体组成，即采用 4mm×40mm 的扁钢或利用 ϕ6mm 的两根钢筋作为连接线，将建筑基础内的主钢筋焊接成环形接地网，构成一个满足防雷接地要求的接地体，其接地电阻小于 1Ω。

复习思考题

1. 建筑电气工程图有哪些用途与特点？如何识读？
2. 识读建筑电气工程图有哪些步骤？
3. 识读建筑电气工程图需遵循哪些规则？
4. 电气照明按照明方式可分为哪些类别？
5. 电气照明按照明用途可分为哪些类别？
6. 照明电压的等级如何选择？
7. 正常照明常用的供电方式有哪些？
8. 重要工作场所的照明供电方式如何选择？
9. 分别画出明装、暗装、密闭（防水）、防爆单极开关的图形符号。
10. 如图 6-22 所示为房间照明平面图，图中的图形符号表示什么设备？请画出电路图和透视图。

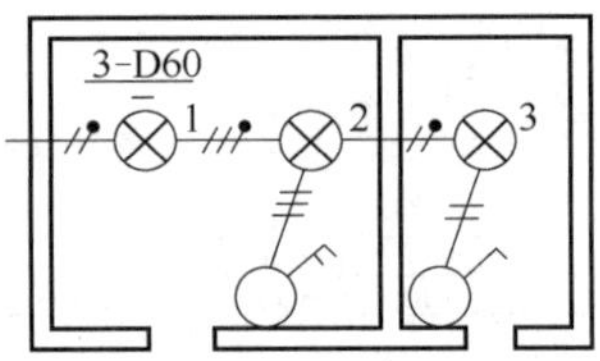

图 6-22 照明平面图

11. 楼道和楼梯照明多采用双控方式或三地控制，请画出开关两地控制和三地控制接线原理图。
12. 雷电的危害有哪些？
13. 建筑物有几个防雷等级？
14. 建筑物的防雷措施有哪些？
15. 电力系统和设备的接地，主要有哪几种类型？

第七章

继电器—接触器控制线路

[学习目标]

① 了解常用低压电器的结构、用途及特点。
② 掌握识读电气控制电路图的基本方法，熟悉电气控制电路各部分的基本功能。
③ 掌握识读典型继电器-接触器控制线路图实例的方法。
④ 培养自主创新意识，以及解决“卡脖子”技术问题的担当精神。

第一节　常用低压电器及其图形

低压电器的种类繁多，按照其动作的性质，可分为手动和自动两类。手动电器是通过人工操作而动作的电器，例如闸刀开关、组合开关、按钮等。自动电器是按照信号或某个物理量的变化而自动动作的电器，例如接触器、继电器、行程开关等。按照其职能，低压电器可分为控制电器和保护电器。用来控制电动机的接通、断开或改变电动机的运行状态的称为控制电器，例如闸刀开关、按钮、接触器等。熔断器、热继电器则是用来防止电源短路和电动机过载的保护电器。还有一些电器，既能起控制作用，又能起终端保护作用，例如行程开关等。下面对一些常用低压电器作简单介绍。

一、组合开关（QC）

组合开关（转换开关）的种类很多，常用的有HZ10系列，其额定电压有直流220V、交流380V，额定电流有10A、25A、60A和100A等。其结构图及表示符号如图7-1所示。它有三对静触片，每个触片的一端固定在绝缘垫片上，另一端伸出盒外，连在接线柱上，以便与电源或负载相连接。三个动触片套在装有手柄的绝缘转动轴上，彼此相差一定角度。转动手柄就可

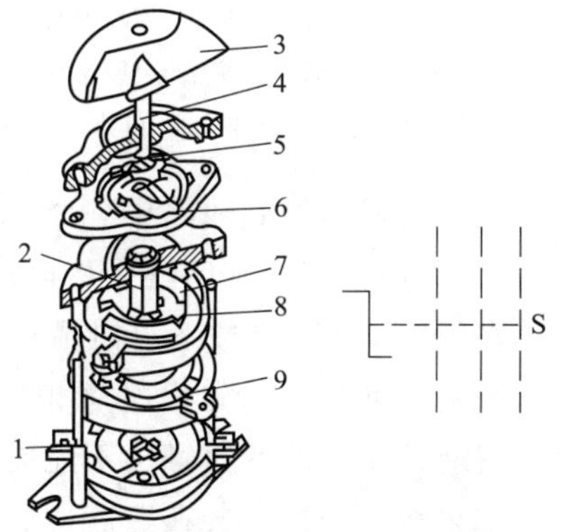

(a) 结构图　　(b) 表示符号

图7-1　组合开关结构图及表示符号
1—接线柱；2—绝缘杆；3—手柄；
4—转轴；5—弹簧；6—凸轮；
7—绝缘垫片；8—动触片；9—静触片

以将三组触点同时接通或断开。

用组合开关可以直接接通电源电路，也可以用它来直接启动和停止小容量的电动机，还可用它接通和断开一些照明电路等。

二、闸刀开关（QS）

除组合开关外，在小容量的电动机控制线路中，也常使用闸刀开关来实现电动机的启动、停止等操作。闸刀开关有单极、双极和三极等几种。闸刀开关实际上是刀开关和熔丝的组合，因此还可起短路保护作用。

闸刀开关结构及表示符号如图 7-2 所示。闸刀开关的结构简单，主要部分由刀片（动触头）和刀座（静触头）组成，它用瓷质材料作底板，刀片和刀座用胶盖罩住，胶盖可熄灭切断电源时在刀片和刀座间产生的电弧，以防止电弧烧伤操作人员。电源进线应接在刀座一端，用电设备应接在刀片下面熔丝的另一端（下端接线柱）。这样，当闸刀开关断开时，刀片与熔丝上不带电，以保证更换熔丝的安全。

三、按钮（SB）

按钮也是一种简单的手动开关，它与交流接触器的吸引线圈相配合，即可实现接通、断开电动机或其他电气设备的操作。

按钮的结构剖面图及表示符号如图 7-3 所示。按钮开关内有两对静触头和一对动触头，动触头和按钮帽通过连杆固定在一起，静触头则固定在胶木外壳上，引出接线端。其中一对静触头在常态时（指按钮未受外力作用或电器未通电时触头所处的状态）处于闭合状态，叫常闭触头；另一对在常态时是断开的，叫常开触头。

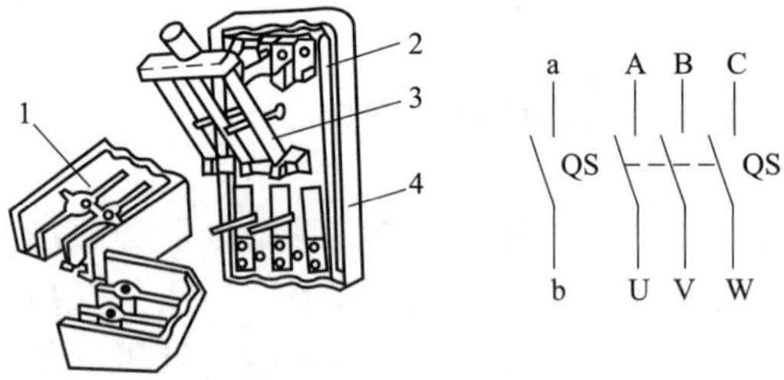

(a) 结构图　　(b) 表示符号

图 7-2　闸刀开关结构及表示符号

1—胶盖；2—刀座；3—刀片；4—瓷底

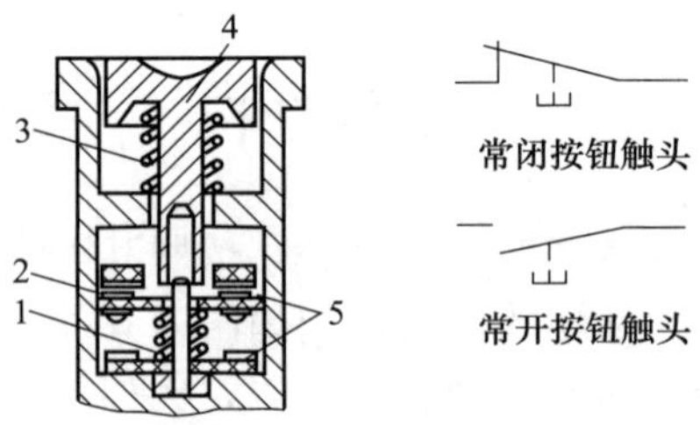

(a) 结构剖面图　　(b) 表示符号

图 7-3　按钮的结构剖面图及表示符号

1，3—复位弹簧；2—动触头；4—按钮帽；5—静触头

在电动机的控制线路中，常用按钮的常开触头来启动电动机，这种按钮称为“启动按钮”；也常用按钮的常闭触头将电动机停止，这种按钮称为“停止按钮”。

在图 7-3 中，当按下按钮帽时，动触头先断开常闭触头，后接通常开触头，而手指放开后，触头自动复位的先后次序相反，即常开触头先断开，常闭触头后闭合，这种按钮称为“联动按钮”。它的两对触头不能同时作为“启动按钮”和“停止按钮”使用。

如果将两个按钮装在一起，就组成了一种常见的“双联按钮”，如图 7-4 所示。图中一个按钮用于电动机的启动，另一个用于电动机的停止。也可把三个按钮装在一起，组成控制电动机的“正转”“反转”和“停止”的三联按钮。

还有一种按钮，在按钮帽中装有信号灯，按钮帽兼作信号灯的灯罩，这种按钮称为信号灯按钮，如图 7-5 所示。

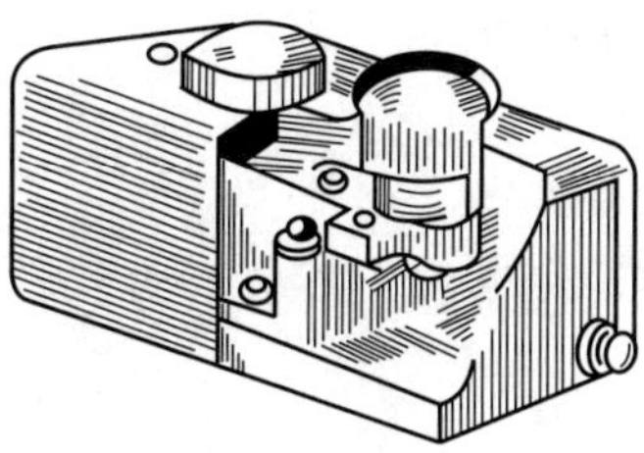

图 7-4 双联按钮

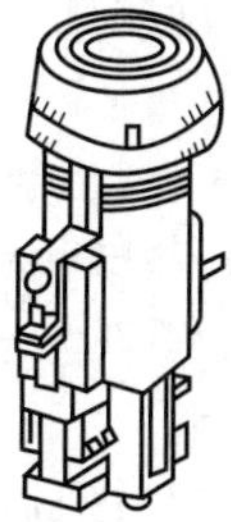

图 7-5 信号灯按钮

四、熔断器（FU）

熔断器是一种短路保护电器，它串联在被保护的电路中，当电路发生短路故障时，便有很大的短路电流通过熔断器，熔断器中的熔体发热后自动熔断，从而达到保护线路及电气设备的作用。

熔断器的结构形式很多，常用的有插入式、螺旋式和管式三种，其结构和表示符号如图 7-6 所示。

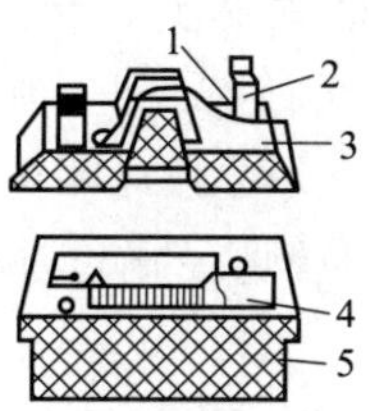

(a) 插入式熔断器

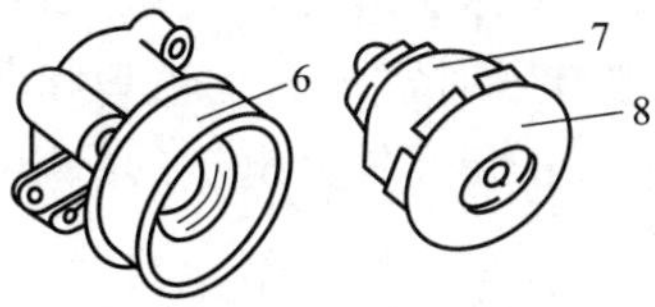

(b) 螺旋式熔断器

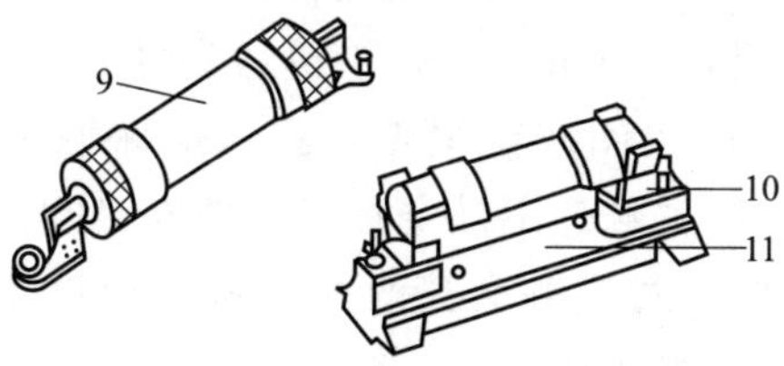

(c) 管式熔断器

(d) 表示符号

图 7-6 三种熔断器的结构及表示符号

1—熔体；2—动触头；3—瓷插件；4—静触头；5—瓷底座；

6,11—底座；7,9—熔断管；8—瓷帽；10—夹座

熔断器的主要部分是熔体，一般用电阻率较高的易熔合金制成，例如铅锡合金等。负载正常运行时熔体不应熔断，而当电路发生短路和负载严重过载时，熔体立即熔断。

选择熔断器时，主要应确定熔体的额定电流。选择熔体的方法如下。

① 对于照明线路等没有冲击电流的负载，熔体的额定电流≥实际等效负载最大工作电流。

② 一台电动机的熔体，异步电动机的启动电流约为其额定电流的 5～7 倍，通常启动时间约为 1～10s。为保证电动机在正常运行和启动时熔体都不会熔断，熔体不能按电动机的额定电流来选择，应按经验公式计算，即

$$\text{熔体额定电流} \geqslant \frac{\text{电动机的启动电流}}{2.5}$$

如果电动机启动频繁，或启动时间较长，则上式可改为

$$熔体额定电流 \geqslant \frac{电动机的启动电流}{1.6 \sim 2}$$

③ 几台电动机合用的总熔体可粗略地按下面的方法计算。

熔体额定电流＝(1.5～2.5)×容量最大的电动机的额定电流＋其余电动机的额定电流之和。

五、交流接触器（KM）

闸刀开关之类的手动操作电器虽然比较简单经济，但当电动机的功率过大、启动频繁、要求远距离操作和自动控制时，就需要用自动开关来代替手动开关。交流接触器就是一种自动开关，它是利用电磁吸力来工作的，常用于直接控制异步电动机主电路的接通或断开，是继电器-接触器控制系统中的主要器件之一。

如图 7-7 所示为交流接触器的结构图及表示符号。交流接触器主要由电磁铁和触头两部分组成。电磁铁的铁芯由硅钢片叠成，分上铁芯和下铁芯两部分，下铁芯为固定不动的静铁芯，上铁芯为上下可移动的动铁芯。触头包括静触头和动触头两部分，动触头固定在动铁芯上，静触头则固定在壳体上。电磁铁的吸引线圈套在静铁芯上。交流接触器常态时互相分开的触头称为常开触头（又称为动合触头），而互相闭合的触头称为常闭触头（又称为动断触头）。交流接触器一般有三对常开的主触头和两对常开、两对常闭的辅助触头。主触头的额定电流较大，用来接通和断开较大电流的主电路。辅助触头的额定电流较小，用来接通和断开小电流的控制线路。

当电磁铁的吸引线圈通电后，产生磁场，上下铁芯间产生电磁吸力，上铁芯（动铁芯）与下铁芯（静铁芯）吸合，使各对常开触头都闭合，常闭触头都断开。当吸引线圈断电后，电磁吸力消失，动铁芯在恢复弹簧的作用下回到原来位置，所有的触头也都恢复到原来的状态。

当动触头与静触头断开时，会在两触头间产生电弧，容易烧坏触头，并使断开时间增长。为了保证电路负载能可靠断开和保护主触头不被烧坏，接触器必须采用灭弧装置（通常 10A 以上的接触器上都装有灭弧罩），使三对主触头被耐火材料互相隔开，以免当触头断开时产生的电弧使之相互连接，造成电源短路故障。

为了消除铁芯的振动和噪声，在铁芯端面的一部分套有短路环。

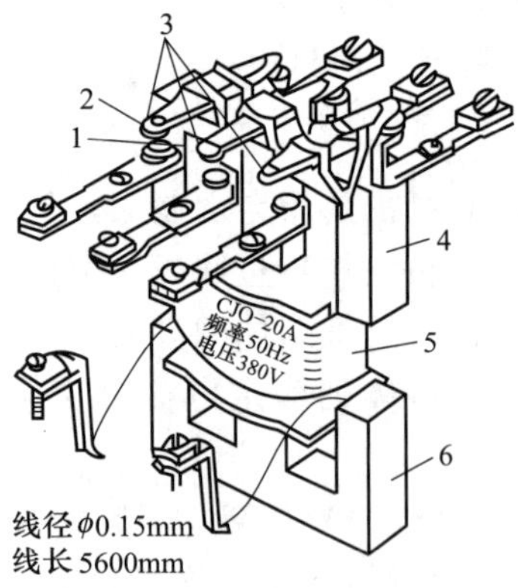

(a) 结构图

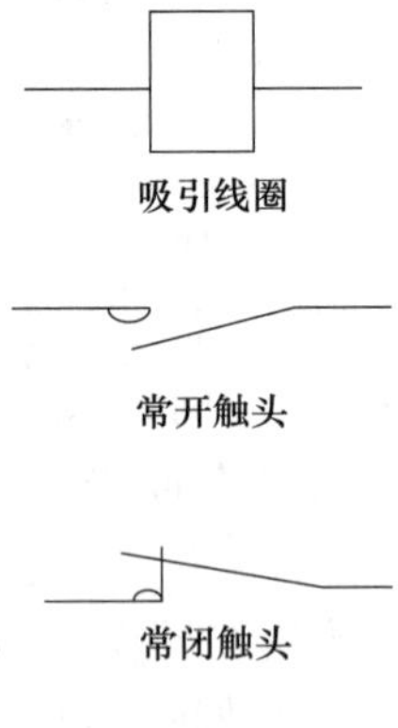

(b) 表示符号

图 7-7 交流接触器的结构图及表示符号

1—静触头；2—动触头；3—主触头；4—上铁芯；5—吸引线圈；6—下铁芯

选用交流接触器时，应注意选择主触头的额定电流、吸引线圈的额定电压和所需触头的数量。常见国产交流接触器吸引线圈的额定电压有 36V、127V、220V 和 380V 四种。主触头额定电流有 5A、10A、20A、40A、75A、120A 等数种。

六、中间继电器（KA）

中间继电器与交流接触器没有本质上的差别，只是用途有所不同。中间继电器的电磁系统和触头所允许通过的电流都比较小，触头的数量比较多。

中间继电器常用来传递信号和同时控制多个电路。例如当控制电流较小而不能使容量较大的交流接触器动作时，则可先把电流传给中间继电器，进而控制接触器；又如，有时要用一个物理量去同时控制多个电器，此时可使用中间继电器来完成。

在选用中间继电器时，主要考虑电压等级和触头的数量。

七、热继电器（FR）

热继电器是一种过载保护电器，它是利用电流的热效应而动作的，可避免电动机因过载而损坏。如图 7-8 所示是热继电器的原理图及表示符号。

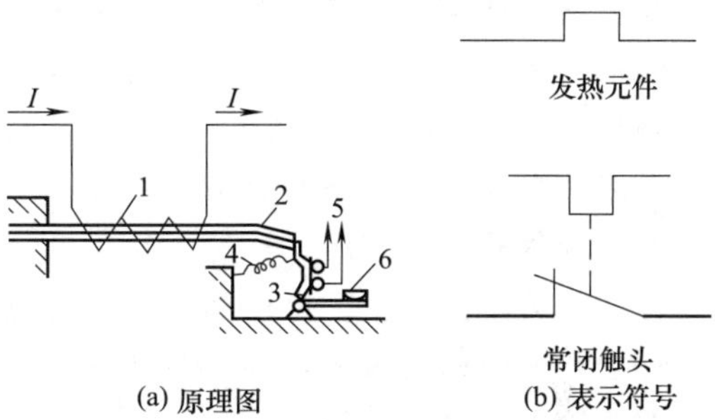

图 7-8 热继电器的原理图及表示符号

1—热元件；2—双金属片；3—扣板；4—弹簧；5—常闭触头；6—复位按钮

图中 1 是热元件，它是一段电阻丝，接在电动机的主电路中。2 是双金属片，由两种具有不同热膨胀系数的金属碾压而成。下层金属的膨胀系数大，上层的小。当主电路中电流超过容许值而使双金属片受热时，它便向上弯曲，因而脱扣。扣板 3 在弹簧 4 的拉力下将常闭触头 5 断开。触头 5 是接在电动机控制线路中的。控制线路断开使接触器的线圈断电，从而断开电动机的主电路。

由于热惯性，热继电器不能作短路保护。这个热惯性是合乎要求的，在电动机启动或短时过载时，热继电器不会动作，这可避免电动机不必要地停车。如果要使热继电器复位，则按下复位按钮 6 即可。

热继电器的主要技术数据是整定电流。所谓整定电流，就是热元件中通过的电流超过此值的 20%时，热继电器应当在 20min 内动作的电流。调节过载电流调节螺钉即可改变整定电流值。

常用的热继电器有 JR0、JR10 和 JR16 等系列，要根据整定电流选用热继电器，整定电流与电动机的额定电流应基本一致。

八、自动空气断路器（QF）

自动空气断路器又称自动开关，是一种常用的低压保护电器，具有短路、过载和失压保护的功能。

如图 7-9 所示为自动空气断路器的动作原理示意图及表示符号（图中只画出一相）。

当开关合上，主触头 2 闭合时，脱扣机构的连杆 3 被锁钩 4 锁住，触头保持在接通状态。电磁铁 5 是过流脱扣器，正常情况下衔铁是释放的，当电路发生短路或过载时（开关内还装有双金属片热脱扣器，图中未画出），电磁铁 5 的铁芯把衔铁吸下，顶开脱扣机构，在弹簧 1 拉力作用下使触头迅速分开，切断电路。

电磁铁 6 是欠压脱扣器。在电压正常时，吸住衔铁，使电磁铁上的顶头与连接锁钩 4 的

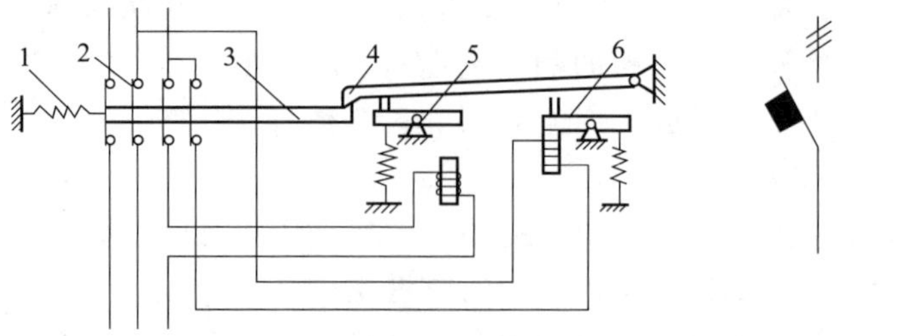

(a) 动作原理示意图 (b) 表示符号

图 7-9 自动空气断路器的动作原理示意图及表示符号

1—弹簧；2—主触头；3—连杆；4—锁钩；5,6—电磁铁

连杆 3 脱离。锁钩 4 与连杆 3 钩住，触头闭合；当电压严重下降或断电时，衔铁释放，电磁铁上的顶头上移，将与锁钩 4 连接的连杆 3 向上顶，使锁钩 4 与连杆 3 脱离，在弹簧 1 的作用下触头断开；当电源电压恢复正常时，必须重新合上开关后才能工作，实现了失压保护。

常用的自动空气断路器有 DZ、DW 等系列。

九、行程开关（SQ）

行程开关是根据生产机械的行程信号进行动作的一种自动开关。

行程开关的种类很多，图 7-10 所示为 LX19 系列行程开关外形图。单滚轮为自动复位式，双滚轮不能自动复位。

如图 7-11 所示为行程开关结构示意图及表示符号。行程开关有一对常开触头和一对常闭触头。静触头 3 安装在绝缘的基座上，动触头 2 与推杆 1 相连接，当推杆 1 受运动部件上的撞块挤压时，推杆 1 向下移动，弹簧 4 被压缩，此时触头切换，常开触头闭合，常闭触头断开。当运动部件上的撞块脱离推杆 1 时，在恢复弹簧 4 的作用下，开关恢复原状。

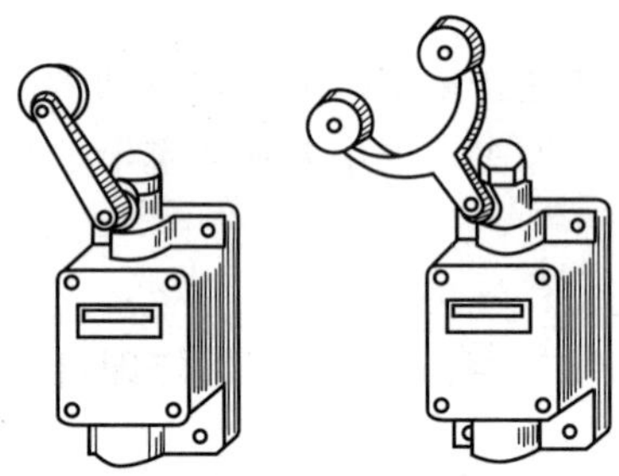

(a) 单滚轮 (b) 双滚轮

图 7-10 LX19 系列行程开关外形图

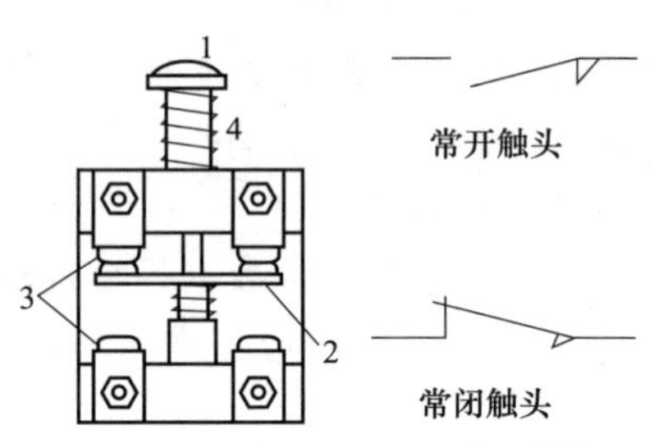

(a) 结构图 (b) 表示符号

图 7-11 行程开关的结构示意图及表示符号

1—推杆；2—动触头；3—静触头；4—弹簧

第二节 电气控制线路图中基本环节的识读

一、控制线路的作用及电气原理图的学习方法

1. 控制线路的作用

欲使电动机能够按照人们的要求运转，就必须设计正确、可靠、合理的控制线路。电动机在连续不断运转时，有可能产生短路、过载等各种电气故障，所以对控制线路来说，除了承担电动机的供电和断电的重要任务外，还担负着保护电动机的作用。当电动机发生故障

时，控制线路应该发出信号或自动切除其电源，以避免事故扩大。自动化水平较高的生产机械是通过电气元件的自动控制来完成其各道工序的，操作人员则完全摆脱了沉重、烦琐的体力劳动。这种情况下，控制线路不但能够在电动机发生故障时起保护作用，并且在生产机械的某道工序处于异常状态时，还能够发出指示信号，并根据异常状态的严重程度，作出是继续运转还是立刻停机的选择。

2. 电气原理图的学习方法

学习任何电气原理图，都必须掌握一定的技巧和方法。下面先介绍一下电路的学习方法，具体有以下六点。

① 首先要掌握基本理论和基本概念，打好理论基础，由浅入深，由简到繁，循序渐进，逐步提高。

② 善于总结。结合电路图中的文字说明、技术说明和元器件明细表，分清图纸的种类、特点和用途，对电路有一个大致的了解。注意：图中各开关、触点所表示的是不带电时的状态。

③ 参照常用电气图形符号、文字符号表，弄明白电路图中各符号所代表的意义。同一电路图中同一元器件使用相同的文字符号。

④ 将识图中遇到的问题、难点记录下来，把积累的经验加以总结，对典型电路进行归纳、分类，特别是对具有相同功能的不同电路进行比较，找出各自的特点及不足，尝试设计出改进电路。

⑤ 分清主电路和控制电路。一般情况下，先看主电路，再看控制电路。主电路通常在图的左侧，它是电源向负载输送电能时电流所经过的电路。识图时通常从下面的被控设备开始，经控制元件依次看到电源。通过看主电路，可以知道电流是经过哪些元件到达电气设备的，为什么要通过这些元件。控制电路在图的右侧，它按照一定顺序和要求控制主电路中各元件的动作，从而控制电气设备的正常工作。看控制线路时通常按照自上而下或从左到右的原则，先看电源，再依次看各控制支路。

⑥ 搞清电路图中各电气元件、设备之间的关系，清楚各回路、元件间的联系、控制关系，以及每条支路是怎样通过各个元件构成闭合回路的。熟悉电路中常见的保护环节、自锁环节、联锁环节，掌握常用的几种基本电路。

二、控制线路的基本概念

异步电动机的控制线路一般可以分为主电路和控制电路（也称辅助电路）两部分，有些控制电路还有信号电路及照明电路。而在高压异步电动机的控制线路中，主电路通常称为一次回路，控制电路则称为二次回路。

凡是流过电气设备负荷电流的电路，电流一般都比较大，称为主电路；凡是控制主电路通断或监视和保护主电路正常工作的电路，流过的电流都比较小，称为控制电路。

现以三相异步电动机电气原理图为例，讲解什么是主电路，什么是控制电路。如图 7-12 所示的控制线路原理图可分为主电路和控制电路（又称辅助电路）两部分。主电路习惯画在图纸的左边或上部。

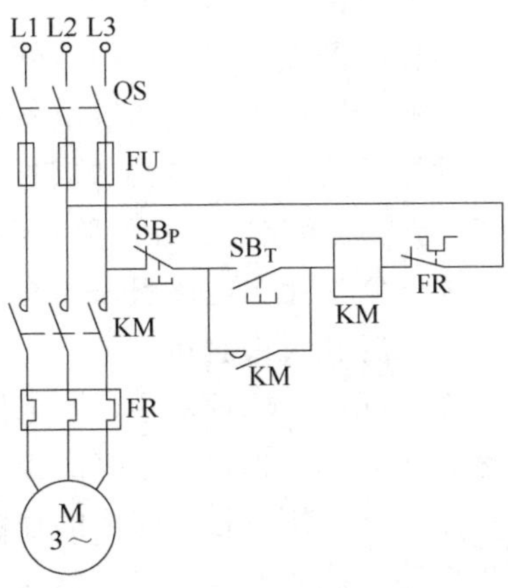

图 7-12 控制线路原理图

1. 控制线路的主电路

主电路的电压等级通常都采用 380V、220V，高压异步电动机的主电路则常采用 6kV、3kV 等电压。

主电路一般由负荷开关、空气自动开关、刀开关、熔断器、磁力启动器或接触器的主触点、自耦变压启动器、减压启动电阻、电抗器、电流互感器一次侧线圈、热继电器发热部件、电流表、频敏变阻器、电磁铁、电动机等电气元件及设备和连接它们的导线组成。主电路是受控制电路控制的电路。主电路又称为主回路。

无论是在主电路还是在控制电路中，人们往往将那些联合完成某单项工作任务的若干电气元件称为一个环节，有时也称为回路。

画控制线路原理图的原则如下：其一，同一电器的各部件（如热继电器的热元件和常闭触头）分散画时，标注同一文字符号；其二，所有电器的触头所处状态均按未受外力作用或未通电情况下的状态画出；其三，为便于阅读电路图，主电路画在图的左侧或上方，控制电路画在图的右侧或下方。对于交流接触器来说，触头处在动铁芯未被吸合时的状态；对于按钮来说，应处于未按下时的状态。

主电路控制过程是：主电路电流从三相交流电源开始，依次经过三相电源开关 QS→三相熔断器 FU→接触器 KM 的主触点→热继电器 FR 的热元件，最后到达电动机 M 绕组。

2. 控制线路的控制电路

控制电路是控制主电路动作的电路，也可以说是给主电路发出指令信号的电路。控制电路习惯画在图纸的右边。图 7-12 中右边的电路就是控制电路，由接触器 KM 的线圈、KM 的辅助触点、热继电器 FR 的常闭触点以及按钮 SB_T、SB_P 组成，电源接在 L2、L3 两相上。

控制电路工作过程如下。

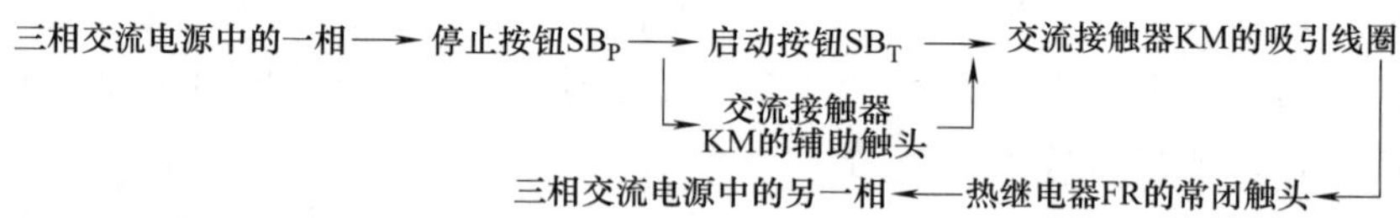

如果将图 7-12 中的自锁触头 KM 去掉，就可实现对电动机的点动控制。按下启动按钮 SB_T，电动机就转动；松开按钮，电动机就停止。这在生产中也是常用的，货场中经常使用的电动葫芦就是一例。

控制电路一般由转换开关、熔断器、按钮、磁力启动器或接触器线圈及其辅助触点、各种继电器线圈及其触点、信号灯、电铃、电笛、电流互感器二次侧线圈以及串联在电流互感器二次侧线圈电路中的热继电器发热部件与电流表等电气元件和导线组成。控制电路的电压等级除了采用 380V、220V 以外，也有采用 127V、110V、100V、48V、36V、24V、12V、6.3V 等电压等级的，在采用这些电压等级的时候，必须设置单独的降压变压器。控制电路的电源通常选用主电路引来的交流电源，但是也有选用直流电源的，直流电源往往通过硅整流或晶闸管整流来获得。

在实际电气原理图中，主电路一般比较简单，用电器数量较少；而控制电路比主电路要复杂，控制元件也较多，有的控制电路是很复杂的，例如以单片机或者以计算机为控制核心的控制电路。用单板机组成的控制电路是由输入信号电路、信号处理中心（单片机）、输出信号电路、信号放大电路、驱动电路等多个单元电路组成的，在每个单元电路中又有若干小的回路，每个小的回路中有一个或几个控制元件。这样复杂的控制电路分析起来是比较困难的，要求有坚实的理论基础和丰富的实践经验。

3. 元器件作用

从元器件明细表（表7-1）可以看出，该电路主要由刀开关QS、熔断器FU、交流接触器KM、热继电器FR、三相异步电动机M以及按钮开关SB_T、SB_P等组成。

表7-1 控制线路元器件明细表

代号	元器件名称	型号	规格	件数	用途
M	三相异步电动机	$J_{52\text{-}4}$	7kW,1440r/min	1	驱动生产机械
KM	交流接触器	CJO-20	380V,20A	1	控制电动机
FR	热继电器	JR_{16}-20/3	热元件电流:14.5A	1	电动机过载保护
SB_T	按钮开关	LA_4-22K	5A	1	电动机启动按钮
SB_P	按钮开关	LA_4-22K	5A	1	电动机停止按钮
QS	刀开关	HZ_{10}-25/3	500V,25A	1	电源总开关
FU	熔断器	RL_1-15	500V配4A熔芯	3	主电路保险

接下来要搞清各元器件间的作用和关联。

① 三相异步电动机M要得电启动，需要刀开关QS和接触器KM闭合，而接触器KM的启动又受常开按钮开关SB_T控制，所以启动时应按下SB_T。

② 因为接触器KM吸合后，其辅助触点已闭合，所以松开SB_T后，接触器KM的线圈通过其辅助触点（自锁触点）保持吸合。

③ 按下常闭按钮开关SB_P，接触器KM的控制回路被切断，接触器释放，其触点恢复初始状态，电动机停机。

④ 热继电器FR在电路中起过载保护的作用，电动机长时间过载时，热继电器动作，其常闭触点断开，电动机保护停机。

⑤ 熔断器FU是主电路的短路保护元件，可以防止主电路的连接导线、元器件和电动机因短路而烧坏。

三、控制线路原理图的识读

识读电动机控制线路原理图的一般方法是：先看主电路，后看控制电路，并根据控制电路各小回路中控制元件的动作情况，研究控制电路对主电路的控制情况。

阅读电动机控制线路图可分以下四步。

① 明确控制目标。明确控制的对象及控制方法，被控设备的结构、形式、操作方法以及有哪些保护等，阅读时应加以注意。

② 清楚线路构成。控制线路原理图一般由主电路和控制电路两部分构成。

主电路中通过的电流较大，它主要对电动机等用电设备供电。控制电路一般由转换开关、熔断器、接触器、各种继电器、电流互感器以及热继电器、电流表等电气元件和导线组成。

根据设备对电气控制的要求和机、电、液的相互联系，分析各电器之间相互控制和相互制约的关系，分析设备的机械操作手柄、按钮开关等与电器联动的关系。这是研究电路工作原理、识读电路图的重要步骤。在电路中，所有的电气设备、装置、控制元件都不是孤立存在的，而是相互之间都有密切关系的。元器件之间有的是控制与被控制的关系，有的是相互制约关系，有的是联动关系。在控制电路中，控制元件之间的关系也是如此，如图7-12所示的控制电路中，按钮开关SB（SB_P和SB_T）就是控制交流接触器KM线圈通电或断电的元件。

③ 分析工作原理。在阅读控制线路时，首先看清楚图中有关元器件状态的规定和图中的编号。看图时，可先易后难，先局部后全面，搞清相互关系，掌握其工作原理。

电气原理图中，元器件状态规定为：继电器、接触器的线圈在未通电的状态；断路器和隔离开关等在断开位置；带零位的手动控制开关在零位位置，而不考虑电路的实际工作状态；机械操作开关在非工作状态的位置，例如终端开关没有达到极限行程前的位置。

④ 了解保护线路。要弄清它们的线路走向和保护元件动作后对其所控制的电气元件的影响及对整台设备工作的影响。了解信号及报警电路，知道信号灯电路。

四、识读控制线路中的保护、自锁、联锁环节

保护环节在继电器-接触器控制系统中是必不可少的，还经常用到自锁环节和联锁环节。

1. 电路中的保护

在电工线路中最常用的保护环节有短路保护环节和过载保护环节。有的电路除具有以上两种保护环节外，还有缺相保护、欠压保护、过流保护等环节。

（1）短路保护

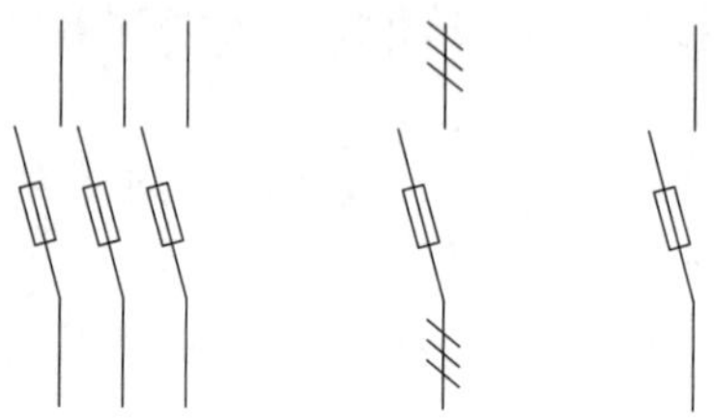

(a) 三相刀开关　(b) 简化的三相刀开关　(c) 单相刀开关

图 7-13　带熔断器的刀开关电气图形符号

短路保护是指电路发生短路故障时能使故障电路与电源断开的保护环节。短路保护常用熔断器实现。在图 7-12 中，FU 熔断器是短路保护环节。在实际电路中，有的熔断器与刀开关合为一体，在画电路图时将熔断器画在刀开关上。带熔断器的刀开关电气图形符号如图 7-13 所示。

短路保护熔断器都设置在靠近电源的部位，也就是被保护电路的电源引入位置。

（2）过载保护

过载保护环节是电力拖动电路中重要的保护环节。过载保护是指电动机过载时，能使电动机自动断电的保护。过载保护常用热继电器实现。

如图 7-12 中，当闭合刀开关 QS 后→按下启动按钮开关 SB_T→交流接触器 KM 线圈得电动作→KM 主触点闭合→电动机 M 启动运行。若电动机运行中过载，导致电动机定子绕组电流过大，通过热继电器 FR 的热元件电流过大，从而使热继电器动作，将热继电器的常闭触点断开，使控制电路中交流接触器 KM 线圈断电，KM 的主触点断开，电动机断电，从而保护电动机。

（3）电路的过流保护和欠压保护

电路过流保护用电流继电器，欠压保护用电压继电器。这两种继电器可以实现电路的过电流和欠电压保护。

电流继电器线圈通过电流等于或超过整定电流时，它才能动作，其线圈通过电流小于整定电流时，它不动作。

电压继电器只有其线圈所加电压为整定值时，它才能动作，一旦线圈电压值低于整定电压值一定量，则电压继电器会立即返回原始状态（使常开触点断开、常闭触点闭合）。

用电流继电器和电压继电器作为电路过流和欠压保护的电路如图 7-14 所示。图中有两个电压继电器 KV1 和 KV2，三个电流继电器 KA1、KA2、KA3，这五个继电器都在主电路中。

电压继电器 KV1 和 KV2 跨接于主电路的三根相线上，当刀开关 QS 闭合时，两个电压继电器所承受的是线电压，若电源电压正常，则 KV1 和 KV2 都会动作，使其常开触点（控制电路中的 KV1 和 KV2）闭合，为交流接触器 KM 线圈得电提供通路。当电源电压低于规定范围值时（欠压），KV1 或 KV2 会因线路欠压而复归原始状态，使控制电路中的 KV1、KV2 触点至少有一个断开，致使交流接触器 KM 线圈断电，使得主电路的用电器（电动机 M）断电停止工作。

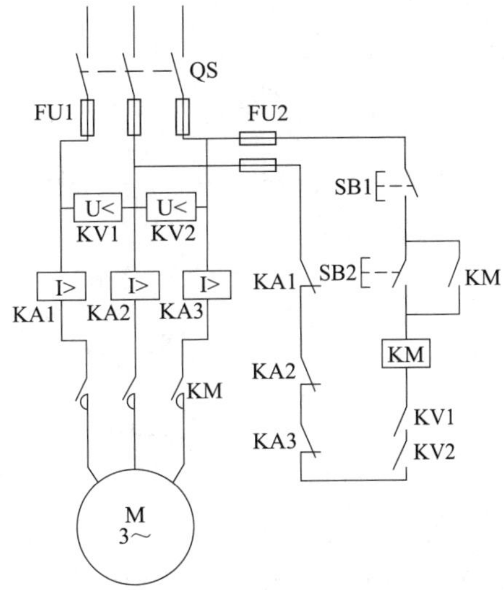

图 7-14 具有过流保护和欠压保护的电路

电流继电器 KA1、KA2、KA3 都串接于主电路的三根相线中。当电动机 M 通电工作时，三个电流继电器线圈都有电流通过，因为三个电流继电器的整定电流是电动机额定电流的 1.5～2 倍，三个电流继电器通过的电流都没有达到电流继电器动作电流值，所以三个电流继电器都不动作，它们的常闭触点（控制电路中的 KA1、KA2、KA3）都处于闭合状态，接触器 KM 得电正常工作。

电动机 M 在运行过程中，如果电流突然很大（电动机过载严重），通过 KA1、KA2、KA3 线圈的电流达到动作电流值时，三个电流继电器会立即动作，使其常闭触点断开，控制电路交流接触器 KM 线圈通电，回路断开，KM 失电，其常开触点都会断开，从而使电动机 M 断电，停转。

在如图 7-14 所示的电路中，电压继电器 KV1 和 KV2 还能起到缺相保护的作用。当闭合刀开关后，若电源缺相（有一根相线对地无电压或两根相线对地无电压），则两个电压继电器 KV1 和 KV2 至少有一个不动作，所以交流接触器 KM 线圈回路处于断开状态。如果电路处于正常通电工作状态时，突然电源缺相，则 KV1 或 KV2 至少会有一个断电，立即返回原始状态，导致控制电路断电，接触器 KM 失电，常开触点断开，使主电路用电器（电动机 M）断电。由此可见，图 7-14 电路中的 KV1 和 KV2 两个电压继电器不但能起到欠压保护作用，还能起到缺相保护作用。

2. 电路中的自锁

自锁环节是指继电器得电动作后能通过自身的常开触点闭合，给其线圈供电的环节。图 7-14 所示电路中就有自锁环节。在图 7-14 所示的控制电路中，并联于启动按钮开关 SB2 旁边的 KM 常开触点就是自锁环节（此触点称为自锁触点）。其自锁过程为：当 QS 闭合后，按动 SB2 开关，使 KM 线圈立即通电动作，SB2 开关旁边并联的常开触点立即闭合，此闭合触点能给其线圈供电（与 SB2 开关状态无关），即 SB2 开关断开后，接触器 KM 靠自身触点继续供电。

3. 电路中的联锁与控制方式

电路中的联锁环节（又称互锁环节）实质是控制电路中控制元件之间的相互制约环节。实现电路联锁有两种基本方法：一种方法是机械联锁，另一种方法是电气联锁。具有机械联锁和电气联锁的电路图如图 7-15 所示。

在图 7-15 中两个按钮开关 SB1 和 SB2 之间是机械联锁，而接触器 KM1 与 KM2 之间是

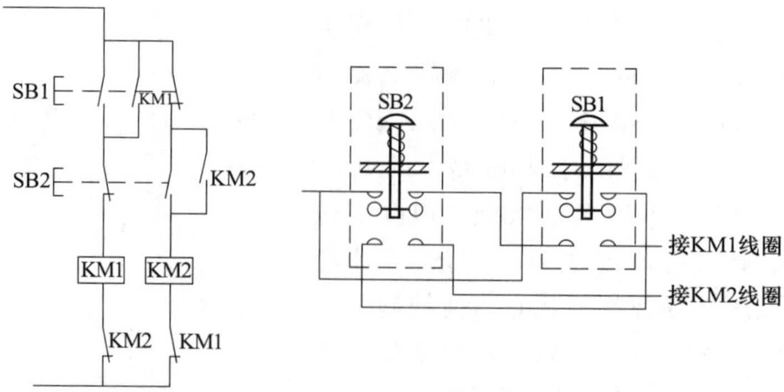

(a) 电气原理图　　(b) 两个按钮开关机械联锁接线示意图

图 7-15 具有机械联锁和电气联锁的电路图

电气联锁。按钮开关 SB1 和 SB2 之间的机械联锁由图 7-15（b）中可看出，当先按 SB1 时，SB1 的常闭触点断开，使得 SB2 常开触点不可能接通电源；而当按动 SB2 时，其常闭触点断开，使 SB1 的常开触点不可能接通电源。当将两个开关同时按下时，则两个开关的常闭触点都断开，两个开关的常开触点都无法与电源接通，当然控制电路中的 KM1 和 KM2 都不会得电动作。这说明在同一时刻只能按动一个按钮开关，电路中的 KM1 或 KM2 只能有一个得电动作，不存在两个接触器同时得电动作的可能性。这就是联锁环节所起的作用，也就是设置联锁环节的目的。

电路图 7-15 中的电气联锁环节是通过 KM1 线圈下面串的 KM2 常闭触点与 KM2 线圈下面串的 KM1 常闭触点实现的。当 KM1 得电动作时，KM1 的常闭触点断开，使 KM2 不能得电；同理 KM2 得电动作时，KM2 的常闭触点断开，也使 KM1 不能得电，也就是说两个接触器不可能同时得电动作。这就是电气联锁的作用，也是设置电气联锁的目的。

第三节　学画继电器—接触器控制线路图

一、直接启动控制线路

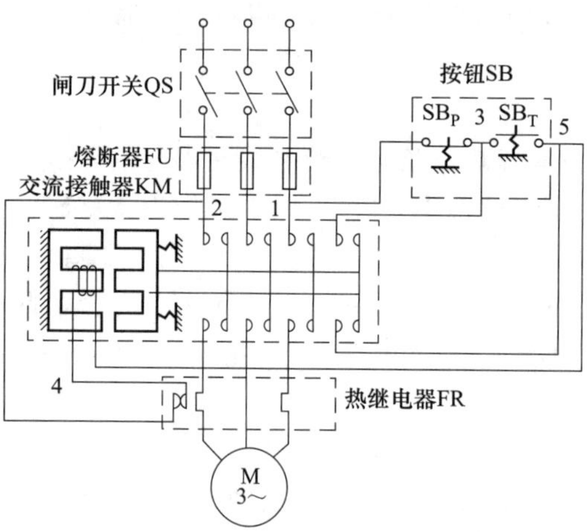

图 7-16 笼型三相异步电动机的直接启动控制线路

如图 7-16 所示是小容量笼型三相异步电动机的直接启动控制线路，图中使用的器件有闸刀开关 QS、交流接触器 KM、按钮 SB、热继电器 FR 及熔断器 FU 等。

控制线路的工作原理如下：接通闸刀开关 QS，按下启动按钮 SB_T，交流接触器 KM 的吸引线圈通电，铁芯吸合，所有的常开触头都闭合，其中三对主触头将电动机的主电路接通，电动机 M 启动。当松开启动按钮 SB_T 后，启动按钮在弹簧作用下复位，此时由于交流接触器的常开辅助触头（图中最右边的一对）和启动按钮 SB_T 相并联，而且已经闭合，所以交流接触器的吸引线圈仍保持通电，电动机正常运转。由此看出，与启动按钮 SB_T 相并联的交流接触器的常开辅助触头起到了自锁作用，故称此触头为自锁触头。

当按下停止按钮 SB_P 时，交流接触器的吸引线圈断电，主触头和辅助触头在动铁芯的带动下，恢复到原来断开状态，电动机停转；当松开停止按钮 SB_P 后，因自锁触头已断，启动按钮 SB_T 也已断开，吸引线圈断电，电动机不能接通。

上述线路由于使用了一些保护电器，因此具有短路保护、过载保护和失压保护。

熔断器 FU 起短路保护作用，一旦发生短路事故，熔体立即熔断，电动机停转。

热继电器 FR 起过载保护作用，如果电动机过载，则热继电器的常闭触头断开，使交流接触器的吸引线圈断电，主触头断开，电动机停转。

失压保护是依靠接触器本身的电磁机构来实现的。所谓失压保护就是当电源断开或电压严重下降时，要求电动机能迅速地和电源断开。当电源恢复正常供电时，如不重新按下启动按钮 SB_T，则电动机 M 不能启动，这样可防止电动机因电源电压的恢复而自行启动可能发生的事故。由于采用了交流接触器的自动控制线路，因此具有失压保护作用。

如图 7-16 所示的控制线路是把同一电器上的各个零件都集中在一起，按照各个电器的实际位置画出的，这样的图称为控制线路的结构图。这种图的优点是比较容易识别电器，便于安装和维修。其缺点是当控制线路比较复杂和使用的电器比较多时，线路不容易看清楚，因为同一电器的各部件在机械上虽然连在一起，但是电路上并不一定互相关联。为了便于读图和分析线路的工作原理，常将如图 7-16 所示的控制线路画成如图 7-12 所示的控制线路原理图。

二、三相异步电动机的正反转控制线路

在生产中常需要生产机械向正反两个方向运动，如机床工作台的前进与后退、主轴的正转与反转、货物的升降等。这就要求带动生产机械运动的电动机能够向正反两个方向转动。

如图 7-17 所示为电动机的正反转控制线路，它和直接启动控制线路相比较，多使用了一个交流接触器和一个启动按钮。

为了实现正反转，只要将接到电源的任意两根连线对调一头即可。因此，在主电路中两个交流接触器的主触头与电动机的连接是不同的。由主电路中可看出，正反转交流接触器 KM_F、KM_R 的主触头不能同时闭合。若同时闭合，必将使电源短路。这就要求控制电路的连接必须保证两个接触器不能同时工作。这种两个交流接触器不能同时工作的控制作用称为互锁保护或联锁保护。

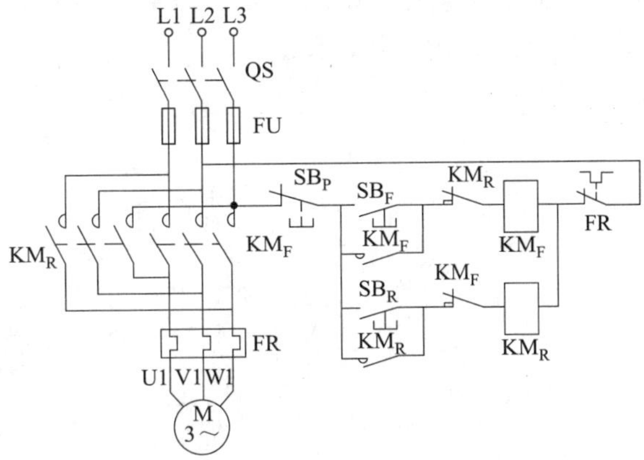

图 7-17 三相异步电动机的正反转控制线路

闭合开关 QS，按下正转的启动按钮 SB_F 时，由于反转交流接触器 KM_R 的常闭辅助触头闭合，正转交流接触器 KM_F 的吸引线圈通电，其主触头接通，电动机正转。同时，与反转交流接触器 KM_R 的吸引线圈相串联的正转交流接触器 KM_F 的常闭辅助触头断开，这就保证了正转交流接触器 KM_F 工作时，反转交流接触器 KM_R 不工作。同理，当反转交流接触器 KM_R 的吸引线圈通电工作时，与正转交流接触器 KM_F 的吸引线圈相串联的反转交流接触器 KM_R 的常闭辅助触头断开，正转交流接触器 KM_F 不能工作，这就达到了互锁保护

的目的。两交流接触器 KM_F、KM_R 的常闭辅助触头称为联锁触头。

但是上述控制线路有个缺点，即当电动机在正转过程中要求反转，必须先按停止按钮 SB_P，让联锁触头 KM_F 闭合后，才能按反转启动按钮 SB_R，使电动机反转。为了实现电动机正转与反转的直接转换，电动机的正反转控制线路除了利用交流接触器 KM_F、KM_R 的常闭辅助触头互锁外，生产上常采用联动按钮进行互锁，这就组成了如图 7-18 所示的双重互锁的控制线路（图中只画出了控制电路部分）。

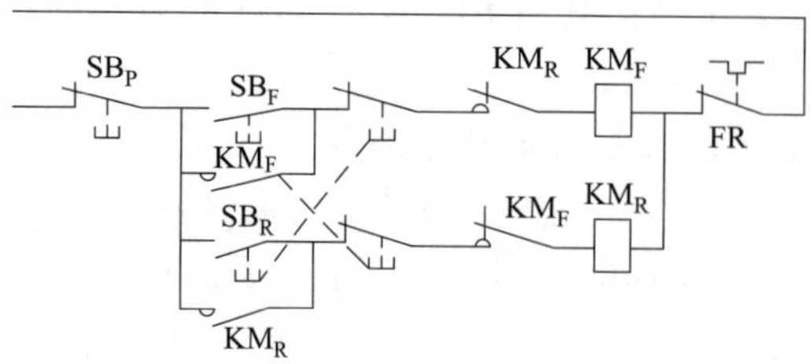

图 7-18 双重互锁的控制线路

每一联动按钮 SB_F、SB_R 都有一对常开触头和一对常闭触头，这两对触头分别交错串联在正反转交流接触器 KM_F、KM_R 的吸引线圈中，如图 7-18 所示。当按下正转启动按钮 SB_F 时，只有正转交流接触器 KM_F 的吸引线圈通电；而按下反转启动按钮 SB_R 时，只有反转交流接触器 KM_R 的吸引线圈通电；如果同时按下正反转启动按钮 SB_F 和 SB_R，则两交流接触器 KM_F、KM_R 的吸引线圈均不通电，从而防止了电源被短路。

由于采用了联动按钮，电动机在由正转向反转转换时，就不必先按停止按钮 SB_P，直接按下反转启动按钮 SB_R 即可。因为反转启动按钮 SB_R 按下时，其常闭触头先断开，使 KM_F 的吸引线圈断电，然后 SB_R 的常开触头闭合，使反转交流接触器 KM_R 的吸引线圈通电，电动机反转启动，反之亦然。

三、行程控制线路

行程控制，就是当运动部件到达一定行程位置时采用行程开关来进行控制。在自动控制电路中，为了工艺和安全的需要，经常采用行程控制。图 7-19 就是用行程开关控制工作台自动往复循环运动的线路图。

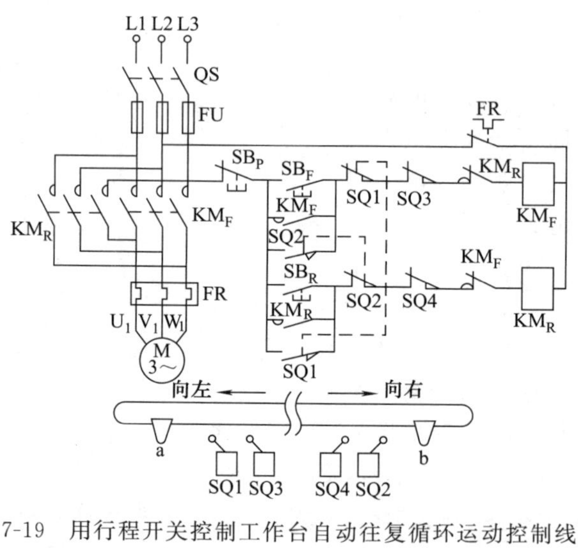

图 7-19 用行程开关控制工作台自动往复循环运动控制线路

行程开关 SQ1、SQ2、SQ3 和 SQ4 均固定在工作台的基座上，可左右移动的工作台由电动机 M 来带动。挡块 a 和 b 分别固定在工作台的左右端，它们随工作台左右移动。挡块 a 只和 SQ1、SQ3 碰撞，而挡块 b 只和 SQ2、SQ4 碰撞。

当按下正转启动按钮 SB_F 时，电动机正转，使工作台向右移动。当工作台移动到预定位置时，挡块 a 压下行程开关 SQ1，使 SQ1 的常闭触头断开，正转交流接触器 KM_F 的吸引线圈断电，常开触头断开，常闭触头接通，电动机 M 先停转。同时 SQ1 的常开触头闭合，使反转交流接触器 KM_R 的吸引线圈通电，电动机 M 便反转，使工作台向左移动，挡块 a 离开行程开关 SQ1，开关 SQ1 复位，为下次电动机正转做好准备。

当工作台向左移动到另一预定位置时，挡块 b 压下行程开关 SQ2，使 SQ2 的常闭触头断开。于是反转交流接触器 KM_R 的吸引线圈断电，常开触头断开，常闭触头接通，电动机 M 停转。同时行程开关 SQ2 的常开触头闭合，使正转交流接触器 KM_F 的吸引线圈通电，电动机 M 又开始正转，使工作台向右移动。当挡块 b 离开行程开关 SQ2 时，开关 SQ2 复位，为下次电动机的反转做好准备。如此周期性地自动进行变换，直到按下停止按钮 SB_P 为止。

这种控制线路，只要按下正转（或反转）启动按钮，电动机就能带动工作台周期性地左右循环移动。在如图 7-19 所示的控制线路中，除利用交流接触器 KM_F、KM_R 的常闭触头实现互锁保护外，还利用行程开关 SQ1、SQ2 来实现互锁保护，类似于联动按钮的作用。

图 7-19 中，行程开关 SQ3 和 SQ4 是起极限位置保护作用的。它们安装在基座上对应于工作台左右移动的极限位置上。电动机 M 正转，使工作台右移，当由于某种原因，使得行程开关 SQ1 没有动作时，则工作台继续右移，这时行程开关 SQ3 将起作用，挡块 a 碰上它时，将电动机 M 正转电路切断，电动机停转，避免了工作台越出极限位置，造成事故。行程开关 SQ4 的作用与 SQ3 相同。

四、混合控制线路

1. 识图指导

如图 7-20 所示是一例使两台电动机先后启动，然后同时运转的手动、自动混合控制线路。

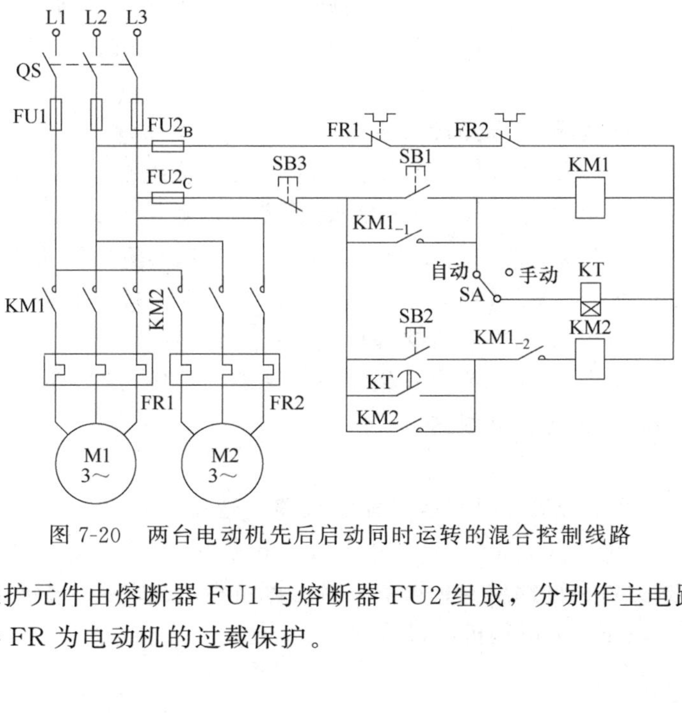

图 7-20　两台电动机先后启动同时运转的混合控制线路

控制线路的保护元件由熔断器 FU1 与熔断器 FU2 组成，分别作主电路和控制电路的短路保护，热继电器 FR 为电动机的过载保护。

主电路由开关 QS、熔断器 FU1、接触器 KM1 与 KM2 主触点、热继电器 FR1 与 FR2 热敏元件和电动机 M1 与 M2 组成。

控制电路由熔断器 FU2、启动按钮 SB1 与 SB2、停止按钮 SB3、交流接触器 KM1 与 KM2、时间继电器 KT、选择开关 SA 和热继电器 FR1 与 FR2 常闭触头组成。

2. 工作原理

本线路的工作原理与两台电动机先后启动同时运转的控制线路相同，只是增加了自动控制部分。自动控制时，将选择开关 SA 扳至自动位置，然后按下启动按钮 SB1。此时，时间继电器 KT 得电，接触器 KM1 吸合，电动机 M1 先启动运转。延长一定时间后，时间继电器常开触头 KT 闭合，接触器 KM2 吸合，辅助触头 KM2 闭合自锁，电动机 M2 启动运转。

3. 应用范围

该线路适用于两台电动机需先后启动同时运行，既可手动又可自动控制的生产机械。

第四节 电动机控制电路识读实例

对电动机电气控制线路的要求是：

① 良好地启动；

② 可改变旋转方向；

③ 能够快速制动；

④ 可改变转速和多机控制等。

电动机的单向运转是电气控制线路中最简单的一种，这种线路主要是控制异步电动机的单向启动、自锁和点动等。电动机的正反转控制在生产实践中也是经常碰到的，有的采用按钮控制，有的用行程开关自动切换。

电动机在运转过程中，可能会发生过载或短路等故障，如果不设置保护性电路，就可能发生事故。因此电气控制线路必须采取保护措施，如短路保护（加熔断器）、过载保护（加热继电器）、联锁保护、过电流保护、断相保护等。这是电气控制线路中特别需要注意的问题。

一、三相异步电动机星形、三角形接线图

一般电动机三相绕组都会引出 6 个接头到机壳上的接线柱。当接线柱标记 U1、V1、W1、U2、V2、W2 清晰可见时，若电动机为星形接法，则将 U2、V2、W2 接成星点，而将 U1、V1、W1 接三相电源，见图 7-21（a）。若电动机为三角形接法，则将 U1 与 W2 连接，V1 与 U2 连接，W1 与 V2 连接，然后将 U1、V1、W1 接三相电源，见图 7-21（b）。接电源时要注意，电源电压应与电动机铭牌标注电压一致。

若接线柱标记不清时，可先检测出三相绕组首尾端，然后再按上述方法接线。

二、可点动又可间歇运行控制线路

1. 识图指导

如图 7-22 所示为可点动又可间歇运行控制线路，适用于点动或按周期重复工作的生产机械。

控制线路的保护元件由断路器 QF 作主电路的短路和过载保护，熔断器 FU 作控制电路的短路保护，热继电器 FR 为电动机的过载保护。

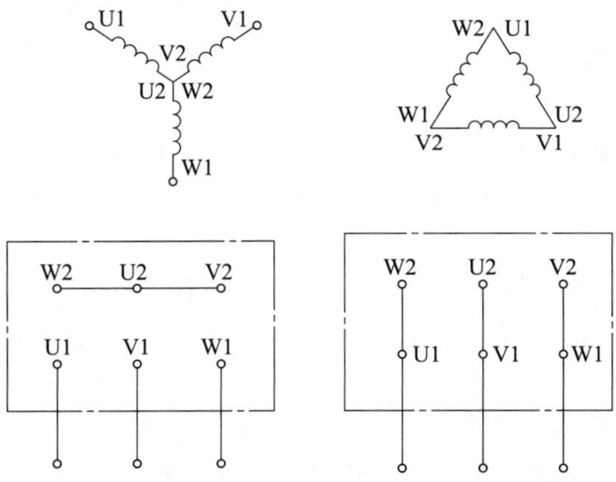

(a) 星形连接　(b) 三角形连接

图 7-21　三相异步电动机星形、三角形接线图

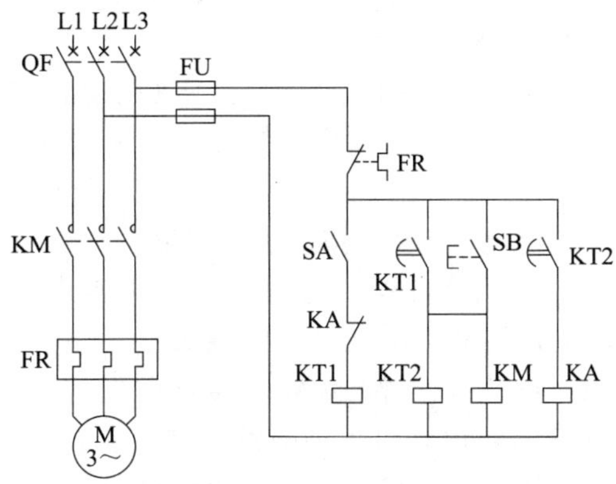

图 7-22　可点动又可间歇运行控制线路

主电路由断路器 QF、接触器 KM 主触点、热继电器 FR 和电动机 M 组成。控制电路由熔断器 FU、启动按钮 SB、接触器 KM、开关 SA、时间继电器 KT 和热继电器 FR 常闭触头组成。

2. 工作原理

合上低压断路器 QF，将开关 SA 转到接通位置，时间继电器 KT_1 得电，经过一段时间的延时后，KT_1 常开触点闭合，接触器 KM 得电吸合，其主触点闭合，电动机 M 得电运转。与此同时，时间继电器 KT2 得电吸合，经过 KT2 的延时时间后，KT2 常开触点闭合，使中间继电器 KA 得电吸合，其常闭触点断开，切断时间继电器 KT1 线圈的控制回路，KT1 常开触点断开，KT2、KM、KA 断电释放，电动机停止运转。这时 KA 常闭触点恢复闭合，又接通 KT1 控制回路，KT1 又进入计时状态。待再次到达 KT1 的延时时间后，KT1 常开触点闭合，再次接通 KT2 和 KM 线圈回路，电动机又重新启动。就这样，电动机开开停停，按周期重复工作。

调整 KT1 的延时时间，可改变停机间隔时间；调整 KT2 的延时时间，可改变开机运行时间。

接通电源后，若将开关 SA 置于接通位置，按下按钮 SB，电动机不经延时立即启动。

若断开开关 SA，再按下启动按钮 SB，电动机点动运行，不会间歇运行。

三、两地点动和单向启动控制线路

1. 识图指导

如图 7-23 所示为一例两地点动和单向启动控制线路。本电路适用于需连续或断续单向运行，并且可两地操作控制的生产机械。

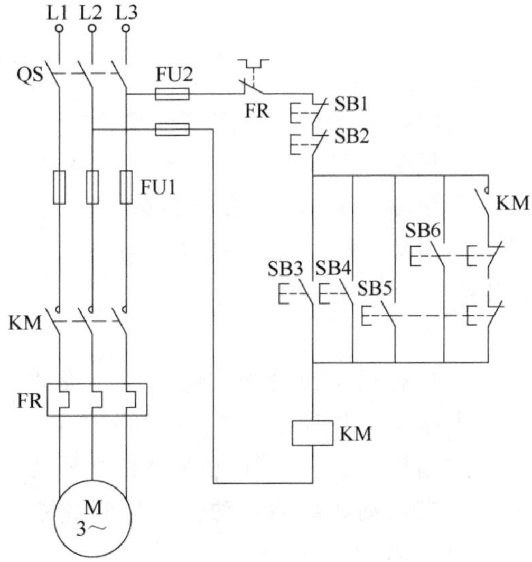

图 7-23　两地点动和单向启动控制线路

控制线路的保护元件由熔断器 FU1 与熔断器 FU2 组成，分别作主电路和控制电路的短路保护，热继电器 FR 为电动机的过载保护。

主电路由开关 QS、熔断器 FU1、接触器

KM 主触点和电动机 M 组成。控制电路由熔断器 FU2、启动按钮 SB3～SB6、停止按钮 SB1 与 SB2、热继电器常闭触头 FR 和接触器 KM 组成。

2. 工作原理

图 7-23 电路工作原理与一地点动和单向启动控制线路相同，只是比其多了一组按钮：停止按钮 SB2、单向启动按钮 SB4 和点动按钮 SB6。这组按钮可安装在另一地点，用于两地控制。

合上电源开关 QS，按下启动按钮 SB3，接触器线圈 KM 得电，主触头 KM 闭合，辅助触头 KM 闭合自锁，电动机做单向连续运转。如需点动，则按下点动按钮 SB5。由于按钮 SB5 的常闭触点串联在辅助触头 KM 的回路上，按下点动按钮 SB5 的同时闭合自锁线路被切断，点动按钮常开触点直接接通控制线路，所以电动机做断续运转。同理，当按下点动按钮 SB6 时，电动机也做断续运转。再按下启动按钮 SB4 时，电动机又可做单向连续运转。

如要使电动机停止，可以按停止按钮 SB1 或 SB2。

四、多地可逆启动、停止、点动控制线路

1. 识图指导

如图 7-24 所示为多地可逆启动、停止、点动控制线路。图中各地的 SB1 为停止按钮，SB2 为正向点动按钮，SB3 为正向启动按钮，SB4、SB5 为反向启动按钮。

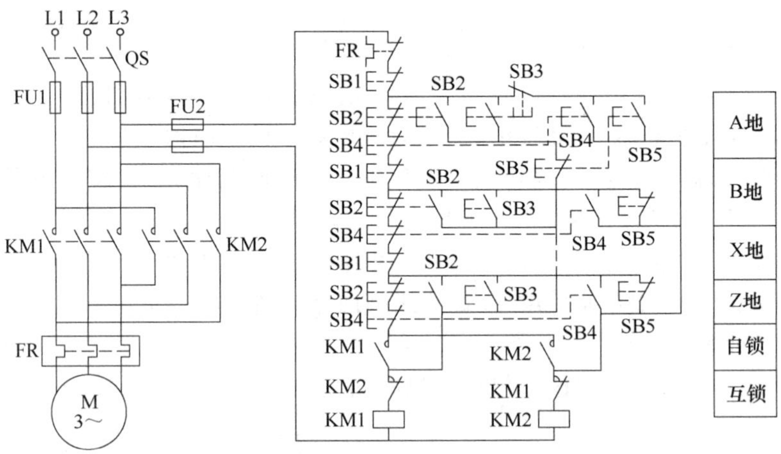

图 7-24 多地可逆启动、停止、点动控制线路

控制线路的保护元件由熔断器 FU1 与熔断器 FU2 组成，分别作主电路和控制电路的短路保护，热继电器 FR 为电动机的过载保护。

主电路由开关 QS、熔断器 FU1、接触器 KM1 与 KM2 主触点和电动机 M 组成。控制电路由熔断器 FU2、启动按钮 SB1～SB4、停止按钮 SB5、接触器 KM1 与 KM2 和热继电器 FR 组成。

2. 工作原理

电路具有正反向启动按钮互锁、接触器辅助触点正反向互锁功能。

该电路具有各控制点按钮组间的连线少（只需 3 根连线）、线路简单、成本低等优点。尤其在控制点较多时，其优越性更为明显。

五、带点动功能的自动往返控制线路

1. 识图指导

如图 7-25 所示是一例装有点动装置的全自动可逆控制线路。

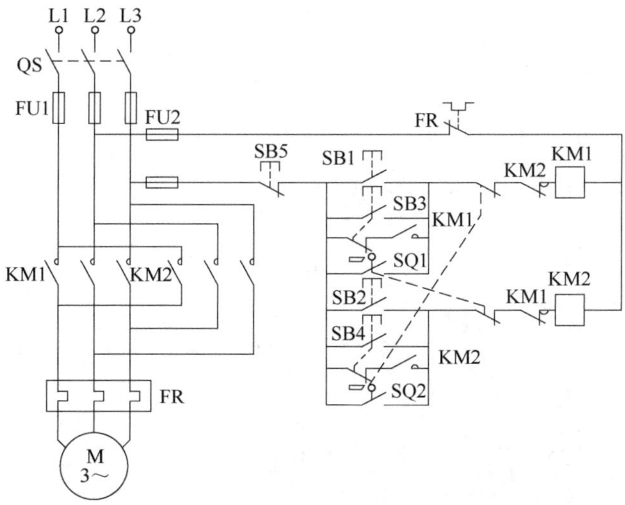

图 7-25 带点动功能的自动往返控制线路

控制线路的保护元件由熔断器 FU1 与熔断器 FU2 组成，分别作主电路和控制电路的短路保护，热继电器 FR 为电动机的过载保护。

主电路由开关 QS、熔断器 FU1、接触器 KM1 与 KM2 主触点和电动机 M 组成。控制电路由熔断器 FU2、启动按钮 SB1～SB4、停止按钮 SB5、行程开关 SQ1 与 SQ2、接触器 KM1 与 KM2 和热继电器 FR 常闭触头组成。

2. 工作原理

合上电源开关 QS，当按下启动按钮 SB1 时，接触器线圈 KM1 吸合，电动机按规定方向运转，撞块也按规定的方向移动。当撞块行至规定点时，碰到行程开关 SQ2，使 SQ2 常闭触点断开，接触器线圈 KM1 随即释放。机械传动的惯性作用使撞块在切断正转控制线路的同时也使行程开关 SQ2 的常开触点瞬时闭合。反转接触器线圈 KM2 立即得电吸合，反转接触器辅助触点 KM2 闭合并自锁，使电动机反转，撞块做反向移动。当撞块行至规定点时，碰到行程开关 SQ1，使其常闭触点断开，接触器线圈 KM2 即释放。由于机械传动的惯性作用，撞块在切断反转控制的同时，使行程开关 SQ1 的常开触点瞬时闭合，正转接触器线圈 KM1 得电吸合，正转接触器辅助触点 KM1 闭合并自锁，使电动机正转，撞块又做正向移动。如此反复，电动机自动往返运行。

按钮 SB3、SB4 为正反转点动控制按钮。当按下按钮 SB3 时，接触器 KM1 线圈得电，电动机带动运动部件向左运动，但由于 SB3 的常闭触点已切断了接触器 KM1 自锁电路，一旦按钮 SB3 松开，接触器 KM1 断电释放，电动机停转。同理，当按下按钮 SB4 时，接触器 KM2 线圈得电，电动机带动运动部件向右运动，一旦按钮 SB4 松开，接触器 KM2 断电释放，电动机停转。

操作点动按钮时间不能过长，需在挡铁压下行程开关前松开，否则，点动将失去作用。该线路适用于需断续和连续自动往返的生产机械。

六、防止可逆转换期间相间短路的控制线路

1. 识图指导

在电动机容量较大，并且重载的情况下进行正反转切换时，往往会产生很强的电弧，容易造成相间短路。如图 7-26 所示的线路是利用联锁继电器延长转换时间来防止相间短路的。

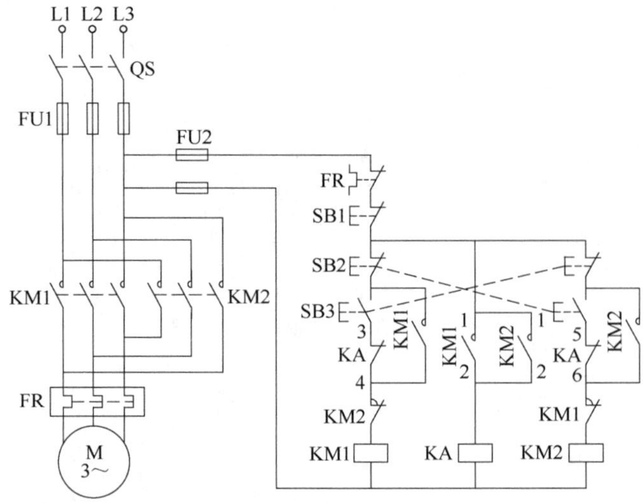

图 7-26 防止相间短路的正反转控制线路

控制线路的保护元件由熔断器 FU1 与熔断器 FU2 组成，分别作主电路和控制电路的短路保护，热继电器 FR 为电动机的过载保护。

主电路由开关 QS、熔断器 FU1、接触器 KM1 及 KM2 主触点、热继电器 FR（电动机过载保护）和电动机 M 组成。控制电路由熔断器 FU2、启动按钮 SB2 与 SB3、停止按钮 SB1、接触器 KM1 及 KM2、继电器 KA 和热继电器 FR 常闭触头组成。

2. 工作原理

按下按钮 SB3 时，正转接触器 KM1 得电吸合并自锁，电动机正向启动运转，同时，KM1 的常开辅助触点 KM1（1-2）闭合，使联锁继电器 KA 得电吸合并自锁，串联在 KM1、KM2 电路中的常闭触点 KA（3-4）、KA（5-6）断开，使 KM2 不能得电，实现互锁。按下反转按钮 SB2 时，首先断开 KM1 控制电路，KM1 断电释放，当其主触点断开，待电弧完全熄灭后，联锁继电器 KA 断电释放，这时 KA 的常闭触点 KA（5-6）闭合，KM2 才能得电吸合并自锁，电动机才能反向转动。

该线路在正转接触器 KM1 断电后，KA 也随着断电，KM1 和 KA 组成了灭弧电路，即在同一相中 4 对主触头的熄弧效果大大加强，有效地防止了相间短路。

这种电路能完全防止正反转转换过程中的电弧短路，适用于转换时间小于灭弧时间的场合。

七、用时间继电器自动转换 Y-△降压启动控制线路

1. 识图指导

如图 7-27 所示为另一种常用的 Y-△降压启动控制线路。启动时 KM1、KM3 通电，电动机接成星形。经时间继电器 KT 延时，转速上升到接近额定转速时，KM3 断电，KM2 通电，电动机接成三角形，进入稳定运行状态。

控制线路的主电路保护元件由熔断器 FU 作短路保护，热继电器 FR 为电动机的过载保护。

主电路由开关 QS、熔断器 FU、接触器 KM1～KM3 主触点、热继电器 FR 和电动机 M 组成。控制电路由启动按钮 SB2、停止按钮 SB1、接触器 KM1～KM3、时间继电器 KT 和热继电器 FR 常闭触头组成。

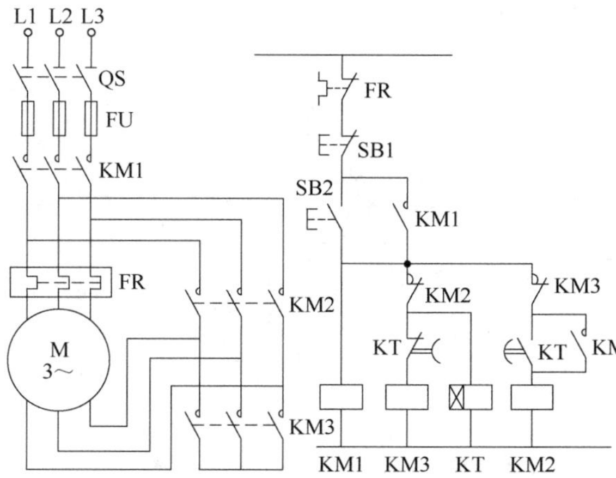

图 7-27 Y-△降压启动控制线路

2. 工作原理

按下启动按钮 SB2，接触器 KM1 线圈得电，电动机 M 接入电源。同时，时间继电器 KT 及接触器 KM3 线圈得电，接触器 KM3 常开主触点闭合，电动机 M 定子绕组在星形连接下运行。KM3 的常闭辅助触点断开，保证了接触器 KM2 不得电。时间继电器 KT 常闭延时断开触点延时断开，切断 KM3 线圈电源，其主触点断开而常闭辅助触点闭合。时间继电器 KT 的常开延时闭合触点延时闭合，接触器 KM2 线圈得电，其主触点闭合，使电动机 M 由星形启动切换为三角形运行。

停车时，按下停止按钮 SB1，控制电路断电，各接触器释放，电动机断电停转。

线路在 KM3 与 KM2 之间设有辅助触点联锁，防止它们同时动作造成短路；此外，线路转入三角连接运行后，KM2 的常闭触点断开，切除时间继电器 KT，避免 KT 线圈长时间运行而空耗电能，并延长其寿命。

三相笼型异步电动机采用 Y-△启动时，定子绕组星形连接状态下启动电压为三角形连接启动电压的 1/3，启动转矩为三角形连接直接启动转矩的 1/3，启动电流也为三角形连接直接启动电流的 1/3。与其他降压启动相比，Y-△启动投资少、线路简单，但启动转矩小。这种启动方法适用于空载或轻载状态下启动，同时，这种降压启动方法，只能用于正常运转时定子绕组接成三角形的笼型异步电动机。

八、手动与自动混合控制的自耦变压器降压启动线路

1. 识图指导

如图 7-28 所示是一例电动机用自耦变压器降压启动的，既可手动又可自动的，远距离操作的混合控制线路。

控制线路的保护元件由熔断器 FU1 与熔断器 FU2 组成，分别作主电路和控制电路的短路保护，热继电器 FR 为电动机的过载保护。

主电路由开关 QS、熔断器 FU1、接触器 KM1 与 KM2 主触点、自耦变压器 T、热继电器 FR 和电动机 M 组成。控制电路由熔断器 FU2、启动按钮 SB1 与 SB2、停止按钮 SB3、钮子开关 SA1 与 SA2、接触器 KM1～KM3、中间继电器 KA、时间继电器 KT 和热继电器 FR 常闭触点组成。

2. 工作原理

① 手动时。合上电源开关 QS，扳上控制钮子开关 SA1，把控制选择开关 SA2 扳至手

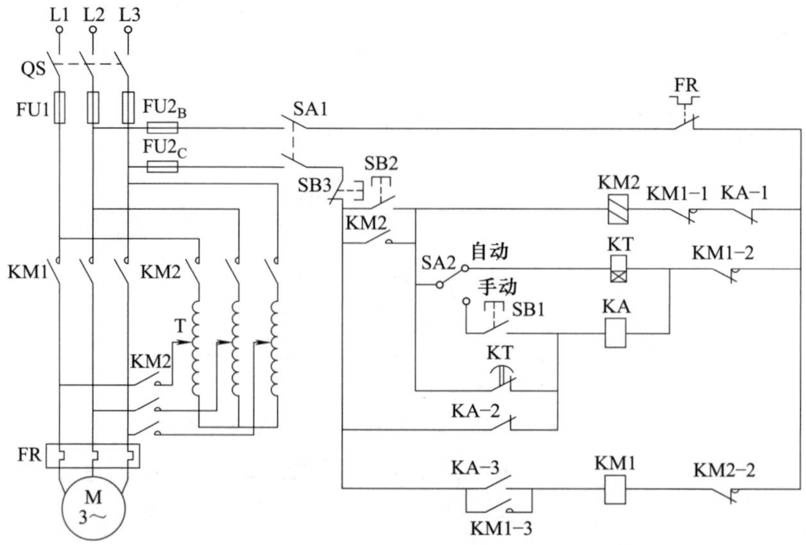

图 7-28 手动与自动混合控制的自耦变压器降压启动线路

动位置。按下启动按钮 SB2，双线圈接触器 KM2 同时得电吸合，其主触头闭合，电源经自耦变压器进入电动机，使电动机降压启动。

待电动机转速增加到一定程度，再按下运转按钮 SB1，使中间继电器 KA 瞬间得电并短时吸合。中间继电器 KA 的动作，先切断了接触器 KM2 的控制回路，使接触器 KM2 失电并释放；又接通了接触器 KM1 的控制回路，使接触器 KM1 得电吸合，其主触头闭合，电源直接进入电动机，使电动机全压正常运转。

② 自动时。把控制选择开关 SA2 扳至自动位置，并按下启动按钮 SB2，双线圈接触器 KM2 同时得电自锁，其主触头闭合，电源经自耦变压器进入电动机，使电动机降压启动，时间继电器 KT 也得电开始工作。

待电动机转速增大到一定程度时，时间继电器 KT 达到规定延时时间，延时常开触点 KT 瞬时闭合，使中间继电器 KA 瞬时吸合。由于中间继电器的动作，常闭触点 KA-1 先切断接触器 KM2 的控制回路，使接触器 KM2 失电并释放。常开触点 KA-2 闭合，接通了接触器 KM1 的控制回路，使接触器 KM1 得电吸合，其主触头闭合，电源直接进入电动机，使电动机全压正常运转。

在时间继电器和交流接触器之间特意增加了一只中间继电器，其目的如下。

一是使中间继电器具有更大的带负载能力。因为有些时间继电器触点容量太小，不能直接带动交流接触器，增加一只中间继电器后就可以带动较大的交流接触器。

二是使中间继电器具有启动按钮的作用。在控制线路中，当时间继电器 KT 瞬时动作时，中间继电器也瞬时动作，像按了一下启动按钮，从而能使交流接触器 KM1 得电自锁。

本线路还具有以下两个特点。

一是在控制线路中所用的时间继电器和中间继电器只作瞬时启动用，一旦电动机启动完毕，自动地从控制线路中切除，既保证了控制线路的可靠，又延长了时间继电器和中间继电器的使用寿命。

二是在主线路上，为电动机降压启动设置两只并联交流接触器，控制自耦变压器的进线和出线。待电动机投入正常运转时，利用这两只交流接触器把整台自耦变压器从主线路上自动切除，既保证主线路的可靠运行，又延长自耦变压器的使用寿命，还减少自耦变压器在线路中的空载损耗。

该线路适用于较大容量的笼式电动机启动的，既可手动又可自动的，远距离控制的场合。

九、定子绕组串联电阻启动手动、自动混合控制线路

1. 识图指导

如图 7-29 所示电路为一例手动、自动控制电动机串电阻（或电抗）降压启动电路，适用于既可手动又可自动控制电动机的降压启动。

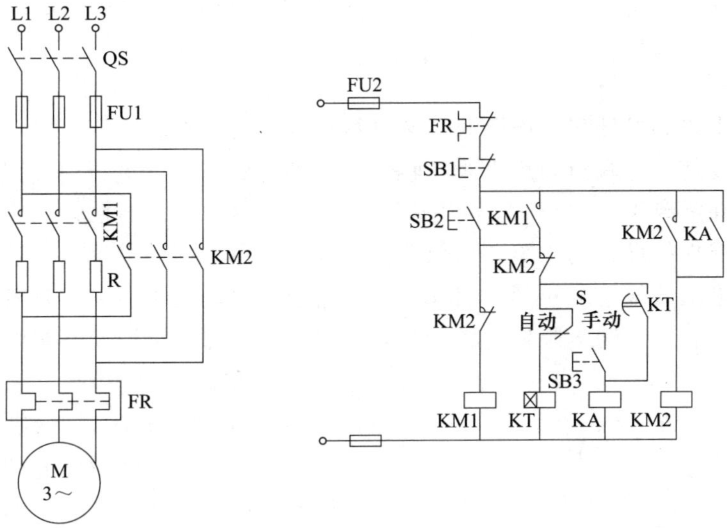

图 7-29　定子绕组串联电阻启动手动、自动混合控制线路

控制线路的保护元件由熔断器 FU1 与熔断器 FU2 组成，分别作主电路和控制电路的短路保护，热继电器 FR 为电动机的过载保护。

主电路由开关 QS、熔断器 FU1、接触器 KM1 及 KM2、降压电阻 R（或电抗）、热继电器 FR 和电动机 M 组成。控制电路由熔断器 FU2、启动按钮 SB2、停止按钮 SB1、时间继电器 KT、中间继电器 KA、选择开关 S、接触器 KM1 及 KM2 和热继电器 FR 常闭触点组成。

2. 工作原理

手动启动时，合上电源开关 QS，将选择开关 S 扳向“手动”位置。然后按下启动按钮 SB2，接触器 KM1 得电吸合并自锁，主触点闭合，电源经过电阻 R 进入电动机，使电动机降压启动。待电动机转速增加到一定速度时，按下按钮 SB3，中间继电器 KA 得电吸合，其常开触点闭合，使 KM2 得电吸合并自锁。KM2 常闭触点切断了 KM1 控制电源，KM1 断电释放，由于 KM2 主触点闭合，电动机直接接入三相电源，投入正常运行。热继电器 FR 这时才接入电路中，以防止启动电流过大而误动作。

自动启动时，把选择开关 S 扳向“自动”位置，然后按下启动按钮 SB2，接触器 KM1 得电吸合并自锁，电源经过降压电阻 R 进入电动机，使电动机降压启动。同时，时间继电器 KT 也得电吸合。

待电动机转速增加到一定速度，经过一段时间的延时后，时间继电器 KT 整定时间到，

其常开延时闭合触点 KT 瞬时闭合，使中间继电器 KA 得电瞬时吸合。KM2 得电吸合，使 KM1 断电释放，电动机投入正常运行。

本电路特点如下。

① 控制电路功耗较小，因为 KM2、KA、KT 只在电动机启动过程中得电，启动过程结束，只有 KM1 得电，这样既节电，又使 KM2、KA、KT 的使用寿命延长，还提高了电路运行的可靠性。

② 电动机在运行中，由于切除时间继电器和中间继电器，因此提高了控制线路的可靠性。

③ 由于中间继电器的接入，该电路可用于控制较大容量电动机的启动和运转。

该线路适用于额定电压为 220V/380V（△/Y），但不能采用 Y-△方法启动电动机的手动、自动混合启动控制的场合。

十、绕线转子电动机转子串电阻降压启动按钮操作控制线路

由于采用定子绕组串联电阻启动是在牺牲启动转矩的情况下进行的，因此只适用于轻载或空载下启动。在需要重载启动时，可采用三相转子串联电阻的方法。因为三相异步电动机转子电阻增加时能保持最大的转矩，所以适当选择启动电阻能使启动转矩达到最大。

一般将启动电阻分级连成星形，启动时，先将全部启动电阻接入，随着启动的进行，电动机转速的提高，转子启动电阻依次被短接，在启动结束时，电阻全部被短接。

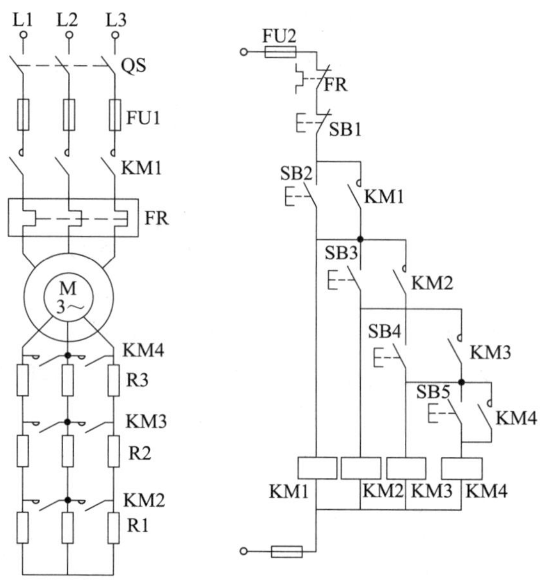

图 7-30 绕线转子电动机绕组串电阻降压启动控制线路

1. 识图指导

如图 7-30 所示是一例转子绕组串联若干级电阻，以达到减少启动电流的目的，在启动后逐级切除电阻，使电动机逐步正常运转的启动按钮操作控制线路。图中，KM1 为线路接触器，KM2、KM3、KM4 为短接电阻启动接触器。

控制线路的保护元件由熔断器 FU1 与熔断器 FU2 组成，分别作主电路和控制电路的短路保护，热继电器 FR 为电动机的过载保护。

主电路由开关 QS、熔断器 FU1、接触器 KM1～KM4、降压电阻 R、热继电器 FR 和电动机 M 组成。控制电路由熔断器 FU2、启动按钮 SB2～SB5、停止按钮 SB1、接触器 KM1～KM4 和热继电器 FR 常闭触点组成。

2. 工作原理

合上电源开关 QS，按下启动按钮 SB2，接触器 KM1 得电，主触点闭合，电动机转子串联三组电阻 R1～R3 降压启动，在转速逐步升高到一定程度时，逐次按下按钮 SB3、SB4、SB5，接触器线圈 KM2、KM3、KM4 依次吸合，其常开辅助触头 KM2、KM3、KM4 依次闭合并自锁，将三组电阻逐一短接，使电动机投入正常运转。

该线路适用于手动操作绕线式电动机串联电阻启动的场合。

十一、频敏变阻器降压启动控制线路

频敏变阻器是一种静止的无触点电磁元件，其电阻值随着频率变化而改变。它内部有几块30～50mm厚的铸铁板或钢板叠成的三柱式铁芯，在铁芯上分别装有线圈，三个线圈连接成Y（星）形，并与电动机转子绕组相接。在电动机启动中，它的等值阻抗随着转子电流频率的减小而下降，以达到自动变阻，所以只需用一组频敏变阻器，就可以实现平稳无级启动。

1. 识图指导

如图7-31所示为绕线转子异步电动机串联频敏变阻器启动控制线路，适用于较大容量的绕线式异步电动机的启动。

控制线路的保护元件由熔断器FU1与熔断器FU2组成，分别作主电路和控制电路的短路保护，热继电器FR为电动机的过载保护。

主电路由开关QS、熔断器FU1、电源接触器KM1主触点、热继电器FR、电动机M，以及转子部分的串接频敏电阻RF和短接频敏电阻接触器KM2主触点组成。控制电路由熔断器FU2、启动按钮SB2、停止按钮SB1、接触器KM1与KM2、时间继电器KT和热继电器FR常闭触点组成。

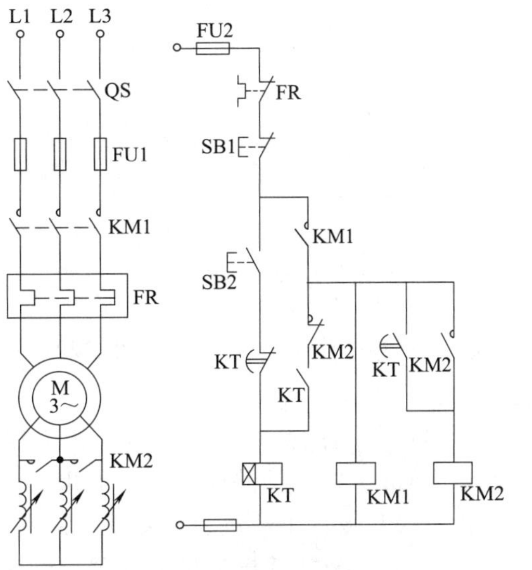

图7-31 频敏变阻器降压启动控制线路

2. 工作原理

合上电源开关QS，按下启动按钮SB2，KT、KM1相继得电吸合并自锁，三相电源接入电动机定子绕组，转子接入频敏变阻器启动。启动之初，频敏变阻器的电抗较大，随着电动机转速平稳上升，频敏变阻器的电抗值和铁芯涡流损耗的等效电阻值自动下降，经过一段时间，当转速上升到接近额定转速时，时间继电器KT延时时间到，KT的常开延时闭合触点闭合，使KM2得电吸合并自锁，其主触点闭合，将频敏变阻器短接切除，电动机进入正常运行；同时，与时间继电器KT相串联的KM2的常闭触点断开，切断KT的自锁回路，使KT的常闭延时断开触点断开，将KT断电释放。这样时间继电器只在启动时工作，可大大延长它的使用寿命。

该电路具有启动平稳的特点，避免了逐级短接电阻使电动机电流和转矩突然增大而产生机械冲击，适用于大容量电动机和频繁启动的场合。

通常频敏变阻器的绕组有3个抽头，即71%匝数、85%匝数和100%匝数，使用时可根据启动电流和启动转矩的不同进行调节。

十二、具有断相保护功能的电磁抱闸制动控制线路

1. 识图指导

如图7-32所示为具有断相保护功能的电磁抱闸制动控制线路，常用于起重机械上。

控制线路的保护元件由断路器QF作主电路的短路和过载保护，熔断器FU1与熔断器FU2组成，分别作控制电路和电磁抱闸线圈的短路保护，热继电器FR为电动机的过载保护。

主电路由断路器QF、接触器KM2主触点、热继电器FR及电动机M组成。控制电路

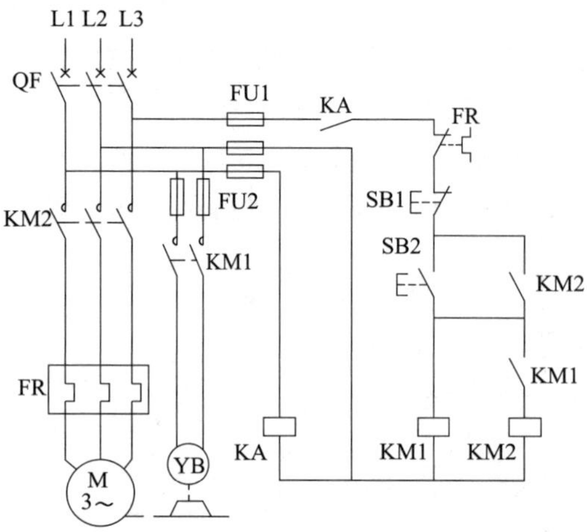

图 7-32 具有断相保护功能的电磁抱闸制动控制线路

由熔断器 FU1、启动按钮 SB2、停止按钮 SB1、接触器 KM1 与 KM2、中间继电器 KA 和热继电器 FR 常闭触点组成。制动电路由熔断器 FU2、接触器 KM1 主触点、电磁抱闸制动线圈 YB 组成。

2. 工作原理

启动时，合上低压断路器 QF，按下启动按钮 SB2，接触器 KM1 得电吸合，其主触点闭合，电磁抱闸线圈 YB 得电，衔铁被吸引到铁芯上，通过制动杠杆使闸瓦与闸轮分开，KM1 的常开辅助触点闭合，接触器 KM2 得电吸合并自锁，其主触点闭合，电动机 M 启动运转。

停机时，按下停止按钮 SB1，接触器 KM1、KM2 同时断电释放，电动机和电磁抱闸线圈同时断电，在弹簧的作用下，闸瓦紧紧抱住闸轮，电动机被迅速制动。

当出现断相故障时，如果 L1 相无电，则中间继电器 KA 将因失压而释放，接触器 KM1、KM2 的控制回路被切断；如果 L2 或 L3 相断线，则接触器 KM1、KM2 的线圈将因失压而直接释放，电动机和电磁铁线圈断电，电动机迅速停机，实现断相保护。

十三、RC 反接式电动机制动器控制线路

1. 识图指导

如图 7-33 所示为一例 RC 反接式电动机制动器控制线路，这种制动器与常用的电磁式制动器相比，具有制动速度快、制动时间可调、成本低等特点，可用于各种瞬间制动的机械运转设备（例如木材加工带锯机）中。

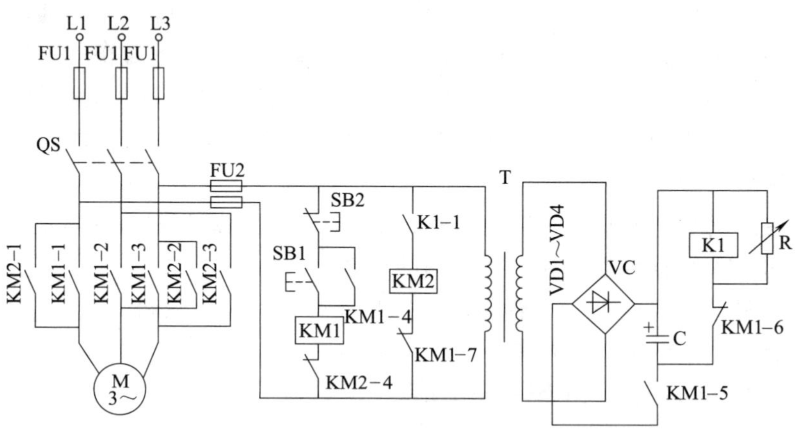

图 7-33 RC 反接式电动机制动器控制线路

控制线路的保护元件由熔断器 FU1 与熔断器 FU2 组成，分别作主电路和控制电路的短路保护。

主电路由开关 QS、熔断器 FU1、接触器 KM1 及 KM2 主触点和电动机 M 组成。控制电路由熔断器 FU2、启动按钮 SB1、停止按钮 SB2、接触器 KM1 及 KM2、中间继电器 K1

组成。整流电路由电源变压器 T、整流二极管 VD1～VD4、可变电阻器 R、电容器 C、继电器 K1 等组成。

2. 工作原理

当按动启动按钮 SB1 后，交流接触器 KM1 通电工作，其常开触头 KM1－1～KM1－5 接通，常闭触头 KM1－6 和 KM1－7 断开，电动机 M 启动运转，电源变压器 T 也通电工作，其二次侧产生的感应电压经 VD1～VD4 整流后，给电容器 C 充电。此时交流接触器 KM2 和继电器 K1 均不工作。

当按动停止按钮 SB2 后，KM1 断电释放，其各常闭触头接通，常开触头释放，电动机 M 断电；与此同时，电容器通过 KM1－6 触点对继电器 K1 放电，使 K1 吸合，其常开触头 K1－1 接通，使交流接触器 KM2 瞬间通电工作，其常开触头 KM2－1～KM2－3 瞬间接通一下，给电动机 M 施加一个瞬间反转电流，电动机 M 在此反转电流的作用下快速停转，从而解决了电动机停机后的惯性运转问题。

调节电阻器 R 的阻值，可以改变对电动机 M 的制动时间，以免制动过量而引起电动机反转。

十四、可逆转动反接制动控制线路

1. 识图指导

如图 7-34 所示为电动机可逆转动反接制动控制线路。

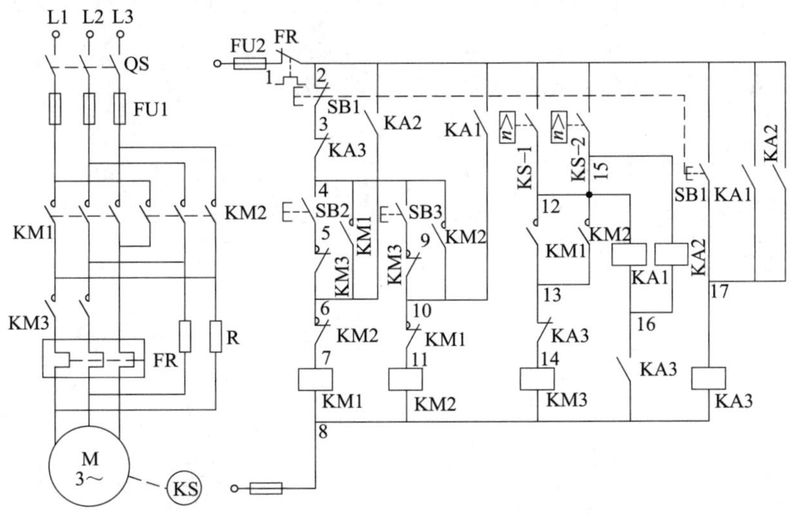

图 7-34　可逆转动反接制动控制线路

控制线路的保护元件由熔断器 FU1 与熔断器 FU2 组成，分别作主电路和控制电路的短路保护，热继电器 FR 为电动机的过载保护。

主电路由开关 QS、熔断器 FU1、电动机正、反转接触器 KM1 及 KM2 主触点、反接制动电阻 R、热继电器 FR 和电动机 M 组成。

控制电路由熔断器 FU2、启动按钮 SB2 与 SB3、停止按钮 SB1、接触器 KM1 与 KM2、短接制动电阻 KM3、中间继电器 KA1～KA3 和速度继电器 KS（其中，KS－1 为正转触点，KS－2 为反转触点）组成。

2. 工作原理

电动机需正向旋转时，合上电源开关 QS，按下正向启动按钮 SB2，KM1 线圈得电吸合并自锁，电动机定子串入电阻，接入正相序三相交流电源进行降压启动，当速度继电器转速超过 120r/min 时，速度继电器 KS 动作，其正转触点 KS－1 闭合，使 KM3 线圈得电短接定子电阻，电动机在全压下启动并进入正常运行状态。

当需要停车时，按下停止按钮 SB1，KM1、KM3 线圈相继断电释放，电动机定子串入电阻并断开正相序三相交流电源，电动机依惯性高速旋转。但当停止按钮按到底时，SB1 常开触点闭合，KA3 线圈得电吸合，其常闭触点再次断开 KM3 线圈电路，确保 KM3 处于断电状态，保证反接制动电阻 R 的接入，而其常开触点 KA3 闭合，由于此时电动机转速仍然很高，速度继电器转速仍大于释放值，故 KS－1 仍处于闭合状态，从而使 KA1 线圈经触点 KS－1 得电吸合，而触点 KA1 的闭合，又保证了当停止按钮 SB1 松开后 KA3 线圈仍保持吸合，而 KA1 的另一常开触点的闭合，使 KM2 线圈得电吸合。于是 SB1 按到底后，电动机定子串入反接制动电阻接入反相序三相交流电源进行反接制动，使电动机转速迅速下降。当速度继电器转速低于 120r/min 时，速度继电器动作，其正转触点 KS－1 断开，KA1、KM2、KM3 线圈相继断电释放，反接制动结束，电动机自然停车。

电动机反向运转，停止时的反接制动控制电路工作情况与上述相似，不同的是速度继电器起作用的是反向触点 KS－2，中间继电器 KA2 替代了 KA1，其余情况相同。

电路中定子电阻 R 具有限制启动电流和反接制动电流的双重作用。

必须指出，停车时务必将按钮 SB1 按到底，否则将因 SB1 常开触点未闭合而无反接制动作用。热继电器按图接线，可避免启动电流和制动电流引起的误动作。应适当调整速度继电器触点反力弹簧的松紧程度，以获得较好的制动效果。

十五、速度继电器控制异步电动机能耗制动控制线路

1. 识图指导

如图 7-35 所示为速度继电器控制电动机可逆运转能耗制动控制线路。图中 KM1、KM2 为电动机正反转接触器，KM3 为能耗制动接触器，KS 为速度继电器。

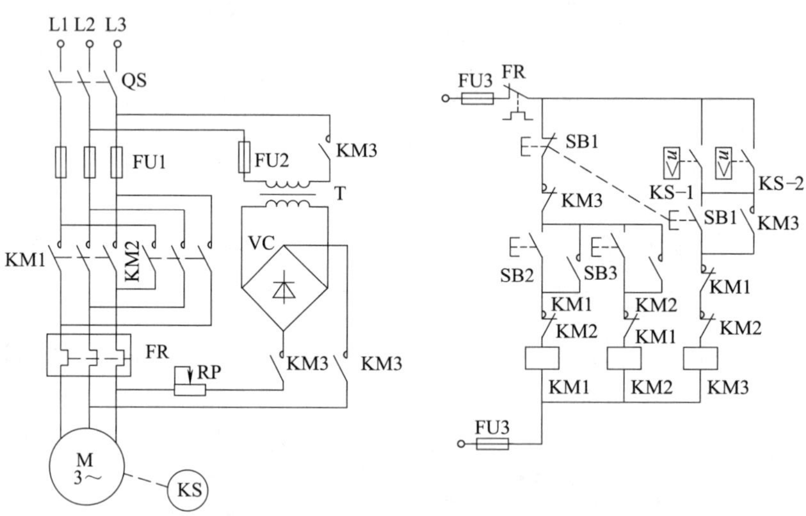

图 7-35 速度继电器控制异步电动机能耗制动控制线路

控制线路的保护元件由熔断器 FU1 与熔断器 FU2 组成，分别作主电路和控制电路的短路保护，热继电器 FR 为电动机的过载保护。

主电路由开关 QS、熔断器 FU1、正反转接触器 KM1 与 KM2 主触点、热继电器 FR 和

电动机 M 组成。控制电路由熔断器 FU2、正转或反转启动按钮 SB2 与 SB3、停止按钮 SB1、接触器 KM1～KM3、速度继电器 KS1 与 KS2 和热继电器 FR 常闭触点组成。能耗制动电路由变压器 T、整流桥 VC、能耗制动接触器 KM3 主触点和变阻器 RP 组成。

2. 工作原理

合上电源开关 QS，根据需要按下正转或反转按钮 SB2 或 SB3，相应接触器 KM1 或 KM2 线圈得电吸合并自锁，电动机启动旋转。此时速度继电器相应的正向或反向触点 KS－1 或 KS－2 闭合，为停车接通 KM3 实现能耗制动做准备。

停车时，按下停止按钮 SB1，电动机定子三相交流电源被切断。当按钮 SB1 按到底时，KM3 线圈得电并自锁，电动机定子绕组接入直流电源进行能耗制动，电动机转速迅速下降。当速度继电器转速低于 120r/min 时，速度继电器释放，其触点 KS－1 或 KS－2 在反力弹簧作用下复位断开，使 KM3 线圈断电释放，切断直流电源，能耗制动结束，电动机转速继续下降至零。

该电路适用于可逆运转，能够通过传动机构来反映电动机转速，并且电动机容量较大、启停频繁的生产机械。

十六、两管整流能耗制动控制线路

1. 识图指导

由两只二极管整流的可正转、反转能耗制动控制线路如图 7-36 所示。该控制线路电动机能正转、反转运行。停机时，切断三相交流电源，给定子绕组通以直流电源，产生制动转矩，阻止转子旋转。该线路通过二极管整流提供直流制动电流。

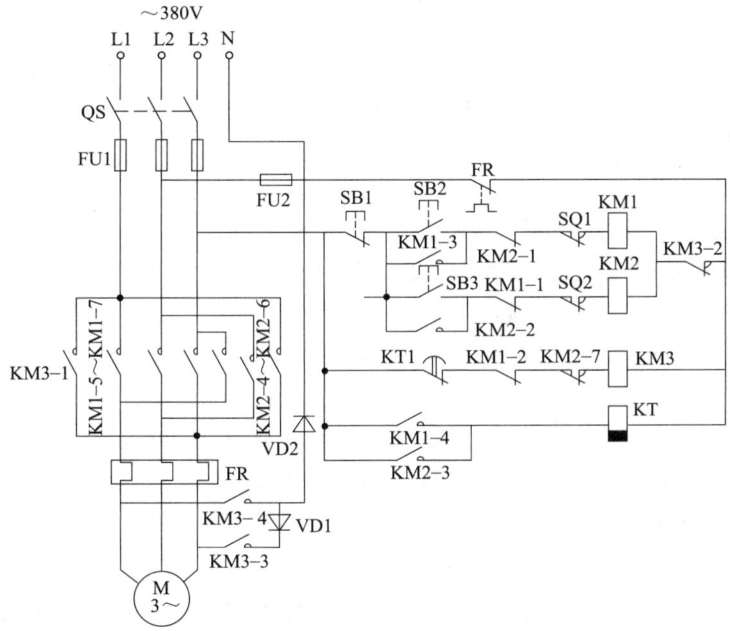

图 7-36 两只二极管构成的能耗制动控制线路图

控制线路的保护元件由熔断器 FU1 与熔断器 FU2 组成，分别作主电路和控制电路的短路保护，热继电器 FR 为电动机的过载保护。

主电路由开关 QS、熔断器 FU1、接触器 KM1 及 KM2 主触点、热继电器 FR 和电动机

M 组成。控制电路由熔断器 FU2、停止按钮 SB1、正转启动按钮 SB2、反转启动按钮 SB3、正转接触器 KM1、反转接触器 KM2、能耗制动接触器 KM3、限位开关 SQ1 和 SQ2、热继电器 FR 常闭触点组成。能耗制动控制电路由熔断器 FU3、二极管 VD1 和 VD2、接触器 KM3 主触点组成，制动时为电动机两相定子绕组提供直流电压。

2. 工作原理

(1) 正转启动控制

当按下 SB2 后，KM1 交流接触器线圈得电吸合，其 KM1－3 常开触点闭合后自锁，KM1－1 和 KM1－2 常闭触点断开，KM1－5～KM1－7 常开触点闭合后使电动机得电正向运转。同时，KM1－4 闭合后使时间继电器 KT 线圈得电吸合，其常开延时断开触点 KT1 闭合，为制动做准备。

(2) 正转制动控制

当需要停机时，按下 SB1 停止开关后，KM1 交流接触器线圈断电释放，其常开触点均断开，使电动机失电进入惯性运转状态，同时，KM1 的常闭触点复位闭合后，使 KM3 交流接触器线圈得电吸合，其常闭触点 KM3－2 断开，常开触点 KM3－1、KM3－3、KM3－4 闭合后，使 VD1 与 VD2 整流二极管投入工作，整流后的直流电压加到电动机两相定子绕组上，由此就可在定子绕组中产生一个恒定的静止磁场，转子因切割这个直流磁场的磁力线而产生感应电流，形成制动力矩，使电动机的转速迅速降为 0。

当 KM1 交流接触器线圈断电释放后，其 KM1－4 常开触点断开，使时间继电器 KT 线圈断电，其 KT1 触点延时断开后，使 KM3 交流接触器线圈也断电释放，其常开触点断开后，切断了直流制动整流电路，至此正转制动结束。

(3) 反转启动控制

当按下 SB3 开关后，KM2 交流接触器线圈得电吸合，其 KM2－1 闭合后自锁，KM2－2 断开，KM2－3 闭合后使 KT 线圈得电，其 KT1 触点闭合，为反转制动做准备，KM2－4～KM2－6 触点闭合后，使电动机得电反向运转。

(4) 反转制动控制

反向转动时的反接制动过程同正转类似，读者可自行分析。

十七、3 只二极管整流的能耗制动控制线路

如图 7-37 所示是由 3 只二极管构成的电动机能耗制动控制线路图，适用于星形接法的电动机，也同样适用于容量较大的电动机。

1. 识图指导

图 7-37 线路中，SB1 为停止按钮开关；SB2 为启动按钮开关；KM1 为控制电动机三相电源的交流接触器；KM2 为用于控制制动的交流接触器；KT 为延时断开时间继电器；VD1～VD3 为 3 只整流二极管，构成了三相半波整流电路；RP1 为可调电位器，用来调节电流的大小，从而调节制动的强度。

控制线路的保护元件由熔断器 FU1、FU2 与 FU3 组成，分别作电动机、控制电路和能耗制动电路的短路保护；热继电器 FR 为电动机的过载保护。

主电路由开关 QS、熔断器 FU1、接触器 KM1 主触点、热继电器 FR 和电动机 M 组成。控制电路由熔断器 FU2、停止按钮 SB1、启动按钮 SB2、接触器 KM1 及 KM2、延时断开时间继电器 KT 和热继电器 FR 常闭触点组成。能耗控制电路由 3 只整流二极管 VD1～VD3 和接触器 KM2 主触点组成。

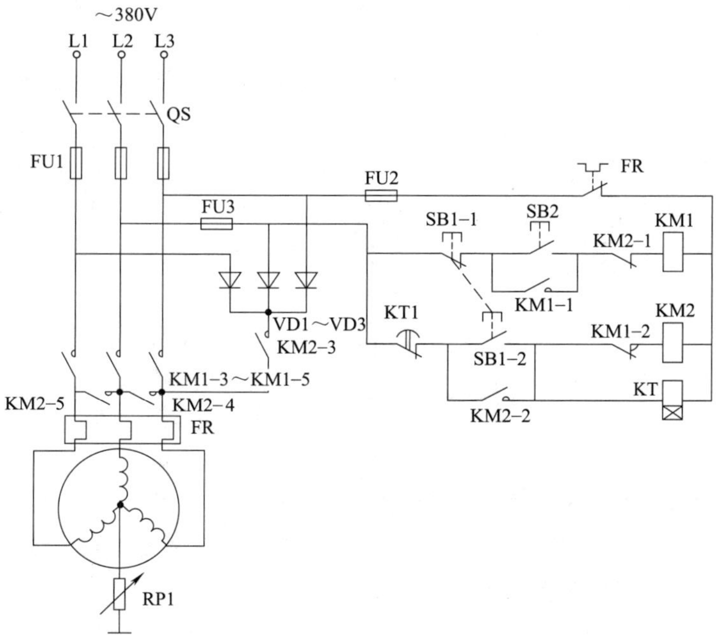

图 7-37 3 只二极管构成的能耗制动控制线路图

2. 工作原理

(1) 启动控制

合上电源开关 QS，按下 SB2 启动开关后，KM1 交流接触器线圈得电吸合，其 KM1－1 常开触点闭合后自锁，KM1－2 常闭触点断开，KM1－3～KM1－5 三组主触点闭合后为电动机提供三相供电，使电动机得电运转。

(2) 制动控制

当电动机需要停机时，按下停止按钮开关 SB1 后，其 SB1－1 常闭触点断开，使 KM1 线圈断电释放，其 KM1－3～KM1－5 触点断开，使电动机断电进入惯性运转状态。

同时，按钮开关 SB1 的常开触点 SB1－2 闭合，此时由于 KM1－2 触点的复位闭合，KM2 交流接触器和 KT 时间继电器线圈均得电工作。

① 当 KM2 线圈得电吸合后，其 KM2－2 常开触点闭合后自锁，KM2－1 互锁触点断开，KM2－3～KM2－5 三组常开触点闭合，使电动机定子 3 根引线接入了由 VD1～VD3 提供的三相半波整流电源，使电动机定子绕组连接成一端接零线的并联对称线路，实现了使电动机迅速制动停机的目的。

② 当 KT 线圈得电，经延时一段时间后，其 KT1 触点断开，进而使 KM2－3～KM2－5 触点均断开，制动控制过程结束。

复习思考题

1. 常用的低压电器有哪些？
2. 如何选择熔断器？
3. 画出交流接触器吸引线圈、常开触头和常闭触头的表示符号。
4. 画出热继电器热元件和常闭触头的表示符号。

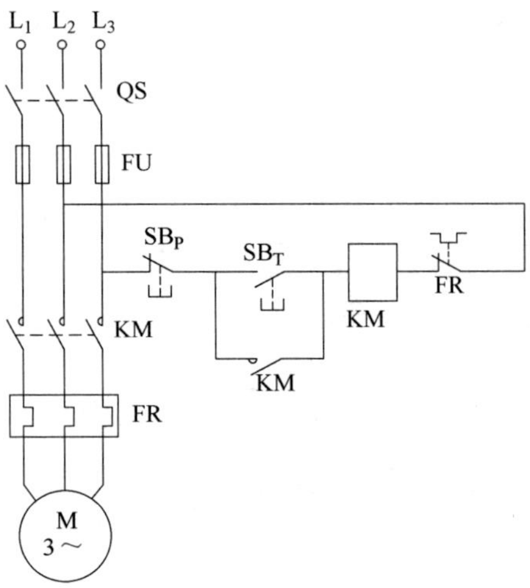

图 7-38 三相异步电动机电气控制线路原理图

5. 三相异步电动机电气控制线路原理图如图 7-38 所示，请指出控制线路的主电路和控制线路的控制电路，说明主电路和控制电路由哪些电气元件组成。

6. 写出图 7-38 中三相异步电动机控制电路的工作过程。

7. 识读电动机控制系统原理图的一般方法是什么？

8. 阅读电动机控制线路图有哪些步骤？

9. 电动机控制线路一般具有哪些保护环节？

10. 什么是电路中的自锁环节？

11. 什么是电路中的联锁环节？实现联锁环节有哪些方法？

12. 试画出三相异步电动机正反转控制线路图。

13. 请分析图 7-39 双重互锁的控制线路的工作过程。

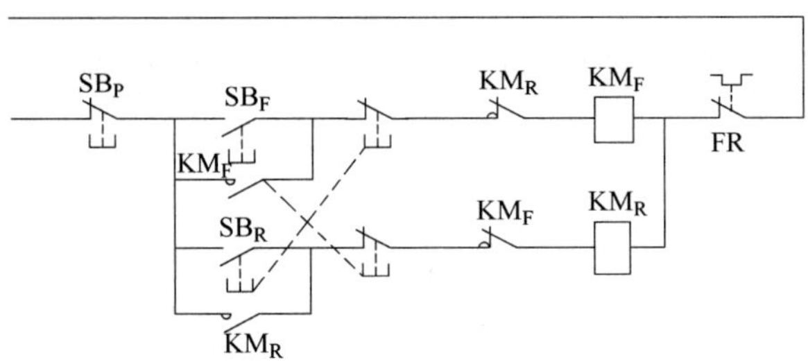

图 7-39 双重互锁的控制线路

14. 两台电动机先后启动同时运转的混合控制线路如图 7-40 所示，请指出主电路和控制电路都由哪些电气元件组成。

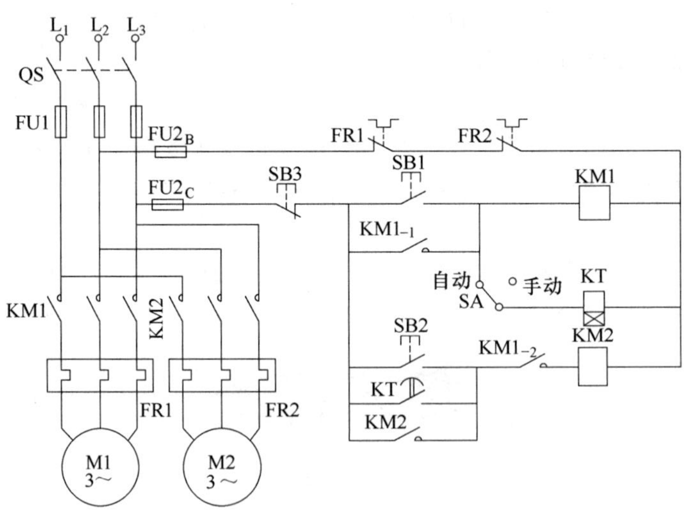

图 7-40 两台电动机先后启动同时运转的混合控制线路

15. 画出三相异步电动机星形、三角形连接原理图和接线图。

第八章

常用电气控制电路图

[学习目标]

① 理解 PLC 系统电路图。

② 掌握识读典型机床电气控制电路图的基本方法，熟悉机床电气控制电路各部分的基本功能。

③ 了解识读典型起重设备电气控制线路图实例的方法。

④ 对比传统继电器控制和 PLC 系统控制的演进，培养与时俱进、自立自强的使命感。

第一节　PLC 系统电路图

可编程控制器（programmable logic controller），简称 PLC，由电源、主机、输入/输出模块和编程器等组成。PLC 具有体积小、编程简单、可靠性高、硬件维护方便、功能强、可扩展性及应用灵活等优点，广泛应用于机械制造、冶金、化工、交通、电子、纺织、印刷、食品、建筑等领域。PLC 按照成熟而有效的继电器控制概念和设计思想，利用不断发展的新技术，诞生了新器件，逐步形成一门较为独立的新型技术，诞生了具有特色的各种系列产品。目前，我国较常用的有德国 SIEMENS 公司的 SIMATIC-S7 系列，日本 OMROM 公司的 C 系列，三菱公司的 FX 和 Q 系列，美国通用公司 GE 系列等。

一、PLC 的硬件组成

PLC 是一种以微处理器为核心的用于数字控制的特殊计算机，因此它与一般的计算机相同，分为硬件和软件两部分。

PLC 的硬件结构如图 8-1 所示。它由中央处理单元、存储器、输入单元、输出单元、电源、编程器以及外部设备组成。

1. 中央处理单元（CPU）

中央处理单元是 PLC 的控制运算中心，包括运算器和控制器，用来实现信息处理和控制，并对整机进行协调，其性能的优劣直接影响 PLC 的技术性能指标。

PLC 的档次越高，CPU 的位数就越长，运算速度也越快。

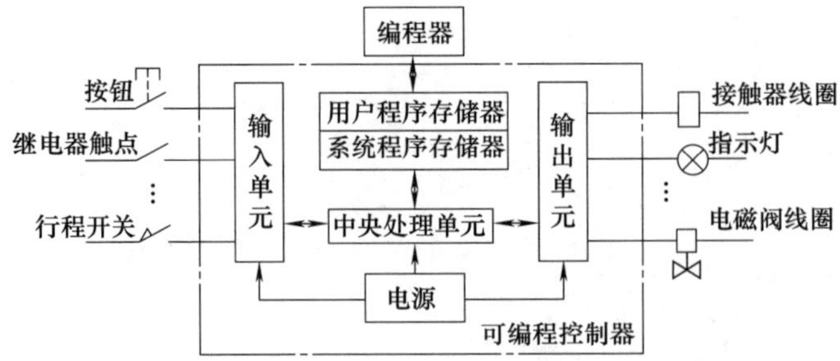

图 8-1 PLC 的硬件系统简化框图

2. 存储器

存储器简称为内存，用来存储系统程序、用户程序、工作数据、逻辑变量和其他信息。存放系统软件的存储器称为系统程序存储器。系统程序是控制和完成可编程序控制器各种功能的程序，由控制器制造厂家编写。存放应用软件的存储器称为用户程序存储器。用户程序是根据生产过程和工艺要求设计的控制程序，由可编程序控制器的使用者编写。存放工作数据的存储器称为数据存储器。

可编程序控制器中使用的存储器有 ROM、RAM 和 EPROM。

3. 输入/输出（I/O）模块

输入/输出模块是 PLC 与现场 I/O 装置或其他外部设备之间的连接部件。PLC 通过输入模块把工业设备或生产过程的各种控制信号（如限位开关、操作按钮、选择开关、行程开关以及其他一些传感器输出的开关量或模拟量）读入主机，通过用户程序的运算与操作，将结果传输到输出模块。输出模块电路将中央处理单元送出的弱电控制信号转换成现场需要的强电信号输出，以驱动电磁阀、接触器、电机等相应的被控执行机构。

4. 电源

电源部件将交流电源转换成中央处理单元、存储器及输入/输出模块正常工作所需的直流电源，使 PLC 能正常工作。PLC 内部使用的电源是整机的供给中心，为保证工作可靠、性能稳定、抗干扰等指标，因此目前大部分 PLC 采用开关式稳压电源供电。

5. 编程器

编程器是编制、编辑、调试、监控用户程序的必备设备。它通过通信接口与 CPU 联系，完成人机对话的功能。编程器的输入方法就是按助记符形式编写好程序，通过键盘输入到 PLC 中，并翻译成 PLC 可执行的机器语言。编程器的主要任务就是输入程序、调试程序和监控程序的执行。

如图 8-2 所示为 C200H-PRO27 型手持式编程器，它通过电缆连接于 PLC 上，适用于

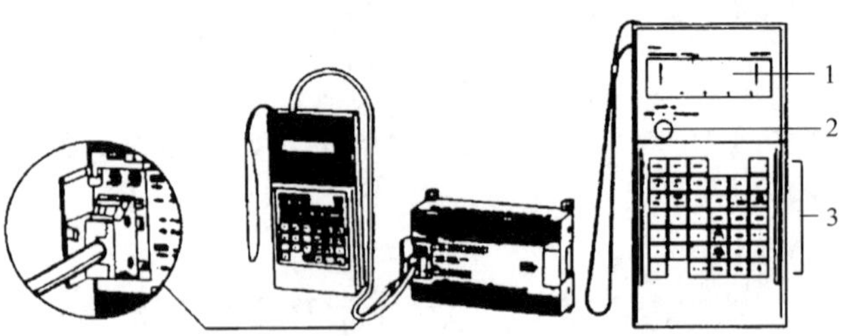

图 8-2 C200H-PRO27 型手持式编程器

1—LCD 显示部分；2—方式切换开关；3—键盘部分

OMRON 公司多种型号 PLC 的编程。

6. 外部设备

外部设备除编程器外还有上位计算机、图形监控系统、打印机、条码判读器等，这些外部设备可以通过外部设备接口与主机相连，用以完成相应的控制与操作。

二、PLC 的软件系统

PLC 的软件程序分为系统程序和用户程序。系统程序是 PLC 工作的基础，采用汇编语言编写，在 PLC 出厂时就已固化于 ROM 的系统程序存储器中，不需要用户干预。用户程序又称为应用程序，是用户为完成某一特定的控制任务而利用 PLC 的编程语言编制的程序，用户程序通过编程器输入到 PLC 的用户程序存储器中。

PLC 是采用“软”继电器（编程元件）代替“硬”继电器（实际元件），用软件编程逻辑代替传统的硬件布线逻辑，实现控制作用。PLC 的编程语言面向被控对象、面向操作者，易于为熟悉继电接触器控制电路的广大电气工程技术人员理解和掌握。

三、PLC 的主要技术性能

在选择 PLC 机型和容量时，通常主要考虑以下几个指标。

1. I/O 点数

I/O 点数表明了 PLC 的控制规模，是一项重要的技术指标。PLC 的输入、输出量有开关量和模拟量两种。对开关量而言，I/O 的总点数用最大 I/O 点数表示；对模拟量而言，则用最大 I/O 通道数表示。

按 I/O 点数的多少 PLC 可分为：具有几十个点的小型机，具有几百个点的中型机，具有上千个点的大型机。

2. 扫描速度

扫描速度反映了 PLC 运行速度的快慢和 CPU 晶振频率的大小。扫描速度快，意味着 PLC 可运行较为复杂的控制程序，并有可能扩大控制规模和控制功能。

扫描速度一种是用毫秒每 K 字为单位表示，例如 20 毫秒每 K 字表示扫描 1K 字的用户程序所需的时间为 20 毫秒。另一种是用执行一千步指令所需的时间来衡量，故单位为毫秒每千步。一般中大型 PLC 的扫描速度较快，常采用多个高性能 CPU 并行工作的方式运行。

3. 内存容量

内存容量的大小反映了 CPU 寻址的能力和 PLC 存放用户程序的多少，同时也反映了系统控制的灵活性。一般情况下，PLC 系统的控制规模大，其内存容量大，用户可编制各种大容量且较为复杂的控制程序。

一般小型机的存储容量为 1KB 到几 KB，大型机则为几十 KB，甚至 1～2MB。在 PLC 中，程序指令是按步存放的，而一条指令往往不止一步。一步占用一个地址单元，一个地址单元一般占用两个字节。

4. 编程语言

PLC 在语言上与计算机差异较大，它既不同于高级语言，也不同于汇编语言。PLC 最常用的编程语言有梯形图、指令语句表、逻辑功能图、逻辑代数式。不同的 PLC 采用不同的编程语言，其中使用较多的是梯形图加指令语句表。梯形图表示法很近似于继电接触系统电气控制原理图，因此它很容易被一般的电气设计人员接受。指令语句表表示法接近于机器内部的控制程序，因此更适合在简单的编程器上使用。

5. 指令条数与功能

PLC的指令条数是衡量其软件功能强弱的主要指标。PLC具有的指令条数越多，指令种类越丰富，说明其软件功能越强。

6. 编程元件和数量

PLC常用的编程元件有输入继电器、输出继电器、辅助继电器、定时器、计数器、移位寄存器、特殊功能继电器等，其数量的多少关系到编程是否方便灵活。

四、PLC的工作原理

可编程控制器是在其硬件支持下，通过执行反映控制要求的用户程序来完成各种控制任务的。PLC实质上也是一种计算机控制系统，它具有比计算机更强的与工业过程相连的接口，具有更适用于控制要求的编程语言。

PLC采用顺序扫描、不断循环的工作方式，即在系统软件控制下，按一定的时钟节拍周而复始地进行工作，在每次扫描过程中，进行输入信号的采样、程序执行、输出刷新三个阶段，并进行周期性循环，如图8-3所示。

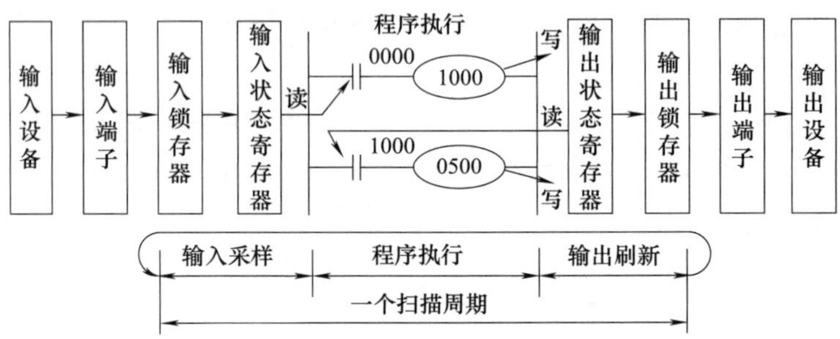

图8-3 PLC的扫描过程

1. 输入采样阶段

PLC中的CPU对各个输入端进行扫描，将现场开关状态及速度、温度、压力等模拟信号的A/D转换数据送到输入状态寄存器中，这一过程称为输入采样阶段。

2. 程序执行阶段

CPU按用户程序顺序扫描执行每条指令，所需执行条件可从输入状态寄存器和编程元件中读入CPU，并按程序编排对输入数据进行逻辑和算术运算，再将运算结果送入输出状态寄存器。这一过程称为程序执行阶段。

3. 输出刷新阶段

当程序所有指令执行完毕，CPU将输出状态寄存器中的最新结果送到输出锁存器中，并通过一定输出方式输出，使相应的输出开关动作，以驱动外部相应执行机构工作，这就是输出刷新阶段。

以上是PLC的三个工作阶段，再加上PLC的系统自控过程，称为一个扫描周期。完成一个扫描周期后，又重新执行上述过程，扫描周而复始地进行。扫描周期长短是可以估算出来的，不同型号的PLC，可查阅其使用说明书，找出自检过程、输入采样、输出刷新过程所需的时间。一般输入采样和输出刷新只需要1～2ms，所以扫描时间主要由用户程序执行时间决定，而用户程序执行时间与用户程序长短有关，取决于控制对象工艺复杂程度及CPU的运算速度。一般PLC控制系统，每秒可扫描数十次，完全可以满足各种工业控制的要求。表8-1中列出OMROM的C系列P型机内部操作和指令执行时间。

表 8-1 OMROM 的 C 系列 P 型机内部操作和指令执行时间

操作过程	执行时间
自检，检查用户内存，检查 I/O 总线	1.07ms（恒定）
从输入端子读数据到 I/O 寄存器（继电器）区 从 I/O 寄存器（继电器）区把数据（指令执行的结果）写进输出端子	1.04ms+0.33ms×N（使用 28 点 I/O 单元时 $N=1$，使用 56 点 I/O 单元时 $N=2$）
执行用户程序	执行时间取决于用户程序的长短、控制对象工艺的复杂程度及 CPU 的运算速度，10μs/指令（平均）
响应外部设备命令输入，如指令编程器、图形编程器等	1.1ms

五、PLC 的编程语言

PLC 程序设计语言可分为梯形图、逻辑功能图、指令语句表及逻辑代数式等几种，主要是由传统继电接触器控制系统变化而来的。

（1）梯形图

这种表达方式与传统的继电器控制电路非常相似，它直观、形象、简单、清楚。梯形图沿用了继电器控制电路的一些图形符号，这些图形符号被称为编程元件。电气技术人员使用梯形图最为方便。

（2）逻辑功能图

它基本上沿用了数字逻辑电路的表达方式。这种方式易于描述较为复杂的控制系统，它采用了数字电路中的图形符号，逻辑功能清晰，输入输出关系明确，适合于有逻辑代数基础和熟悉数字电路的系统设计人员使用。

（3）指令语句表

指令语句表类似于计算机的汇编语言，这是一种用特定的指令书写的汇编语言，它更通俗易懂，易学易记，广泛应用于各类 PLC。

（4）逻辑代数式

这是一种用逻辑表达式来编程的语言，逻辑关系很强，还可以采用化简手段，便于表示复杂电路，适合熟悉逻辑代数和逻辑电路的工程技术人员使用。如图 8-4 所示是用上述几种

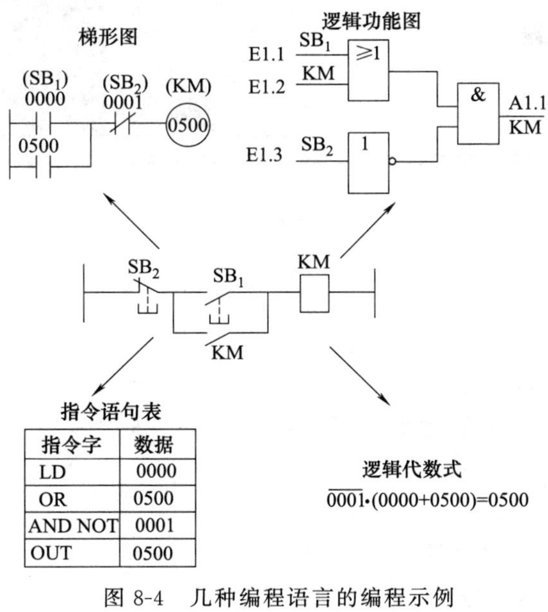

图 8-4 几种编程语言的编程示例

语言编程的示例。

以上所述这些编程语言各有所长，使用最多的是梯形图和指令语句表。必须指出：不同厂家生产的 PLC 所使用的编程语言不同，即使同一编程语言在不同类型的 PLC 上也有可能不尽相同，不能完全通用。在具体使用中应根据各生产厂家提供的语言形式和指令系统进行编程。

六、PLC 的基本指令

本书仅介绍日本 OMRON 公司 C 系列 P 型 PLC 的梯形图和指令语句表的编程。梯形图与继电器控制图元件对照如图 8-5 所示。

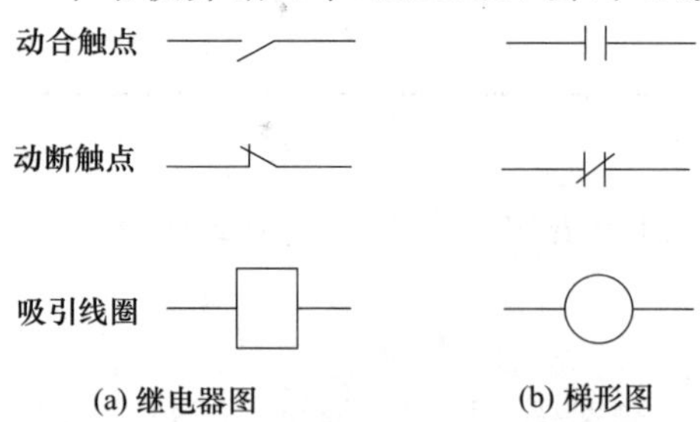

图 8-5 继电器控制图元件与梯形图

如果采用简易编程器，则必须把梯形图转换成指令语句表，并将指令语句送入 PLC 内存才能执行。指令由三段组成：语句号（地址）、指令助记符和操作数（器件号）。语句号是指令在内存中存放的顺序代号，又称为序号或地址编号。指令助记符常用英文单词的缩写字母表示，由 2～4 个字母组成，又可简称为指令。目前众多 PLC 生产厂家采用的指令助记符不统一，但编程方法是一致的。操作数（器件号）是 PLC 内部继电器编号或立即数，或定时器/计数器设定值。图 8-6 为 OMRON 的 PR015E 编程器面板图。

P 型 PLC 具有逻辑运算、定时、计数、联锁以及加法、减法、比较、移位等功能，适用于较复杂的开关控制系统。

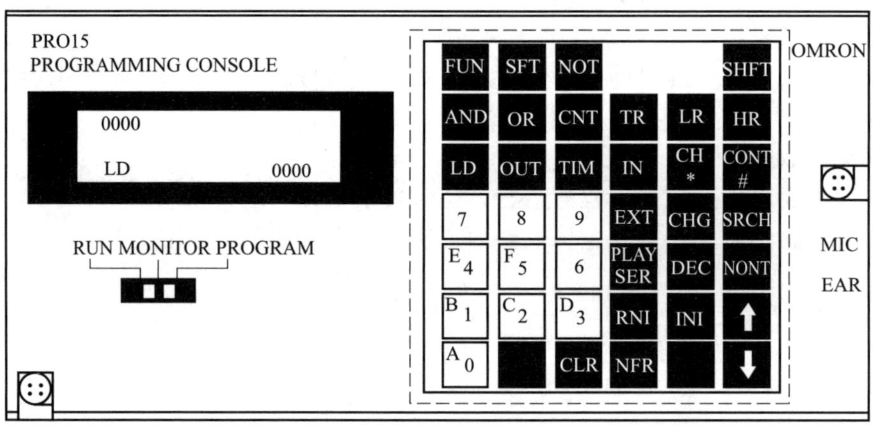

图 8-6 PR015E 编程器面板图

1. 基本的 I/O 指令

(1) 取指令

指令符：LD 梯形图符：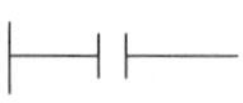

操作数：4 位数字（器件号）。

功能：以常开触点（接点）起始的逻辑行或逻辑块指令，将常开触点与左侧母线相联系。

(2) 取反指令

指令符：LD-NOT 梯形图符：

操作数：4 位数字（器件号）。

功能：以常闭触点起始的逻辑行或逻辑块指令，将常闭触点与左侧母线相联系。

（3）输出指令

指令符：OUT　梯形图符：

操作数：4 位数字（器件号）。

功能：输出驱动指令，即指逻辑操作的结果输出到一个指定的继电器，该继电器可能是输出继电器、辅助继电器、继电保持继电器等。

基本的 I/O 指令在编程中的使用如图 8-7 所示。

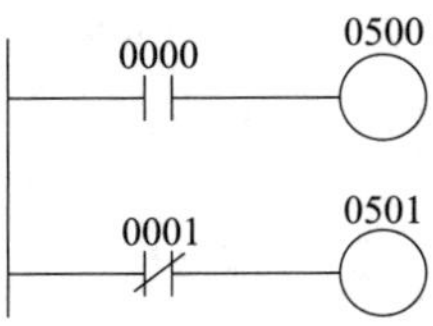

语句号	指令助记符	操作数
0	LD	0000
1	OUT	0500
2	LD–NOT	0001
3	OUT	0501

图 8-7　基本的 I/O 指令使用

2. 简单逻辑指令

（1）与指令

指令符：AND　　梯形图符：

操作数：4 位数字（器件号）。

功能：串联常开触点指令（逻辑与）。

（2）与非指令

指令符：AND-NOT　　梯形图符：

操作数：4 位数字（器件号）。

功能：串联常闭触点指令（逻辑与-非）。

（3）或指令

指令符：OR　　梯形图符：

操作数：4 位数字（器件号）。

功能：并联常开触点指令（逻辑或）。

（4）或非指令

指令符：OR-NOT　　梯形图符：

操作数：4 位数字（器件号）。

功能：并联常闭触点指令（逻辑或-非）。

必须指出：以上这组指令必须在起始逻辑指令（LD 或 LD-NOT）后才能使用，适用于所有编程元件的内部触点。

简单逻辑指令在编程中的使用如图 8-8 所示。

3. 电路块（组）连接处理指令

（1）电路块与指令

指令符：AND-LD　　梯形图符：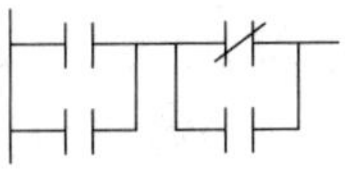

操作数：无。

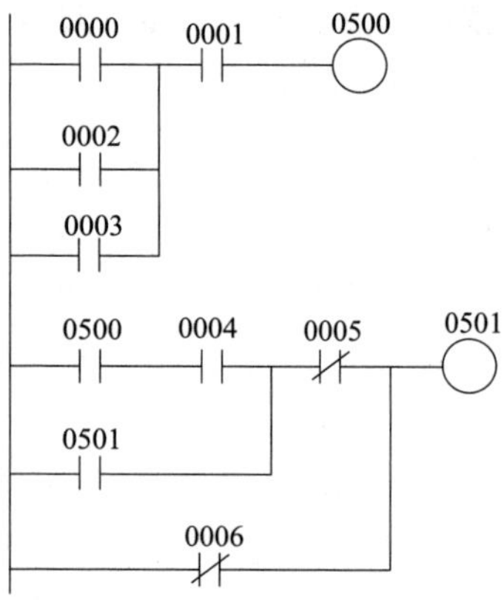

语句号	指令助记符	操作数
0	LD	0000
1	OR	0002
2	OR	0003
3	AND	0001
4	OUT	0500
5	LD	0500
6	AND	0004
7	OR	0501
8	AND-NOT	0005
9	OR-NOT	0006
10	OUT	

图 8-8 简单逻辑指令在编程中的使用

功能：两个逻辑块串联指令。

（2）电路块或指令

指令符：OR-LD 梯形图符：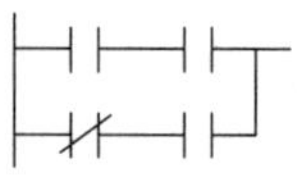

操作数：无。

功能：两个逻辑块并联指令。

这里所谓的块（组）是指在梯形图中由若干触点串联或若干触点并联而构成的支路，这种块经串联或并联而构成复杂的逻辑控制结构。

必须指出：在使用 AND-LD 或 OR-LD 指令时，起点要用 LD 或 LD-NOT 指令，终点可用 AND-LD 或 OR-LD 指令，而且是一条独立的指令。

电路块（组）连接处理指令在编辑中的使用如图 8-9 所示。

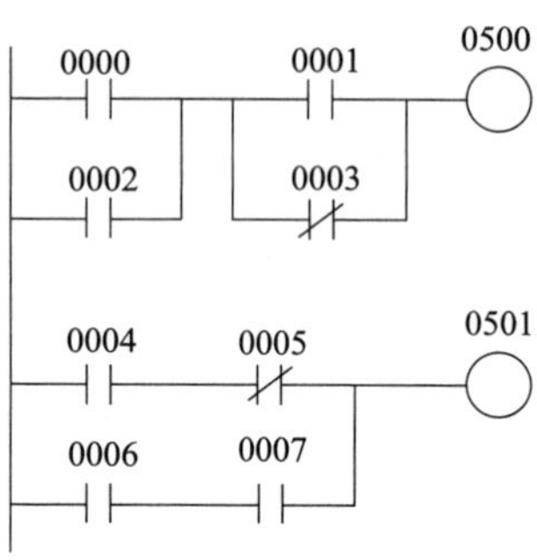

语句号	指令助记符	操作数
0	LD	0000
1	OR	0002
2	LD	0001
3	OR–NOT	0003
4	AND–LD	
5	OUT	0500
6	LD	0004
7	AND–NOT	0005
8	LD	0006
9	AND	0007
10	OR–LD	
11	OUT	0501

图 8-9 电路块（组）连接处理指令在编辑中的使用

4. 定时器指令

指令符：TIM 梯形图符：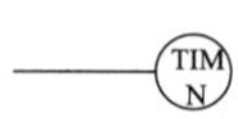

（N 为定时器号）

操作数：2 位数字（定时器号），4 位数字（定时设定值）。

功能：定时器指令，定时时间到接通定时器接点。

TIM 为双语句指令，第一条语句指令为用 TIM 设定的定时器编号，第二条语句指令为设定的计时值。

定时器的时间设定范围是 0.1～999.9s，以 0.1s 为一个单位。时间设定值是以单位时间数来表示的，如时间设定值为 0050，则设定的实际时间为 50×0.1=5（s）。

通电延时定时器 TIM 的使用如图 8-10 所示。

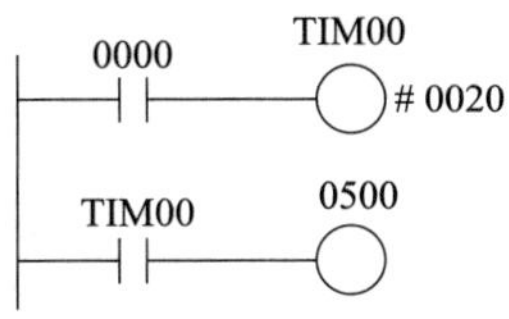

语句号	指令助记符	操作数	
0	LD	0000	
1	TIM	00	启动定时器
		#0020	设置延时时间
2	LD	TIM00	
3	OUT	0500	延时2s后输出

图 8-10　通电延时定时器 TIM 的使用

同理，定时器也可设置成断电延时的定时器。定时器相当于时间继电器。在电源掉电时，定时器复位。使用定时器时应注意以下几点。

① 定时器号一般为 00～47 共 48 个，在同一个梯形图中不要和计数器同号。

② 定时器线圈通电时，开始延时；线圈断电时，定时器复位，退回设定值。

③ 定时器为减 1 定时器，当从设定值开始减至 0000 时产生输出。

5. 计数器指令

指令符：CNT　　　　梯形图符：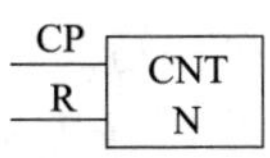

操作数：2 位数字（计数器号），4 位数字（计数设定值）。

功能：计数器指令，当计数器 CP 端每来一个脉冲信号时，计数器数值减 1，减至零时产生输出信号，R 为复位端。

CNT 也是双语句指令，第一条语句为用 CNT 设定的计数器编号，第二条语句为设定的计数值，计数范围为＃0000～＃9999。

计数器 CNT 的使用如图 8-11 所示。

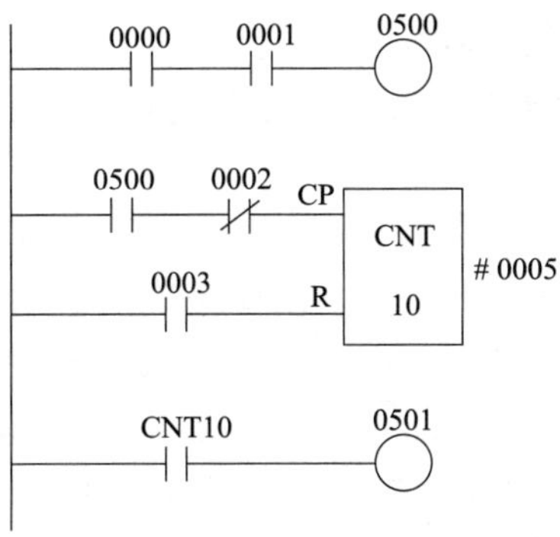

语句号	指令助记符	操作数
0	LD	0000
1	AND	0001
2	OUT	0500
3	LD	0500
4	AND-NOT	0002
5	LD	0003
6	CNT	10
		#0005
7	LD	CNT10
8	OUT	0501

图 8-11　计数器 CNT 的使用

使用计数器时应注意以下几点。

① 计数器的编号也为 00～47，在同一梯形图中不能和定时器重号。

② 计数器输入端来一个脉冲（CP）计一个数。复位输入（R）来到时，计数器复位

(退回设定值)，而且复位端优先于计数端，即图 8-11 中当 0003 接点 ON 时，计数器立即复位，这时计数脉冲不起作用。

③ 计数器也是一种减数型计数器，在计数脉冲的上升沿，计数器的当前值减 1，当计数值减为 0000 时，计数器的接点输出。

④ 编程时，该指令需要 3 步才能完成。第一步是计数输入行，第二步是计数复位行，最后才是计数器指令。

⑤ 计数器具有停电保持功能。

6. 结束指令

指令符：END 梯形图符：—[END]

操作数：无。

功能：程序结束指令，是程序最后一条指令，表示程序到此结束。

PLC 只执行从 0000 地址开始至 END 结束的用户程序。PLC 执行到 END 指令就停止执行程序阶段，转入输出刷新阶段，所以 END 可用来测试程序和分段调试程序。

如果程序中遗漏 END 这条指令，则认为出错，在检查程序时编程器上将显示“NOENDINSET”，在运行时报警指示灯闪烁。

C 系列 P 型机还有一些专用指令，如跳转指令、分支指令、移位指令、加/减法指令等，它们的功能及使用方法请参考相关的资料和书籍。

另外，在 PLC 用梯形图编程时应遵守以下规定。

① 梯形图按从左到右、自上而下的顺序编写。PLC 将按此顺序执行程序。

② 梯形图的每一逻辑行必须从左边母线以触点输入开始，不能以线圈输入开始。每一逻辑行的最右边以继电器线圈、计数器、定时器或专门指令作为结束，即线圈右边不能再接触点。线圈右边可以不画出母线。

③ 每一逻辑行内的触点可以串联、并联，但输出继电器线圈之间只可以并联，不能串联。同一继电器、计数器、定时器的触点可反复使用，不受限制。因此，在进行程序设计时可大大简化软件设计。

④ 在逻辑行中，并联电路块应排在左边，而并联电路块中的串联电路块（多触点支路）应排在上面，这样可以减少指令的条数。

⑤ 在一个程序中，一个线圈只能用一次，不得重复使用。

⑥ 一段完整的梯形图程序必须用 END 指令结束，END 是 PLC 执行程序阶段的结束标志。

七、PLC 应用

PLC 控制系统的设计包括硬件配置和软件程序设计。硬件设计时，必须对被控设备的工艺要求和所选 PLC 的特点与性能有较全面的了解。而软件程序设计时，通常采用继电器系统设计方法中的逐步探索法，以步为核心，一步步设计，一步步修改调试，直到完成整个程序的设计。由于 PLC 内部继电器数量很大，其接点在内存允许的情况下可重新使用，具有存储数量大、执行速度快等特点，对于初学者而言，采用此方法可大大缩短设计周期。

PLC 程序设计的一般步骤如下。

① 首先要熟悉系统的控制要求、使用的设备及生产工艺流程，确定这些动作之间的关系及完成这些动作的顺序。

② 明确系统的输入、输出关系。确定哪些外设是送信号给 PLC 的，哪些外设是接收来

自 PLC 的信号的，从而确定系统要求 PLC 具有的 I/O 点数，在此基础上确定 PLC 的选型。

③ 根据控制系统的控制要求和所选 PLC 的 I/O 点的情况，按工艺流程的动作顺序画出相应的梯形图。

④ 将梯形图译成指令助记符程序表，然后用编程器将程序送入程序存储区，同时也可对 PLC 的工作状态、特殊功能进行设定。

⑤ 对所设计的 PLC 程序进行调试和修改，直至 PLC 完全实现系统所要求的控制功能。

⑥ 保存已完成的设计程序。

【例 1】 用 C 系列 P 型 PLC 实现三相异步电动机正、反转控制电路。设 SB1、SB2 分别为正、反转启动按钮，SB3 为停车按钮，KM_F、KM_R 分别为正、反转接触器。

【解】 根据题目要求，设计出电动机主电路图、PLC 外部 I/O 接线图和梯形图分别如图 8-12（a）、图 8-12（b）、图 8-12（c）所示。I/O 口分配情况如下：按钮 SB1、SB2、SB3 分别接输入口 0000、0001、0002；正、反转接触器线圈分别接输出口 0500、0502。

图 8-12（c）梯形图中动断触点 0001 与 0000 起正、反转按钮互锁作用，动断触点 0502 与 0500 起两个输出继电器互锁作用，它们都可以防止两个输出继电器同时动作。

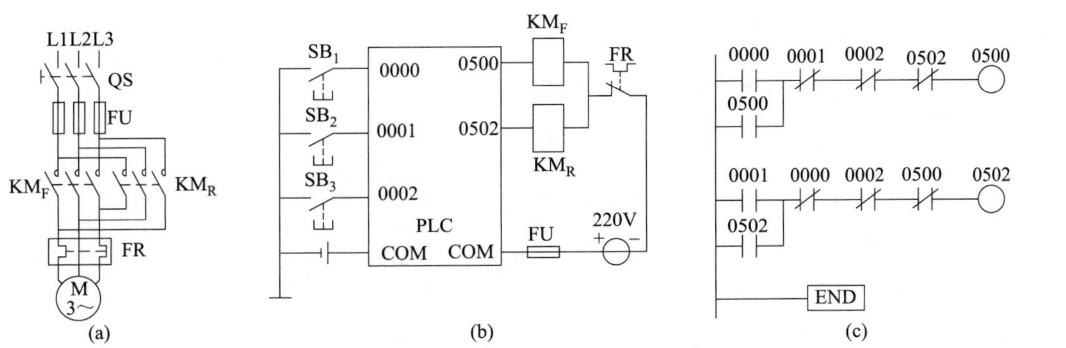

图 8-12　【例 1】的图

将梯形图译成指令助记符程序表如下。

语句号	指令助记符	操作数（器件号）
0	LD	0000
1	OR	0500
2	AND-NOT	0001
3	AND-NOT	0002
4	AND-NOT	0502
5	OUT	0500
6	LD	0001
7	OR	0502
8	AND-NOT	0000
9	AND-NOT	0002
10	AND-NOT	0500
11	OUT	0502
12	END	

【例 2】 三相异步电动机 Y-△启动控制电路如图 8-13（a）所示。试用 PLC 实现 Y-△转换启动控制。设 Y-△转换延时整定为 10s。要求：

① 画出 PLC 外部输入、输出硬件接线；

② 画出梯形图；

③ 写出指令语句表程序。

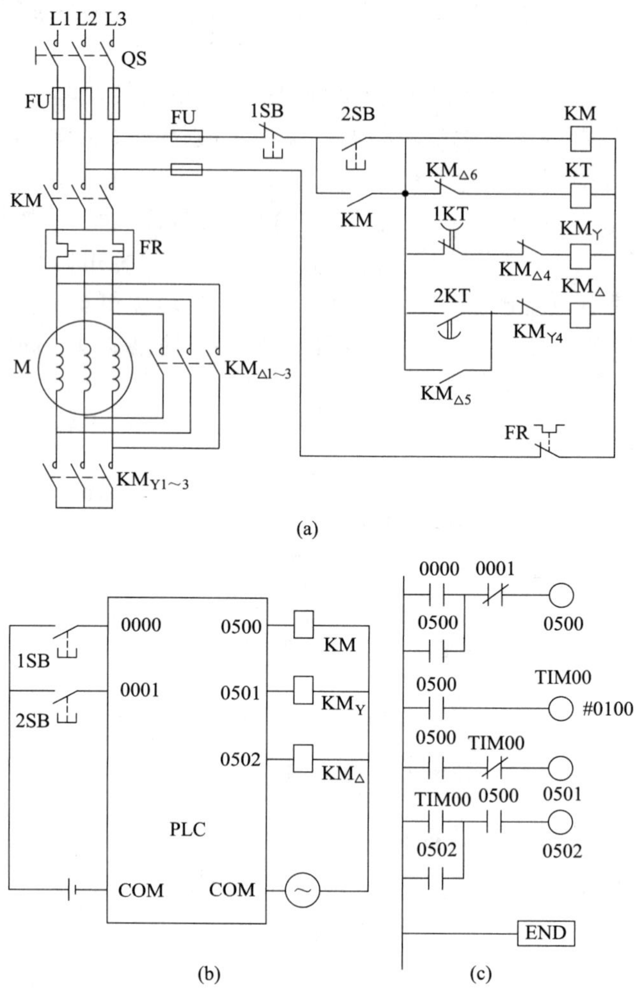

图 8-13 【例 2】的图

【解】 ① PLC 外部输入、输出硬件接线如图 8-13（b）所示。

② 梯形图如图 8-13（c）所示。

③ 指令语句表程序如下。

语句号	指令助记符	操作数（器件号）
0	LD	0000
1	OR	0500
2	AND-NOT	0001
3	OUT	0500
4	LD	0500

5	TIM	00
		＃0100
6	LD	0500
7	AND-NOT	TIM00
8	OUT	0501
9	LD	TIM00
10	OR	0502
11	AND	0500
12	OUT	0502
13	END	

【例 3】 当控制系统发生故障时，应能及时报警，通知操作人员采取相应措施进行处理。对报警电路的要求是当报警按钮 S1 闭合时报警，警灯闪烁（闪烁间隔为 2s），同时警铃发声。按钮 S2 为报警响应按钮，当 S2 接通后，报警灯由闪烁变为常亮，同时报警铃关闭。按钮 S3 为检查按钮，S3 按下接通，则警灯亮，否则警灯故障。试根据以上要求用 PLC 设计一个报警电路。

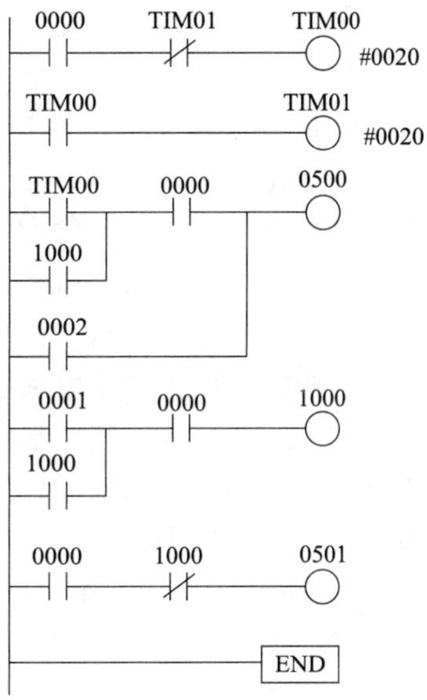

图 8-14 【例 3】的图

【解】 ① I/O 分配。

输入点： 0000 S1（报警按钮）

0001 S2（报警响应按钮）

0002 S3（警灯检查按钮）

输出点： 0500 报警灯

0501 警铃

辅助继电器：1000 警铃关闭

② 实现上述控制功能的梯形图如图 8-14 所示。

③ 指令语句表程序如下。

语句号	指令助记符	操作数（器件号）
0	LD	0000
1	AND-NOT	TIM01
2	TIM	00
		＃0020
3	LD	TIM00
4	TIM	01
		＃0020
5	LD	TIM00
6	OR	1000
7	AND	0000
8	OR	0002
9	OUT	0500

10	LD	0001
11	OR	1000
12	AND	0000
13	OUT	1000
14	LD	0000
15	AND-NOT	1000
16	OUT	0501
17	END	

第二节 机床电气控制线路图

普通机床是金属加工中使用最普遍的机床，数量很大。企业常用的机床有车床、钻床、磨床、铣床及刨床等。普通机床对运转电动机的要求是启动平稳、能可逆运转、能调速和制动。对控制电路的要求是有短路保护、过载保护、联锁保护、行程控制保护、主轴能点动调试等。这些机械加工设备的控制线路都较为复杂，由各种控制元件和线路构成，可对电动机或生产机械的运行方式进行控制。机床控制线路虽较为复杂，但都由各种不同的单元线路组合而成。识读这些线路时，也应先将其划分一下，然后对各个单元线路进行分析。

一、C6132 卧式车床电气控制线路

C6132 卧式车床电气控制线路如图 8-15 所示。已知该机床的技术条件如下。床身最大工件回转直径为 160mm，加工工件最大长度为 500mm。车床主运动由电动机 M1 拖动；润滑泵由电动机 M2 拖动；冷却泵由电动机 M3 拖动。主拖动电动机 M1 选择 J02-22-4 型，2.2kW，380V，1450r/min。润滑泵、冷却泵电动机 M2、M3 可按机床要求均选择 JCB-22 型，380V，0.125kW，2700r/min。

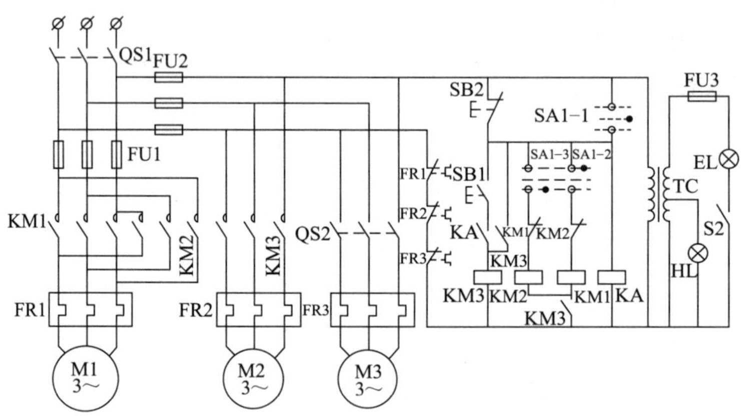

图 8-15 C6132 卧式车床电气控制线路

1. 主回路

三相电源通过组合开关 QS1 引入，给主拖动电动机 M1、润滑泵电动机 M2、冷却泵电动机 M3 及控制回路供电。熔断器 FU1 作为电动机 M1 的保护元件，FR1 为电动机 M1 的过载保护热继电器。FU2 作为电动机 M2、M3 和控制回路的保护元件，FR2、FR3 分别为电动机 M2 和 M3 的过载保护热继电器。冷却泵电动机由组合开关 QS2 手动控制，以便根据需要供给

冷却液。电动机 M1 的正反转由接触器 KM1 和 KM2 控制，润滑泵电动机由 KM3 控制。

2. 控制电路

控制电路有以下三个基本控制环节。

① 主拖动电动机 M1 的正反转控制环节。

② 润滑泵电动机 M2 和冷却泵电动机 M3 的单方向控制环节。

③ 用来避免元件误动作造成电源短路和保证主轴箱润滑良好的联锁环节。

用微动开关与机械手柄组成的控制开关 SA1 有三挡位置。当 SA1 在 0 位时，SA1－1 闭合，中间继电器 KA 得电自锁。主拖动电动机启动前，应先按下 SB1，使润滑泵电动机接触器 KM3 得电，M3 启动，为主拖动电动机启动做准备。

主轴正转时，控制开关放在正转挡，使 SA1－2 闭合，主拖动电动机 M1 正转启动。主轴反转时，控制开关放在反转挡，使 SA1－3 闭合，主拖动电动机反向启动。由于 SA1－2、SA1－3 不能同时闭合，故形成电气互锁。中间继电器 KA 的主要作用是失压保护，当电压过低或断电时，KA 释放；重新供电时，需将控制开关放在 0 位，使 KA 得电自锁，才能启动主拖动电动机。

3. 照明电路

局部照明用变压器 TC 将输入电压降至 36V 给照明电路供电，以保证操作安全。

二、M7120 型平面磨床电气控制线路

磨床是用砂轮周边或端面进行加工的精密机床。磨床种类很多，有平面磨床、外圆磨床、内圆磨床、无心磨床及一些专用磨床。平面磨床是用砂轮来磨削加工各种零件平面的应用最普遍的一种机床。M7120 型平面磨床的结构如图 8-16 所示。

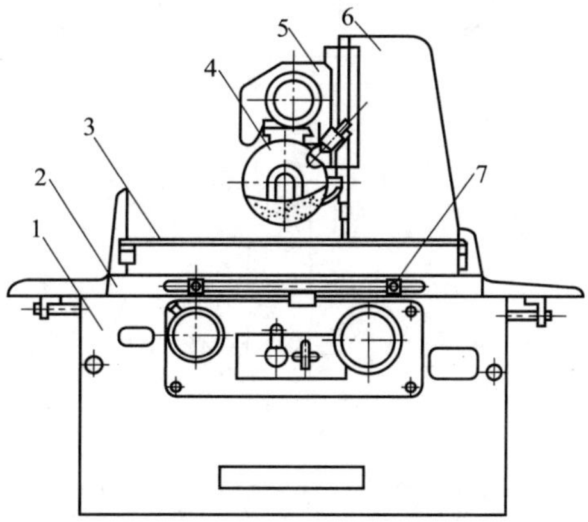

图 8-16　M7120 型平面磨床的结构

1—床身；2—工作台；3—电磁吸盘（工作台）；4—砂轮箱；5—滑座；6—立柱；7—撞块

1. 识图指导

（1）电力拖动形式

M7120 型平面磨床采用分散拖动，共有 4 台电动机，即液压泵电动机 M1、砂轮电动机 M2、冷却泵电动机 M3 和砂轮箱升降电动机 M4，全部采用普通笼型交流电动机。磨床的砂轮、砂轮箱升降和冷却泵不要求调速，工作台往返运动是靠液压传动装置进行的，采用液压无级调速，运行较平稳。换向是通过工作台上的撞块碰撞床身上的液压换向开关来实现的。

（2）控制要求

砂轮电动机、液压泵电动机和冷却泵电动机只要求单方向旋转，因容量不大，故采用直接启动。砂轮箱升降电动机要求能正反转。冷却泵电动机要求在砂轮电动机运转后才能启动。电磁吸盘需有去磁控制环节。应具有完善的保护环节，如电动机的短路保护、过载保护、零压保护及电磁吸盘的欠压保护等。有必要的信号指示和局部照明。

2. 控制线路

M7120 型平面磨床的电气控制线路如图 8-17 所示。该线路由主电路、控制电路、电磁吸盘控制电路和辅助电路四部分组成。

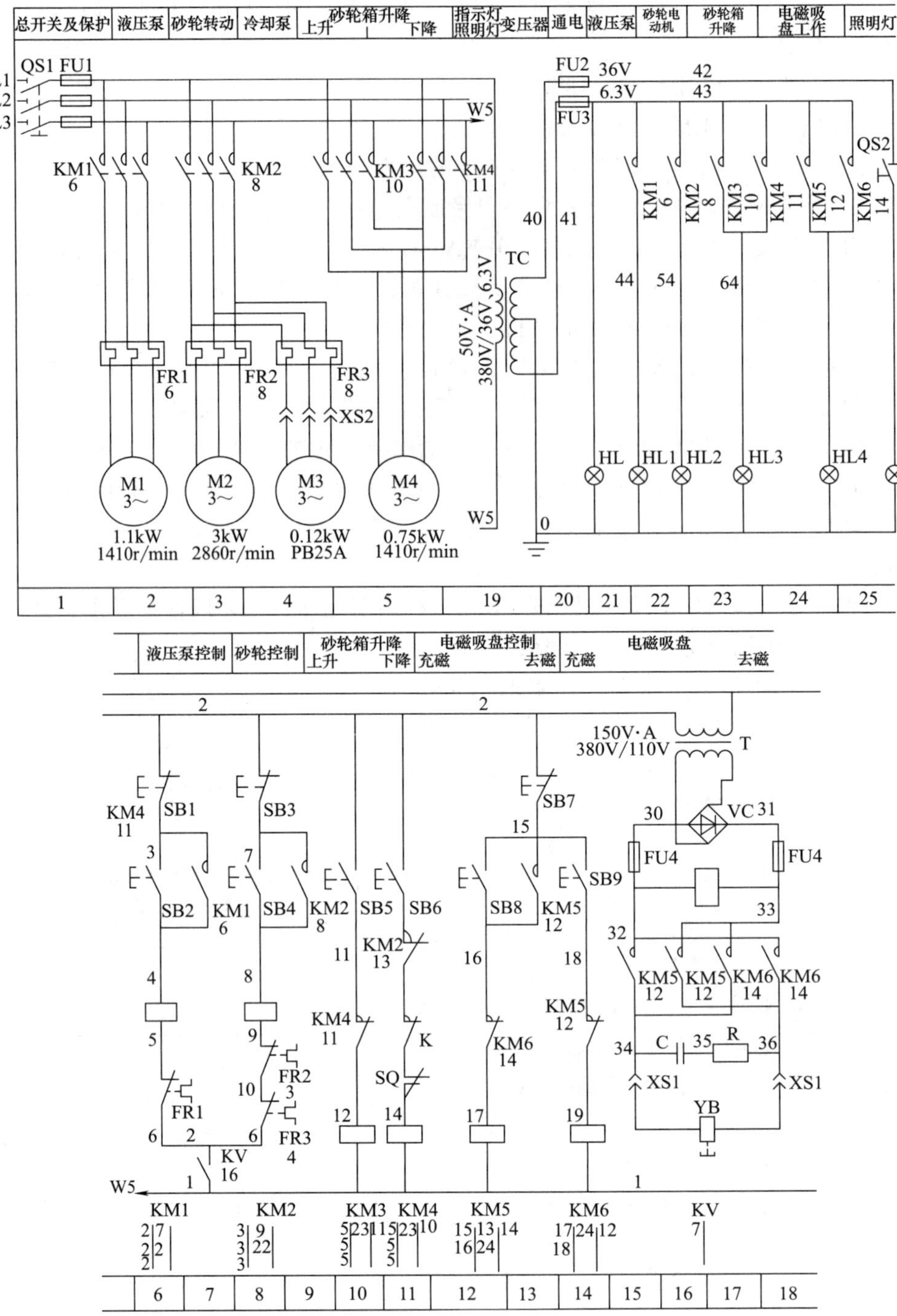

图 8-17 M7120 型平面磨床的电气控制线路

（1）主电路

主电路中有 4 台电动机。其中，M1 为液压泵电动机，由 KM1 主触点控制，使工作台往复运动；M2 为砂轮电动机，带动砂轮旋转，以加工工件；M3 为冷却泵电动机，由 KM2 的主触点控制，主要用于输送冷却液；M4 为砂轮箱升降电动机，用来调整砂轮与工件的位置。M1、M2、M3 三台电动机只需正转控制，M4 要求能正反转控制，由 KM3、KM4 的主触点分别控制。FU1 对 4 台电动机和控制电路进行短路保护，FR1、FR2、FR3 分别对 M1、M2、M3 进行过载保护。砂轮箱升降电动机因运转时间很短，所以不设置过载保护。

(2) 控制电路

当电源电压正常时，合上电源总开关 QS1，位于 7 区的电压继电器 KV 的常开触点闭合，便可进行操作。

① 启动液压泵电动机 M1。M1 的控制电路位于 6 区、7 区，启动过程为：按下启动按钮 SB2→接触器 KM1 线圈得电吸合→其辅助触头闭合自锁→主触头 KM1 闭合→电动机 M1 运转。停止过程为：按下 SB1→KM1 失电→M1 停转。运动过程中若 M1 过载，则 FR1 常闭触点分断，M1 停转，起到过载保护作用。

② 启动砂轮电动机 M2。M2 的控制电路位于 8 区、9 区，启动过程为：按下启动按钮 SB4→接触器 KM2 线圈得电吸合→其辅助触头闭合自锁→主触头闭合→电动机 M2 运转。停止过程为：按下停止按钮 SB3→KM2 失电→M2 停转。

③ 启动冷却泵电动机 M3。冷却泵电动机 M3 通过接触器 KM2 控制，由于启动砂轮电动机时接触器 KM2 主触头已闭合，从而接通了 M3 的电源，因此 M3 与砂轮电动机 M2 是联动控制的。按下 SB4 时 M3 与 M2 同时启动，按下 SB3 时 M3 与 M2 同时停止。FR2 与 FR3 的常闭触点串联在 KM2 线圈回路中，M2、M3 中任一台过载时，相应的热继电器动作，都将使 KM2 线圈失电，M2、M3 同时停止。

④ 砂轮箱升降电动机控制。砂轮箱升降电动机控制电路位于 10 区、11 区，采用点动控制。砂轮箱上升控制过程为：按下正转启动按钮 SB5→接触器线圈 KM3 得电吸合→其主触头闭合→M4 启动正转。当砂轮上升到预定位置时，由于按钮 SB5 是点动按钮，所以松开 SB5→KM3 失电→电动机 M4 停转。

砂轮箱下降控制过程为：按下反转启动按钮 SB6→接触器线圈 KM4 得电吸合→其主触头闭合→M4 启动反转。当砂轮下降到预定位置时，由于按钮 SB6 是点动按钮，所以松开 SB6→KM4 失电→电动机 M4 停转。

(3) 电磁吸盘控制电路

电磁吸盘是固定加工工件的一种夹具。它利用通电线圈产生磁场的特性吸牢铁磁性材料的工件，便于磨削加工。电磁吸盘的外壳是钢制的箱体，内部装有凸起的磁极，磁极上绕有线圈。吸盘的面板也用钢板制成，在面板和磁极之间填有绝磁材料。当吸盘内的磁极线圈通以直流电时，磁极和面板之间形成两个磁极，即 N 极和 S 极，当工件放在两个磁极中间时，使磁路构成闭合回路，产生磁通，把工件放在工作台上，工件与工作台构成封闭磁路，因此就将工件牢固地吸住。

① 电磁吸盘的组成。工作电路包括整流装置、控制装置和保护装置三部分，位于图 8-17 中的 12～18 区。

整流装置由整流变压器 T 和桥式整流器 VC 组成，输出 110V 直流电压。

控制装置由接触器 KM5 和 KM6 的主触头组成，其中，KM5 是充磁接触器。

② 电磁吸盘充磁的控制过程。按下启动按钮 SB8→接触器线圈 KM5 得电吸合→其常开辅助触头闭合自锁→主触头 KM5 闭合→接通充磁回路→YB 充磁。整流后的直流电经主触头 KM5 进入电磁工作台，将工件牢牢地吸住。

③ 电磁吸盘的退磁控制过程。工件加工完毕需取下时，先按下 SB7，切断电磁吸盘的直流电源，由于吸盘和工件都有剩磁存在，所以必须对吸盘和工件进行去磁。

退磁控制过程为：按下去磁启动按钮 SB9→接触器线圈 KM6 得电吸合→其主触头 KM6 闭合→接通去磁回路→YB 退磁，此时电磁吸盘线圈通入反方向的直流电流，以消除剩磁。由于去磁时间太长会使工件和吸盘反向磁化，因此去磁采用点动控制，松开 SB9 则去磁结束。

保护装置由放电电阻 R、电容 C 以及欠电压继电器 KV 组成。电磁吸盘是一个较大的电感，线圈断电瞬间，线圈中会产生较大的自感电动势。为防止自感电动势太高而破坏线圈的绝缘，在线圈两端接有 R、C 组成的放电回路，用来吸收线圈断电瞬间释放的磁场能量，目的是保护线路中的电器不受过电压的冲击。

安装欠电压继电器的目的是保证工作台具有足够的吸力。当电源电压不足或整流变压器发生故障时，吸盘的吸力不足，这样在加工过程中，会使工件高速飞离而造成事故。为防止这种情况，在线路中设置了欠电压继电器 KV，其线圈并联在电磁吸盘控制电路中，其常开触点串联在 KM1、KM2 线圈回路中。当电源电压不足或为零时，欠电压继电器 KV 常开触点断开，使 KM1、KM2 断电，液压泵电动机和砂轮电动机停转，确保安全生产。

热继电器 FR1 是作液压泵电动机过载保护用的，FR2 是作砂轮电动机过载保护用的，FR3 是作冷却泵电动机过载保护用的。

熔断器 FU1 是作整个线路短路保护用的，FU2 是作电源指示灯短路保护用的，FU3 是作其余信号灯线路短路保护用的，FU4 是作整流线路保护用的。

（4）辅助电路

辅助电路主要是信号指示和局部照明电路，位于图中 19～25 区。其中，EL 为局部照明灯，由变压器 TC 供电，工作电压为 36V，由手动开关 QS2 控制。其余信号灯也由 TC 供电，工作电压为 6.3V。HL 为电源指示灯，HL1 为 M1 运转指示灯，HL2 为 M2 运转指示灯，HL3 为 M4 运转指示灯，HL4 为电磁吸盘工作指示灯。

M7120 型平面磨床电气控制线路电气元件见表 8-2。

表 8-2　M7120 型平面磨床电气控制线路电气元件

代号	名称	型号	规格	数量
QS1	三相转换开关	HZ10-30/3	500V,30A	1
FU1	熔断器	RL1-60/30	内配 30A 熔芯	3
FU2	熔断器	RL1-15/2	内配 2A 熔芯	1
FU3	熔断器	RL1-15/2	内配 2A 熔芯	1
FU4	熔断器		小型管式 2A	2
M1	液压泵电动机	J0-42-4	2.8kW　4 极	1
M2	砂轮电动机		4.5kW4 极装入式电动机	1
M3	冷却泵电动机	JCB-32	0.125kW	1
M4	砂轮箱升降电动机	JOF-31-4	0.8kW	1
KM1	接触器(液压用)	CJ10-10	380V,10A	1
KM2	接触器(砂轮用)	CJ10-20	380V,20A	1
KM3	接触器(升磨用)	CJ10-10	380V,10A	1
KM4	接触器(降磨用)	CJ10-10	380V,10A	1
KM5	接触器(充磁用)	CJ10-10	380V,10A	1

续表

代号	名称	型号	规格	数量
KM6	接触器(去磁用)	CJ10-10	380V,10A	1
FR1	热继电器	JR10-10	6.1A	1
FR2	热继电器	JR10-10	9.5A	1
FR3	热继电器	JR10-10	6.1A	1
SB2、SB4、SB5、SB6、SB8、SB9	启动控制按钮	LA2	5A	各1
SB1、SB3、SB7	停止控制按钮	LA2	5A	各1
T	整流变压器	BK-400	150V·A,380V/110V	1
TC	照明变压器	BK-50	50V·A,380V/36V,6.3V	1
KV	欠电压继电器	JT3-11L	1.5A	1
XS1	电磁吸盘插销	CYO-35		1
XS2	冷却泵插销	CYO-36		1
YB	电磁吸盘		110V,1.45A	1
VC	硅整流器	GZH1/200	1A,200V	1
R	电阻	GF	50W,1kΩ	1
C	电容		600V,5μF	1
HL	指示灯		6.3V	5
EL	照明灯	JC6-1		1
QS2	照明灯开关		250V,3A 2×2	1

三、X62W型卧式万能铣床电气控制线路

铣床主要是用于加工零件的平面、斜面、沟槽等型面的机床，装上分度头以后，可以加工直齿轮或螺旋面，装上回转圆工作台，则可以加工凸轮和弧形槽。铣床的种类很多，有卧铣、立铣、龙门铣、仿形铣以及各种专用铣床。X62W型卧式万能铣床是一种以刀具旋转为加工方式的机床，它能完成多种工序，因此使用范围较为广泛，其结构如图8-18所示。

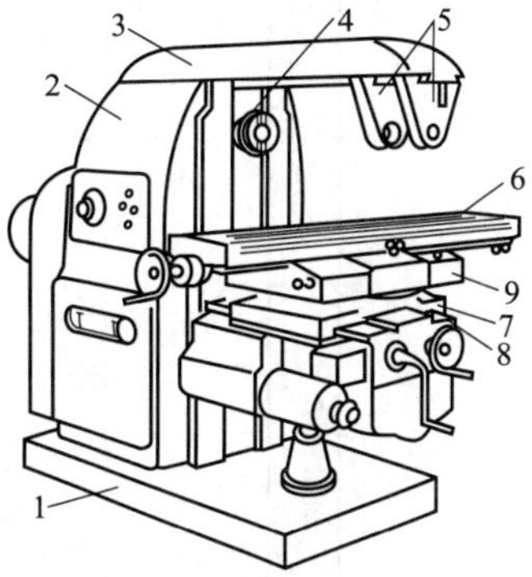

图8-18 X62W型卧式万能铣床外形

1—底座；2—立柱；3—悬梁；4—主轴；5—刀杆支架；6—工作台；7—床鞍；8—升降台；9—回转台

该机床的电气控制是和机械结构相联系的，这样既可以提高机床的自动化程度，又可使操作较为方便。由于该机床的控制线路比较复杂，故采用逐一分解的方法进行介绍。

X62W型卧式万能铣床控制线路如图8-19所示，包括主电路、控制电路和信号照明电路三部分。

1. 主电路

铣床共有3台电动机拖动。M1为主轴电动机，型号为J02-5-4（7.5kW，1450r/min，380V），它的作用是带动切削的刀具。对电动机M1的要求是能进行正反运转及反接制动控制。M1用接触器KM1直接启动，用倒顺开关SA5实现正反转控制，用制动接触器KM2串联不对称电阻R，实现反接制动。

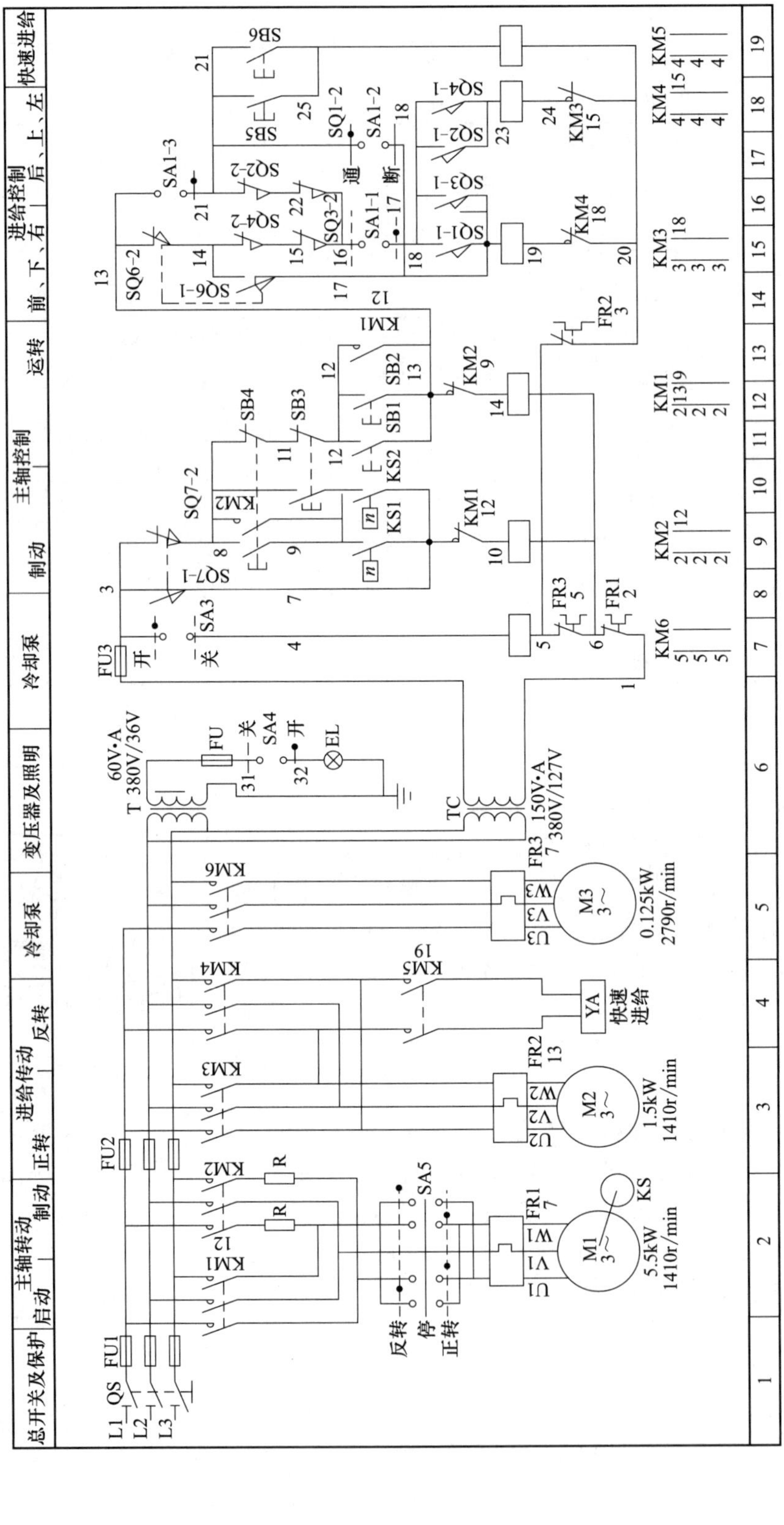

图 8-19 X62W 型卧式万能铣床控制线路

M2 为进给电动机，型号为 J02-3-4（2.2kW，1450r/min，380V），它的作用是使工作台能上、下、左、右、前、后六个方向移动。对电动机 M2 的要求是能进行正反转控制、快慢速控制和限位控制。M2 正、反转由接触器 KM3、KM4 实现。快速移动由接触器 KM5 控制电磁铁 YA 实现。

M3 是冷却泵电动机，型号为 DB-12A（0.04kW，2560r/min，380V），它的作用是输送冷却液。对电动机 M3 的要求是只正转就可以。M3 由接触器 KM6 控制。

三台电动机都用热继电器实现过载保护，熔断器 FU2 实现 M2 和 M3 的短路保护，FU1 实现 M1 的短路保护。

2. 控制电路

控制变压器 TC 将 380V 降为 127V，作为控制电源。照明变压器 T 将 380V 降为 36V，作为机床照明的电源。

（1）主轴电动机的控制

启动主轴电动机之前，先将转换开关 SA5 扳到预选方向位置，闭合电源开关 QS，按下启动按钮 SB1（或 SB2），交流接触器 KM1 得电并自锁，M1 直接启动（M1 升速后，速度继电器的触点动作，为反接制动做准备）。主轴电动机启动后，工作台及升降台才能投入工作。

由于机械性能的要求，当主轴停转时，需要主轴电动机迅速停止，所以在主轴系统中设置了主轴制动装置。要使主轴电动机停机，可按下停止按钮 SB3（或 SB4），且必须按到底。停止按钮 SB3 和 SB4 是复合按钮，有两个作用：一个是切断主轴电动机 M1 控制回路，使接触器 KM1 失电释放，主轴电动机 M1 停止；另一个是接通接触器 KM2 的控制回路，进行反接制动。当 M1 的转速下降至一定值时，KS1、KS2 的触点自动断开，M1 失电，制动过程结束。

为了使主轴变速时齿轮易于啮合，在机械变速手柄上设置了主轴冲动用的限位开关。

（2）进给电动机的控制

进给电动机的作用是使升降台上下（垂直）运动和工作台前后（横向）、左右（纵向）运动。这六个方向的运动通过两个操纵手柄（十字形手柄和纵向手柄）操纵 4 个限位开关（SQ1～SQ4）来完成机械挂挡，接通 KM3 或 KM4，实现 M2 的正反转，从而拖动工作台按预选方向进给。十字形手柄和纵向手柄各有两套，分别设在铣床工作台的正面和侧面。

SA1 是圆工作台选择开关，设有接通和断开两个位置，三对触点的通断情况如表 8-3 所示。当不需要圆工作台工作时，将 SA1 置于断开位置；否则，置于接通位置。

表 8-3 圆工作台选择开关 SA1 触点状态

触点	接 通	断 开
SA1-1	－	＋
SA1-2	＋	－
SA1-3	－	＋

注：“＋”表示开关接通，“－”表示开关断开。

① 工作台左右进给运动的控制。左右进给运动由纵向手柄控制，该手柄有左、中、右三个位置，各位置对应的限位开关 SQ1、SQ2 的工作状态如表 8-4 所示。

表 8-4 左右进给限位开关触点状态

触点	向左	中间 （停）	向右
SQ1－1	－	－	＋
SQ1－2	＋	＋	－
SQ2－1	＋	－	－
SQ2－2	－	＋	＋

向右运动：主轴电动机启动后，将位于台面前侧中央的纵向手柄扳向右，挂上纵向离合器，同时压行程开关 SQ1，SQ1－1 闭合，接触器 KM3 得电并吸合，进给电动机 M2 正转，拖动工作台向右运动；停止时，将手柄扳回中间位置，纵向离合器脱开，SQ1 复位，KM3 断电，M2 停转，工作台停止运动。

向左运动：将同一纵向手柄扳向左，挂上纵向离合器，操纵手柄的联动机构压行程开关 SQ2，SQ2－1 闭合，接触器 KM4 得电并吸合，M2 反转，拖动工作台向左运动；停止时，将手柄扳回中间位置，纵向离合器脱开，同时 SQ2 复位，KM4 断电，M2 停转，工作台停止运动。

工作台的左右两端安装有限位撞块，当工作台运行到达终点位置时，撞块撞击手柄，使其回到中间位置，实现工作台的终点停车。

② 工作台前后和上下运动的控制。工作台前后和上下运动由十字形手柄控制，该手柄有上、下、中、前、后五个位置，各位置对应的行程开关 SQ3、SQ4 的工作状态如表 8-5 所示。

表 8-5 垂直、横向限位开关触点状态

触点	向前 向下	中间 （停）	向后 向上
SQ3－1	＋	－	－
SQ3－2	－	＋	＋
SQ4－1	－	－	＋
SQ4－2	＋	＋	－

向前运动：操作时，将十字形手柄扳向前，挂上横向离合器，同时压行程开关 SQ3，使其触头 SQ3－1 闭合，接触器 KM3 得电吸合，其主触头也闭合，进给电动机 M2 正转，拖动工作台向前运动。

向下运动：升降台向下运动与工作台向前运动的控制线路相同，操作时，只要将十字形手柄扳向下，挂上垂直离合器，同时压行程开关 SQ3，SQ3－1 闭合，接触器 KM3 得电，进给电动机 M2 正转，其运转方向与上升时相反，传动机构拖动工作台向下运动，当将手柄扳到中间位置时，工作台就会停止下降。

向后运动：将十字形手柄扳向后，挂上横向离合器，同时压行程开关 SQ4，SQ4－1 闭合，接触器 KM4 得电，进给电动机 M2 反转，操纵手柄的联锁机构就能拖动工作台向后运动。

向上运动：工作台向上运动与工作台向后运动的控制线路是相同的，将十字形手柄扳向上，挂上垂直离合器，同时压行程开关 SQ4，SQ4－1 闭合，接触器 KM4 得电并吸合，进给电动机 M2 反转，拖动工作台向上运动。

待行至需要的位置停止时，只需将十字形手柄扳向中间位置，离合器脱开，行程开关 SQ3（或 SQ4）复位，接触器 KM3（或 KM4）断电，进给电动机 M2 停转，工作台停止运动。

工作台的上、下、前、后运动都有极限保护，当工作台运动到极限位置时，撞块撞击十字形手柄，使其回到中间位置，实现工作台的终点停车。

③ 工作台的快速移动控制。工作台的纵向、横向和垂直方向的快速移动由进给电动机 M2 拖动。工作台工作时，按下快速启动按钮 SB5（或 SB6），接触器 KM5 线圈得电吸合，快速移动电磁铁 YA 线圈通电吸合，经过连杆和杠杆机构压紧快速进给摩擦离合器，工作台就按原进给方向快速移动。松开 SB5（或 SB6）时，电磁铁 YA 放松，快速移动停止，工作台仍按原方向继续运动。

总之，当进给电动机 M2 运转时，只要使电磁铁 YA 线圈得电吸合，台面就进入快速运行状态。

若要求在主轴不转的情况下进行工作台快速移动，可将主轴换向开关 SA5 扳到“停止”位置，按下 SB1（或 SB2），使 KM1 通电并自锁。操纵手柄，使进给电动机 M2 转动，再按下 SB5（或 SB6），接触器 KM5 得电，快速移动电磁铁 YA 通电，工作台快速移动。

④ 进给变速选择时的运动控制。为使变速时齿轮易于啮合，进给速度的变换与主轴变速一样，有瞬时运动环节。进给变速运动由进给变速手柄配合行程开关 SQ6 实现。

选择速度时，先将变速手柄向外拉，并选择相应转速；再把手柄用力向外拉至极限位置，并立即推回到原来位置。在手柄拉到极限位置的瞬间，其内部机构短时压行程开关 SQ6，使 SQ6－2 断开，SQ6－1 闭合，接触器 KM3 短时得电，电动机 M2 短时运转。瞬时接通的电路经 SQ2－2、SQ1－2、SQ3－2、SQ4－2 四个常闭触点，因此只有当纵向和十字形手柄都置于中间位置时，才能实现变速时的瞬时点动，防止了变速时工作台沿进给方向运动。当齿轮啮合后，手柄推回原位时，SQ6 复位，切断瞬时点动电路，进给变速完成。

⑤ 圆工作台的电气控制。为了扩大机床加工能力，可在工作台上安装圆工作台（机床附件）。在使用圆工作台时，应将工作台纵向和十字形手柄都置于中间位置，并将转换开关 SA1 扳到“接通”位置。SA1－2 接通，SA1－1、SA1－3 断开。按下按钮 SB1（SB2），主轴电动机启动，同时 KM3 得电，使 M2 启动，带动圆工作台单方向回转，其旋转速度也可通过蘑菇形变速手柄进行调节。

（3）冷却泵电动机的控制

当主轴启动后，将冷却泵转换开关 SA3 闭合，控制接触器 KM6 得电吸合，其主触头闭合，冷却泵电动机 M3 启动运转，将冷却液输送到机床的切削部分。

（4）控制电路的联锁

X62W 铣床的运动较多，控制电路较复杂，为了安全可靠地工作，必须具有必要的联锁。

① 主运动和进给运动的顺序联锁。进给运动的控制电路接在接触器 KM1 自锁触点之后，保证了 M1 启动后才可启动 M2（若不需要 M1 启动，将 SA5 扳至中间位置）。而主轴停止时，进给立即停止。

② 工作台左、右、上、下、前、后六个运动方向间的联锁。六个运动方向采用机械和电气双重联锁。工作台的左、右用一个手柄控制，手柄本身就能起到左、右运动的联锁。工

作台的横向和垂直运动间的联锁，由十字形手柄实现。工作台的纵向与横向、垂直运动间的联锁，则利用电气方法实现。行程开关 SQ1、SQ2 和 SQ3、SQ4 的常闭触点分别串联后，再并联形成两条通路，供给 KM3 和 KM4 线圈。若一个手柄扳动后再去扳动另一个手柄，就将使两条电路断开，接触器线圈就会断电，工作台停止运动，从而实现运动间的联锁。

③ 圆工作台和工作台间的联锁。圆工作台工作时，不允许机床工作台在纵、横、垂直方向上有任何移动。圆工作台转换开关 SA1 扳到接通位置时，SA1－1、SA1－3 切断了机床工作台的进给控制回路，使机床工作台不能在纵、横、垂直方向上做进给运动。圆工作台的控制电路中串联了 SQ1－2、SQ2－2、SQ3－2、SQ4－2 常闭触点，所以扳动工作台任一方向的手柄，都将使圆工作台停止转动，实现了圆工作台和机床工作台纵向、横向及垂直方向运动的联锁控制。

（5）照明电路

机床的局部照明由变压器 T 输出 36V 安全电压，由开关 SA4 控制照明灯 EL。熔断器 FU4 用于照明线路短路保护。

（6）线路的保护

在线路上用熔断器 FU1、FU2、FU3 作短路保护，用热继电器 FR1、FR2、FR3 作过载保护。如主轴过载保护继电器 FR1 动作，整个线路断电，将全部停机。

四、Z3040 型摇臂钻床电气控制线路

钻床是一种用途广泛的机床，可以进行钻孔、扩孔、铰孔、攻螺纹及修剖面等多种形式的加工。钻床按结构形式可分为立式钻床、卧式钻床、摇臂钻床、台式钻床和深孔钻床等。

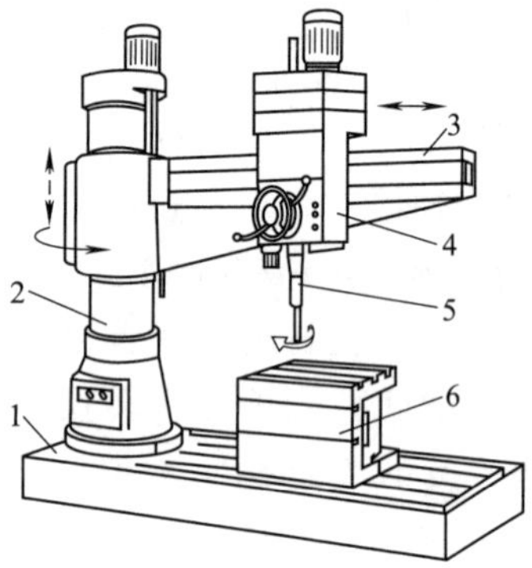

图 8-20 摇臂钻床结构

1—底座；2—立柱；3—摇臂；4—主轴箱；5—主轴；6—工件

在各种钻床中，摇臂钻床操作方便、灵活、适用范围广，特别适用于单件或成批生产中带有多孔大型工件的孔加工，是机械加工中常用的机床设备。其中，摇臂钻床的主轴可以在水平面上调整位置，使刀具对准被加工孔的中心，而工件则固定不动，因而应用较广。下面以 Z3040 型摇臂钻床为例，分析其控制电路。Z340 型摇臂钻床的结构如图 8-20 所示。

根据 Z3040 型摇臂钻床的加工要求，应完成下列两种运动方式的控制。

① 主运动。主轴的旋转运动及进给运动。

② 辅助运动。辅助运动包括摇臂沿外立柱的垂直移动、主轴箱沿摇臂的径向移动及摇臂与外立柱一起相对于内立柱的回转运动，后者为手动。另外还要考虑主轴箱、摇臂、内外立柱的夹紧和松开。

由于摇臂钻床运动部件较多，常采用多电动机拖动。Z3040 型摇臂钻床电气控制线路如图 8-21 所示，图中 M1 为主轴电动机，M2 为摇臂升降电动机，M3 为液压泵电动机，M4 为冷却泵电动机。

1. 主电路

M1 带动主轴旋转和使主轴做轴向进给运动，单方向旋转，由接触器 KM1 控制，主轴的正反转则由机床液压系统操纵机构配合正反转摩擦离合器实现，并由热继电器 FR1 作电动机 M1 的长期过载保护。

M2 的正反转由正反转接触器 KM2、KM3 控制，可做正反向运行。控制电路保证在操

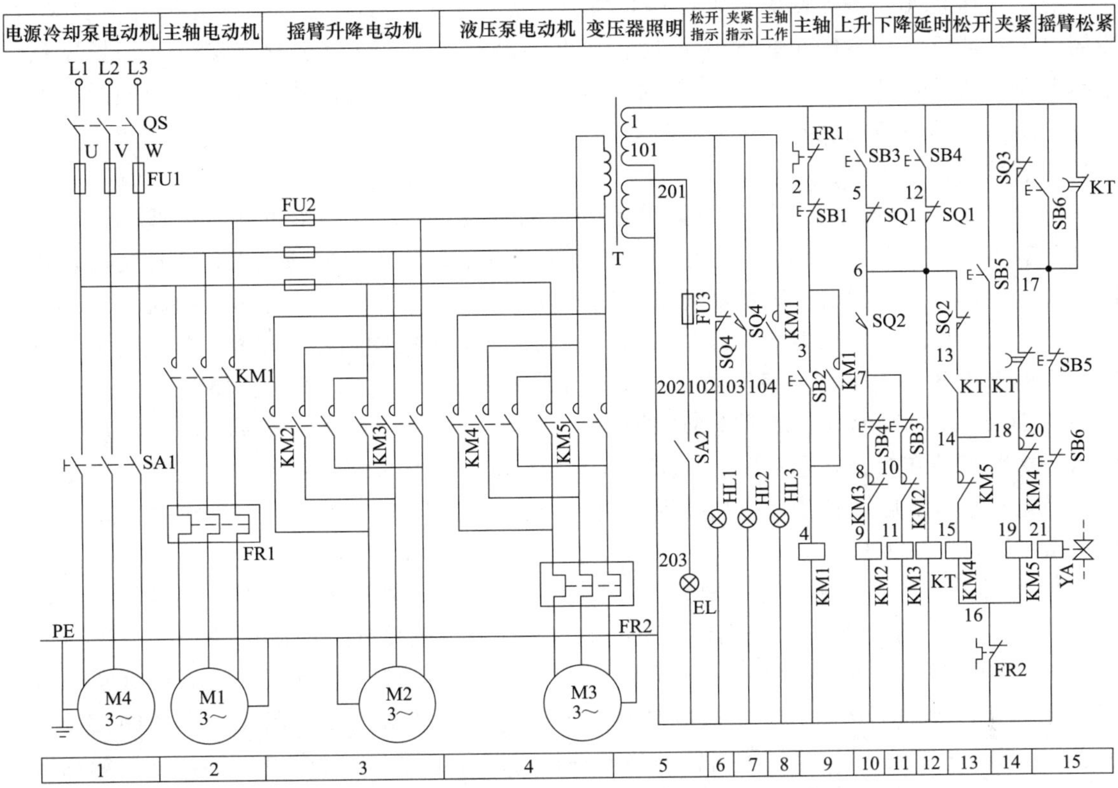

图 8-21 Z3040 型摇臂钻床电气控制线路

纵摇臂升降时，首先使液压泵电动机启动旋转，送出压力油，经液压系统将摇臂松开，然后才使 M2 启动，拖动摇臂上升或下降，当移动到位后，控制电路又保证 M2 先停下，再自动通过液压系统将摇臂夹紧，最后液压泵电动机才停转，M2 为短时工作，不用设长期过载保护。

M3 的作用是供给夹紧装置压力油，实现摇臂和立柱的夹紧和松开，由接触器 KM4、KM5 实现正反转控制，并由热继电器 FR2 作长期过载保护。

M4 供给钻削时所需的冷却液，做单方向旋转，电动机容量较小，仅为 0.125kW，所以由开关 SA1 直接控制。

2. 控制电路

由于 4 台电动机的容量均较小，故采用直接启动方式。摇臂升降电动机和液压泵电动机均能实现正反转。当摇臂上升或下降到预定的位置时，摇臂能在电气或机械夹紧装置的控制下，自动夹紧在外立柱上。另外，电路中应具有必要的保护环节。

（1）主轴电动机 M1 的控制

① M1 的启动。按下启动按钮 SB2，接触器 KM1 的线圈得电，KM1 自锁触点闭合，KM1 主触点接通，电动机 M1 旋转。指示灯 HL3 亮，表示主轴电动机在旋转。

② M1 的停止。按下 SB1，接触器 KM1 的线圈失电，KM1 常开触点断开，电动机 M1 停转。在 M1 的运转过程中，如发生过载，则串联在 M1 电源回路中的过载元件 FR1 动作，使其常闭触点 FR1 断开，同样也使 KM1 的线圈失电，电动机 M1 停转。

（2）摇臂升降与夹紧的控制

摇臂钻床工作时，摇臂应夹紧在外立柱上，摇臂上升与下降之前，需先松开夹紧装置，当摇臂上升或下降到预定位置时，夹紧装置再将摇臂夹紧。这一过程在 Z3040 型摇臂钻床中是自动完成的，即当按下按钮 SB3 或 SB4 时，摇臂夹紧装置自动松开，摇臂随之开始上升或下降，到达所需高度时，松开按钮，升降停止并自动将摇臂夹紧。下面以摇臂上升为例对控制过程进行分析。

① 摇臂升降的启动原理。按下摇臂上升点动按钮 SB3，时间继电器 KT 线圈得电，瞬动常开触点 KT（13-14）闭合，接触器 KM4 线圈得电，液压泵电动机 M3 启动旋转，拖动液压泵送出压力油，同时 KT 的断电延时断开的触点 KT（1-17）闭合，电磁阀 YA 线圈得电。于是液压泵送出的压力油经二位六通阀进入摇臂夹紧机构的松开油腔，推动活塞和菱形块，将摇臂松开。同时，活塞杆通过弹簧片压上行程开关 SQ2，发出摇臂松开信号，即动断触点 SQ2（6-13）断开，断开 KM4 线圈电路，液压泵电动机 M3 停止旋转，液压泵停止供油，摇臂维持在松开状态；触点 SQ2（6-7）闭合，接通 KM2 线圈电路，KM2 得电，摇臂升降电动机 M2 启动旋转，拖动摇臂上升。所以行程开关 SQ2 是用来反映摇臂是否松开且发出松开信号的元件。

② 摇臂升降的停止原理。当摇臂上升到所需位置时，松开摇臂上升点动按钮 SB3，接触器 KM2 与时间继电器 KT 线圈同时断电，M2 依靠惯性旋转，摇臂停止上升。因 KT 线圈断电，其断电延时闭合的触点 KT（17-18）经 1～3s 延时后才闭合，断电延时断开触点 KT（1-17）经延时后才断开。在这段时间内，KM5 线圈仍处于断电状态，电磁阀 YA 仍处于通电状态，这段延时就确保了摇臂升降电动机在断开电源并完全停止运转后才开始摇臂的夹紧工作。所以时间继电器 KT 延时时间是根据 M2 电动机切断电源到完全停止的时间来调整的。

③ 摇臂夹紧原理。时间继电器 KT 断电延时时间到，触点 KT（17-18）闭合，KM5 线圈得电吸合，液压泵电动机 M3 反向启动，拖动液压泵供出压力油。同时触点 KT（1-17）断开，电磁阀 YA 线圈断电，这时压力油经二位六通阀进入摇臂夹紧油腔，反向推动活塞和菱形块，将摇臂夹紧。同时，活塞杆通过弹簧片压下行程开关 SQ3，使触点 SQ3（1-17）断开，KM5 线圈断电，M3 停转，摇臂夹紧完成。所以 SQ3 为摇臂夹紧信号开关。

④ 摇臂极限位置的保护。摇臂上升的极限保护由组合限位开关 SQ1 来实现。SQ1 与一般限位开关不同，有两对不同时动作的常闭触点。当摇臂上升或下降到极限位置时，相应 SQ1 触点断开，切断对应的上升或下降接触器 KM2 与 KM3 的电源，使 M2 停止旋转，摇臂停止移动，实现极限位置的保护。

摇臂自动夹紧程度由行程开关 SQ3 控制。若夹紧机构液压系统出现故障不能夹紧，将使触点 SQ3（1-17）不断开。SQ3 开关安装调整不当，会使摇臂夹紧后仍不能压下 SQ3。SQ3 应调整到保证夹紧后能够动作，否则会使液压泵电动机 M3 处于长时间过载运行状态，易将电动机烧毁，为此，M3 主电路采用热继电器 FR2 作过载保护。

时间继电器 KT 的作用是保证摇臂升降电动机断开并完全停止旋转（摇臂完全停止升降）后，才能夹紧。

（3）主轴箱、立柱松开与夹紧的控制

立柱与主轴箱均采用液压装置夹紧与松开，且两者同时动作。当进行夹紧或松开时，要求电磁铁 YA 处于释放状态。

按下按钮 SB5，接触器 KM4 线圈得电吸合，液压泵电动机 M3 正转，拖动液压泵送出压力油，这时电磁阀 YA 线圈处于断电状态，压力油经二位六通阀进入主轴箱与立柱松开油腔，推动活塞和菱形块，使主轴箱与立柱松开，而由于 YA 线圈断电，压力油不会进入摇臂松开油腔，摇臂仍处于夹紧状态。

当主轴箱与立柱松开时，行程开关 SQ4 不受压，触点 SQ4（101-102）闭合，指示灯 HL1 亮，表示主轴箱与立柱确已松开。可以手动操作主轴箱在摇臂的水平导轨上移动，也可推动摇臂，使外立柱绕内立柱做回转移动，当移动到位时，按下按钮 SB6，接触器 KM5 线圈得电，M3 反转，拖动液压泵送出压力油至夹紧油腔，使主轴箱与立柱夹紧。当确已夹紧时，压下 SQ4，触点 SQ4（101-103）闭合，HL2 指示灯亮，而触点 SQ4（101-102）断开，HL1 指示灯灭，指示主轴箱与立柱已夹紧，可以进行钻削加工。

机床安装后，接通电源，利用主轴箱和立柱的夹紧、松开来检查电源相序，在电源相序正确后，再来调整电动机 M2 的接线。

（4）冷却泵 M4 的控制

M4 单向旋转直接由转换开关 SA1 控制。

（5）联锁及保护环节

SQ2 行程开关实现摇臂松开到位，开始升降的联锁。SQ3 行程开关实现摇臂完全夹紧，液压泵电动机 M3 停止旋转的联锁。KT 断电延时时间继电器使摇臂升降电动机 M2 断开电源，待惯性旋转停止后再进行夹紧的联锁。摇臂升降电动机 M2 正反转具有双重互锁。SB5、SB6 常闭触点接入电磁阀 YA 线圈，电路实现主轴箱与立柱夹紧、松开操作时，压力油不进入摇臂夹紧油腔的联锁。FU1 作为总电路和电动机 M1、M4 的短路保护。FU2 为电动机 M2、M3 及控制变压器 T 一次侧短路保护。FR1、FR2 为电动机 M1、M3 的长期过载保护。SQ1 组合开关为摇臂上升、下降的限位开关。FU3 为照明电路的短路保护。带自锁触点的启动按钮与相应接触器实现电动机欠电压、失压保护。

（6）照明与信号指示电路分析

HL1 为主轴箱、立柱松开指示灯，灯亮表示已松开，可以手动操作主轴箱沿摇臂移动或摇臂回转。HL2 为主轴箱、立柱夹紧指示灯，灯亮表示已夹紧，可以进行钻削加工。HL3 为主轴旋转工作指示灯。照明灯 EL 由控制变压器 T 供给 36V 安全电压，经开关 SA2 操作，实现钻床局部照明。

Z3040 型摇臂钻床主要电气元件如表 8-6 所示。

表 8-6 Z3040 型摇臂钻床主要电气元件

符号	名称及用途	符号	名称及用途
M1	主轴电动机	SQ3	摇臂夹紧信号行程开关
M2	摇臂升降电动机	SQ4	主轴箱与立柱夹紧行程开关
M3	液压泵电动机	T	控制变压器
M4	冷却泵电动机	QS	电源开关
KM1	主电动机启动接触器	FR1、FR2	热继电器
KM2、KM3	M2 电动机正反转接触器	FU1～FU3	熔断器
KM4、KM5	M3 电动机正反转接触器	SA1、SA2	转换开关
KT	断电延时继电器	EL	照明灯
SB2、SB1	主轴电动机启动、停止按钮	HL1、HL2	主轴箱和立柱松开夹紧指示灯
SB3、SB4	摇臂升降按钮	HL3	主电动机工作指示灯
SB5、SB6	主轴箱及立柱松开、紧按钮	YA	控制用电磁阀
SQ1	摇臂上升、下降限位开关	PE	保护接地线
SQ2	摇臂松开信号行程开关		

五、T68型卧式镗床电气控制线路

镗床是应用比较普遍的冷加工设备，它分为卧式、坐标式两种，其中卧式镗床使用较多。镗床主要用于加工精确的孔和各孔间相互位置要求较高的零件，而这些工件的加工对于钻床来说是难以胜任的。

T68型卧式镗床是镗床中应用较广的一种，主要用于钻孔、镗孔、铰孔及加工端平面等，使用一些附件后，还可以车削螺纹。

镗床加工时，工件固定在工作台上，由镗杆或花盘上的固定刀具进行加工。主运动为镗杆和花盘的旋转运动；进给运动为工作台的前、后、左、右，主轴箱的上、下，镗杆的进、出运动。上述运动除可以自动进行外，还可以手动进给及快速移动。

1. 主要结构

T68型卧式镗床的结构如图8-22所示，主要由床身、前立柱、镗头架、工作台、后立柱和尾架等部分组成。

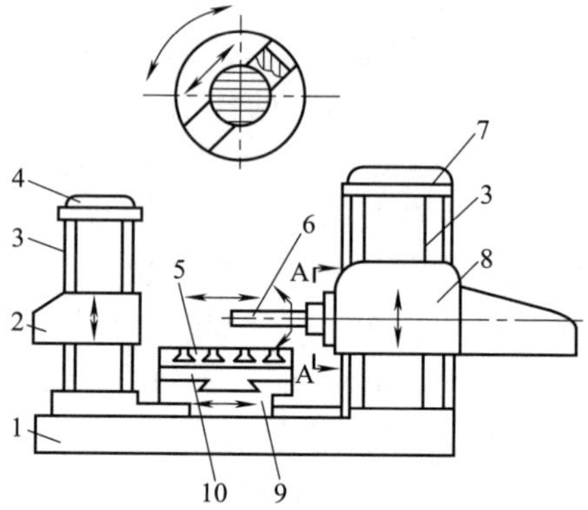

图8-22 T68型卧式镗床结构图

1—床身；2—尾架；3—导轨；4—后立柱；5—工作台；6—镗轴；7—前立柱；8—镗头架；9—下溜板；10—上溜板

床身是一个整体铸件，在它的一端固定有前立柱，前立柱的垂直导轨上装有镗头架，镗头架可沿着导轨垂直移动。镗头架里集中装有主轴部分、变速箱、进给箱与操纵机构等部件。切削刀具固定在镗轴前端的锥形孔里，或装在花盘的刀具溜板上。在工作过程中，镗轴一面旋转，一面沿轴向做进给运动。花盘只能旋转，装在上面的刀具溜板可做垂直于主轴轴线方向的径向进给运动。镗轴和花盘主轴通过单独的传动链传动，因此可以独立转动。

后立柱的尾架用来支撑装夹在镗轴上的镗杆末端，它与镗头架同时升降，两者的轴线始终在一直线上。后立柱可沿床身导轨在镗轴的轴线方向调整位置。

安装工件的工作台安置在床身中部的导轨上，它由上溜板、下溜板与可转动的台面组合而成。工作台可做平行和垂直于镗轴轴线方向的移动，并可转动。

2. 控制线路

T68型卧式镗床的运动有以下三种。

① 主运动。镗轴的旋转与花盘的旋转运动。

② 进给运动。镗轴的轴向进给、花盘上刀具的径向进给、镗头的垂直进给、工作台的横向进给和纵向进给。

③ 辅助运动。工作台的旋转、后立柱的水平移动、尾架的垂直移动及各部分的快速移动。

T68型卧式镗床的主运动和进给运动用同一台双速电动机M1（5.5kW或7.5kW，1440r/min或2900r/min）来拖动。进给是从拖动传动链中通过进给箱传动实现的。另外设有一台电动机M2，专用进给快速移动。电气装置中的限位开关都与机械系统有着密切的关联。

如图8-23所示为T68型卧式镗床电气控制线路，主要由主电路、控制电路、照明电路和控制电路的供电等几部分构成。

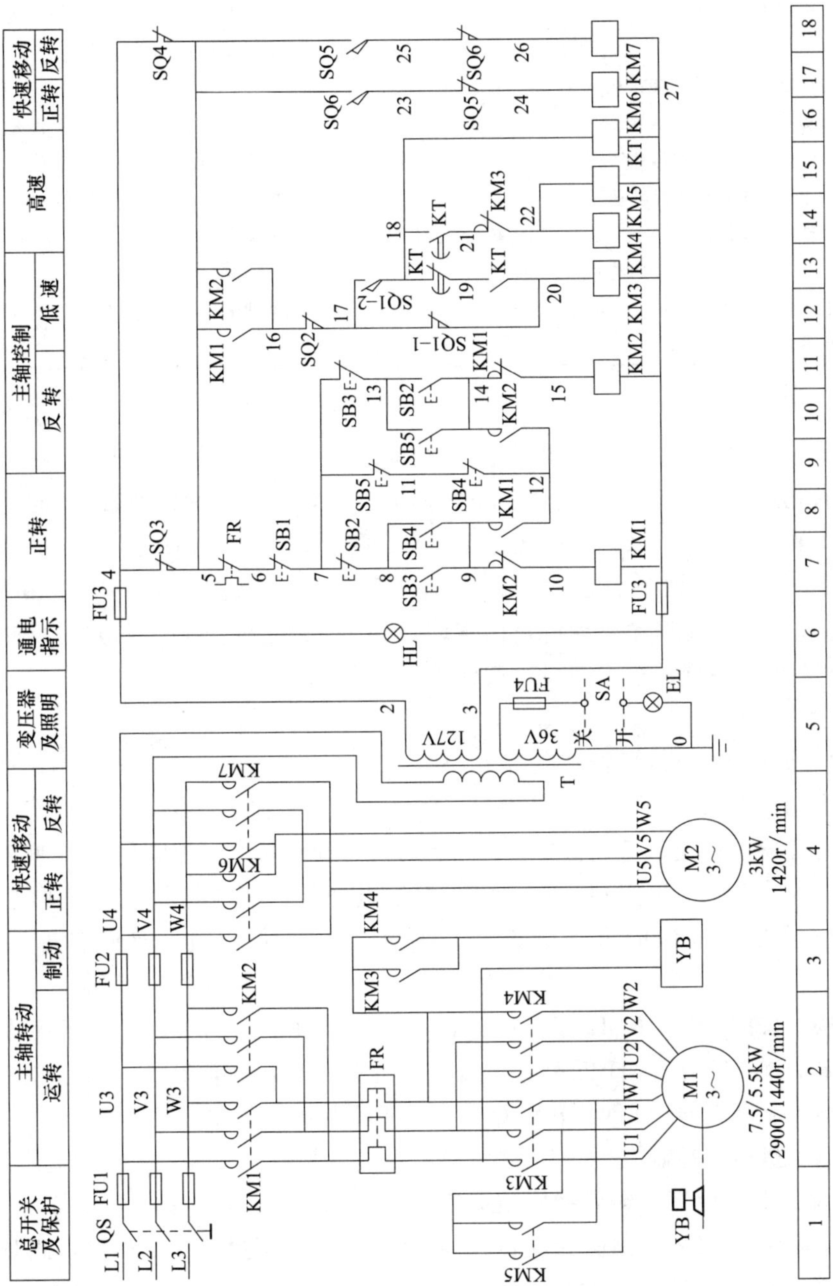

图 8-23　T68 型卧式镗床电气控制线路

表 8-7 为 T68 型卧式镗床主要电气元件。

表 8-7 T68 型卧式镗床主要电气元件

符号	名称及用途	符号	名称及用途
M1	主轴电动机(拖动主运动和进给运动)	SB3、SB2	主轴电动机正反转启动控制按钮
M2	快速移动电动机	SB4、SB5	主轴电动机正反转点动控制按钮
QS	电源开关	SQ1、SQ2	主轴变速限位开关
KM1、KM2	主轴电动机正反转接触器	SQ3	主轴、平旋盘操作联动行程开关
KM3	主轴电动机低速接触器	SQ4	工作台主轴箱手柄联动行程开关
KM4、KM5	主轴电动机高速接触器	SQ5、SQ6	快速移动电动机正反转限位开关
KM6、KM7	快速移动电动机正反转接触器	T	控制和照明变压器
YB	主轴制动电磁铁	FU1～FU4	熔断器
KT	主轴电动机高速延时启动时间继电器	EL	照明灯
SB1	主轴电动机停止按钮	FR	主轴电动机过载保护热继电器
SA	照明灯开关	HL	信号灯

3. 主电路

T68 型卧式镗床的主电路由两台电动机组成，其中 M1 是主轴电动机，具有点动正反转控制、长期运转正反转控制、反接制动、变极调速等功能。由 KM1 和 KM2 的主触点控制主轴电动机 M1 的正反转，KM3 的主触点控制 M1 的低速运转，KM4、KM5 的主触点控制 M1 的高速运转。YB 为主轴制动电磁铁，由 KM3 和 KM4 的触点控制。FR 为 M1 长期过载保护热继电器。M2 是快速移动电动机，由 KM6、KM7 的主触点来控制其正反转、直接启动等功能。M2 为短时运行，故不需要过载保护。

4. 控制电路

由控制变压器 T 供给 127V 控制电源。

(1) 主轴电动机点动控制

主轴点动时变速手柄位于低速位置。M1 电动机点动由 SB4、SB5 复合按钮操作，以正反转接触器 KM1、KM2 控制实现。点动时，主轴电动机三相绕组接成三角形进行低速点动，由 SB4 或 SB5 复合按钮的常闭触点切断 KM1 或 KM2 自锁电路而实现正反转点动运行。

正转时，按下按钮 SB4，KM1、KM3、YB 线圈相继得电，M1 定子绕组连成三角形接入三相电源，电磁抱闸松开，M1 低速启动运转。当松开 SB4 时，KM1、KM3、YB 线圈相继断电，电磁抱闸制动，M1 立即停转。反转点动过程相同，不再叙述。

(2) 主轴电动机启动控制

① 低速启动控制。由正反转启动控制按钮 SB3、SB2 和正反转接触器 KM1、KM2 组成电动机 M1 正反转启动电路。低速启动时，应将主轴变速手柄置于低速挡位，此时手柄联动机构使变速限位开关 SQ1 处于释放状态，其触点 SQ1－1（17-20）闭合，SQ1－2（17-18）断开。当主轴变速和进给变速手柄置于推合位置时，变速限位开关 SQ2 不受压，其触点 SQ2（5-17）处于闭合状态，此时若按下 SB3 或 SB2，接触器 KM1 或 KM2 线圈得电并自锁，KM3、YB 线圈相继得电吸合，主轴电动机定子绕组连成三角形，电磁抱闸松开，在全压下启动，进行低速运转。

② 高速启动控制。将主轴变速手柄置于高速位置，此时变速限位开关 SQ1 压合，其触点 SQ1－1（17-20）断开，SQ1－2（17-18）闭合。手柄处于推合位置，变速限位开关不受压，触点 SQ2（5-17）仍处于闭合状态。在此之后，若按下正转启动控制按钮 SB3，KM1 线圈得电并自锁，时间继电器 KT 线圈得电，触点 KT（19-20）立即吸合，KM3、YB 相继得电，主轴电动机定子绕组连成三角形，电磁抱闸松开，M1 低速启动，KT 延时时间到，其延时触点 KT（18-19）延时打开，KT（18-21）延时闭合，前者使 KM3 线圈断电，后者使 KM4、KM5 线圈得电吸合，主轴电动机定子绕组改接成双星形，YB 电磁铁仍保持通电，主轴电动机完成两级启动，进入高速运转。

（3）主轴电动机的停车与制动

T68 型卧式镗床主轴电动机采用电磁抱闸机械制动装置，在主轴电动机正转或反转时，制动电磁铁 YB 线圈均得电吸合，松开电动机轴上的制动轮，电动机即自由启动旋转。当按下停止按钮 SB1 时，电动机 M1 和制动电磁铁 YB 线圈同时断电，在强力弹簧作用下，杠杆将制动带紧箍在制动轮上，使电动机迅速制动停转。

停车制动时，按下停止按钮 SB1，KM1、KM4、KM5 与 YB 线圈断电，主触点断开，电动机 M1 三相电源切断，在电磁抱闸作用下，电动机迅速制动停车。

（4）主轴变速与进给变速控制

主轴变速和进给变速在主轴电动机 M1 运转时进行。

变速操作过程如下。变速时将变速盘上的手柄拉出，然后转动变速盘，选好速度后，再将手柄推回。在拉出与推回手柄时，变速限位开关 SQ2 相应动作，在手柄拉出时 SQ2 压下，手柄推回时 SQ2 不受压。

主轴电动机在运行中进行变速时的自动控制过程如下。主轴变速时，将变速手柄拉出，变速限位开关 SQ2 压下，其触点 SQ2（16-17）断开，接触器 KM3 或 KM4、KM5 与 YB 线圈都断电，使主轴电动机 M1 迅速制动停车。转动变速盘，当主轴转速选择好后，将手柄推回，则变速限位开关不再受压，其触点 SQ2（16-17）恢复闭合状态，主轴电动机又自动启动工作，而主轴在新的转速下旋转。

同理，当需进给变速时，拉出进给变速手柄，变速限位开关 SQ2 压下，触点 SQ2（16-17）断开，主轴电动机制动停车，选好合适进给量后，将进给变速手柄推回，SQ2 不再受压，触点 SQ2（16-17）恢复闭合状态，电动机 M1 又自动启动工作。

当变速手柄推合不上时，可来回推动几次，使手柄通过弹簧装置作用于变速限位开关 SQ2，SQ2 便反复断开、接通几次，使主轴电动机 M1 产生低速移动，带动齿轮组移动，以便于齿轮啮合，直到变速手柄推上为止，变速完成。

（5）快速移动控制

为缩短辅助时间，加快调整进度，机床各移动部件都可快速移动。采用一台快速移动电动机 M2 单独拖动，通过不同的齿轮、齿条、丝杆的连接来完成各方向的快速移动，这些均由快速移动操作手柄来控制。运动部件及其运动方向的选择由装设在工作台前方的手柄操纵，快速移动操作手柄有“正向”“反向”“停止”三个位置，在“正向”或“反向”位置时，扳动手柄，将压下开关 SQ5 或 SQ6，使其常开触点闭合，使快速移动电动机正反转接触器 KM6 或 KM7 线圈得电吸合，快速移动电动机 M2 正转或反转启动，并通过相应的传动机构，使预选的运动部件按选定方向快速移动。快速移动到位，将快速移动操作手柄扳回“停止”位置，快速移动电动机正反转限位开关 SQ5 或 SQ6 不受压，其触点 SQ5（5-25）或 SQ6（5-23）断开。KM7 或 KM6 线圈断电释放，M2 断电，快速移动结束。

（6）联锁保护环节

① 主轴进给与工作台进给的联锁。为防止机床或刀具损坏，电路应保证主轴进给与工作台进给不能同时进行，为此在控制电路中设置了两个联锁行程开关 SQ3 与 SQ4。其中，SQ3 是与主轴及平旋盘进给操作手柄联动的行程开关，当手柄处于“进给”位置时，压下 SQ3，其常闭触点 SQ3（4-5）断开；SQ4 是与工作台及主轴箱进给手柄联动的行程开关，当手柄处于“进给”位置时，压下 SQ4，其常闭触点 SQ4（4-5）断开。将这两个行程开关的常闭触点并联后串接在控制电路中，当这两个手柄中的任何一个在“进给”位置时，M1 和 M2 都可以启动，实现自动进给。但若两个手柄同时在“进给”位置时，则联锁行程开关 SQ3、SQ4 的常闭触点都断开，控制电路断电，电动机 M1、M2 无法启动，避免了误操作造成事故。

② 其他联锁环节。主轴电动机 M1 的正反转控制电路、高低速控制电路及快速移动电动机 M2 正反转控制电路均设有互锁控制环节，以防止误操作造成事故。

③ 保护环节。熔断器 FU1 对主电路进行短路保护，FU2 对 M2 及控制变压器进行短路保护，FU3 对控制电路进行短路保护，FU4 对局部照明电路进行短路保护。热继电器 FR 对主轴电动机 M1 进行长期过载保护。控制电路采用按钮与接触器控制，所以具有失压—欠压保护功能。

5. 辅助电路

因控制电路使用的电器较多，所以采用一台控制变压器 T 供电，控制电路电压为 127V，并有 36V 安全电压给局部照明灯 EL 供电，EL 由照明灯开关 SA 控制。HL 为电源接通指示灯，接在 T 输出的 127V 电压上。

第三节 起重设备控制线路图

一、电动葫芦起重机

电动葫芦起重机有两种类型：一种是没有行走机构而固定安装的，只能用在固定场合；另一种装有电动小车，可安装在单梁桥（门）或起重机带曲线的单轨悬空工字梁上。电动葫芦起重机由集中驱动电动机、减速器、钢绳卷筒等构成，造型紧凑、操作方便，因此被广泛应用于工矿企业中。由于该起重机起重能力较小，因此驱动电动机都采用单速直接启动的锥形转子特殊电动机，以保证足够的制动转矩。锥形转子的作用是造成非均匀磁场，大端磁场弱，小端磁场强。当定子绕组通电时，转子将向带风扇的小端方向窜动，使转子的轴向弹簧受到预压力，同时使带摩擦片的风扇与后端盖的锥面（或平圆环面）脱开，电动机即可运转。当定子绕组断电后，磁场消失，在弹簧作用下，转子被推回到大端方向，转子摩擦片与后端盖的锥面（或平圆环面）相摩擦而制动。

如图 8-24 所示为单梁桥（门）式电动葫芦起重机的电路图。

表 8-8 为与图 8-24 所示电路对应的主要元器件的文字符号和名称。

图 8-24 中，SB0 和 SB11～SB16 装在随车行走的悬挂按钮盒里。该电路很简单，大车行

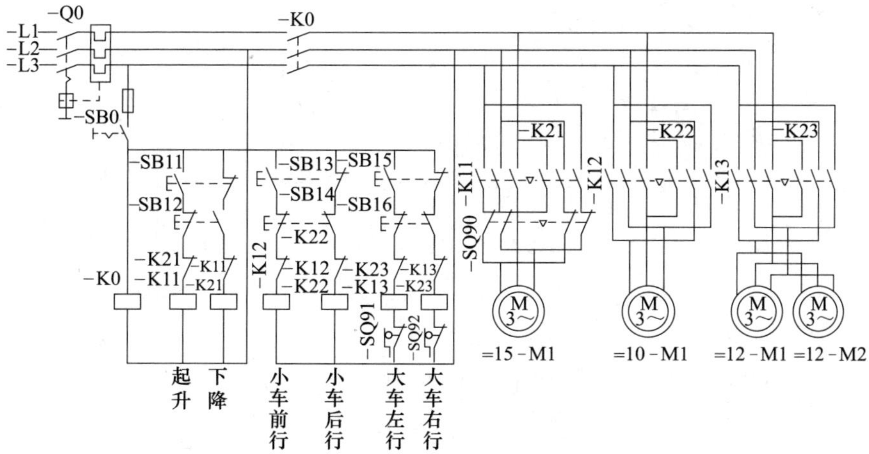

图 8-24 单梁桥（门）式电动葫芦起重机电路

走采用同型号、同规格电动机，以及同时供电方式和点动控制方式，具有电气和机械联锁保护及超行程保护功能。当大车或吊钩超过极限行程位置时，只能做相反方向的点动，到限位开关复位后，才能恢复正常工作。

表 8-8 图 8-24 中的主要元器件符号和名称

文字符号	名称	文字符号	名称
=15-M1	吊钩驱动电动机	K11/K21	吊钩驱动电动机正/反转接触器
=10-M1	小车行走驱动电动机	K12/K22	小车向前行/后行接触器
=12-M1	大车左端行走电动机	K13/K23	大车向左行/右行接触器
=12-M2	大车右端行走电动机	SB13/SB14	小车向前行/后行按钮
QF0	空气断路器线路总开关及保护器	SB15/SB16	大车向左行/右行按钮
SB0	控制回路钥匙开关	SQ90	吊钩行程限位开关
SB11/SB12	吊钩上升/下降按钮	SQ91/SQ92	大车左行/右行限位开关
K0	线路接触器		

二、起重机控制线路

起重机是一种用来起吊和下放重物，以及在固定范围内装卸、搬运材料的起重机械，广泛应用于工矿企业、车站、港口、仓库和建筑工地等场所。按其结构的不同，起重机可分为桥式起重机、门式起重机、塔式起重机、旋转起重机和缆索起重机等。其中，桥式起重机用得最为普遍。

10t 桥式起重机电气控制线路如图 8-25 所示。

起重机由 4 台电动机拖动，M1 为提升电动机，M2 为小车电动机，M3、M4 为大车电动机。R_1～R_4 是 4 台电动机的调速电阻。电动机的转速由左右各有 5 个操作位置的凸轮控制器控制，SA1 控制 M1，SA2 控制 M2，SA3 控制 M3 和 M4，分别用制动器 YB1～YB4 进行停车制动。

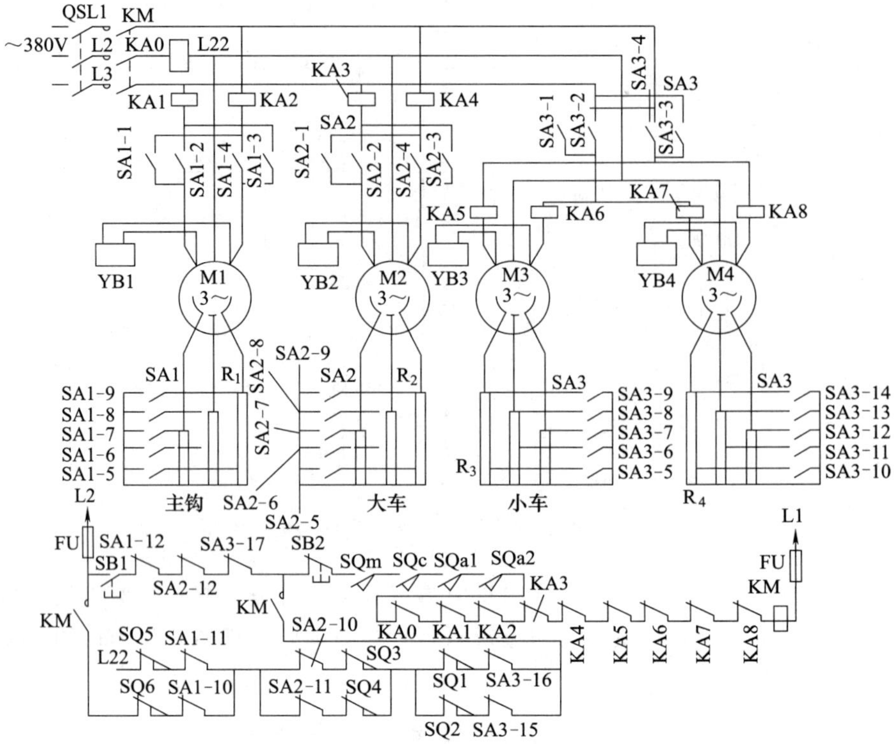

图 8-25 10t 桥式起重机电气控制线路

复习思考题

1. PLC 的硬件由哪些部分组成？

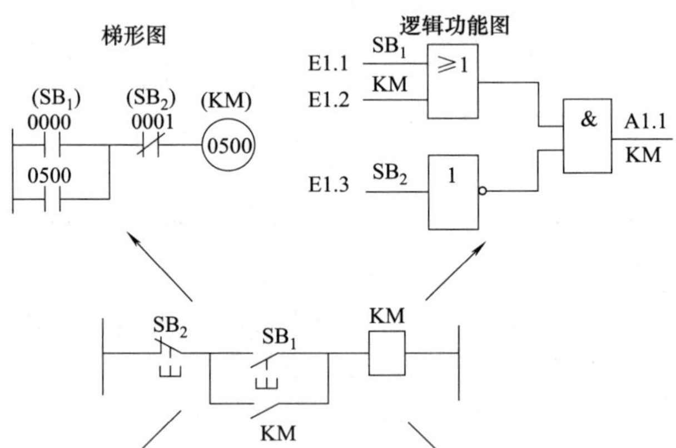

语句表

指令字	数据
LD	0000
OR	0500
AND NOT	0001
OUT	0500

逻辑代数式

$\overline{0001}\cdot(0000+0500)=0500$

图 8-26 几种语言编程的举例

2. 编程器的组成、功能和任务是什么？

3. PLC 的主要技术性能指标有哪些？

4. 图 8-26 是用几种语言编程的举例，试说明几种程序设计语言的区别和作用。

5. 已知继电器动合触点、动断触点和吸引线圈元件如图 8-27 所示，画出对应的梯形图。

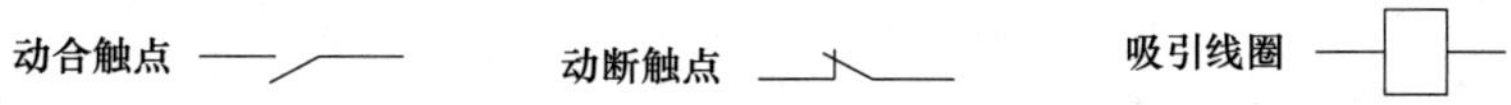

图 8-27　继电器动合触点、动断触点、吸引线圈

6. 根据梯形图 8-28 写出指令助记符程序表。

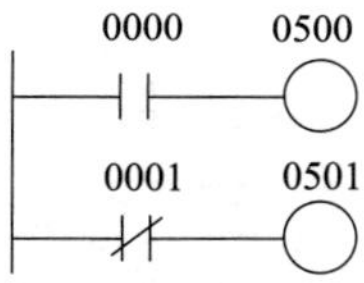

图 8-28　梯形图（一）

7. 根据如图 8-29 所示的梯形图写出指令助记符程序表。

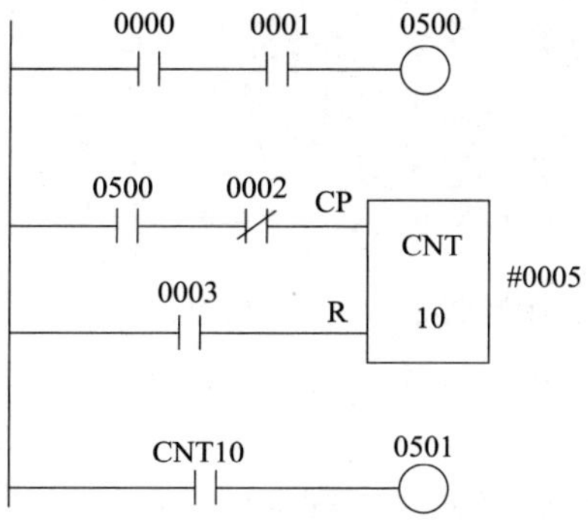

图 8-29　梯形图（二）

8. 用梯形图给 PLC 编程时应遵守哪些规定？

9. PLC 程序设计的一般步骤有哪些？

10. 分析图 8-15 中 C6132 卧式车床电气控制线路的工作原理。

11. 分析图 8-17 中 M7120 型平面磨床的电气控制线路的工作原理。

12. 分析图 8-19 中 X62W 型万能铣床控制线路的工作原理。

13. 分析图 8-21 中 Z3040 摇臂钻床电气控制线路的工作原理。

14. 分析图 8-23 中 T68 型镗床电气控制线路的工作原理。

15. 分析图 8-24 中单梁桥（门）式电动葫芦起重机电路的工作原理。

16. 分析图 8-25 中 10t 桥式起重机电气控制线路的工作原理。

第九章

电路图

[学习目标]

① 掌握电路图的几种绘制方法和符号布置。
② 理解几种常用电路图的简化形式和模式。
③ 了解识读几种典型电路图实例的方法。
④ 通过规范识图训练，培养一丝不苟的工作精神。

电路图是用图形符号并按工作顺序排列，详细表示系统、分系统、电路、成套设备或成套装置的全部基本组成和连接关系，而不必考虑其组成项目的实际尺寸、形状或位置的一种简图。

电路图包括电路原理图和电路接线图（配线图）两种。

（1）电路原理图

电路原理图是电气技术人员及电气工人分析实际机械设备电路的蓝图。这种图的主要用途是：了解系统、分系统、电器、部件、设备、软件等的功能和所需的实际元器件及其在电路中的作用；详细理解设计对象（电路、设备或装置）的作用原理，分析和计算电路特性，作为编制接线图的依据；为测试和寻找故障提供信息。

（2）电路接线图（配线图）

电路接线图是电气工人对实际机械设备电路接线的指导图。这种图的主要用途是了解元器件的安装位置。

一个完整的电路图由三大部分组成，即电源、负载、中间环节，如图 9-1 所示。

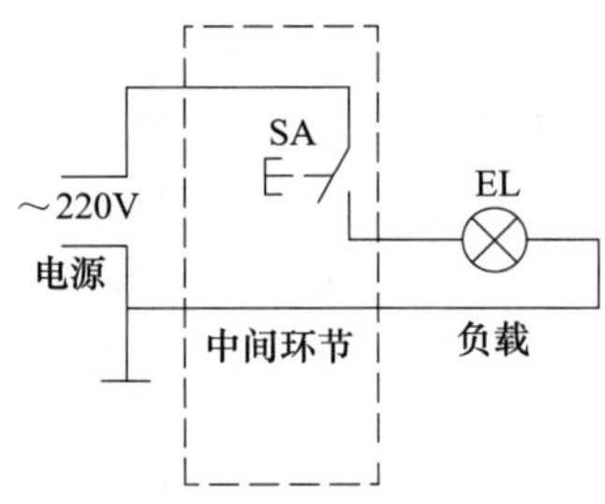

图 9-1　白炽灯的电路图

第一节　电路图的绘制原则和方法

电路图所描述的对象十分广泛，其种类很多，例如控制电路图、电子电路图、逻辑电路图等，且有其各自的特点，现介绍一般电路图的绘制原则和方法。

一、图上位置的表示方法

在绘制和使用电路图时，往往需要确定元器件、连接线等的图形符号在图上的位置，例如，当继电器、接触器之类的项目在图上采用分开表示法（线圈和触点分开）绘制时，需要采用插图或表格表明各部分在图上的位置。

较长的连接线可采用中断画法，或者当连接线的另一端需要画到另一张图上去时，除了要在中断处标注中断标记外，还需标注另一端在图上的位置。

在供使用、维修的技术文件（如说明书）中，有时需要对某一元件或器件进行注释、说明。为了找到图中相应的元器件的图形符号，也需要注明这些符号在图上的位置。图上位置的表示方法通常有三种。

1. 图幅分区法

为了在电气简图中迅速、准确地找到某一项目，通常采用图幅分区法。图幅分区法可参见第二章相关内容。

在采用图幅分区法的电路图中，对水平布置的电路，一般只需标明“行”的标记；对垂直布置的电路，一般只需标明“列”的标记；复杂的电路图才需标明组合标记。图上的位置标记举例如图 9-2 所示。

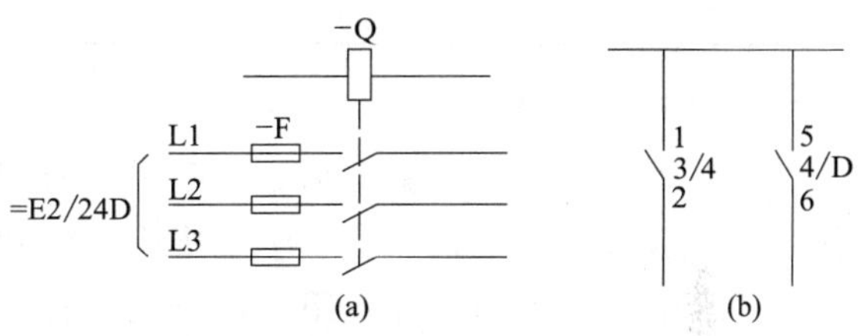

图 9-2 图幅分区法表示图上位置示例

图 9-2（a）表示了导线的去向。电源线 L1、L2、L3 接至配电系统＝E 的第 24 张图的 D 列（＝E2/24D）。

图 9-2（b）表示了项目在图上的位置。触点 1-2 的驱动线圈在第 3 张图上的 4 行（3/4），而触点 5-6 的驱动线圈在第 4 张图上的 D 列（4/D）。

2. 电路编号法

电路编号法，即对电路中各支路用数字编号加以标识的方法。在支路较多的电路中，对每个支路按一定顺序（自左至右或自上至下），用阿拉伯数字编号，从而确定各支路项目的位置。例如，图 9-3 有 4 条支路，在各支路的上方按顺序标有电路编号 1、2、3、4、5、6、7。

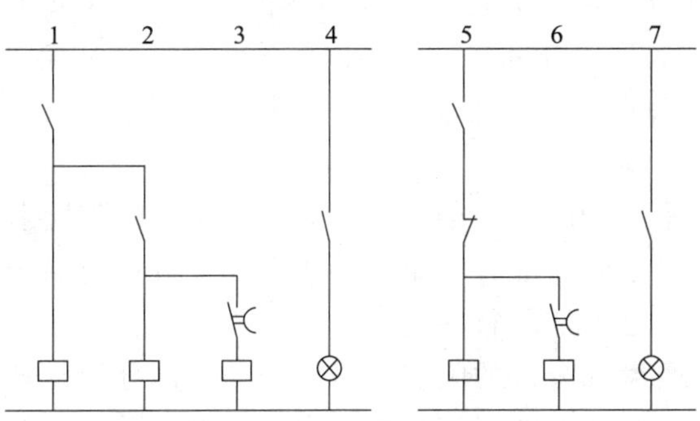

图 9-3 电路编号法示例

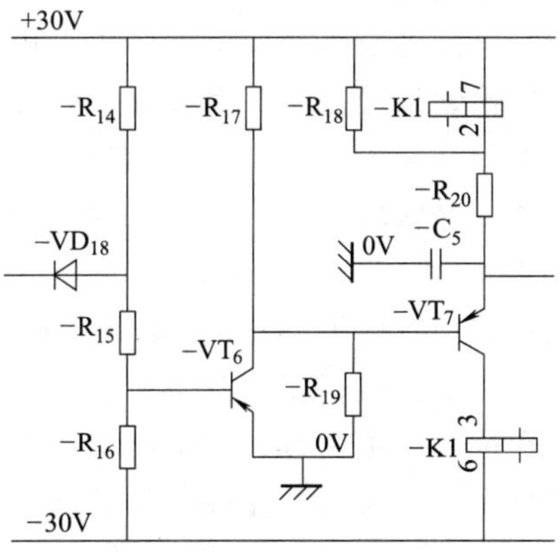

图 9-4 表格法示例

3. 表格法

表格法，即在简图外围列表，在表中重复标出图中项目代号，并与相应图形符号垂直或水平对正的方法。对电阻器、电容器等常用元器件和在图中用量较多的元器件，其项目代号按类占用表格中的一行或一列，其他项目代号占用一行或一列，示例见图 9-4。

该示例的表格布置在电路图下部，图中符号的项目代号重复水平分类列于表中，并与图中相应符号垂直对正。由于电容器、电阻器用量较多，可各独占一行，图中符号位置可从表格中方便地查寻。图形符号旁仍需标注项目代号。图 9-4 是采用表格法定位的示例图，图上各项目（C、R、VT、K1）与表 9-1 中的各项目一一对应。这样，表中的项目便能方便地从图上找到。

表 9-1 表格法定位的项目

电容器				$-C_5$
电阻器	$-R_{14}$，$-R_{15}$，$-R_{16}$	$-R_{17}$	$-R_{18}$，$-R_{19}$	$-R_{20}$
其　他	$-VD_{18}$	$-VT_6$		$-K1$，$-VT_7$

二、符号的布置

对于在驱动部分和被驱动部分之间采用机械连接的元件、器件和设备，可根据电路的繁简程度，分别采用集中表示法、半集中表示法和分开表示法表示。

分开表示法表示的元件各组成部分之间在功能上也是相关的，主要适用于各组成部分的图形符号分散布置在简图中，不便于采用集中或半集中表示法的场合。该表示法的主要特点是各部分之间的功能联系采用相同的项目代号建立。对于复杂的电路元件，可按位置表示法的规定示出从驱动（激励）部分到其他部分的位置检索标记。在使用分开表示法时，为了表明元器件和设备的各组成部分，寻找其在图上的位置，位置检索标记通常采用插图或插表来说明，插图或插表通常置于驱动（激励）部分附近。

当插图或插表不能置于驱动（激励）部分附近时，也可以置于图内的其他位置或单独的文件中，这时应在驱动部分符号附近标出查阅该文件的标记。

1. 插图法

在图上，把采用分开表示法分散在图中不同位置的同一项目的不同部分的图形符号集中绘在一起，并给出位置信息，就形成了插图。

插图应用的示例见图 9-5。图中的插图分别布置在驱动线图-K1、-K2 和-K3 的下方。图中所示电路图及其相关电路图均采用图幅分区的位置表示法。被驱动部分的位置可通过插图给出的检索标记查寻，例如，-K1 的被驱动部分的位置分别在该电路图的 2、3 号区域和第 5 张图的 2 号区域（5/2）；-K2 的被驱动部分的位置分别在该电路图的第 4 号区域和第 5 张图的第 1 号区域（5/1）；-K3 的两个被驱动部分在第 2 张图的第 4 号区域（2/4）。

2. 插表法

插表应用示例见图 9-6。该图中的电路图与图 9-5 相同，但图中被驱动部分的位置检索标记被制成了插表。图中共 3 个表，每个表含有一个驱动部分所驱动的所有开关触点的端子号和所在位置两项内容，表中给出的信息与图 9-5 的插图完全一致。

在分开表示法中，元件符号的被驱动部分（受激部分）的限定符号应当与该部分的符号一同示出；驱动（激励）部分的限定符号或整个元件共用的限定符号，应和驱动（激励）部分的符号一同示出。

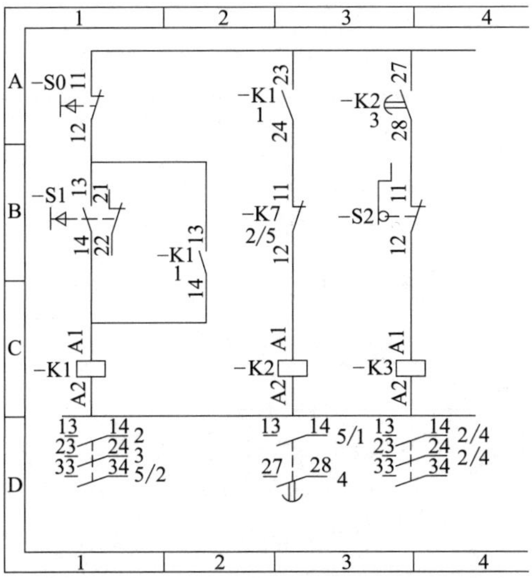

图 9-5　插图应用示例

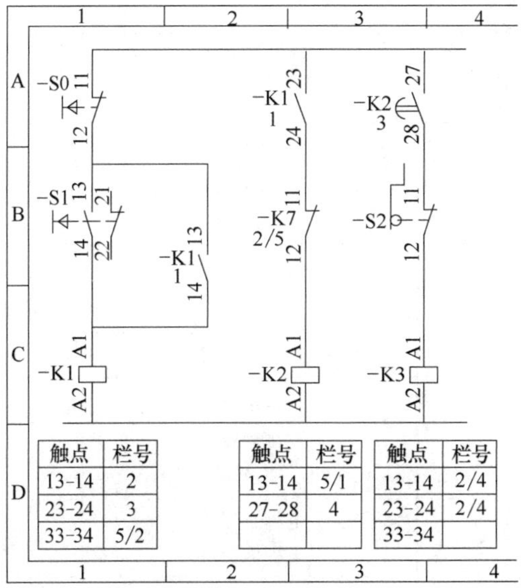

图 9-6　插表应用示例

三、项目代号的标注和项目目录的编制

电路图详细地表示了设计、研究对象的全部基本项目，因此，项目代号的标注和项目目录的编制是十分重要的。

1. 项目代号的标注

电路图中项目代号的标注方法根据电路的用途和繁简程度，分别采用以下标注方法。

（1）标注种类代号段

对于比较简单的电路图，如产品说明书、学术技术论文中的电路图，其项目代号主要用于识别元件的种类及其特征。

标准中给出了项目种类的字母代码表，详见表 9-2。

表 9-2　项目种类的字母代码表

字母代码	项 目 种 类	举例
A	组件 部件	分立元件放大器、磁放大器、激光器、微波激射器、印制电路板，以及本表其他地方未提及的组件、部件
B	变换器 （从非电量到电量或相反）	热电传感器、热电池、光电池、测功计、晶体换能器、送话器、拾音器、扬声器、耳机、自整角机、旋转变压器
C	电容器	
D	二进制单元延迟器件 存储器件	数字集成电路和器件、延迟线、双稳态元件、单稳态元件、磁芯存储器、寄存器、磁带记录机、盘式记录机
E	杂项	光器件、热器件，本表其他地方未提及的元件
F	保护器件	熔断器、过电压放电器件、避雷器
G	发电机电源	旋转发电机、旋转变频机、电池、振荡器、石英晶体振荡器
H	信号器件	光指示器、声指示器
K	继电器、接触器	
L	电感器 电抗器	感应线圈、线路陷波器电抗器（并联和串联）

续表

字母代码	项 目 种 类	举例
M	电动机	
N	模拟集成电路	运算放大器、模拟/数字混合器件
P	测量设备 试验设备	指示、记录、积算、测量设备信号发生器，时钟
Q	电力电路的开关	断路器、隔离开关
R	电阻器	可变电阻器、电位器、变阻器、分流器、热敏电阻
S	控制电路的开关选择器	控制开关、按钮、限制开关、选择开关、选择器、拨号接触器、连接级
T	变压器	电压互感器、电流互感器
U	调制器 变换器	整频器、解调器、变频器、编码器、逆变器、变流器、电报译码器
V	电真空器件 半导体器件	电子管、气体放电管、晶体管、晶闸管、二极管
W	传输通道 波导、天线	导线、电缆、母线、波导、波导定向耦合器、偶极子天线、抛物面天线
X	端子 插头 插座	插头和插座、测试塞孔、端子板、焊接端子片、连接片、电缆封端和接头

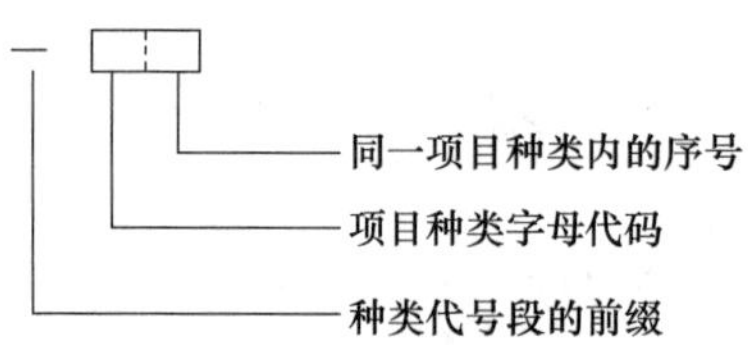

图 9-7 由字母代码和数字构成的种类代号

标准同时规定了构成种类代号的三种方法。最常用的一种方法是由字母代码和数字组成，其具体形式如图 9-7 所示。

项目种类字母代码可由一个或几个字母组成。当采用一个字母时，需按表 9-2 的规定执行。当用双字母表示项目种类时，可参考 GB/T 20939 的规定执行。当采用多个字母组成字母代码时，应在图上或文件中说明，且第一个字母也应选自表 9-2。在不致引起混淆的情况下，其前缀符号亦可省略，如由熔断器、开关组成的电路，可标注- F1、- F2、- Q1、- Q2，也可标注为 F1、F2、Q1、Q2。

(2) 标注高层和种类代号段

在比较复杂的电路中，当需要表示出项目之间的隶属关系时，则可标注高层代号段和种类代号段。

高层代号是系统或设备中任何较高层次项目（对于给予代号的项目而言）的代号。对于高层代号的含义可以有如下理解。

① 具有高层代号的项目，其构成相对复杂些。

② 此高层代号即为该项目的“项目代号”。

高层代号的构成：对于高层代号，GB/T 5094 没有规定字母代码。

高层代号可由拉丁字母、阿拉伯数字或字母加数字三者中的任一种形式构成。

高层代号可根据产品的自身特性，按上述原则由设计者自行确定。

在高层代号段内，复合项目代号也可简化，其原则仍是每个高层代号仅由一个字母和一个数字构成，如图 9-8 所示的高层代号可简化为＝S5P2。

高层代号与种类代号的组合：在设备中，任何项目都可用高层代号与种类代号联合构成一个项目代号。此时，项目代号表示该项目的隶属关系，例如，某图中的＝1－T1 表示单元 1 中的变压器 T1。在这个项目代号中，高层代号使用数字，由于有前缀符号，因此可看清隶属关系。

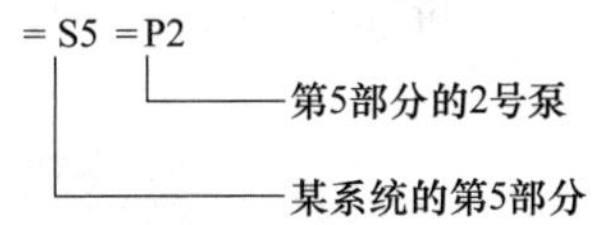

图 9-8 某高层代号

所谓代号段的简化是指代号段内前缀的省略。在复合项目的种类代号段内，A2－R2 可简化为－A2R2；在复合项目的高层代号段内，＝S5＝P2 可简化为＝S5P2；高层代号与种类代号的组合＝S5＝P2－Q2－Y1 可简化为＝S5P2－Q2Y1。它们简化的原则均为该项目只由一个字母和一个数字构成。

(3) 标注位置和种类代号段

位置代号是表示项目在组件、设备、系统或建筑物中的实际位置的代号。在 GB/T 5094 中，对位置代号没有规定字母代码，位置代号可由拉丁字母、阿拉伯数字或字母加数字三者中的任一种形式构成。

在使用位置代号时，应绘出表示项目位置的示意图，再按位置代号逐级查找出该项目。

有些电路中，当需要提供项目的安装位置时，则可标注位置和种类代号段，例如，某电路图中一终端设备 Z1 在 C2S3 单元，则标注为＋C2S3－Z1；又例如，在某电路图中，106 室为开关柜与控制柜列室，柜列用文字 A、B、C、D 表示，各列内机柜位置用数字表示，位置代号＋106＋A＋4 表示 A 列机柜第 4 号机柜的位置。

(4) 标注高层、种类和位置代号段

在电路图中，若需要表明该项目的从属关系，又需要提供其实际位置，则应标注高层、种类和位置代号段。

在电路图中，若干个不同种类的项目同属某一系统，安装在同一单元中，为了避免高层、位置代号段的重复标注，可以将高层代号标注在标题栏中，或者将高层代号和位置代号标注在围框外。

(5) 代号段组合方法的比较

高层代号段与种类代号段合成的代号：这种组合方式只提供项目之间的功能隶属关系而不反映项目的安装位置。

位置代号段与种类代号段合成的代号：这种组合方式明确给出项目的位置，但不提供功能隶属关系。

高层代号段、位置代号段、种类代号段组合的项目代号：这种组合方式不仅提供项目之间的功能隶属关系，而且同时反映项目的安装位置。

2. 项目目录的编制

与项目代号相对应，在电路图适当位置（如标题栏中）或另页，一般还应编制图中全部元器件的目录表。目录表应按电气设备常用基本文字符号的顺序（A、B、C……）逐项填写。表中包括以下各项。

① 位号。填写各项目的项目代号。

② 代号。填写项目的标准号或技术条件号。

③ 名称和型号。填写各项目的名称、型号及某些参数。当有若干个型号、参数完全相同的项目，而项目代号的序号又连续时，可填写在同一行内。

④ 数量。填写同种型号、规格的台（件）数。

⑤ 备注。填写需要补充和说明的内容。

第二节　电路图的简化画法

在电路图中，为了使图面更简洁，使识图与绘图及修改图简单、方便，对一些常用的电路图形式进行简化。

一、主电路的简化

在发电厂、变配电所和工厂电气控制设备、照明等电路中，主电路通常为三相三线制或三相四线制的对称电路或基本对称电路，为了便于表示设备和电路的功能，在这些电路图中，可将主电路或部分电路简化用单线图表示。然而，在某些情况下，对于不对称部分及装有电流互感器、热继电器等的局部电路，用多线图（一般为三线图）表示。如图 9-9（a）所示是三相三线制及三相四线制简化成单线的表示方法，表示多相电源的电路的导线符号，宜按相序从上到下或从左到右排列，中性线应排在相线的下方或右方。如图 9-9（b）所示则为表示两相式电流互感器及热继电器在用三线图表示时的局部电路画法。

二、并联电路的简化

在许多个相同支路并联时，只需画出其中的一条支路，而不必画出所有支路。但在画出的支路上必须标上公共连接符号、并联的支路数以及各支路的全部项目代号，如图 9-10 所示，其表示 4 个支路并联。

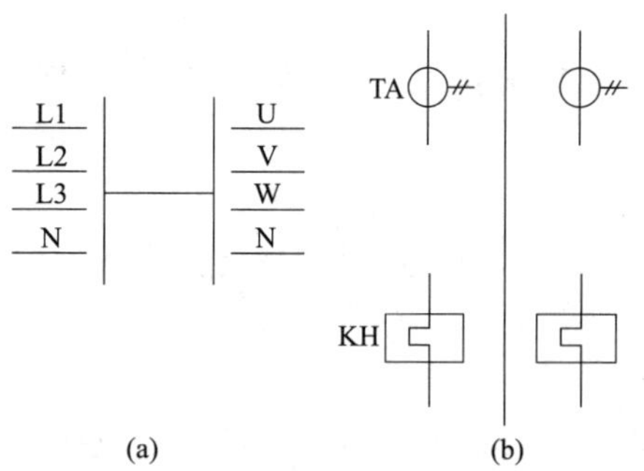

图 9-9　主电路的简化画法

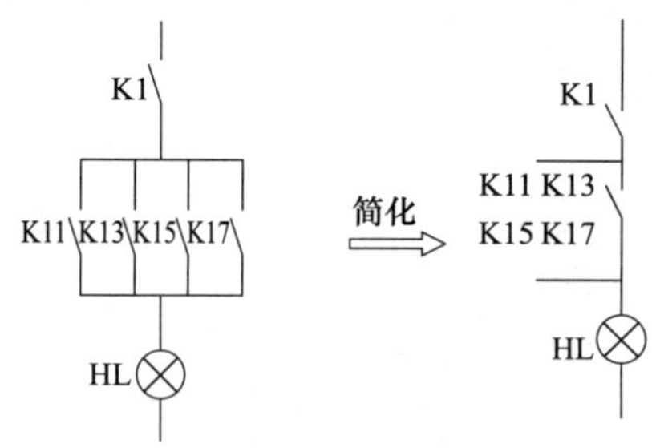

图 9-10　并联电路的简化

多路连接时也可采用如图 9-11 所示的连接方法。

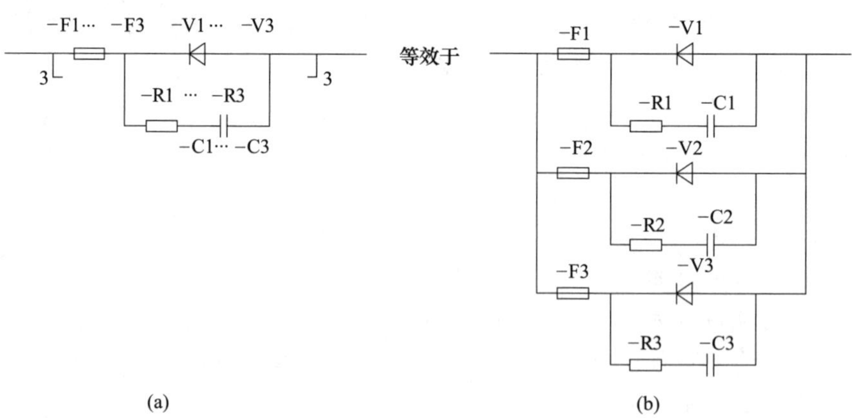

图 9-11　多路连接示例

三、相同电路的简化

在同一张电路图中，相同电路重复出现时，仅需详细表示出其中之一，其余电路可用点画线围框表示，但仍要绘出各电路与外部连接的有关部分，并在围框内适当加以说明，如“电路同上”“电路同左”等字样，如图 9-12 所示。图 9-12（a）中有两个相同的电路，但元件代号不同，对该电路进行简化，可只绘出一个电路，另一电路的元件代号标注在括号内。

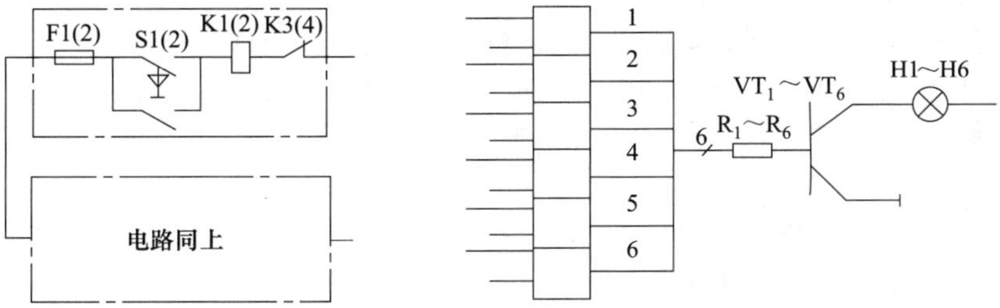

(a)　　(b)

图 9-12　相同电路的简化画法示例

如图 9-12（b）所示是一个具有 6 个相同电路的简化画法，用单线表示，并注明了项目代号。

然而在供配电电气主接线图中，为了清楚地表示各电路的用途（负荷），一般对相同的电路都要分别画出，只是在标注装置、设备的型号、规格时可用“设备同左”等字样简化。

四、功能单元和外部电路的简化

一个复杂的电路往往由若干功能单元组成，有时候，为便于理解电路原理，还要绘出与之相关的外部电路。

对于功能单元，可用方框符号或端子功能图加以简化。此时，应在方框符号或端子功能图上加注标记，以便查找其代替的详细电路。这种简化方法的实质是将电路图分成若干层次，然后逐层展开的绘制方法。在第一层次仅绘出各功能单元的端子功能图、框图及其与其他电路的连接情况；在第二层次再分别绘出各功能单元的详细电路。

对于外部电路，由于仅仅是为了说明原理，因此可以用更简略的形式表示，然后加注查找其完整电路的标记。

五、某些基础电路的简化模式

某些常用基础电路的布局若按统一的形式出现在电路图上，就容易识别，也简化了电路图。将这些电路标准化、模式化会方便读图，使元件合理布局，提高绘图效率。GB/T 6988.2 给出了部分基础电路的简化模式。

无源二端网络的两个端点一般绘制在同一侧，如图 9-13（a）所示。

无源四端网络（如滤波器、平滑电路、衰减器和移相网络等）的四个端应绘制在假想矩形的四个角上，见图 9-13（b）。

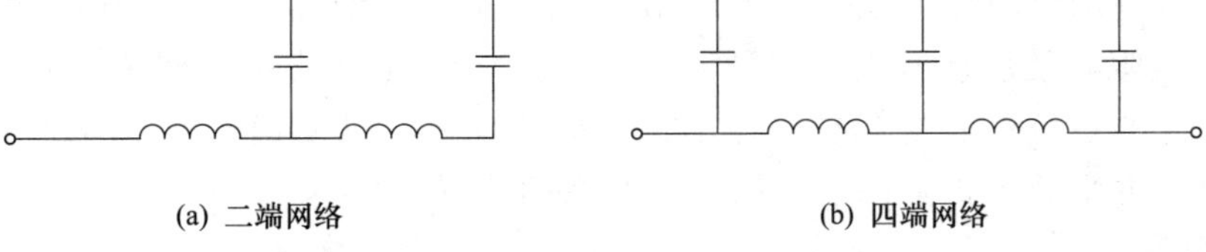

(a) 二端网络　　(b) 四端网络

图 9-13　无源网络端的简化模式

桥式电路的输入端绘在左方，输出端绘在右方，其统一模式见图 9-14。

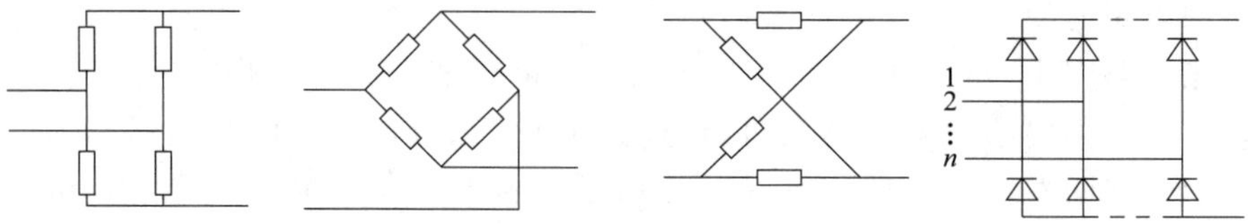

图 9-14 桥式电路简化模式

常用的共基极（NPN）阻容耦合放大器电路的简化模式见图 9-15。

如图 9-16 与图 9-17 所示分别为共发射极（NPN）阻容耦合放大器和共集电极（NPN）阻容耦合放大器电路。

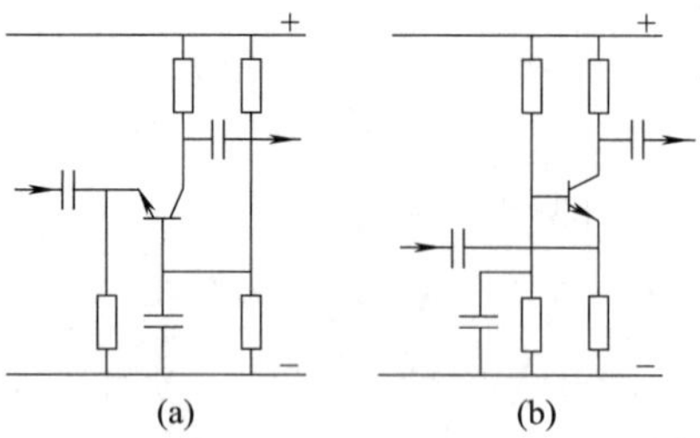

图 9-15 共基极（NPN）阻容耦合放大器

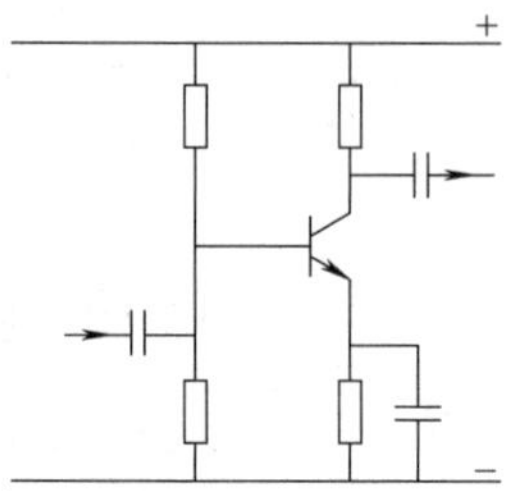

图 9-16 共发射极（NPN）阻容耦合放大器

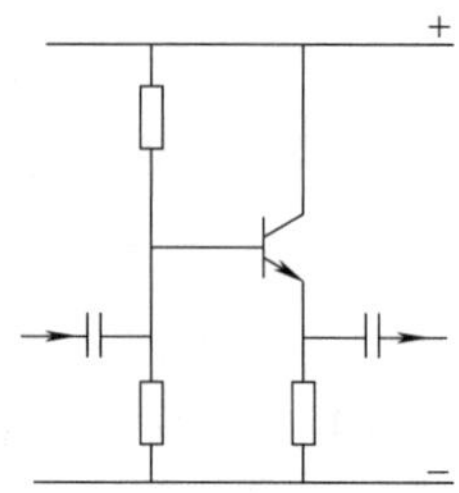

图 9-17 共集电极（NPN）阻容耦合放大器

带星-三角形启动器的电动机电路原则上应按图 9-18 绘制。

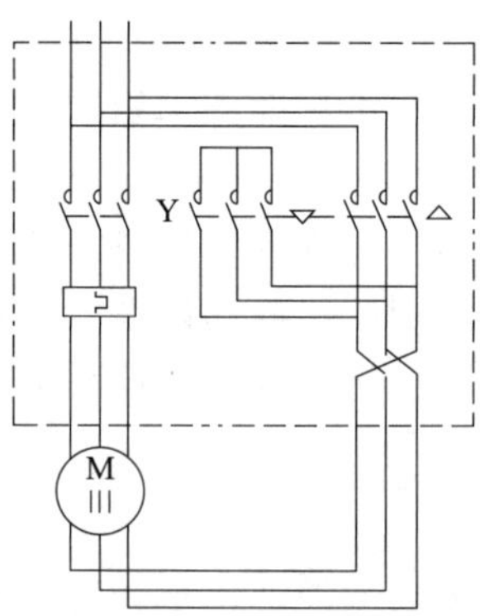

图 9-18 带星-三角形启动器的电动机电路

第三节 电路图示例

一、绕线式转子串电阻启动控制电路

由三相异步电动机的转矩-转差曲线可知，在转子电阻增加时能保持最大的转矩，所以适当选择启动电阻能使启动转矩达到最大。图 9-19 是按电流规则切换转子电阻的自动启动控制电路图。它的各分支电路自左向右用数字顺序编号，是使用电路编号法表示位置的例子。图中接触器 KM 下面的数字表示接触器所在的位置代号。

1. 识图指导

如图 9-19 所示是一例转子绕组串联若干级电阻，在启动后逐级切除电阻，使电动机逐步正常运转的启动按钮操作控制线路。图中 KM1 为主线路接触器，KM2、KM3、KM4 为短接电阻启动接触器。

① 保护元件。熔断器 FU1（电动机短路保护）、FU2（控制电路的短路保护），热继电器 FR（电动机过载保护）。

② 主电路。由开关 QS，熔断器 FU1，接触器 KM1、KM2、KM3 及 KM4，电流继电器 KA2、KA3 和 KA4，降压电阻（或电抗）R_1、R_2、R_3，热继电器 FR 和电动机 M 组成。

③ 控制电路。由熔断器 FU2，启动按钮 SB2，停止按钮 SB1，接触器 KM1、KM2、KM3 及 KM4，电流继电器 KA1、KA2、KA3 和 KA4，热继电器 FR 常闭触点组成。

2. 电路的基本特点

① 电路布局。该电路按工作电源分为两部分，左边为主电路，垂直布置；右边为控制电路，垂直布置。

在控制电路中，各类似项目横向对齐，例如，接触器 KM1、KM2、KM3、KM4、KA1 的驱动线圈和触点依工作顺序和功能关系横向整齐地排列。

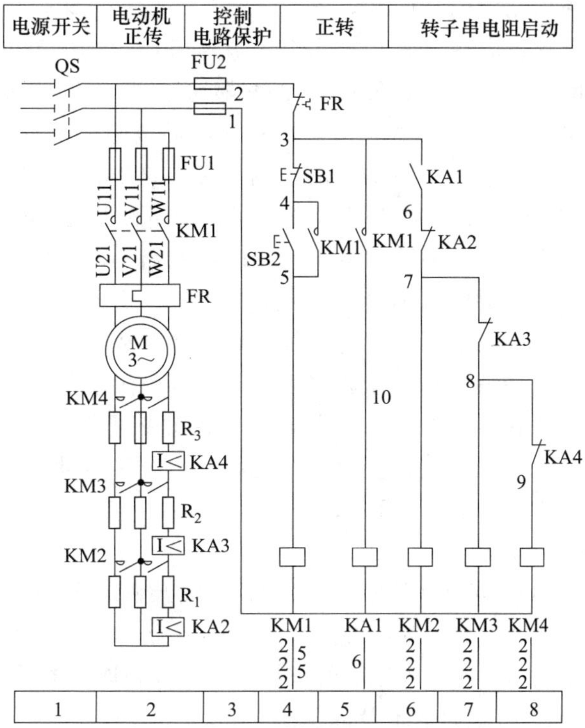

图 9-19 按电流规则切换转子电阻的自动启动控制电路图

② 符号的布置。电路中各继电器、接触器的符号采用分开表示法布置，例如接触器 KM1，主触点在主电路中，一对动合触点在驱动线圈回路中，作为自保持触点，另一对动合触点串接在电流继电器 KA1 的线圈回路中，但它们都标以同一个项目代号 KM1。

③ 主电路的表示法。主电路采用多线表示法，这可使主电路线路清晰，采用三线表示法比较适宜。

④ 项目代号的标注。由于该电路主要说明工作原理，其项目代号没有高层代号和位置代号，也没有端子代号，只标注了种类代号，且省去了前缀符号。

3. 工作原理

图中，KA2、KA3、KA4 为电流继电器，它们的动作电流值一样，但释放值不一样，KA2 最大，KA3 其次，KA4 最小。

合上电源开关 QS 后，按下启动按钮 SB2，使 KM1 有电，主触点闭合，电动机启动。同时，KA1 有电，为切换控制做准备。

电动机开始启动时，因转子导体相对切割定子旋转磁场的速度最快，因此转子感应的电流最大，KA2、KA3、KA4 都动作，其常闭触点均断开，使 KM2、KM3、KM4 都无法得电，并进行全电阻启动。

随着转速的上升，转子导体相对切割定子旋转磁场的速度下降，转子感应电流减小，使得 KA2 释放，其常闭触点闭合，使得 KM2 有电，短接第一级启动电阻。这样就减小了转子回路的电阻，而转子电流变大，KA3、KA4 仍吸合。

随着转子转速的继续上升，转子回路中电流再减小，KA3 释放，使 KM3 有电，短接第二级启动电阻。同理，再短接第三级启动电阻，进行转子固有电阻的启动运行。

这里应注意 KA1 的作用。在刚开始启动的瞬间，由于转子电流从零增加到最大需要一定时间，因此 KA2、KA3、KA4 都可能未动作。这时如果没有 KA1，就有可能出现 KM2、KM3、KM4 同时得电并短接所有启动电阻的情况，电动机相当于转子没有串电阻进行启动。有了 KA1 后，在 KM1 动作时，KA1 有电，经 KA1 的动作时间后才闭合常开触点，这时 KA2、KA3、KA4 都已经动作了，常闭触点均已断开，保证了 KA2、KA3、KA4 的有效动作。

由于转子回路串电阻启动时，在启动电阻切换过程中存在着冲击电流，且控制电路比较复杂，启动电阻本身较笨重、能耗大、维修麻烦，因此在大容量电路中常串接一频敏电阻器。频敏电阻器是由铸铁片或钢板叠压成铁芯，外面套上绕组的三相电抗器，接在转子回路中，由绕组电抗和铁芯损耗决定的等效阻抗随着转子电流的频率而变化。在电动机启动过程中，随着转速的上升（即转子电流频率下降），其阻抗值自动平滑减小。这样在刚启动时，启动力矩比较大，使得电动机能在重载下启动，另一方面又可限制启动电流。

二、收音机电路图

1. 识图指导

图 9-20 是一调幅广播（AM）收音机的电路图。这个电路图按从天线接收信号，经过调谐、检波、放大等至音量输出（扬声器 B1）的工作顺序，从左到右排列各个元件的符号，详细地表示了这一收音机的全部基本组成和连接关系，比较清楚地表达了这一对象的工作原理。

2. 电路的基本特点

（1）端子功能图的应用

图 9-20 中，主要起放大作用的功能单元 A1 的电路用端子功能图代替。该单元的内部功能用 7 个放大器方框符号表示，绘出了全部 14 个外接端子，并标出了该单元的详细电路图的图号，端子功能图的内部实际上是放大器的组成框图，为了更清晰地表示与其他元件的连接关系，又将其分为两部分。

端子功能图在这一电路图中的应用有以下好处。

① 多级放大器是收音机的主要组成部分，组成元件较多，电路较复杂，在功能上比较单一，用另外一张图专门详细表述是合理的。

② 作为收音机的整体电路，放大器各部分与其他部分的连接关系是不能中断的，采用端子功能图，通过其外接端子，表达了这种关系。

③ 端子功能图的应用，简化了作图，图面布局更清晰、合理。

（2）表格法的应用

图 9-20 中，电阻、电容等类元件的符号很多，为了使读图者能迅速找到元件在图上的位置，这个图采用了表格法，表示了各元件的位置。而表格法的应用，又与整个电路图主要采用垂直布置有关，即电路的布局有利于采用表格法。

（3）电源的表示法

该电路的布局采用了公用的电源线，采用电源的电压值（+15V）表示电源。

（4）项目代号的标注

该图属于一般阐述原理的电路图，图中只标注了种类代号。

3. 采用表格法表示项目在图中的位置

采用表格法表示项目在图中位置的例子如图 9-21 所示。在表格中按各元器件在图中的位置分别标出了所有电阻、电容、半导体管的项目代号，这样当对照文字说明来阅读电路图时，很容易在图中找到对应的元器件。

电阻器	R_1 R_2 R_3 R_4	R_5 R_6 R_7 R_8 R_9 R_{10}		R_{11} R_{12} R_{13}	R_{14} R_{15} R_{16} R_{17} R_{18} R_{19}
电容器	C_2 C_3 C_{21} C_{20}	$C_{1.2}$ C_4 C_5 C_6 C_7 C_{16} C_8 C_9 C_{10} C_{11}	C_{13} C_{14}	C_{15} C_{17} C_{19} C_{18}	C_{23} C_{22} C_{26} C_{25}
其他		T1 T2 T3	T4	A	B1

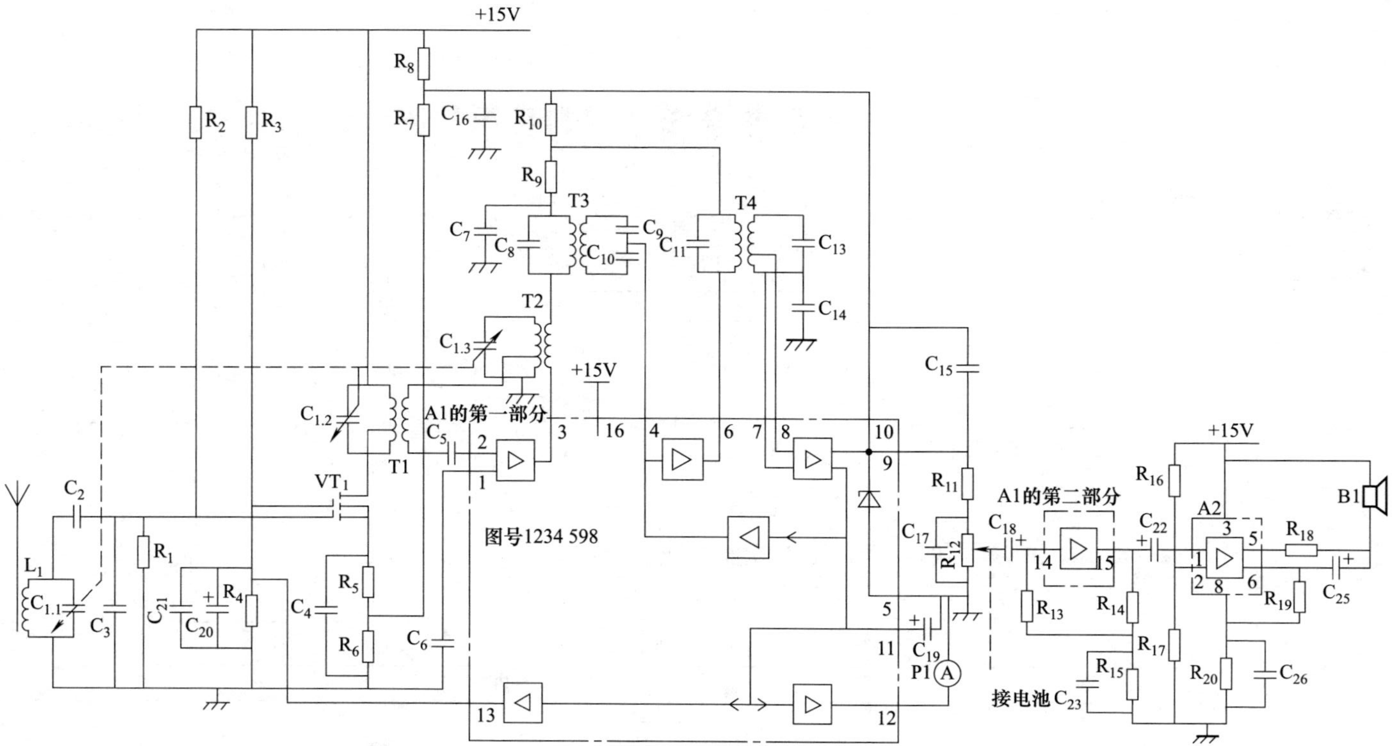

图 9-20　调幅广播收音机电路图

电容器	$C_1C_2C_3$ C_4 C_6 C_5C_7
电阻器	R_1 R_2 R_3 R_4-R_6 R_{22} R_{23} R_7 R_{24} R_8 R_{25} R_9-R_{11} $R_{26}-R_{29}$ R_{12} R_{30} R_{13} R_{32} $R_{14}-R_{16}$ R_{31} R_{17} R_{33} R_{18} R_{21} R_{34} R_{19} R_{35} R_{20}
半导体管和其他	VT_1 VT_2 VT_3 VD_{15} VT_9 VT_4 VT_{10} VD_{16} VT_{11} VT_5 VD_{17} VT_{12} VD_{18} VT_{13} VT_6 VT_{14} VT_7 K1 K1 VT_8 VT_{19} K1

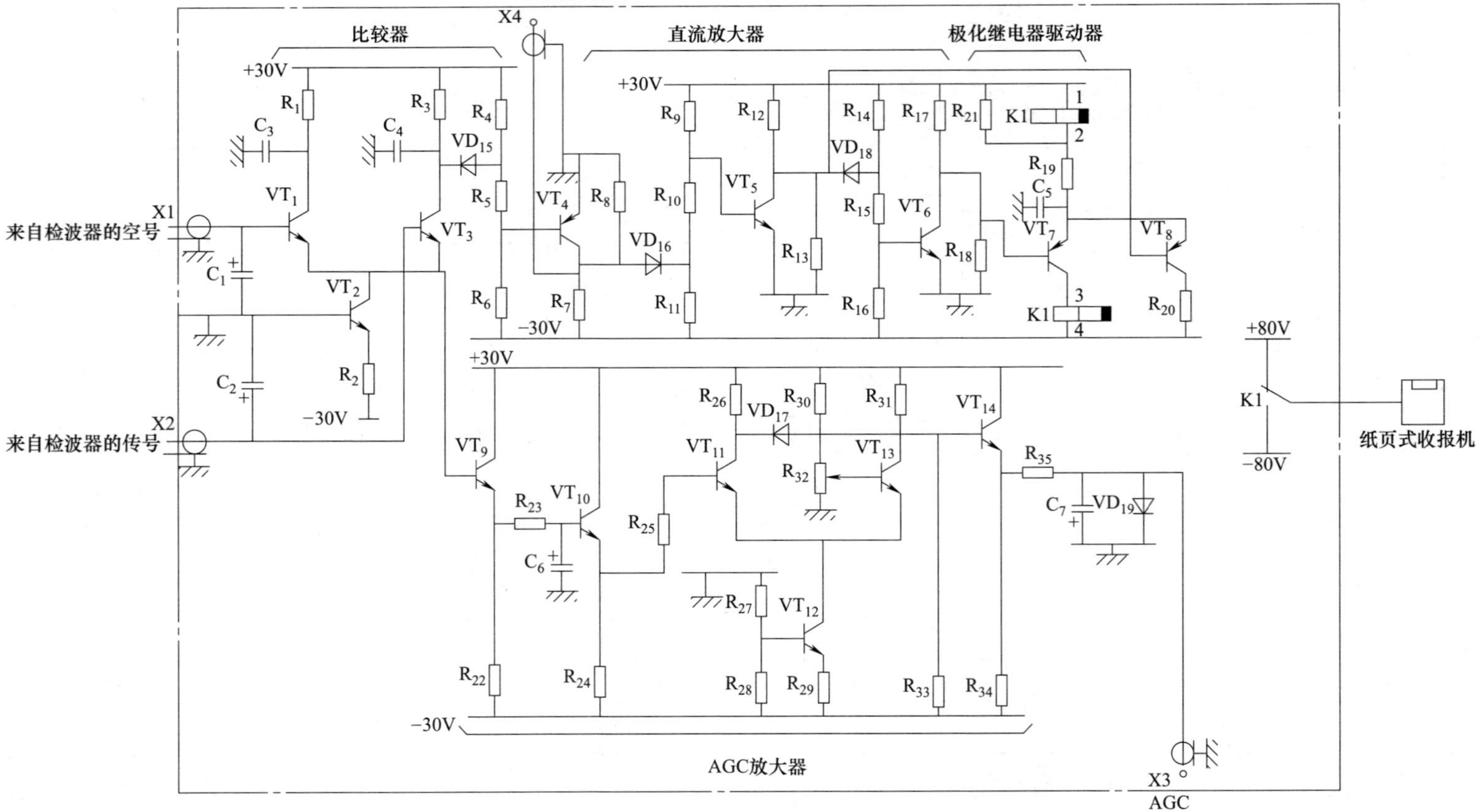

图 9-21 采用表格法表示项目在图中位置

三、高压线路的二次电路图

如图 9-22 所示是某高压线路的二次电路，其中图 9-22（a）是展开图，图 9-22（b）是仪表继电器屏的结构单元接线图，图 9-22（c）是端子接线图，图 9-22（d）是电流互感器电路图。

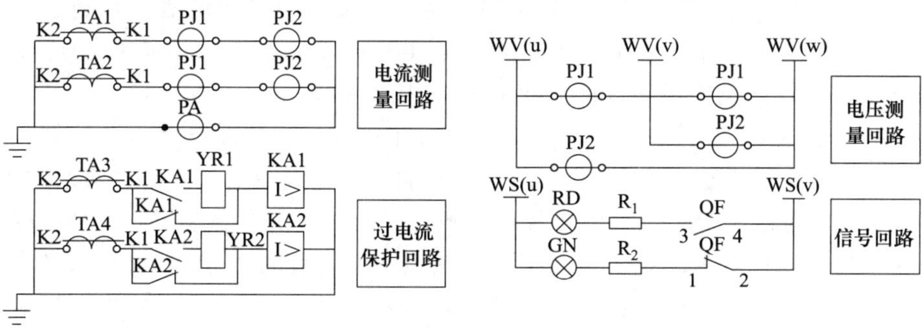

(a)

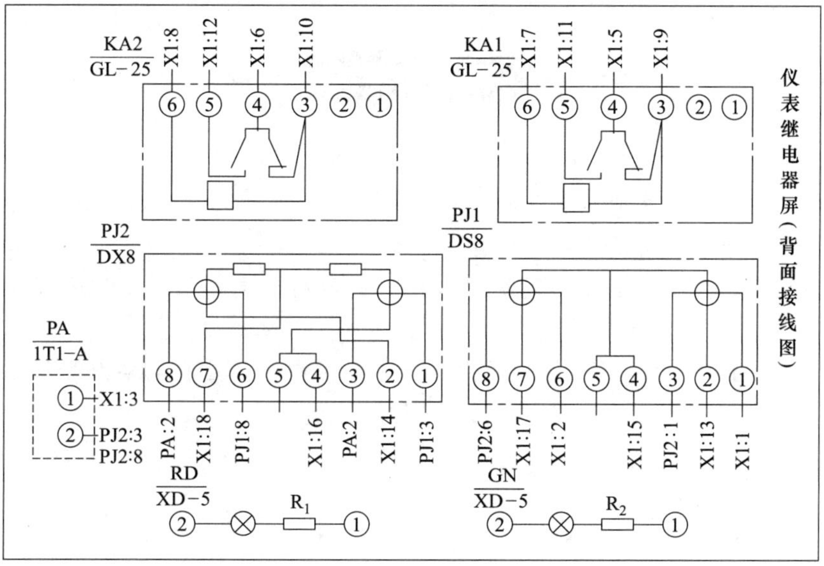

(b)

端子排

X1	10kV电源进线	WL1
TA1:K1	1	PJ1:1
TA2:K1	2	PJ1:6
TA1:K2	3	PA:1
TA2:K2	4	
TA3:K1	5	KA1:4
TA4:K1	6	KA2:4
TA3:K2	7	KA1:6
TA4:K2	8	KA2:6
YR1:1	9	KA1:3
YR2:1	10	KA2:3
YR1:2	11	KA1:5
YR2:2	12	KA2:5
WV(u)	13	PJ1:2
	14	PJ2:2
WV(v)	15	PJ1:4
	16	PJ2:4
WV(w)	17	PJ1:7
	18	PJ2:7
……	……	……

(c)

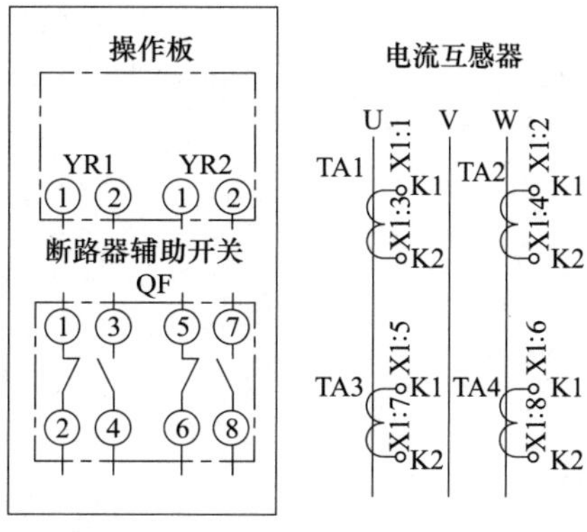

(d)

图 9-22　某高压线路的二次电路图

图 9-22（a）是简单的测量与过流保护回路。

图 9-22（b）是结构单元接线图，采用相对标记法，各项目的端子连接导线的去向都标注得非常清晰，可用连续线把各端子连接起来。

图 9-22（c）示出了该单元与外部连接的关系，也采用相对标记法。右侧是与本结构单元的连接关系，左侧是与外部电流互感器 TA1、TA2、TA3、TA4 和电压小母线 WV(u)、WV(v)、WV(w) 以及跳闸线圈 YR1、YR2 的连接关系。

下面以图 9-22（d）为例来分析，从 TA1 的 K1 端开始，从标记 X1：1 可知，它与端子排 X1 的第一号端子相连接。端子排 X1 的第一号端子的左侧与电流互感器 TA1 的 K1 端相连接，右端与有功电度表 PJ1 项目的 1 号端子相连。而 PJ1 的 3 号端子与无功电度表 PJ2 项目的 1 号端子连接；PJ2 项目的 3 号端子与电流表 PA 项目的 2 号端子相连；PA 项目的 1 号端子与 X1 的 3 号端子右侧相连；X1 的 3 号端子的左侧与 TA1 的 K2 端子相连，形成了回路。因此，当拿到这张图纸后，就可把各个项目用导线连接起来。

复习思考题

1. 电路图包括哪两种图？

2. 图上位置的表示方法通常有几种？

3. 什么是符号布置的插图法和插表法？

4. 在电路图中，为了使图面更简洁，需对一些常用的电路图形式进行简化。简化的方法有哪些？

5. 电路如图 9-19 所示。指出保护元件有哪些，主电路和控制电路由哪些元件组成。

6. 电路如图 9-19 所示。指出电路有哪些基本特点。

第十章

电子电路图

[学习目标]

① 掌握电子电路图的构成和单元电路的特点。

② 掌握识读常用电子电路原理图的方法和步骤。

③ 了解识读方框图和电路装配图的方法。

④ 通过分组分析复杂电子电路图，培养团队合作精神。

第一节　电子电路识图的基本概念

一、电子电路图的构成

电子电路图一般由电原理图、方框图和装配（安装）图构成，如图 10-1 所示。

- 电子电路图
  - 电原理图
    - 整机电原理图
    - 单元电原理图
    - 等效图
  - 方框图
    - 整机电路方框图
    - 系统电路方框图
    - 集成电路内电路方框图
  - 装配图
    - 整机工装图
    - 印制线路图
      - 图纸表示法
      - 线路板直标法

图 10-1　电子电路图的构成

1. 电原理图

电原理图是用来表示电子产品工作原理的图。在这种图上用符号代表各种电子元件。它给出了产品的电路结构、各单元电路的具体形式和单元电路之间的连接方式；给出了每个元器件的具体参数（如型号、标称值和其他一些重要参数），为检测和更换元器件提供依据；给出许多工作点的电压、电流参数等，为快速查找和检修电路故障提供方便。除此以外，它还提供了一些与识图有关的提示、信息。有了这种电路图，就可以研究电路的来龙去脉，也就是电流怎样在机器的元件和导线里流动的，从而分析机器的工作原理。

单元电原理图是电子产品整机电原理图中的一部分，并不单独成一张图。为了给分析某一单元电路的工作原理带来方便，有时将单元电路单独画成一张图纸。如图 10-2 所示为调幅音频发射电路图的例子。调幅音频发射电路的发射频率可在 500～1600kHz 之间调整，

C_1、C_2、L_1、VT_2 组成调幅振荡器电路，振荡频率可以通过调整 C_1 的电容量来调整。音频信号经过 VT_1 及其外围元件组成的放大电路放大后，再经过 RP_1、C_3 耦合到 VT_2 基极，与 VT_2 振荡器产生的载波叠加在一起后通过发射天线发射出去。发射天线可以用一根 1m 左右的金属导线代替，元器件参数见图 10-2。

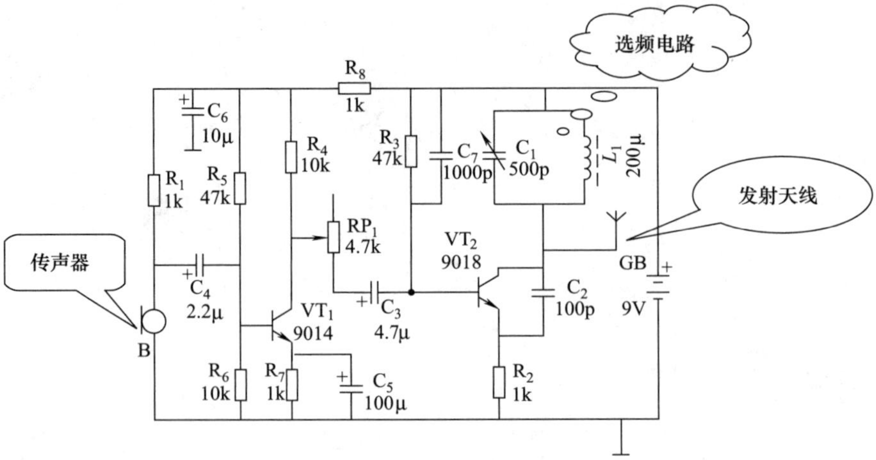

图 10-2 调幅音频发射电路图

（1）图形符号

图形符号是构成电路图的主体。在如图 10-2 所示的调幅音频发射电路图中，各种图形符号代表了组成调幅音频发射电路的各个元器件，例如，“—□—”表示电阻器，“⊣⊢”表示电容器，“⌒⌒⌒”表示电感器等。各个元器件图形符号之间用连线连接起来，就可以反映出调幅音频发射电路的结构，即构成了调幅音频发射电路的电路图。

（2）文字符号

文字符号是构成电路图的重要组成部分。为了进一步强调图形符号的性质，同时也为了分析、理解和阐述电路图的方便，在各个元器件的图形符号旁，标注有该元器件的文字符号，例如在图 10-2 所示的调幅音频发射电路图中，文字符号“R”表示电阻器，“C”表示电容器，“L”表示电感器，“VT”表示晶体管等。在一张电路图中，相同的元器件往往会有许多个，这也需要用文字符号将它们加以区别，一般是在该元器件文字符号的后面加上序号，例如在图 10-2 中，电阻器分别以“R_1”“R_2”等表示，电容器分别标注为“C_1”“C_2”“C_3”等，晶体管有两个，分别标注为“VT_1”“VT_2”。

（3）注释性字符

注释性字符用来说明元器件的数值大小或者具体型号，通常标注在图形和文字符号旁。它也是构成电路图的重要组成部分，例如图 10-2 所示的调幅音频发射电路图中，通过注释性字符即可以知道：电阻器 R_1 的阻值为 1kΩ，R_2 的阻值为 1kΩ；电容器 C_1 的电容值为 500pF，C_2 的电容值为 100pF，C_3 的电容值为 4.7μF；晶体管 VT_1、VT_2 的型号分别为 9014、9018 等。注释性字符还用于电路图中其他需要说明的场合。

2. 方框图

方框图是表示该设备是由哪些单元功能电路所组成的图，能表示这些单元功能是怎样有机地组合起来，并完成它的整机功能。

方框图仅表示整个机器的大致结构，即包括了哪些部分。每一部分用一个方框表示，有文字或符号说明，各方框之间用线条连起来，表示各部分之间的关系。方框图只能说明机器的轮廓、类型以及大致工作原理，仅从方框图中看不出电路的具体连接方法，也看不出元件的型号数值。

方框图一般是在讲解某个电子电路的工作原理时，或是介绍电子电路的概况时采用的。

按运用的程序来说，一般是先有方框图，再进一步设计出原理电路图。如果有必要，再画出安装电路图，以便于具体安装。

如图 10-3 所示是固定输出集成稳压器的方框图。它给出了电路的主要单元电路名称和各单元电路之间的连接关系，表示整机的信号处理过程。

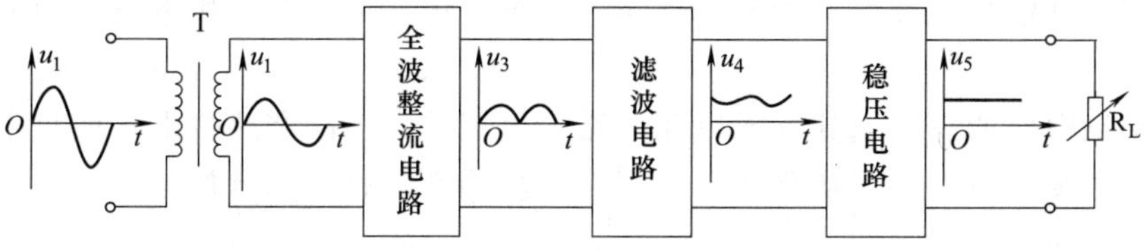

图 10-3 固定输出集成稳压器的方框图

3. 装配图

装配图是表示电原理图中各功能电路、各元器件在实际线路板上分布的具体位置以及各元器件管脚之间连线走向的图形，如图 10-4 所示。

装配图也就是布线图，如果用元件的实际样子表示，又叫实体图。原理图只说明电路的工作原理，仅从原理图中看不出各元件的实际形状，在机器中是怎样连接的，以及在什么位置，而装配图就能解决这些问题。装配图一般很接近实际安装和接线的情况。

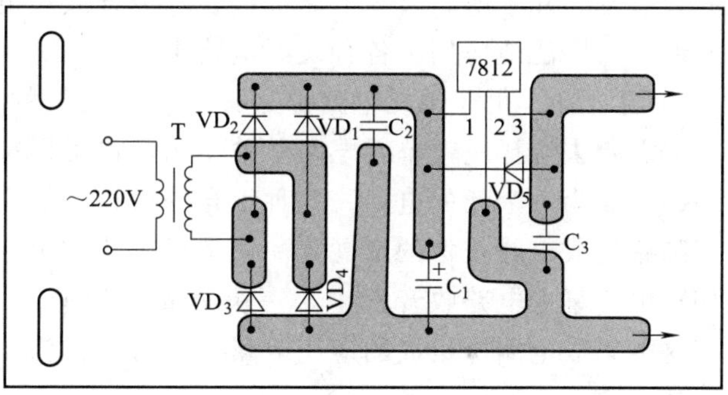

图 10-4 固定输出集成稳压器印制电路板装配图

如果采用印制电路板，装配图就要用实物图或符号画出每个元件在印制板的什么位置，焊在哪些接线孔上。有了装配图，就能很方便地知道各元件的位置，顺利地装好电子设备。

装配图有图纸表示法和线路板直标法两种。图纸表示法用一张图纸（称印制线路图）表示各元器件的分布和它们之间的连接情况，这也是传统的表示方式。线路板直标法则在铜箔线路板上直接标注元器件编号，这种表示方式的应用越来越广泛，特别是进口设备中大多采用这种方式。

图纸表示法和线路板直标法在实际运用中各有利弊。对于前者，若要在印制线路图纸上找出某一只需要的元器件，则较方便，但找到后还需用印制线路图上该器件编号与铜箔线路板去对照，才能发现所要找的实际元器件，有二次寻找、对照的过程，工作量较大。而对于后者，在线路板上找到某编号的元器件后就能一次找到实物，但标注的编号或参数常被密布的实际元器件所遮挡，不易观察完整。

二、电子电路的分解

任何复杂的电子电路都是由一些具有完整基本功能的单元电路组成的，也就是说任何复杂的电子电路都可以分解为若干个单元电路，比如各种直流稳压电源，其技术指标可能有所不同，但就其电路组成而言，都是由变压器降压电路、整流电路、滤波电路以及稳压电路等单元组成的，如图 10-5 所示。交流市电由变压器降压后，经整流输出脉动直流电压，然后经滤波电路变为比较平滑的直流电压，最后由稳压电路进行稳压输出。

图 10-5　直流稳压电源的结构框图

复杂电路一旦被分解成若干个单元电路，就可以从分析单元电路着手，去了解各单元电路的工作原理、性能特性及有关参数，进而分析每个单元电路和整机电路之间的联系，了解电路的设计思想。

这种把整机电路或总电路分解成单元电路，再把单元电路和整机电路或总电路挂起钩来的过程，就是对复杂电子电路从整体到局部，再从局部到整体的分析、理解过程。

三、单元电路的特点

① 有某一特定的电路功能。单元电路（如由三极管组成的各种放大电路、电容电感等元件组成的振荡电路、集成运算放大器组成的各种应用电路）都具有各自特定的电路功能，是可以单独使用的。

② 通用性。电路的通用性表现为电路功能的基本性。如三极管放大电路最基本的功能是放大信号，几乎所有实际电路都包含三极管放大电路；又如振荡电路的基本功能是产生振荡波形，它广泛地应用于各种实际电路中。

③ 组合性。由于单元电路都是具备特定功能的电路，因而在电子电路设计过程中，可以根据需要去选择一个单元电路单独使用，也可以按一定的规律将多个单元电路恰当地组合在一起，成为一个新的电路。这种组合的过程，事实上是一个有意识的电路设计过程。

随着集成电路技术的发展，一块集成芯片配上一些外围元件就可完成许多特定的功能，例如在单片集成电路收音机中，一块集成芯片加上一些外围元件就可完成收音机的全部功能。这类集成电路所组成的应用电路，也可以作为单元电路来使用。

第二节　识读电子电路图

一、电路元件与符号的对照及连接

了解各种电子元件的符号以后，就可以对照电路图把这些元件装成电子设备了。通常首先在每个电子元件符号旁边摆一个它所对应的元件，为了方便起见，把每个元件符号和所对应的元件都编上号。回过头来再对照看电路图，比如看到四点间连接着一些线条，而且中间打着“·”(圆点)，就是要把四个元件的引出线用导线焊在一起。若图中有两条连线而中间交叉地方没有打“·”圆点，就表示两条连线应互相绝缘，这就是不连接符号“+”表示的意思。

另外，经常从电路图中还可以看到很多“⊥”符号，这个符号叫接地符号，意思是说，凡是画有“⊥”符号的元件都要用一条导线把它们连起来。这个接地不是说连起来以后接大地，而是表明这些接地点在一个电位上（一般称为零电位点）。只要用一条导线把画“⊥”符号的元件连起来就行了。

综上所述，看电路图就是要看哪个元件和哪个元件连接在一起，连接完了，就算会看电路图了。下面以一个最简单的电路为例进行说明。

如图 10-6（a）所示是最简单的手电筒照明电路，图中的电子元器件都是用与其外形相似的图形符号来表示的，这种电路图称为实际电路图。

图 10-6（b）画出了一些符号，它们代表小灯泡 HL、电池 E_C 和按钮开关 S，手电筒外壳相当于导线，可以用连接线代表，把小灯泡、电池和按钮开关等符号连接起来，这就是一个手电筒的电路图。当按下按钮开关时，电路便接通，电流就按照从电池正极经过开关、灯泡，回到负极的方向流动，同时小灯泡发亮；松开开关，电路中断，电路内没有电流流动，小灯泡就不亮了。

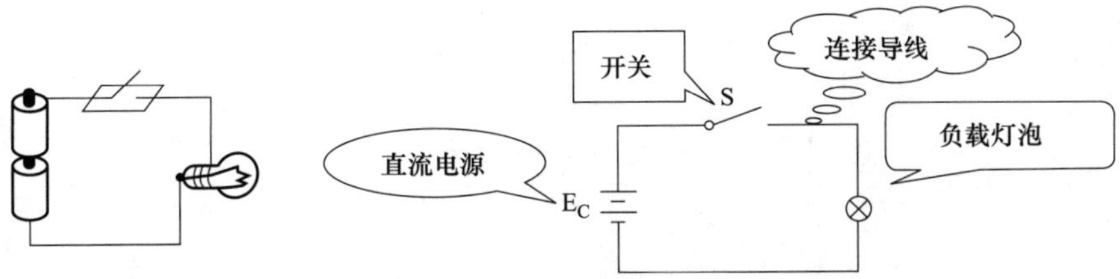

(a) 实际电路图　　(b) 电路原理图

图 10-6　手电筒电路

二、学会看电子电路图

实际的电子电路往往要比手电筒电路复杂得多，电路中的元器件可能有几十个，甚至几百个，再加上元器件的种类繁多，外形各异，要想把它们的外形一一画出，那将是一件非常繁琐的事情。国家对各种电子元器件都给出了各自的标准电路符号，如图 10-7 所示就是五种常见电子元器件的电路符号。

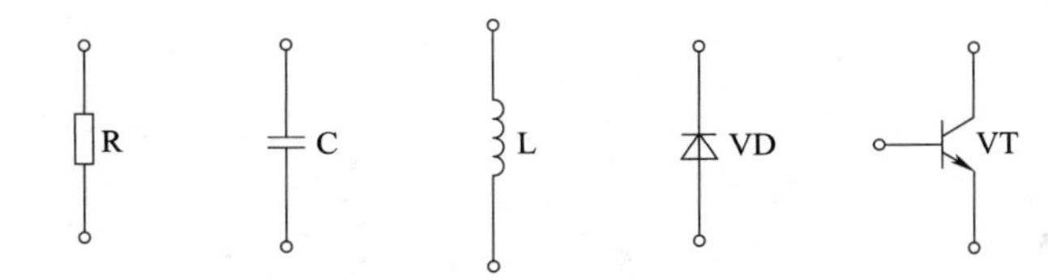

(a) 电阻　(b) 电容　(c) 电感　(d) 二极管　(e) 三极管

图 10-7　五种常见电子元器件的电路符号

将实际电路中的各个电子元器件都用其电路符号来表示，这样画出来的电路图称为实际电路的电路符号图，亦称为电路原理图，例如图 10-6（b）就是图 10-6（a）实际电路的电路原理图。电路原理图是用电子元器件及其相互连线的符号所表示的，是最常用的也是最重要的电子电路表示方式。

1. 搞清楚电路图的整体功能

电路的整体功能可以从设备名称入手进行分析，如直流稳压电源的功能是将交流 220V 市电变换为稳定的直流电压输出，如图 10-8 所示。

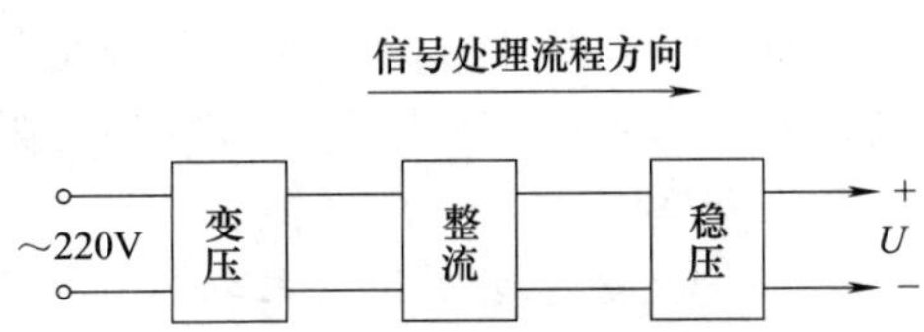

图 10-8　直流稳压电源

对于较为复杂的电子设备，除了电路原理图之外，往往还会用到电路方框图（框图）。如图 10-9 所示是晶体管超外差式收音机电路方框图。

通过收音机的电路方框图，可以清晰地知道收音机主要由调谐选频、混频、本机振荡

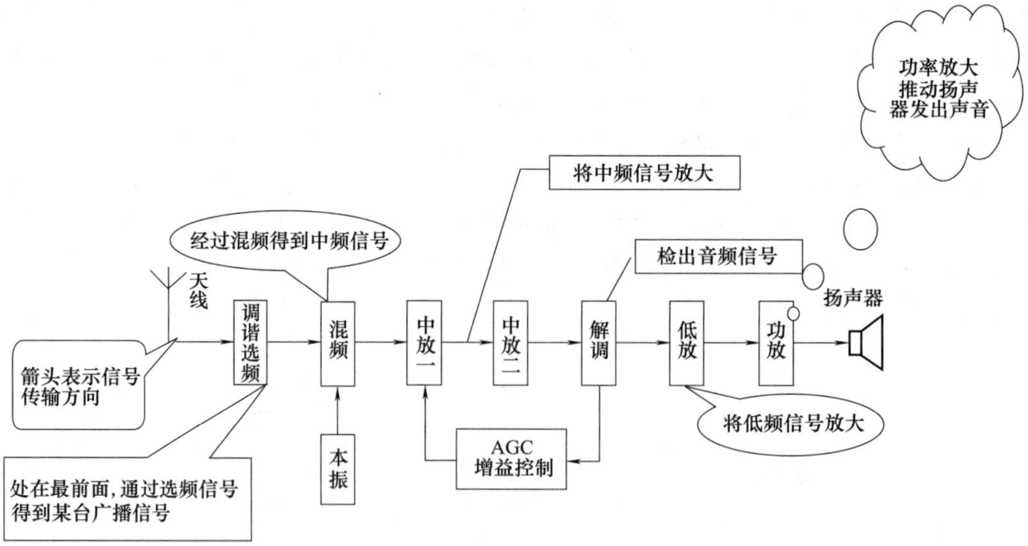

图 10-9 晶体管超外差式收音机电路方框图

(本振)、两级中放、解调、低频放大（低放)、功率放大（功放）等单元电路组成，也可以大致知道各个单元电路的联系以及信号的流程，从而知道收音机的基本工作原理：无线电信号从天线输入，通过调谐选频电路得到某一电台的广播信号，该信号首先经混频、本机振荡等电路把高频信号变为中频信号，然后耦合到两级中放电路，解调电路从中频信号中检出音频信号，并送入低频放大器、功率放大器进行音频放大，最后推动扬声器发出声音。

电路方框图和电路原理图相比，包含的电路信息比较少，实际应用中，只能作为分析复杂电子设备电路的辅助手段。

2. 判断电路图的信号流程方向

电路图一般是以所处理的信号的流程为顺序，按照一定的习惯、规律绘制的。

根据电路图的整体功能，找出整个电路图的总输入端和总输出端，即可判断出电路图的信号处理流程方向。例如，在如图 10-8 所示的直流稳压电源电路中，接入交流 220V 市电处为总输入端，输出直流稳定电压处为总输出端；如图 10-9 所示的超外差式收音机电路中，磁性天线为总输入端，扬声器为总输出端。

3. 以器件为核心将电路图分解为若干单元

除了一些非常简单的电路外，大多数电路都是由若干个单元电路组成的。掌握了电路图的整体功能和信号处理流程方向，便对电路有了一个整体的基本了解，但是要深入地具体分析电路的工作原理，还必须将复杂的电路分解为具有不同功能的单元电路。

一般来讲，晶体管、集成电路等是各单元电路的核心元器件。因此，可以以晶体管或集成电路等主要元器件为标志，按照信号处理流程方向将电路分解为若干个单元电路，并据此画出电路方框图。

4. 分析主通道电路的基本功能

较简单的电路一般只有一个信号通道，较复杂的电路往往具有几个信号通道，包括一个主通道和若干个辅助通道。整机电路的基本功能是由主通道各单元电路实现的，因此分析电路图时应首先分析主通道各单元电路的功能，以及各单元电路间的接口关系。

5. 分析辅助电路的功能

辅助电路的作用是提高基本电路的性能和增加辅助功能。在弄懂了主通道电路的基本功能和原理后，即可对辅助电路的功能及其与主电路的关系进行分析。

6. 分析直流供电电路

整机电路的直流供电电源是电池或直流稳压电源，通常将电源安排在电路图的右侧，直流供电电路按照从右到左的方向排列。

下面介绍在实践中总结的一些经验，可供读者参考。

① 要记得“接地”符号的意思。记住接地符号和接地符号之间就等于等电位，相当于用导线接在一起，如三极管发射极 A 点是接地的，0.01μF 电容 A 点也是接地的，则把 0.01μF 电容的 A 点接到三极管的发射极上，或者把发射极 A 点接到电容的 A 点都是一样的。

② 有 A、B、C 三点，规定 A 点需和 B 点连接，但如果 B、C 两点已有线连接在前，那么把 A 点和 C 点连起来也就等于把 A 点和 B 点连起来。这一点在看电路图时是很重要的。

③ 看电路图安装电子设备时，安装完一条线，用红笔在电路图相应的线上描一下，如焊完图中一条连线，就用红笔在电路图的黑线上描一下，这样图描完了，电子设备也就焊好了。这样做，可以避免电子设备漏接、错接。

④ 对于各种基本电路，要熟悉它们的特点，例如将各种放大、振荡和运放等基本电路都记熟了，看电路图就比较容易了。

⑤ 多看各类电路图。例如，图 10-10（a）和图 10-10（b）的画法不一样，但电路都一样。

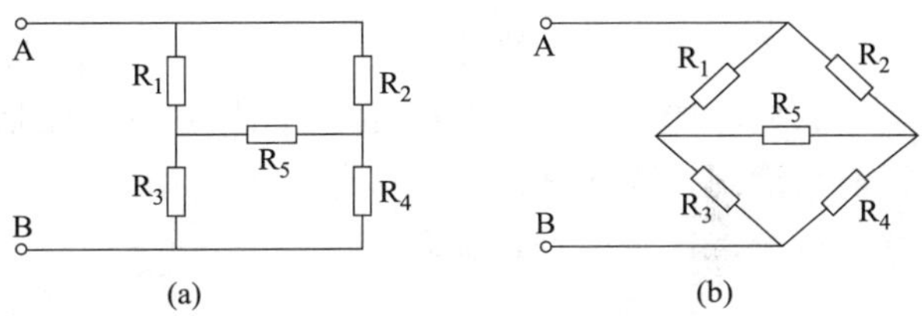

图 10-10 一个电路的两种不同画法

三、识读方框图

方框图是粗略反映电子设备整机线路的图形。因此在识读时，首先要理解各功能电路的基本作用，然后再搞清信号的走向。如果单元为集成电路，则还需了解各引脚的作用。

如图 10-11 所示为某彩色电视机的方框图。由图可看出，该彩色电视机由预选器、调谐器、图像中放、伴音处理、解码、扫描、伴音功放、末级视放、帧输出、行激励、行输出、显像管等部分组成。该方框图有三个特点：一是方框图中所代表的内容都是以文字符号来注

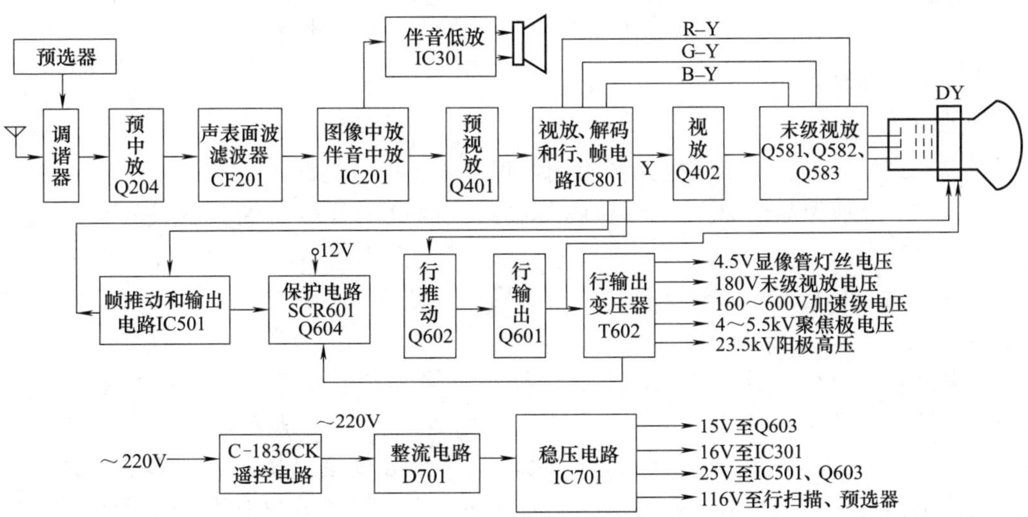

图 10-11 彩色电视机的方框图

解的，而且各方框外都不标项目代号；二是方框可以多层排列，布局匀称；三是方框图中信号流向是自左往右的，而反馈信号是自右往左的。

如图 10-12 所示的方框图是一个调频多工广播装置的方框图。由方框图可知，该装置由低通滤波器、压缩器、变相网路、频率失真校正器、分频器、调频器、带阻滤波器、放大器等部分组成。

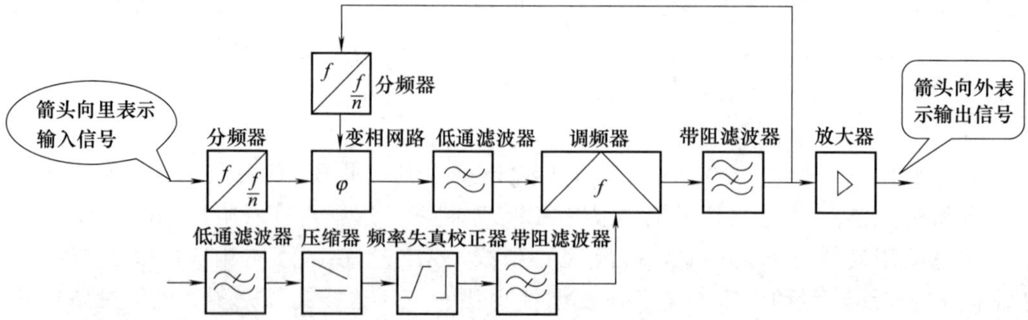

图 10-12　调频多工广播装置的方框图

如图 10-13 所示的是 MCS-51 系列单片微型计算机方框图。由图可知，该机型由 8031 单片机、74LS373 地址锁存器芯片、2716 存储器芯片等组成。地址总线和数据总线以空心粗箭头绘制，表明地址线和数据线是总线结构的，而单根控制线仍用一根细实线表示，在计算机行业，这是一种习惯画法。

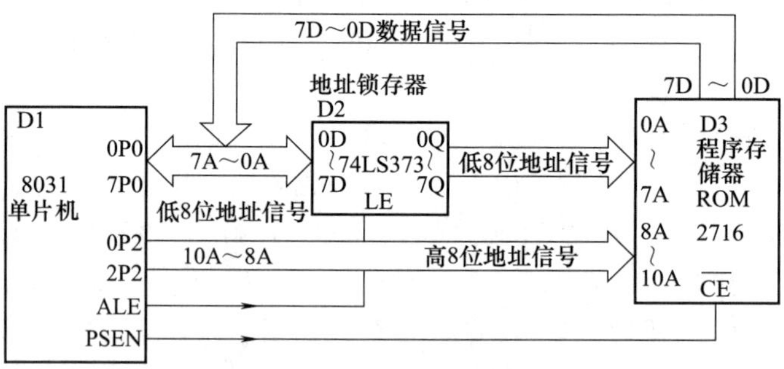

图 10-13　MCS-51 系列单片微型计算机方框图

四、识读电路原理图

1. 电路举例

下面以晶闸管炉温自动调节电路图为例，识读电子设备电路图。

如图 10-14 所示为晶闸管炉温自动调节电路。因电炉是电阻性负载，故在图中以 R_L 表示。

主电路：由两只普通晶闸管反并联连接后构成单相交流调压电路，R_5、C_1 构成了阻容保护电路。

控制电路：控制变压器 T 二次侧交流电经 4 只整流二极管组成的整流桥整流，再经稳压管稳压，提供给调节电路直流电源；VT_1、VT_2 组成差动放大器；R_1、R_2、R_3、R_4 构成 VT_1、VT_2 分压式偏置电路，同时这 4 只电阻又是温度测量桥的 4 个桥臂；R_4 是铂电阻，其阻值随温度升高而增大，随温度降低而减小，它是置于电炉中的测温元件；单结晶体管 BT33、VT_3、C_2、R_6、TP 构成晶闸管触发电路。

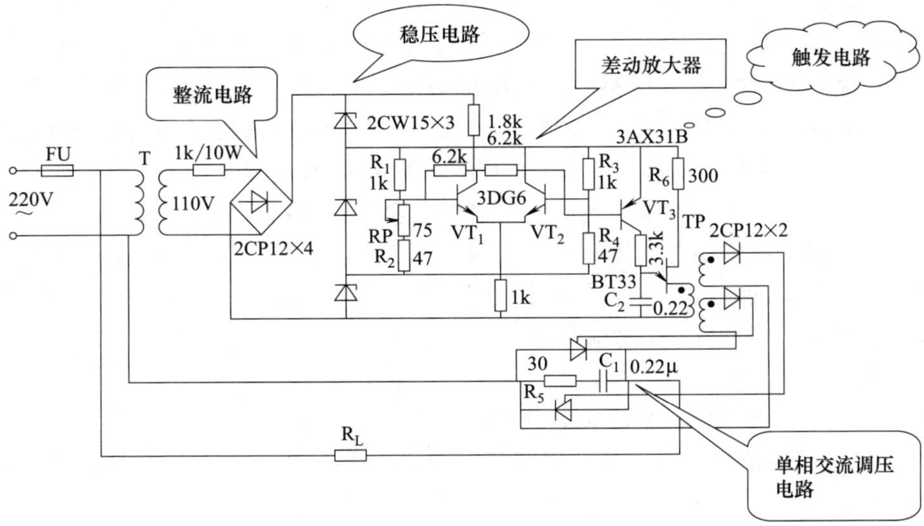

图 10-14 晶闸管炉温自动调节电路

自动调节过程：调节 RP，预先设定某炉温值，电桥达到平衡；当炉温与设定温度相比偏低时，R_4 电阻减小，电桥失去平衡，VT_2 基极电位下降，集电极电流减小，因此 VT_1、VT_2 的基极电位下降，从而使 VT_1 集电极电流增加，集电极电位下降，使得 VT_3 发射极电流增加，即对 C_2 的充电电流增加，使得触发脉冲相位前移，使触发控制角减小，晶闸管导通角增加，炉温上升；当炉温偏高时，情况正好相反，因此达到了温度自动控制的目的。要改变炉温，只要调节 RP 即可。

2. 识读原则

在识读时可掌握“分离头尾、找出电源、割整为块、各个突破”的原则。

（1）分离头尾

分离头尾是指分离出输入、输出电路。如收录机放音通道的头是录放磁头，一般画在电原理图的左侧中间或下方；它的尾是放大器及扬声器电路，一般位于图的右侧。信号传输方向多为从左至右。

（2）找出电源

寻找出交流—直流变换电路，如电子产品的整流电路或稳压电路，它一般画在图纸的右侧下方。从电源电路输出端沿电源供给线路查看，便可搞清楚产品（整机）有几条电源供给线路，供给哪些单元电路。

（3）割整为块

将产品（整机）电路解体分块，如收录机的放音通道可以分解成输入、前置、功率放大等各单元电路。

（4）各个突破

对解体的单元电路进行仔细分析，搞清楚直流、交流信号传输过程及电路中各元器件的作用。

3. 识读单元电路

识读单元电路图时，要将电路归类，掌握电路的结构特点，例如，分析电视机场扫描电路时，应当分清其振荡级是间歇式振荡器、多谐式振荡器还是其他类型的振荡器，其输出级是单管输出电路还是互补型对称式 OTL 电路。如果是较典型的简单电路，可以根据原理图直接判断归类；如果是复杂的电路，则应化繁为简，删减附属部件或电路，保留主体部分，简化成原理电路的形式。对于那些电路结构比较特殊，或者一时难以判断的电路，则应细致、耐心地把电路简化为等效电路。对模拟电路来说，应当分析电路的等效直流电路和等效交流电路；对于脉冲电路，则要分析电路的等效暂态（过渡过程）电路。

在单元电路中，晶体管和集成电路是关键性元器件，而对于电阻、电感、电容、二极管等元器件，则要根据具体情况具体分析，可以根据工作频率、电路中的位置、元器件参数来判断它们到底是关键性元器件还是辅助性元器件。在简化电路时，关键性元器件不能省略，而非主体的部件应当尽量省略，以显示出电路的基本骨架。

（1）单元电路简化法

把单元电路简化为原理电路，通常有两种方法。

① 由繁到简，保留骨干。由单元电路逐步删掉一些次要电路或元器件，把全电路向内收缩，最后保留最基本的骨干。

② 由管扩展，抓住关键。以晶体管、集成电路或二极管为中心向外扩展，根据电路功能要求，寻找影响电路工作的关键性元器件，画出原理电路。

（2）模拟电路的等效电路画法

模拟电路的等效电路有直流等效电路和交流等效电路两类。

① 直流等效电路。分析直流等效电路可以掌握电路的直流工作状态，并可计算出直流电压、直流电流等有关参数。画直流等效电路的方法如下。

a. 电容不能通过直流电流，可视为开路；纯电感没有直流电阻，可视为短路。

b. 反向偏置的二极管可看成开路；正向偏置的二极管可看成短路，若不能忽略其正向压降，可以用二极管的导通电压来代替。

c. 小阻值滤波、退耦、限流、隔离电阻，一般可近似认为短路。

d. 电阻的串联、并联支路应尽量用一个等效电阻来表示，以使电路简单、直观。

e. 视为短路的元件，画图时可将其两端用短路线连接起来；视为开路而悬空的部分，可将它们删去。

② 交流等效电路。分析交流等效电路可以深入掌握单元电路的电路结构和频率特性，这是识别、判断单元电路的有效方法。画交流等效电路的方法如下。

a. 将交流耦合电容、旁路电容及退耦电容等都视为短路。

b. 根据公式估算电容的容抗值。若容抗值 X_C 接近于零，就用短路线来代替。

c. 将直流电源与地线短路，并看成交流零电位。

d. 正向偏置导通的二极管可视为交流短路，截止状态的二极管可视为交流开路。

e. 尽量省略各种电阻、电容、扼流圈、保护二极管等附属性元件。判断是否为附属性元件的方法如下：若将元件从电路中去掉，电路仍具有基本功能，说明该元件是附属性元件，否则就是关键性元件。若附属性元件与其他元件并联，应采用开路法判断；若与其他元件串联，则采用短路法判断。

f. 能够合并的电感、电容尽量用一个等效元件来代替，以使电路简单、直观。

（3）脉冲电路的等效电路画法

识读脉冲电路图时，仍可采用模拟电路图的某些识读方法。但由于脉冲电路的晶体管、二极管工作于开关状态，可能会使电路的电感、电容在不同瞬时表现出不同的响应和特性，因此应利用晶体管电阻、电感、电容以及二极管等元器件在暂态（或称过渡过程）时对各种脉冲信号的响应规律来分析电路的工作规律，分析脉冲信号的产生、变换原理。

五、结合典型线路图识图

所谓典型线路，就是常见的基本线路，对于一张复杂的线路图，细分起来不外乎是由若干典型线路组成的。因此，熟悉各种典型线路图，不仅在识图时有助于分清主次环节，抓住主要矛盾，而且可尽快理解整机的工作原理。

很多常见的典型电路，例如放大器、振荡器、电压跟随器、电压比较器、有源滤波器等，往往具有特定的电路结构，掌握常见的典型电路的结构特点，对于看图、识图会有很大的帮助。

1. 放大电路的结构特点

放大电路的结构特点是具有一个输入端和一个输出端，在输入端与输出端之间是晶体管或集成运放等放大器件，如图 10-15（a）和图 10-15（b）所示。如果输出信号是由晶体管发射极引出的，则是射极跟随器电路，如图 10-15（c）所示。

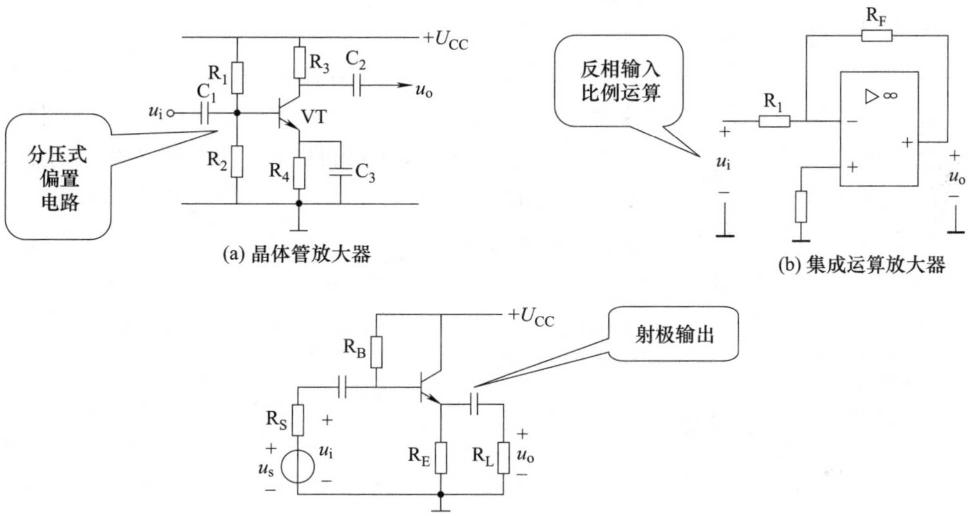

(a) 晶体管放大器　(b) 集成运算放大器　(c) 射极跟随器

图 10-15　放大电路的结构

注意：集成运放的电路符号如图 10-16 所示。图 10-16（a）为国标符号，图 10-16（b）为常用符号，在本书中通用。

2. 振荡电路的结构特点

振荡电路的结构特点是没有对外的电路输入端，晶体管或集成运放的输出端与输入端之间接有一个具有选频功能的正反馈网络，将输出信号的一部分正反馈到输入端，以形成振荡。如图 10-17（a）所示为晶体管振荡器，晶体管 VT 的集电极输出信号由变压器 T 倒相后正反馈到其基极，T 的初级线圈 L_1 与 C_2 组成选频回路，决定电路的振荡频率。如图 10-17（b）所示为集成运放振荡器，在集成运放 IC 的输出端与同相输入端之间接有由 R_1、C_1、R_2、C_2 组成的桥式选频回路，IC 输出信号的一部分经桥式选频回路反馈到其输入端，振荡频率由组成选频回路

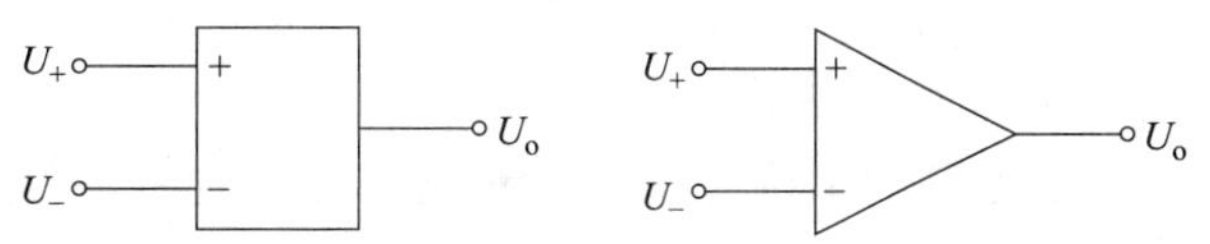

(a) 国标符号　(b) 常用符号

图 10-16　集成运放的电路符号

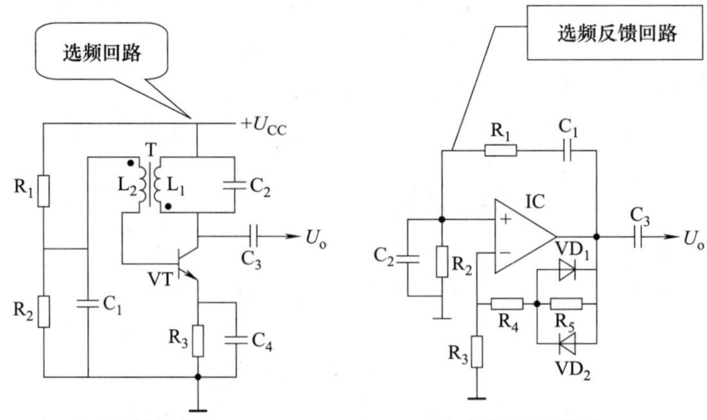

(a) 晶体管振荡器 (b) 集成运放振荡器

图 10-17 振荡电路的结构

的 R_1、C_1、R_2、C_2 的值决定。

3. 差动放大器和电压比较器的结构特点

差动放大器和电压比较器这两个单元电路的结构特点类似，都具有两个输入端和一个输出端，如图 10-18 所示。不同的是：差动放大器电路中，集成运放的输出端与反相输入端之间接有一反馈电阻 R_F，使运放工作于线性放大状态，输出信号是两个输入信号差值，见图 10-18（a）；电压比较器电路中，集成运放的输出端与输入端之间则没有反馈电阻，运放工作于开关状态（$A=\infty$），输出信号为集成运放自身的 U_{oM} 或 $-U_{oM}$，见图 10-18（b）。

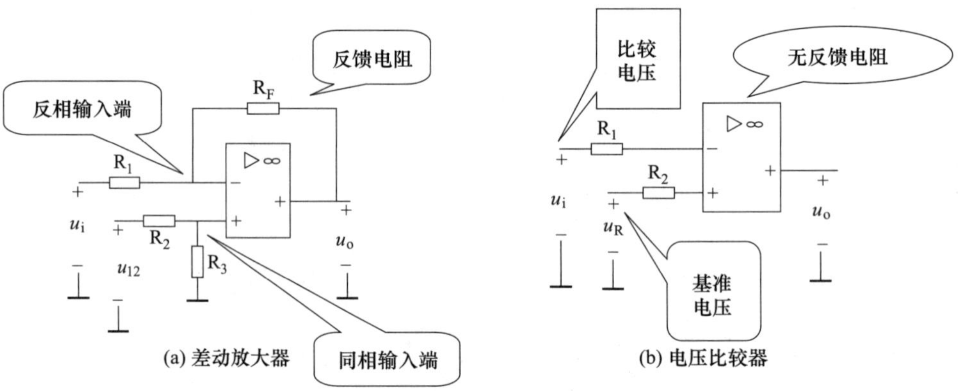

(a) 差动放大器 (b) 电压比较器

图 10-18 差动放大器和电压比较器的结构

4. 滤波电路的结构特点

滤波电路的结构特点是含有电容器或电感器等具有频率函数的元件，有源滤波器还含有晶体管或集成运放等有源器件，在有源器件的输出端与输入端之间接有反馈元件。有源滤波器通常使用电容器作为滤波元件，如图 10-19 所示。高通滤波器电路中，电容器接在信号通路中，见图 10-19（a）；低通滤波器电路中，电容器接在旁路或负反馈回路中，见图 10-19（b）；将低通滤波电路和高通滤波电路串联，并使低通滤波电路的截止频率大于高通滤波电路的截止频率，则构成带通滤波电路，见图 10-19（c）。

六、识读系统电路图

系统电路是相对于整机电路而言的，它由几个单元电路组成。系统电路图的识读步骤及

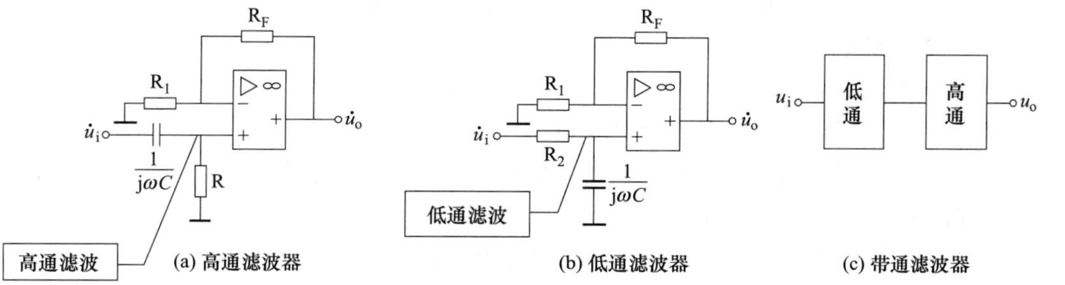

图 10-19 滤波电路的结构

方法如下。

1. 确定系统范围

拿到电路图后先要统观全局，将整个电路浏览一遍。然后，把电路分解为几部分，一般是按系统将电路分成几个方块，每个方块完成不同的系统功能。

从单元电路出发划分框图结构时，应当尽量详细一些，在分析过程中，也可根据需要再合并。一般情况下，各方块可以以 1 个（或 2 个）器件为中心，再加上周围的一些元件，有时没有器件，而只有电阻、电感、电容、二极管等元件，也可以根据实际情况来划分方块。

各个相邻、相关的方块之间，要用带箭头的连线连接起来，箭头方向表示信号的流动方向。图中已明确的单元电路需标上电路名称，信号流动方向和信号波形也要标好。对于暂时不能确定的单元电路，先打个问号，在此基础上再进行进一步分析。另外，在画带箭头的连线时，连接各级之间的反馈电路也要画好，因为不论正反馈还是负反馈，它们对电路性能都有重要影响。

画好框图后，要注意各方块之间的连接点，这些点是有关方块的结合点、联络点，往往也是关键点。另外，还要熟悉各方块输入、输出信号的变换过程。

2. 确定电路结构

首先要明确框图内各单元电路或系统电路的类型。完成某种信号变换功能的单元电路可能有多种电路形式，要将分解出来的单元电路与典型的单元电路进行对照，确定电路类型。在将单元电路归类时，要遵照先易后难的原则，结构熟悉的电路先归类，复杂的电路后归类。此外，各方块交界处的元件要分清归属，暂时不能确认归属的元件应划入疑难单元电路的范围，待分析完毕后再确定。

将各单元电路归类后，应明确各单元电路输入端、输出端的信号频率、幅度、波形的特点及变换规律，还要熟悉主要元器件的功能、作用以及技术参数。

3. 解决疑难电路

碰到疑难电路时，首先假设它的功能，然后试探性地分析其功能是否符合电性能的逻辑关系，如果不能自圆其说，则说明设想是错误的。其次，要细心观察疑难电路与周围电路的关系，充分利用外围电路的功能和信号变换过程，采取外围包抄、由外向里、由已知向未知的识读方法。另外，也可从内部寻找突破口。因为疑难电路中也会有比较熟悉的电路和网络，利用其中的已知环节作为内部入口，通过已知环节打开突破口，这样内外结合就比较容易攻克难点。

识读电路图时，还要充分利用一些已知信息。在许多电路图上，标明了三极管、集成电路引脚的电压或电阻，标出了某些关键点的信号波形、幅度、频率，还标注了许多中文、外文字符。仔细分析这些数值、波形，对识读电路图也有一定的帮助。

七、识读整机电路图

1. 整机电路图

装配图是设计者将产品性能、技术要求等以图形语言表达的一种方式，是指导工人操作、组织生产、确保产品质量、提高效益、安全生产的文件，也是技术人员与工人交流的工程语言。它包括系统图、方框图、电路图、接线图等。

电路原理图如图 10-20 所示（以串联稳压电源电路为例）。读图时要注意以下问题。

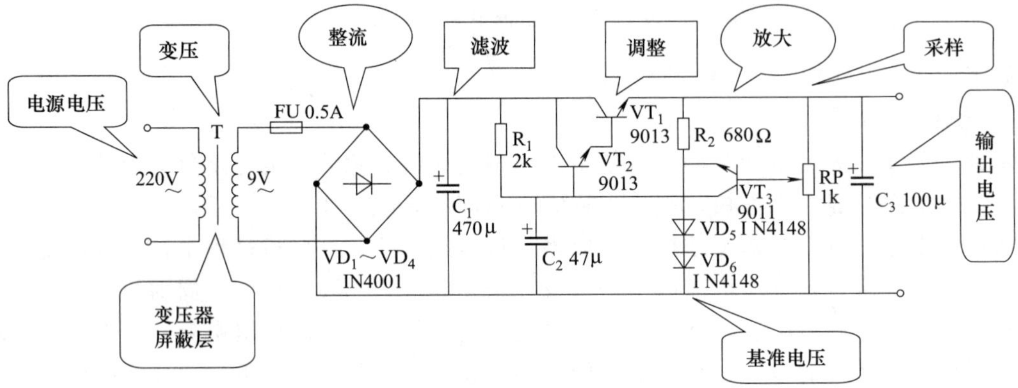

图 10-20 串联稳压电源电路原理图

① 整张电路原理图中，同一元器件符号自左至右或自上而下，按顺序号编排。由多个单元组成的电子装置，往往在其符号前面加上该单元的项目代号，如 $3C_5$ 表示第 3 单元的第 5 个电容，$4R_{10}$ 表示第 4 单元的第 10 个电阻。

② 电路原理图中各元器件之间的连线表示导线，连线的十字交叉处标有“·”（圆实点）表示导线的金属部分连接在一起，连线十字交叉处若没有标注“·”，则说明连线之间相互绝缘而不相通。

③ 电路原理图中“⊥”符号叫接地符号，表示要用一条导线连接起来。“⬚”符号叫屏蔽罩，表示此虚线框内的元器件在装配时外加屏蔽罩。屏蔽罩一般都与地线相连。

④ 对元器件符号要对号入座，以避免安装时接错。如二极管的符号，三角形顶角处画一短竖线，表明此端为负极，而顶角的对边表示正极；电解电容符号标有“+”的一端为正极，另一端为负极。另外，三极管的三个电极、变压器的初次级引线在读图时都要特别注意。

2. 印制电路板装配图

印制电路板装配图俗称印制电路板，是表示各元器件及零部件、整件与印制电路板连接关系的图纸，是用于装配、焊接印制电路板的工艺图样。它能将电路原理图和实际电路板沟通起来。

读印制电路板装配图时要注意以下问题。

① 印制电路板上的元器件一般用图形符号表示，有时也用简化的外形轮廓表示，但都标有与装配方向有关的符号、代号和文字等。

② 印制电路板都在正面给出铜箔连线情况，如图 10-21 所示。反面只用元器件符号和文字表示，一般不画印制导线，如果要求表示元器件的位置与印制导线的连接情况，则用虚线画出印制导线。

③ 大面积铜箔是地线，且印制电路板上的地线是相通的。开关件的金属外壳也是地线。

④ 对于变压器等元器件，除在装配图上表示位置外，还标有引线的编号或引线套管的颜色。

⑤ 印制电路板装配图上，用实心圆点画出的穿线孔需要焊接，用空心圆画出的穿线孔则不需要焊接。

元器件组装时，按照印制电路板装配图，从其反面（胶木板一面）把对应的元器件插入穿线孔内，然后翻到铜箔一面焊接元器件引线。

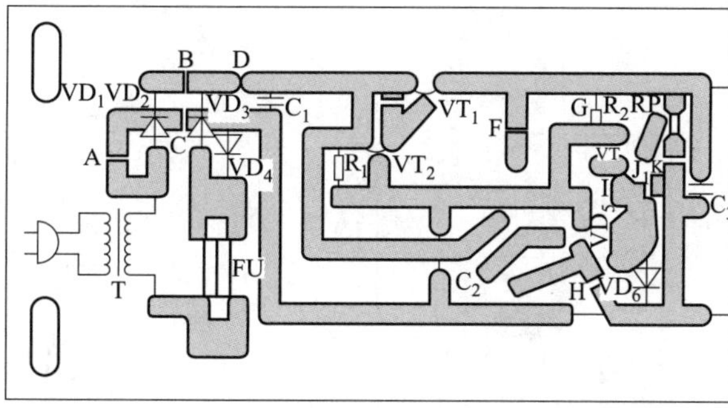

图 10-21　串联稳压电源印制电路板示意图

3. 方框图

方框图用简单的“方框”反映整机的各个组成部分。

串联稳压电源电路的方框图如图 10-22 所示。

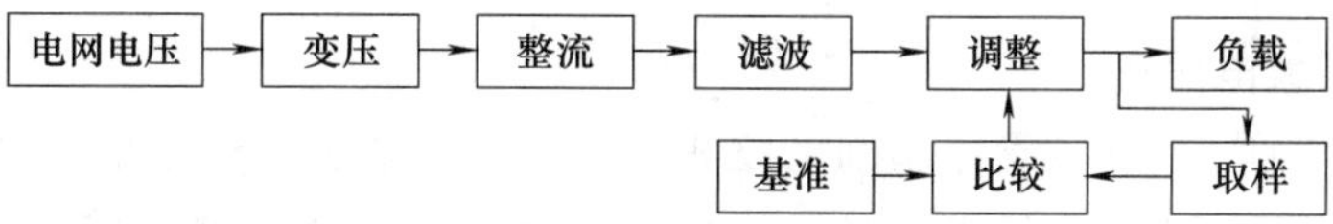

图 10-22　串联稳压电源电路的方框图

4. 接线图

接线图是表示产品各元器件的相对位置关系和接线实际位置的工艺图纸，供产品的整件、部件等内部接线时使用。在制造、调整、检查和使用产品时，将接线图、电路图和接线表一起使用。

串联稳压电源电路的接线表见表 10-1，接线图如图 10-23 所示。

表 10-1　串联稳压电源电路接线表

序号	从何而来	接到何处	线长	备注
1	C_{1-1}	C_{2-1}	1m	三色护套线
2	C_{1-2}	C_{2-2}	1m	三色护套线
3	C_{1-3}	C_{2-3}	1m	三色护套线
4	C_{3-2}	F_{-1}	60mm	软线
5	C_{3-3}	T_{-1}	100mm	软线
6	F_{-2}	K_{-2}	80mm	软线
7	K_{-1}	T_{-2}	100mm	软线
8	CH_{1-1}	T_{-4}	200mm	双色软线
9	CH_{1-2}	T_{-5}	200mm	双色软线

5. 线扎图

复杂产品的连接导线多，走线复杂，为了便于接线，并使走线整齐易查，可将导线按规定要求绘制成线扎图，供绑扎线扎和接线时使用。

线扎图如图 10-24 所示。符号“⊙”表示走向出图面折弯 90°，符号“⊕”表示走向进图面折弯 90°，符号“→”表示走向出图面折弯后方向。线扎图均采用 1∶1 的比例绘制，如果导线过长，线扎图无法按照实际长度绘制，则采用断开画法，在其上标出实际尺寸。装配时把线扎固定在设备底板上，按照导线表的规定将导线接到相应的位置上。

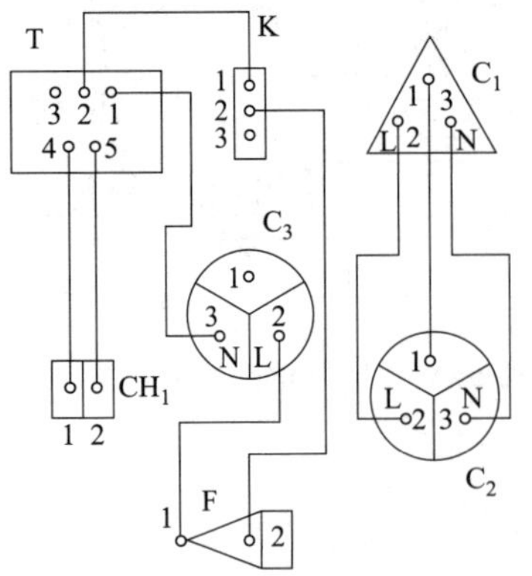

图 10-23 串联稳压电源电路的接线图

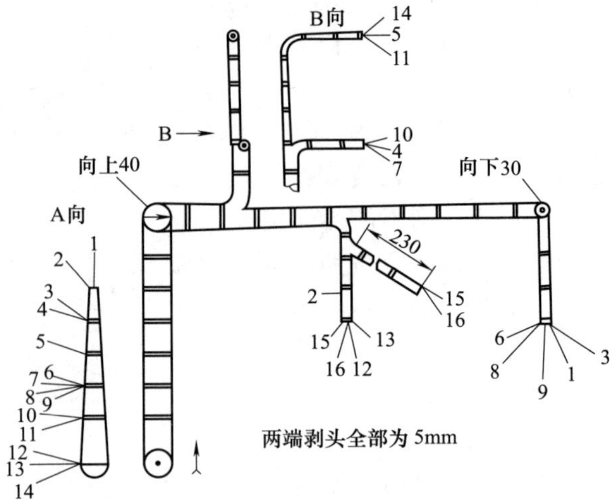

图 10-24 线扎图

八、识读印制板电路图

印制板也称印制电路板（或称印刷电路板），在一块敷铜箔的绝缘基板上，经过专门的工艺制造出来的某一电路的全部或部分导线和图形系统，称为印制电路图。印制板有单面印制板（绝缘基板的一面有印制电路）、双面印制板（绝缘基板的两面有印制电路）、多层印制板（在绝缘基板上制成 3 层以上印制电路）和软印制板（绝缘基板是软的层状塑料或其他质软的绝缘材料），一般电子产品使用单面和双面印制板。在导线的密度较大，单面板容纳不下所有的导线时使用双面板。双面板布线容易，但制作较难、成本较高，所以从经济角度考虑，尽可能采用单面印制板。识读印制板电路图，就是对照电路原理图看元器件的布置和线路的实际走向。

具有印制电路图的绝缘底板就是印制板，在印制板上装入电气元件并经焊接、涂覆，就形成了印制装配板。印制电路技术的产生和采用，增强了电气设备的可靠性、抗冲击性和互换性，使其易于标准化、自动化地批量生产。看印制板图是电气技术人员必须掌握的技能之一。

按照用途的不同，印制板电路图一般有三种：一种是为制作电路板提供拍照制板的图样，称为零件图（布线图）；一种是为装配人员提供的图样，称为装配图；还有一种是为用户维修提供的图样，称为混合图，即它把布线图和装配图重合在一起。

1. 印制板零件图

印制板在电子设备中通常有三种作用：

① 作为电路中元件和器件的支撑件；

② 提供电路元件和器件的电路连接；

③ 通过标记符号把安装在印制板上的元件和器件标注出来，以便于元器件的插装和维修。

印制板零件图包括结构尺寸、导电图形（导线、连接盘等）、标记符号、安装孔的孔径和定位尺寸、技术要求和有关说明。为了清晰起见，通常把结构要素、图形要素和标记符号分开表达。当印制板比较简单时，结构要素、图形要素也可以合二为一。

（1）印制板结构要素图

印制板结构要素图表示印制板外形和孔、槽等结构要素图样。

① 印制板材料。供制作印制板的覆箔板有国家标准。基材的标准厚度分别为 0.2mm、0.5mm、0.8mm、1.0mm、1.5mm、1.6mm、2.0mm、2.4mm、3.2mm、6.4mm。敷铜箔的厚度分别为 0.018mm、0.025mm、0.035mm、0.070mm、0.105mm。

② 印制板的轮廓形状。印制板的轮廓形状取决于电气设备的电气要求和装配结构。需要经常取下测试或检修的印制板，应具有插头结构，其插头形状和尺寸从与其配合的插座标准中查出。如图 10-25 所示为带有插头结构的印制板外形。

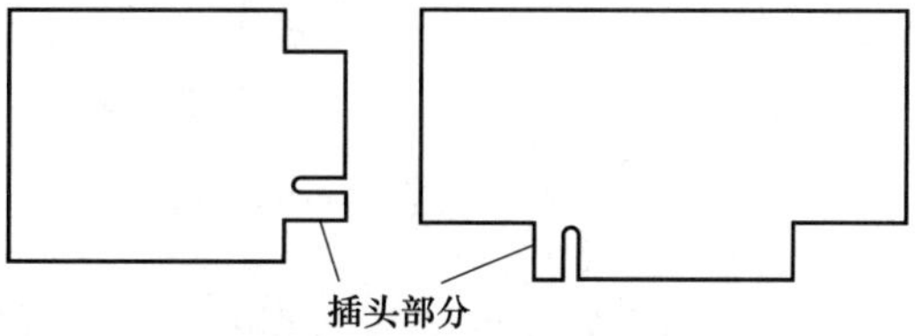

图 10-25　印制板的插头部分

③ 引线孔和安装孔。引线孔（元件孔）用于把元器件引线连接（采用焊接）到印制板上。安装孔用于固定印制板于机械结构上，或把某些结构件（如散热片）、大功率管等固定在印制板上，孔的形状、数量和大小应视具体情况而定。引线孔和安装孔直径的尺寸系列及偏差代号如表 10-2 所示。

表 10-2　引线孔和安装孔直径的尺寸系列及偏差代号

项目	引线孔	安装孔
孔的公称直径/mm	0.4,0.5,0.6,0.8,1.0,1.2,1.5,2.0	2.2,2.5,3.2,3.5,4.2,4.5
允许偏差	H12～13	

如图 10-26 所示是印制板结构要素图。

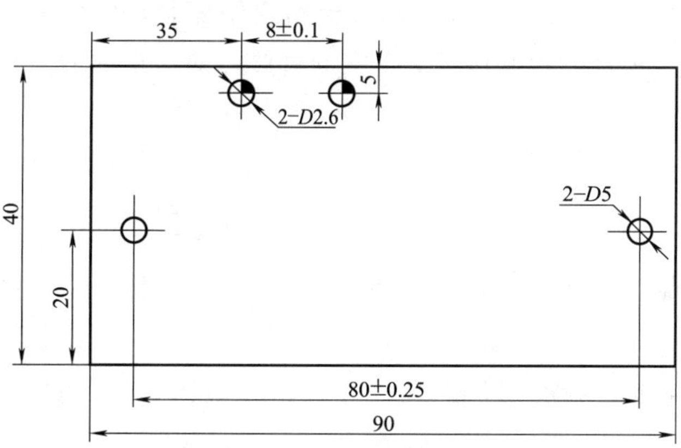

图 10-26　印制板结构要素图

（2）印制板导电图形图

印制板导电图形图是表示印制导线、连接盘、印制元件间相对位置的图样。绘制导电图形时应注意以下几点。

① 视图。单面印制板的图样尽量用一个视图表示。双面印制板的图样一般用两个视图（正立面图、背立面图）表示。当背立面图导电图形能在正立面图中表示清楚时，也可只绘一个视图。多层印制板每一导线层应绘制一个视图，视图上应标出层次序号。从元件面开始，依次编号。

当视图为背立面图时，应在视图上方标注“背视”字样。

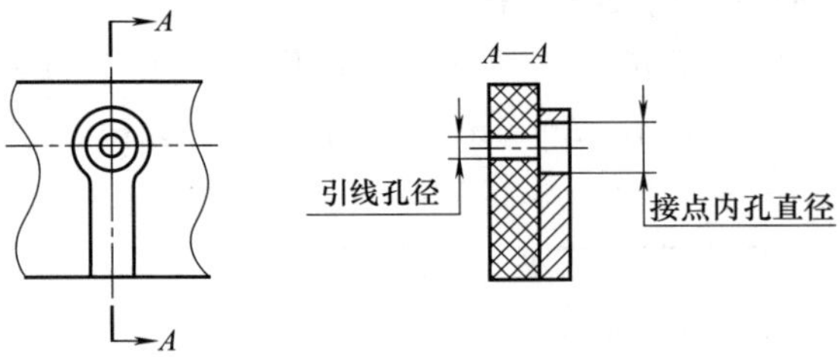

图 10-27 连接盘和引线孔

② 连接盘。连接盘又称焊盘，是引线孔周围的一环状敷铜箔。这样可防止在焊接元器件时，导电图形受热脱落。圆焊盘的内径应稍大于引线孔径约 0.2～0.4mm，如图 10-27 所示。连接盘外径与引线孔径如表 10-3 所示。

③ 导线宽度和间距。印制导线宽度取决于通过的电流、使用的环境温度及制造水平。当印制板导线厚度为 0.05mm，所通过的电流不大时，导线宽度可在 0.5～1.0mm 范围内选取。印制导线的间距一般不小于 1mm，特殊情况下不小于 0.5mm，理想情况下与导线等宽。

表 10-3 连接盘外径与引线孔径 单位：mm

连接盘外径	2.0	2.0	2.0	2.5	2.5	3.0	3.5	4.0
相应引线孔径	0.4	0.5	0.6	0.8	1.0	1.2	1.5	2.0

④ 导电图形。导电图形共有四种表示方法，如图 10-28 所示。导电图形一般用双线轮廓绘制，可以在双线轮廓内涂色（连接点不涂色）或画剖面线（方向须与网络有明显区别）。当印制导线宽度小于 1mm 或整块印制板的导线宽度基本一致时，导电图形也可用单线绘制，但应注明导线宽度、最小间距和连接盘的尺寸数值。

在导线转弯处、导线相交处或导线与连接盘相交处均应以圆弧过渡，不能有急剧的拐弯和尖角，拐角不得小于 90°。这是因为很小的内角在制板时难以腐蚀，而在过尖的外角处，铜箔容易剥离或翘起。最佳的拐弯形式是平缓的过渡，即拐角的内角和外角最好都是圆弧。见图 10-29。

图 10-28 导电图形的表示方法

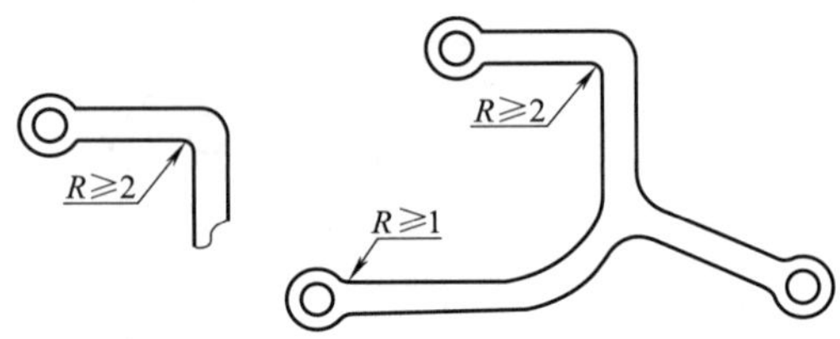

图 10-29 连接及弯折处以圆弧过渡

⑤ 尺寸标注。相同直径的孔在图上可做标记，并在图的空白处列表加以说明，如图 10-30 所示。在无特殊说明的情况下，孔径尺寸数字的单位均为毫米（mm），零件图是在模数为

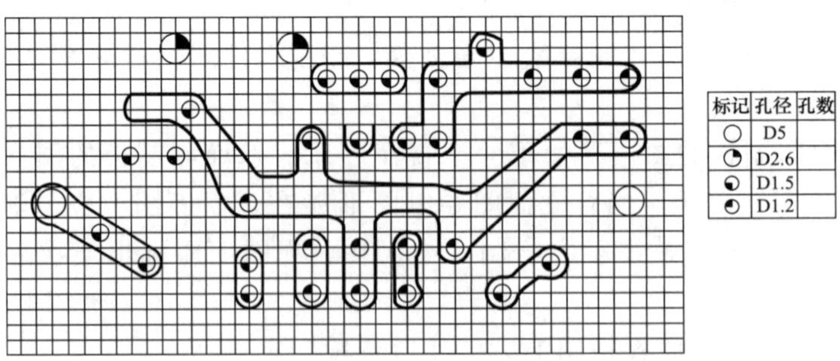

图 10-30 印制板导电图形

1.25mm 或 2.5mm 的网格中绘制的，这样可省去标注大量尺寸。各元件位置用坐标网格确定。

（3）印制板标记符号图

印制板标记符号图是按照元器件的实际装接位置，用图形符号或简化外形和它在电路图中的项目代号绘制的图样，如图 10-31 所示。

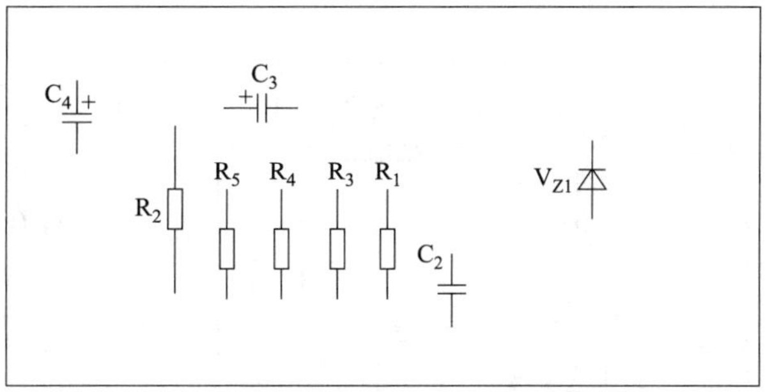

图 10-31　印制板标记符号图

2. 印制板装配图

印制板装配图是表示各种元器件、结构件等与印制板之间连接关系的图样。印制板装配图如图 10-32 所示。绘制装配图时，除遵从装配图的一般规定外，还应注意如下几点。

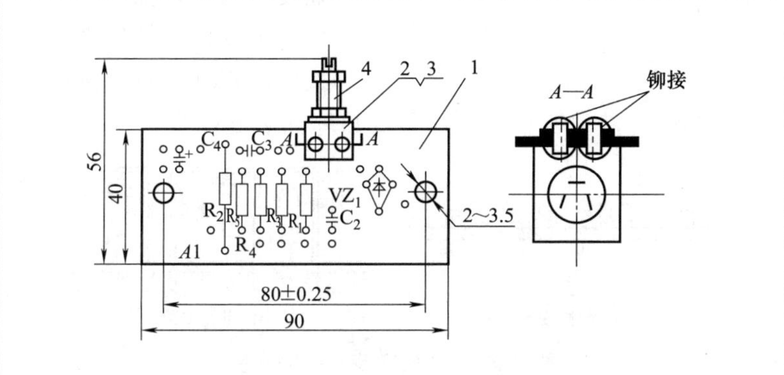

VZ_1	硅整流桥1CQ2A/30V	1			R_1	电阻器RJ-1/2—2.2K	1		
C_4	电容器CDX-3-10V-100μF	2			3	铆钉25×4　GB 76—76	2		
C_3	电容器CDX-3-10V-1μF	1			2	支架	1		
C_2	电容器CDX-63V-0.47μF	1			1	印制板	1		
4	电位器WS2-0.5-2.2K	1			序号	名称	数量	材料	备注
R_5	电阻器RJ-1/2-220	2			稳压电源印制板装配图		比例		
R_4	电阻器RJ-1/2-100	1					1∶1		
R_3	电阻器RJ-1/2K	1			制图		序号		
R_2	电阻器RX-6-0.51	1			审核				

图 10-32　印制板装配图

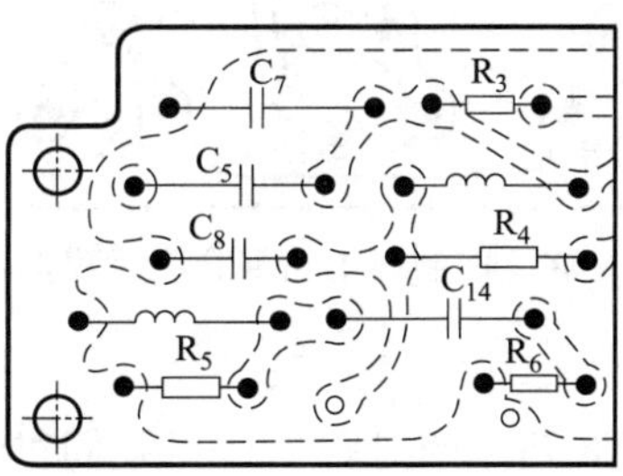

图 10-33　反面导电图形在装配图上的表示方法

（1）视图选择

印制板一面装有元器件和结构件时，只画一个视图，以装有元器件的一面为正立面图；两面都装有元器件时，画两个视图，以元器件和结构件较多的一面为正立面图，较少的一面为背立面图。若一个视图能表达清楚，则也可画一个视图，反面元器件和结构用虚线绘制，如图 10-33 所示。当元器件用图形符号绘制时，引线用虚线绘制。

（2）元器件和结构件的画法

印制板装配图中，元器件采用图形符号或简化外形图表示，各种有方向或极性的元器件（如电解电容、晶体管、集成电路）应在图上标出极性、电源和接地等。结构件按装配图所规定的表达方法绘制。印制板零件的导电图形不必表达。

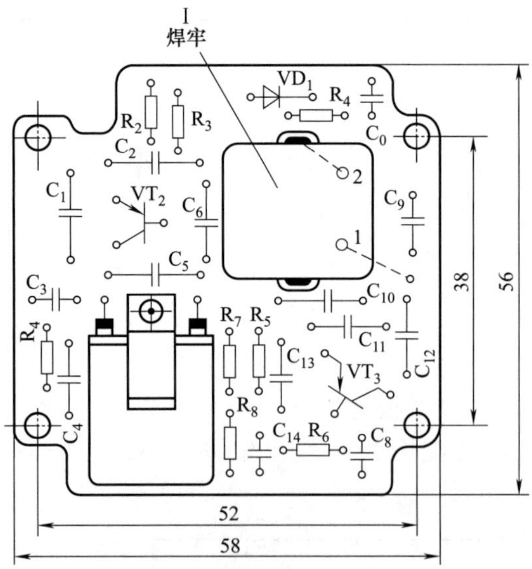

图 10-34 印制板电路装配图

（3）尺寸标注

在印制板装配图上标注的尺寸包括印制板外形尺寸、安装元器件和组件后的最大轮廓尺寸、印制板的安装尺寸。这些尺寸应布置在图形的外面，以便于读图。如图 10-34 所示的某印制板装配图，标出了外轮廓尺寸和 4 个安装孔尺寸，较复杂的元件“I”采用了简化外形画法并标注了安装要求。电阻、电容、晶体管这些简单的元器件采用图形符号，从图形符号上可以看出安装时的极性。

（4）印制板图元件的安装图

元器件的安装方法，一般分为贴板安装和间隔安装两种，如图 10-35 所示。

（5）电气件和结构件的编号

按国家标准《技术制图》和《机械制图》绘制的元器件外形图和结构件、明细栏和序号的填写同装配图。

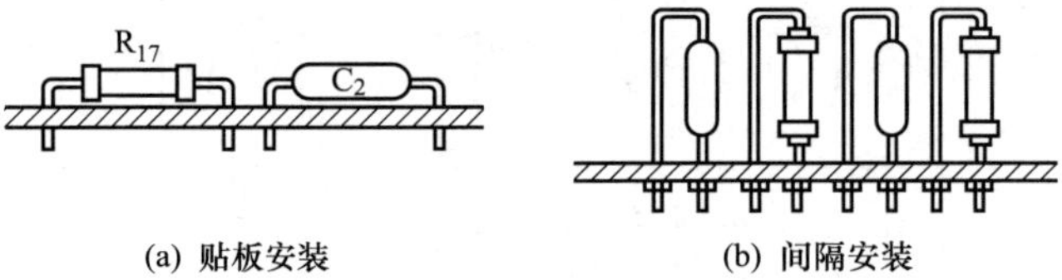

(a) 贴板安装　(b) 间隔安装

图 10-35 贴板安装和间隔安装

用图形符号表示的元器件不标序号，而是在相应的图形符号的左侧或上方标注它们在电原理图或逻辑图中相同的文字符号。在装配图明细栏的“序号”栏中，填写对应文字符号。

3. 印制板电路混合图与实物图

（1）印制板电路混合图

为了使用户维修方便，在给用户的图样中，除有电路图外，还有印制板电路图。这种图实际上是零件图和装配图的统一，通常是以双色绘制，某一种颜色用以表示印制板的正面，另一种颜色则表示印制板的反面。图 10-36 是一印制板电路混合图的示意图。

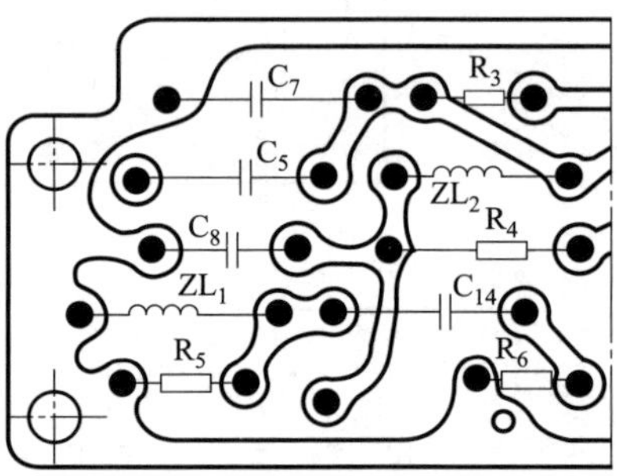

图 10-36 印制板电路混合图示意图

（2）印制电路板实物图

电路板实物如图 10-37 所示。

九、识读印制板电路图的具体步骤

不管看什么图，都会有一个从全局到局部、从大到小、从面到点的过程，所以我们仍然可以采用识读整机电路原理图的步骤来看印制板电路图。同时，为了减少识图困难，少走弯路，应先看懂电路原理图，熟悉整机电路框图、各单元电路的结构特点和信号变换过程以及主要元器件的作用。对于集成电路电子设备，还应掌握集成电路的数目、型号、主要功能等。识读印制板电路图的具体步骤如下。

① 由易到难分步突破。识读印制板电路图和识读电路原理图一样，可采取外围包抄、

图 10-37 印制电路板实物图

由外向内、由易到难、分步突破的方法，首先找到最直观、最容易识别的元器件，例如，打开电子设备后盖，印制电路板及整机内部部件便暴露出来，其中最容易识别的元器件可以作为识读印制板电路图的外围入口，顺着实际连线就可以找到与它们连接的电路。在某些印制板电路图上还有这些元器件的连线示意图，这给识读印制板电路图带来很大的方便。例如，由电源插座可以找到电源电路，若电源电路带有电源变压器和大容量的电解电容（也是比较容易识别的元件），就很容易找到电源稳压电路；由扬声器可以找到功放电路，通常功放管采用低频大功率晶体管，OTL 功率放大电路还采用较大容量的电解电容，这就更容易寻找。

有一些电子设备是由几块印制电路分板组成的，每块印制电路分板都有相应的功能，这给识读印制板电路图带来较大的方便。在某些印制板电路图上，还标出了各个分板的名称和主要功能，因此，印制电路分板也是比较直观、比较容易识别的器件，是识读印制板电路图的理想入口。在看印制电路分板时，要注意寻找信号输入端和输出端，找到信号出入口后，再按照信号通路就比较容易看懂印制板电路图。各印制电路分板的信号出入口通常是各板之间的连线，当然某些连线是电源线和地线。

总之，借助那些最直观、最简单、最容易识别的元器件，再配合印制电路分板的识别，便可以了解整机电路的大致布局，某些系统电路的界限也可初步确定下来。

② 循序渐进逐步深入。在电路板上，有许多元器件具有特殊的外形或者体积很大，某些元器件上还标有名称和特性，还有的元器件标有特殊的符号，它们都比较容易识别，可以作为识读印制板电路图的入口。在此基础上采用外围包抄或者由内向外扩展等方法，便可以确定许多单元电路在印制电路板上的大致位置和相应的界限。

集成电路是比较直观、比较显眼的元器件，它的外形特殊，在外封装上还标有型号。如果对常用集成电路的型号、类型、功能比较熟悉，找到集成电路便能找到相应的单元电路或系统电路。在看印制板电路图时，集成电路各引脚的功能及外接元件的作用也都要清楚。另外，一些大功率晶体管也比较容易识别，有些管壳上还标有型号，将这些型号与电路原理图上晶体管的型号对照，就容易确定相应电路在印制板电路图上的位置。通常，集成电路、晶体管组成电路的核心，以它们为中心寻找外围元器件便可以找到相应的电路。

在电子设备印制电路板上还设置了许多接线柱，它们与各种连接线相接，连接着元器件或单元电路。这些接线柱和有关引线大多是电源线、地线、信号输入线、信号输出线、直流电压控制线等，它们也可作为识读印制板电路图的突破口，例如，找到各种调整元件的接线柱，就可以通过连线或印制电路板的走线找到相应单元电路。

在许多印制电路板上还用中文或英文标注了元器件的功能，或用数码标记元器件、印制电路板的代号。除此之外，印制电路板上还有许多其他信息，这些都可以作为识读印制板电路图的参考。

③ 疑难电路综合分析。在对照原理图看印制板电路图时，常常会碰到一些局部电路难以识别。这些疑难电路可能是没有特殊元件或易于识别元件的电路，也可能是与多个单元电路有联系的电路，或者是分布过于分散的电路。一般来说，疑难电路多为小信号处理电路。对于疑难电路，可以通过多方协作来解决，同时注意前后联系，分析对照，综合运用各种信息。

在识读印制板电路图时，无论是对照局部图还是对照网络图，都应给对照过的部分做一个记号。对于晶体管电路，还必须找准电路的电源线和地线。另外，还要抓住单元电路或局部电路之间的连接点。还要注意的是，有些元器件的实际数据或结构可能与电路原理图稍有不同，这是允许的，也是经常出现的，这时就要根据印制板电路图来修正电路原理图。

十、对照电路图安装应注意问题

初学电子技术的读者，由于对电路图不熟悉，对电子元件不熟悉，在对照电路图安装时经常发生一些差错，所以要注意下面四个主要问题。

① 注意极性。应该做到元件对号入座。初学者有时会出现安装的电子元件和它的符号对不上号的问题，比如二极管的符号，左边一个三角形，右边一个长粗线，三角形一边的引线代表正极，长粗线一边的引线代表负极，所以连接二极管时，由于触丝代表二极管的正极，应当按线路接在二极管正极符号一边。如果把二极管的正极与负极接错，这个线路图就整个接错了。另外像三极管的 E、B 和 C 三个电极，电解电容的正负极，输出、输入变压器的初、次级引线等，也经常会发生接错的现象。因此，这些问题一定要特别注意。

② 注意结点。应该避免把不该连接的地方连在一起。电路图中有结点的地方连在一起，而无结点的线路是不应该连接的（即导线金属部分不能连在一起）。

③ 注意焊接。注意区别焊完和未焊的接头，严格按照电路一步一步往下进行。有的初学者用过一个元件的一根引线后，本来应该用这个元件的另外一根引线去接别的元件，但由于不仔细，又用已经接过的那根引线去接别的元件了。所以每个元件用过哪个头，没用过哪个头，都应当心中有数，不能搞错。有时可在装配图中做记号，以示区别。

④ 注意检查。最后应该进行检查。电路焊好后，要仔细检查各部分连线是否有差错。

复习思考题

1. 电子电路图一般由哪些图构成？
2. 单元电路具有哪些特点？
3. 看电子电路图有哪些步骤？
4. 画出晶体管超外差式收音机整机电路框图。
5. 电路图识读原则有哪些？
6. 单元电路简化法有哪些？
7. 如何画模拟电路的等效电路？
8. 如何识读系统电路图？
9. 识读印制电路板装配图时要注意哪些问题？
10. 识读印制板电路图有哪些具体步骤？
11. 对照电路图安装应注意哪些问题？

第十一章

逻辑功能图

[学习目标]

① 理解逻辑电路图的逻辑关系和逻辑电路的功能。
② 熟悉二进制逻辑单元图形符号及其应用。
③ 掌握逻辑函数的表示方法和常用的组合逻辑电路部件。
④ 掌握识读集成电路图和集成电路计数器的方法
⑤ 培养系统思维。

与模拟电路相比，数字电路具有抗干扰能力强、可靠性高、精确性和稳定性好、通用性广、便于集成、便于故障诊断和系统维护等特点。以抗干扰能力和可靠性为例，数字电路不仅可以通过整形去除叠加于传输信号上的噪声和干扰，还可以进一步利用差错控制技术对传输信号进行检错和纠错。

在数字电路中一般都采用二进制，凡具有两个稳定状态的元件都可用来表示二进制的两个数码，故其基本单元电路简单。

数字电路所处理的信号多是矩形脉冲或尖脉冲。不同的脉冲信号，表示其特征的参数不同。

如图 11-1 所示是应用最广泛的矩形电压脉冲波形。其主要参数如下。

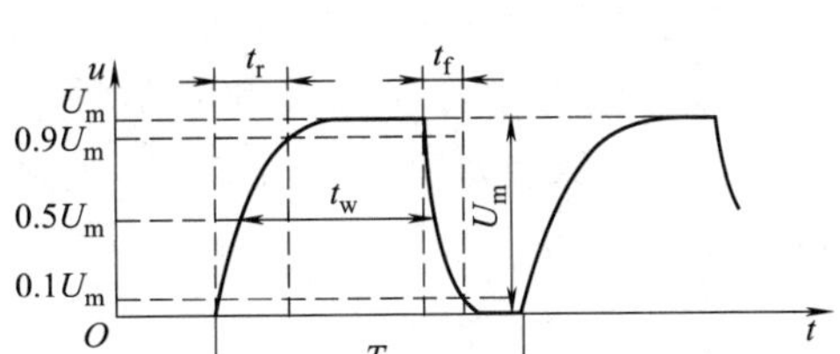

图 11-1　矩形电压脉冲波形

① 脉冲幅度 U_m：脉冲电压信号变化的最大值。

② 脉冲前沿 t_r：波形从 $0.1U_m$ 上升到 $0.9U_m$ 所需要的时间。

③ 脉冲后沿 t_f：波形从 $0.9U_m$ 下降到 $0.1U_m$ 所需要的时间。

④ 脉冲宽度 t_w：从波形上升沿的 $0.5U_m$ 到下降沿的 $0.5U_m$ 所需要的时间，又称脉冲持续时间。

⑤ 脉冲周期 T：在周期性的脉冲信号中，任意两个相邻脉冲的上升沿（或下降沿）之间的时间间隔。

⑥ 脉冲频率 f：在周期性的脉冲信号中，每秒出现脉冲波形的个数，$f=\frac{1}{T}$。

脉冲信号有正、负之分。如果脉冲跃变后的值比初始值高，则为正脉冲，反之为负脉冲，如图 11-2 所示。

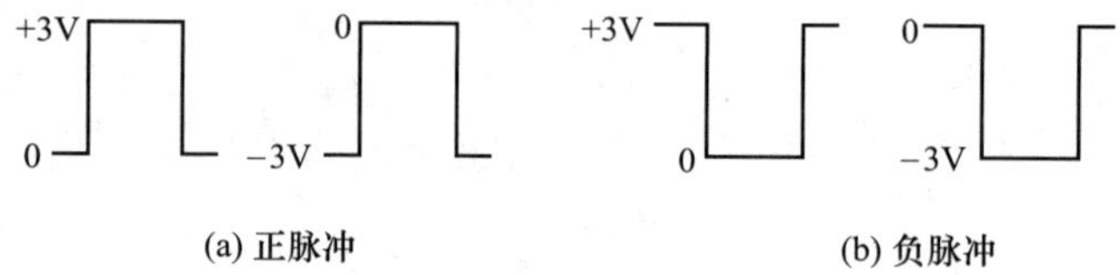

图 11-2 正、负脉冲

第一节 逻辑和逻辑图

逻辑电路功能图（简称逻辑图）是用二进制逻辑单元图形符号绘制的一种简图，用以表达系统的功能、逻辑连接关系以及工作原理。详细逻辑图也是用二进制逻辑单元图形符号绘制的一种简图，它不仅要表明系统的功能、逻辑关系和工作原理，而且要确定实现逻辑功能的实际器件和工程化的内容。

逻辑图的主要组成部分是二进制逻辑单元图形符号。

一、逻辑和逻辑关系

在现代信息处理系统中，尽管被处理的信息很多，但是组成这些信息的基本元素通常只有两个，例如：开关的接通与断开，电流的流入与流出，晶体管的导通与截止，电位的高和低，等。这样的两种状态都可以用“1”和“0”两个状态值或两个元素来表示。

这里的 1 和 0 不表示具体数值大小，只表示相互对立的逻辑状态。这些状态由一定的法则来决定，这些法则称为逻辑。逻辑图就是对这些逻辑的图解。

在数字电路中，输入信号是“条件”，输出信号是“结果”，输出与输入的因果关系可用逻辑函数来描述。

基本的逻辑关系只有“与”“或”“非”三种。实现这三种逻辑关系的电路分别叫“与”门、“或”门、“非”门。因此，在逻辑代数中有三种基本的逻辑运算与之相对应，即“与”运算、“或”运算、“非”运算。

二、与逻辑和与门

当决定某种结果的所有条件都具备时，结果才会发生，这种因果关系称为与逻辑。在如图 11-3 所示电路中，开关 A 和 B 串联，只有 A 与 B 同时接通时，电灯才亮。只要有一个开关断开，灯就灭。灯亮与开关 A、B 的接通是与逻辑关系。与逻辑可用逻辑代数中的与运算表示，即

$$F=A\cdot B$$

式中，“·”为与运算符号，在逻辑表达式中也可省略。

如果把结果发生或条件具备用逻辑 1 表示，结果不发生或条件不具备用逻辑 0 表示，则与运算的运算规则为

$$0\cdot 0=0;\quad 0\cdot 1=0;\quad 1\cdot 0=0;\quad 1\cdot 1=1$$

由于运算规则与普通代数的乘法相似，因此与运算又称逻辑乘。如图 11-4 所示为与逻辑的逻辑符号，也是与门的逻辑符号。

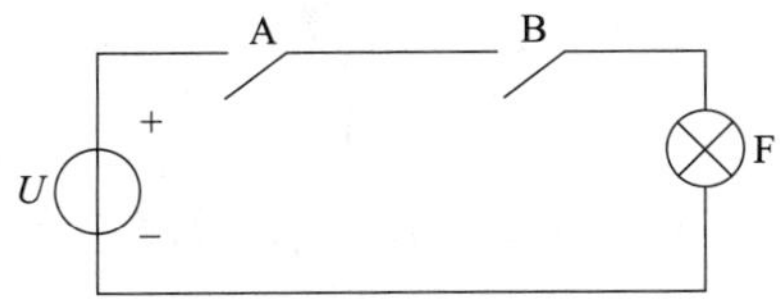

图 11-3　与逻辑关系

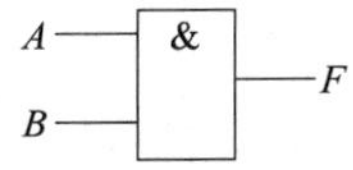

图 11-4　与门符号

三、或逻辑和或门

当决定某一结果的各个条件中，只要具备一个条件，结果就发生，这种逻辑关系称为或逻辑。在如图 11-5 所示电路中，开关 A、B 并联，只要 A 或 B 有一个闭合，电灯就亮。灯亮与 A、B 接通是或逻辑关系。或逻辑可用逻辑代数中的或运算表示，即

$$F=A+B$$

式中，“+”为或运算符号。

同样，用 1 和 0 表示或逻辑中的结果和条件，则或运算的运算规则为

$$0+0=0;\qquad 0+1=1;\qquad 1+0=1;\qquad 1+1=1$$

或运算又称为逻辑加。如图 11-6 所示为或逻辑的逻辑符号，也是或门的逻辑符号。

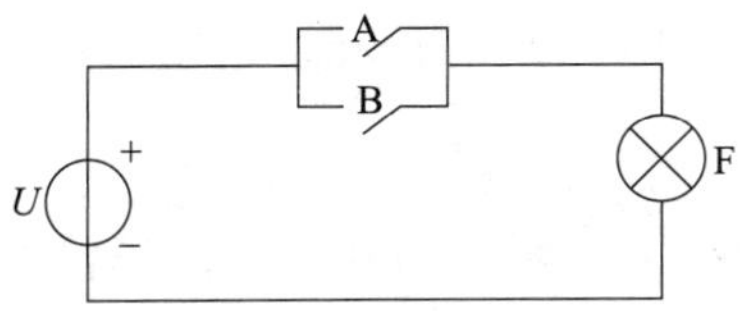

图 11-5　或逻辑关系

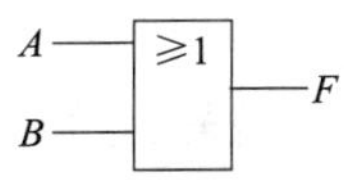

图 11-6　或门符号

四、非逻辑和非门

结果和条件处于相反状态的因果关系称为非逻辑。实现非逻辑的电路称为非门电路。在如图 11-7 所示电路中，灯亮与开关接通是非逻辑关系。非逻辑可用逻辑代数中的非运算表示，其表达式为

$$F=\overline{A}$$

式中，“—”为非运算符号，读作“A 非”。非运算规则为

$$\overline{0}=1;\qquad \overline{1}=0$$

如图 11-8 所示是非逻辑的逻辑符号，也是非门的逻辑符号。

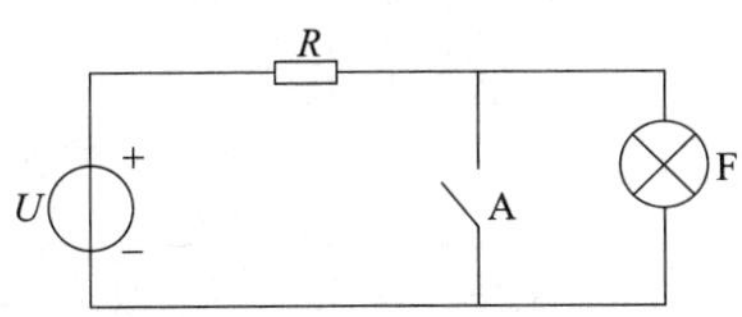

图 11-7　非逻辑关系

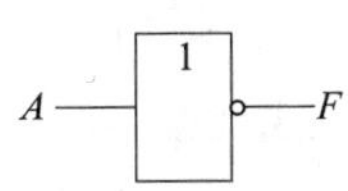

图 11-8　非门符号

五、异或门与同或门

异或逻辑表达式为

$$F=\overline{A}B+A\overline{B}=A\oplus B$$

实现异或逻辑功能的电路，称为异或门电路，用如图 11-9 所示的逻辑符号表示。

将异或逻辑取反得 $F=\overline{A\oplus B}=AB+\overline{A}\,\overline{B}$，称为同或逻辑。实现同或逻辑的电路称为同或门，其逻辑符号如图 11-10 所示。

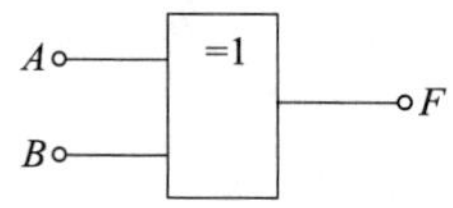

图 11-9 异或门逻辑符号

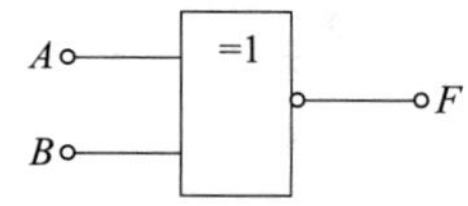

图 11-10 同或门逻辑符号

图 11-11 是集成四异或门 74LS136 的端子排列图。图 11-12 是集成四异或（同或）门 74LS135 的端子排列图。当 C 为低电平 0 时，Y 与 A、B 间为异或逻辑关系；当 C 为高电平 1 时，Y 与 A、B 间为同或逻辑关系。

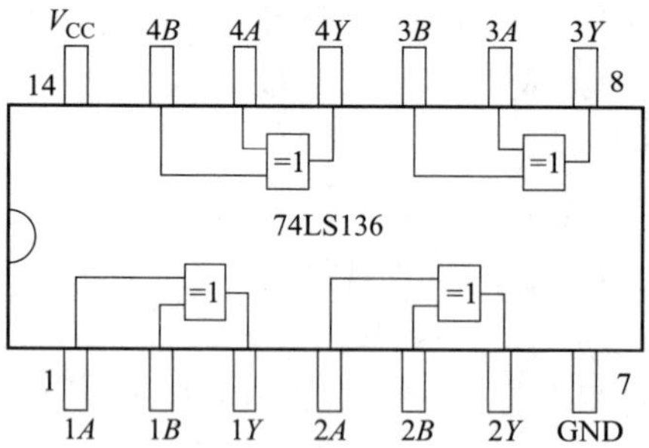

图 11-11 74LS136 端子排列图

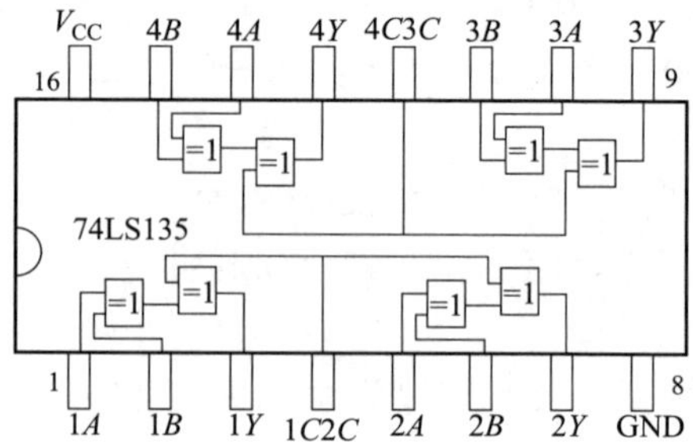

图 11-12 74LS135 端子排列图

六、逻辑图

用规定的逻辑符号连接构成的图，称为逻辑图，也称为逻辑电路功能图。逻辑图通常是根据逻辑表达式画出的，如

$$F=\overline{\bar{A}\,\bar{B}C+\bar{A}B\bar{C}+A\bar{B}\,\bar{C}+ABC}$$

其对应的逻辑图如图 11-13 所示。

七、逻辑约定

因为在二进制逻辑电路中是以高、低电平表示两个不同的逻辑状态的，所以需要规定高电平（H）、低电平（L）和逻辑状态 1、0 之间的对应关系，这就是所谓的逻辑约定。

这里首先有内部逻辑状态和外部逻辑状态之分。凡是符号方框内部输入端和输出端的逻辑状态称为内部逻辑状态，而符号方框外部输入端和输出端的逻辑状态统称为外部逻辑状态，如图 11-14 所示。

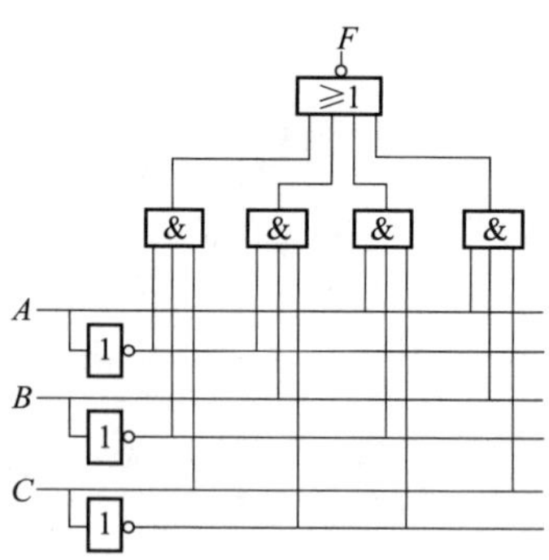

图 11-13 逻辑图

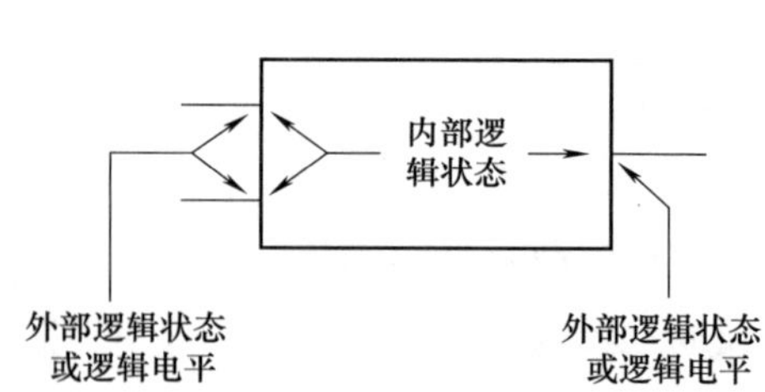

图 11-14 内、外部逻辑状态概念图解

根据标准的规定，可以采用以下两种体系进行逻辑约定。

一种是正逻辑或负逻辑约定。若将输入和输出的高电平定义为逻辑 1 状态，将低电平定义为逻辑 0 状态，称为正逻辑约定。反之，若将输入和输出的高电平定义为逻辑 0 状态，将低电平定义为逻辑 1 状态，则称为负逻辑约定。在这种逻辑约定下，允许在符号方框外的输入端和输出端上使用逻辑非（∘）符号。

另一种体系是极性指示符（小三角形）逻辑约定。这种体系规定，当输入端或输出端上有极性指示符时，外部的逻辑高电平（H）与内部的逻辑 0 状态对应，外部的逻辑低电平（L）与内部的逻辑 1 状态对应。反之，若输入端或输出端上没有极性指示符，则外部的逻辑高电平与内部的逻辑 1 状态对应，外部的逻辑低电平与内部的逻辑 0 状态对应。极性指示符的画法如图 11-15 所示。

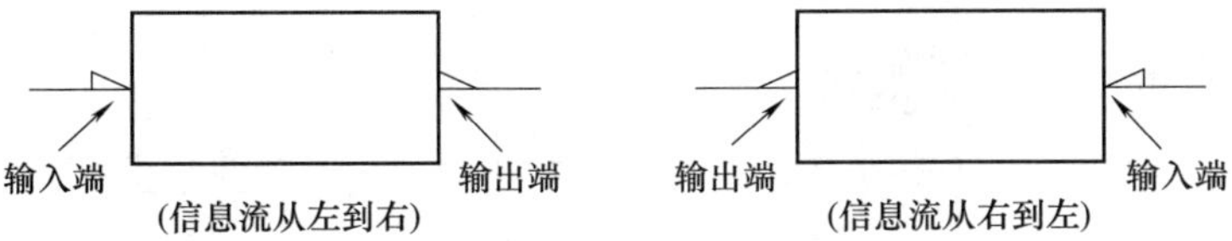

图 11-15 极性指示符的画法

需要特别指出的是，无论采用哪一种约定体系，在符号框内只存在内部逻辑状态，不存在逻辑电平的概念。而在采用极性指示符约定体系中，方框外只存在外部逻辑电平（H 或 L），而不存在外部逻辑状态的概念。在同一张逻辑图中，不能同时采用两种逻辑约定方法。

第二节 二进制逻辑单元图形符号及其应用

GB/T 4728.12—2022 的图形符号不仅能表达一般二进制逻辑元件的逻辑功能，并且还可以根据二进制逻辑元件的图形符号写出该电路的逻辑表达式。

一、符号的构成

GB/T 4728.12—2022 规定，所有二进制逻辑单元图形符号皆由方框（或方框的组合）和标注其上的各种限定性符号及使用时附加的输入线、输出线等组成。对方框的长宽比没有限制。限定性符号在方框上的标注位置应符合图 11-16 中的规定。

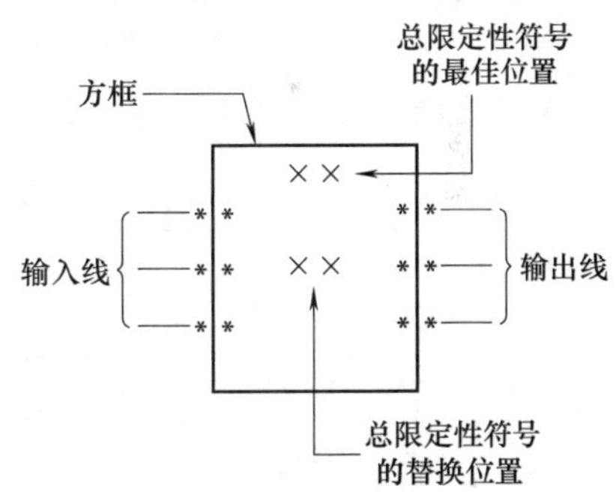

图 11-16 限定性符号在方框上的位置

应用单元图形符号应注意以下五点。

① 图中的×表示总限定性符号，* 表示与输入、输出有关的限定性符号。标注在方框外的字母和其他字符不是逻辑单元图形符号的组成部分，仅用于对输入端或输出端的补充说明。只有当单元的功能完全由输入、输出的限定性符号决定时，才不需要总限定性符号。

② 方框的长宽比是任意的，主要由输入、输出线数量决定。

③ 为了节省图形所占的篇幅，除了如图 11-16 所示的方框外，还可以使用公共控制框和公共输出单元框。图 11-17（a）中给出了公共控制框的画法。

在图 11-17（b）中，当 a 端不加任何限定性符号时，表示输入信号 a 同时加到每个受控的阵列单元上（每个阵列单元的逻辑功能应加注限定性符号，予以说明）。

④ 如图 11-18（a）所示是公共输出单元框的画法。图 11-18（b）表示 b、c 和 a 同时加到了公共输出单元框上（公共输出单元的逻辑功能应另加注限定性符号以说明）。

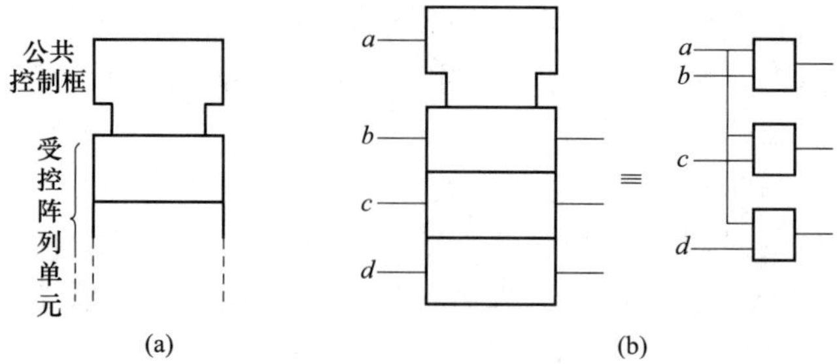

图 11-17　公共控制框的画法

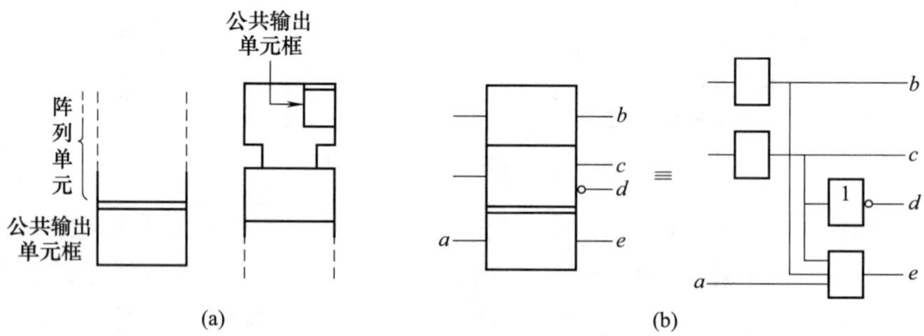

图 11-18　公共输出单元框的画法

⑤ 输入线和输出线最好分别放在图形符号相对的两边，并应与符号框线相垂直。通常规定输入线在左侧、输出线在右侧，或者输入线在上部、输出线在下部。有时，为了保持图面清晰、简单，允许个别图形符号采用其他方位。

二、总限定性符号

由于所有逻辑单元图形符号的外形都是方框或方框的组合，所以图形本身已失去了表示逻辑功能的能力，这就必须加注各种限定性符号来说明逻辑功能。

总限定性符号用来表示逻辑单元总的逻辑功能。这里所说的逻辑功能是指符号框内部输入与输出之间的逻辑关系。表 11-1 中列出了若干常用的总限定性符号及其表示的逻辑功能。

表 11-1　常用的总限定性符号

符号	说明	符号	说明
&	与	2k+1	奇数(输入 1 的数目为奇数时，输出为 1 状态)
≥1	或		
=1	异或	1	缓冲(输出无专门放大)
=	逻辑恒等(所有输入状态相同时，输出才为 1 状态)	▷	缓冲放大/驱动
≥m	逻辑门槛(只有输入 1 的数目≥m时，输出才为 1 状态)	⎍①	滞回特性
=m	等于 m(只有输入 1 的数目等于 m 时，输出才为 1 状态)	◇①	分布连接、点功能、线功能
>n/2	多数(只有多数输入为 1 时，输出才为 1 状态)	Σ	加法运算
		P-Q	减法运算
2k	偶数(输入 1 的数目为偶数时，输出为 1 状态)	Π	乘法运算
		COMP	数值比较

续表

符号	说明	符号	说明
ALU	算术逻辑单元		同步启动的非稳态电路
CPG	先行(超前)进位		
MUX	多路选择		完成最后一个脉冲后停止的非稳态电路
DX	多路分配		
X/Y	编码、代码转换		同步启动、完成最后一个脉冲后停止的非稳态电路
I=0	触发器的初始状态为0		
I=1	触发器的初始状态为1	SRGm	*m* 位的移位寄存
		CTRm	循环长度为 2^m 的计数
	不可重复触发的单稳态电路	CTRDIVm	循环长度为 *m* 的计数
		ROM②	只读存储
	可重复触发的单稳态电路	PROM②	可编程只读存储
		RAM②	随机存储
	非稳态电路	TTL/MOS	由 TTL 到 MOS 的电平转换
		ECL/TTL	由 ECL 到 TTL 的电平转换

① 用说明单元逻辑功能的总限定性符号代替。
② 用存储器的“字数×位数”代替。

三、与输入/输出有关的限定性符号

与输入/输出有关的限定性符号用来描述某个输入端或输出端的具体功能和特点。常用的限定性符号和它们的功能见表11-2。

表11-2　与输入/输出有关的限定性符号

符号	说明	符号	说明
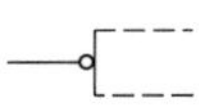	逻辑非,示在输入端	S	存储单元的S输入
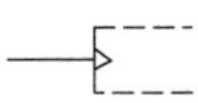	动态输入(内部1状态与外部从0到1的转换过程对应,其他时间内部逻辑状态为0)	J	存储单元的J输入
		K	存储单元的K输入
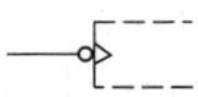	带逻辑非的动态输入(内部1状态与外部从1到0的转换过程对应,其余时间内部逻辑状态为0)	D	存储单元的D输入
		T	存储单元的T输入
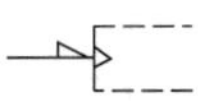	带极性指示符的动态输入(内部1状态与外部电平从H到L的转换过程对应,其余时间内部逻辑状态为0)	E	扩展输入
		→m	移位输入,从左到右或从顶到底
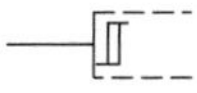	具有滞回特性的输入/双向门槛输入	←m	移位输入,从右到左或从底到顶
EN	使能输入	+m	正计数输入(每次本输入内部为1状态,单元的计数按 *m* 为单位增加一次)
R	存储单元的R输入		

续表

符号	说明	符号	说明
-m	逆计数输入(每次本输入内部为1状态,单元的计数按 m 为单位减少一次)	◇	L型开路输出(输出低电平时为低输出内阻)
>	数值比较器的“大于”输入	◇	无源下拉输出(与H型开路输出相似,但不需要附加外部元件或电路)
<	数值比较器的“小于”输入	◇	无源上拉输出(与L型开路输出相似,但不需要附加外部元件或电路)
=	数值比较器的“等于”输入	▽	三态输出
CI	运算单元的进位输入	E	扩展输出
BI	运算单元的借位输入	* > *	数值比较器的“大于”输出(*号由相比较的两个操作数代替)
○	逻辑非,示在输出端	* < *	数值比较器的“小于”输出(*号的含义同上)
┐	延迟输出	* = *	数值比较器的“等于”输出(*号的含义同上)
◇	开路输出(例如开集电极,开发射极,开漏极,开源极)	CO	运算单元的进位输出
◇	H型开路输出(输出高电平时为低输出内阻)	BO	运算单元的借位输出

四、相邻单元的方框邻接

为了缩小图形所占的幅面,可以使用内部连接符号将相邻单元的方框邻接画出,如图11-19所示。

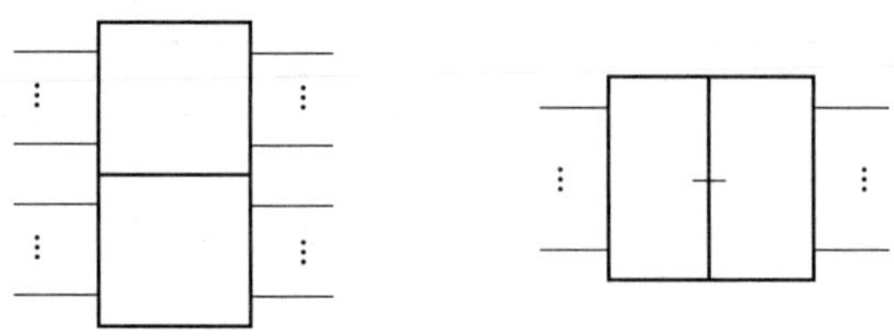

(a) (b)

图11-19 相邻单元的方框邻接

当各邻接单元方框之间的公共线是沿着信息流的方向时,这些单元之间没有逻辑连接,如图11-19(a)所示。如果两个邻接方框的公共线垂直于信息流方向,则它们之间至少有一种逻辑连接,图11-19(b)就属于这种情况。表11-3列出了内部连接的四种常见情况。

表11-3 内部连接符号

符号	说明	符号	说明
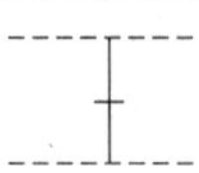	内部连接(右边单元输入端的内部逻辑状态与左边单元输出的内部逻辑状态相对应)	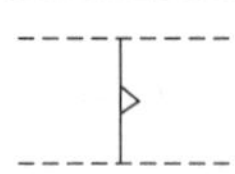	具有动态特性的内部连接
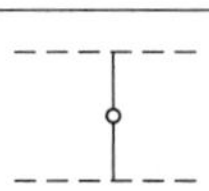	具有逻辑非的内部连接(右边单元输入端的内部逻辑状态与左边单元输出的内部逻辑状态的补状态相对应)	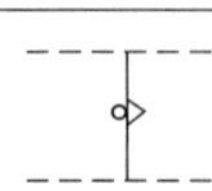	具有逻辑非和动态特性的内部连接

五、非逻辑连接和信息流指示符号

当逻辑图中出现非逻辑信号（例如 A/D 转换电路中输入的模拟信号）时，用信号线上的“×”表示其性质不是逻辑信号。

此外，还规定信息流的方向原则上是从左到右、从上到下的。如果不符合这个规定或信息流方向不明显时，应在信号线上标出指示信息流方向的箭头，如表 11-4 所示。

表 11-4　非逻辑连接和信息流指示符号

符号	说明
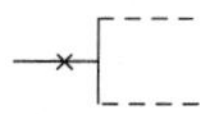	非逻辑连接，示出在左边
	单向信息流
	双向信息流

六、常用二进制逻辑单元图形符号

二进制逻辑单元图形符号很多，表 11-5 仅列出了一些最常用的图形符号，这些图形符号与表 11-2 的限定性符号进行不同的组合，可以派生出许多图形符号。

表 11-5　常用二进制逻辑单元图形符号

序号	名称	图形符号	说明
1	或元件	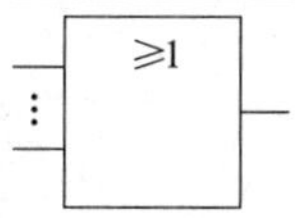	仅当一个或一个以上的输入处于 1 状态时，输出才能处于 1 状态 注：若不会引起混淆，≥1 可以用 1 代替
2	与元件	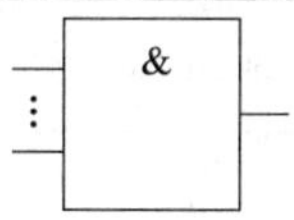	仅当全部输入均处于 1 状态时，输出才处于 1 状态
3	逻辑门槛元件	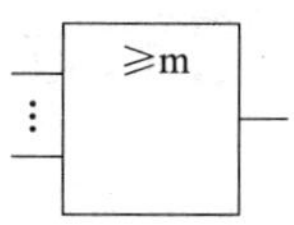	仅当处于 1 状态的输入个数等于或大于限定性符号中以 m 表示的数时，输出才处于 1 状态 注：1. m 永远小于输入端个数 2. $m=1$ 的元件一般称为或元件（见序号 1）
4	等于 m 元件	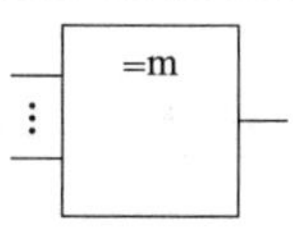	仅当处于 1 状态的输入个数等于限定性符号中以 m 表示的数时，输出才处于 1 状态。 注：$m=1$ 的二输入元件通常称为异或元件，见序号 9
5	多数元件	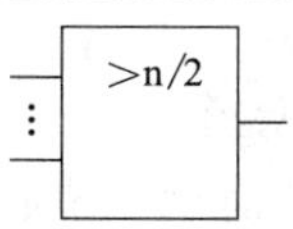	仅当多数输入处于 1 状态时，输出才处于 1 状态
6	逻辑恒等元件	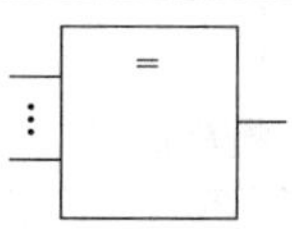	仅当全部输入处于相同状态时，输出才处于 1 状态
7	奇数元件（奇数校验元件）；模 2 加元件	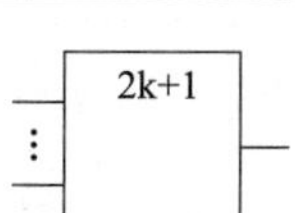	仅当处于 1 状态的输入个数为奇数（1、3、5 等）时，输出才处于 1 状态

续表

序号	名称	图形符号	说明
8	偶数元件(偶数校验元件)	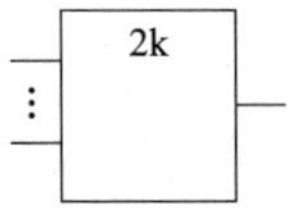	仅当处于1状态的输入个数为偶数(0、2、4等)时,输出才处于1状态
9	异或元件	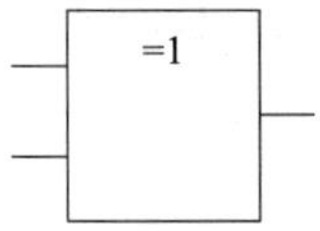	若两个输入中的一个且只有一个处于1状态时,输出才处于1状态
10	无特殊放大输出的缓冲器	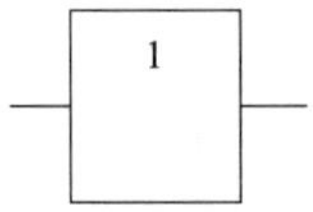	仅当输入处于1状态时,输出才处于1状态
11	非门	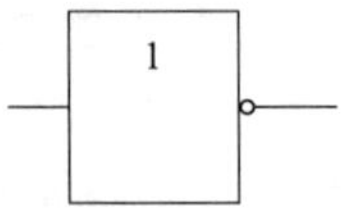	反相器(在用逻辑非符号表示器件的情况下),仅当输入处于其外部1状态,输出才处于其外部0状态
12	反相器(在用逻辑极性指示符表示器件的情况下)	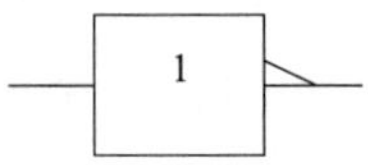	仅当输入处于H电平时,输出才处于L电平
13	分布连接、点功能、线功能	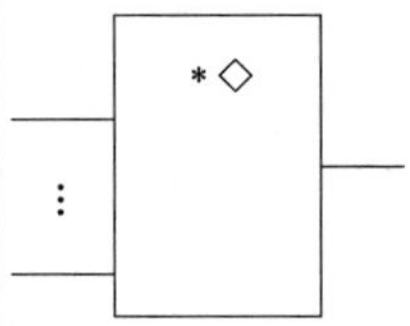	分布连接是把若干个元件的特定输出连接起来,以实现与功能或或功能的一种连接 注:星号(*)应该用功能限定符号&,或≥1代替。该符号的另一种表示法可采用导线连接 在相交导线的每个交点上,应注明功能符号&或≥1

第三节 逻辑函数的表示方法

逻辑函数可以用真值表、逻辑表达式、逻辑图、卡诺图、关联标注法等方法来表示。

一、真值表

将 n 个输入变量的 2^n 个状态及其对应的输出函数值列成的表格，称为真值表，或称为逻辑状态表。

某三个输入变量的奇数判别电路，输入变量用 A、B、C 表示，输出变量用 F 表示。当输入变量中有奇数个1时，$F=1$；输入变量中有偶数个1时，$F=0$。因为三个输入变量共有 $2^3=8$ 个组合状态，将8个状态及其对应的输出状态列成表格，就得到真值表，如表11-6所示。

表11-6 奇数判别电路的真值表

A	B	C	F	A	B	C	F
0	0	0	0	1	0	0	1
0	0	1	1	1	0	1	0
0	1	0	1	1	1	0	0
0	1	1	0	1	1	1	1

二、逻辑表达式

逻辑表达式用各变量的与、或、非逻辑运算的组合表达式来表示逻辑函数。通常采用的是与或表达式，可根据真值表写出来，即将真值表中输出等于1的各状态，表示成全部输入变量（原变量或反变量）的与项，总的输出表示成所有与项的或函数。表11-6中有4项$F=1$，逻辑表达式为

$$F=\overline{A}\,\overline{B}C+\overline{A}B\overline{C}+A\overline{B}\,\overline{C}+ABC \tag{11-1}$$

三、逻辑图

逻辑图通常是根据逻辑表达式画出的，式（11-1）对应的逻辑图如图11-13所示。

四、卡诺图

卡诺图是逻辑函数的最小项方块图表示法，它用几何位置上的相邻，形象地表示了组成逻辑函数的各个最小项在逻辑上的相邻性。卡诺图是化简逻辑函数的重要工具。如表11-6所示的真值表对应的卡诺图如图11-20所示。

应注意的是：真值表和卡诺图都是逻辑函数的最小项表示法，由于逻辑函数的最小项与或表达式是唯一的，所以任何一个逻辑函数都只可能列出唯一的一张真值表或卡诺图；逻辑表达式和逻辑图则不是唯一的，由于逻辑表达式的变化和化简情况的不同，同一个逻辑函数可以有多种不同的逻辑表达式和逻辑图的表示法。它们四者之间的关系可由图11-21粗略表示。箭头表示可以相互转换。

AB \ C	0	1
00	0	1
01	1	0
11	0	1
10	1	0

图11-20　卡诺图

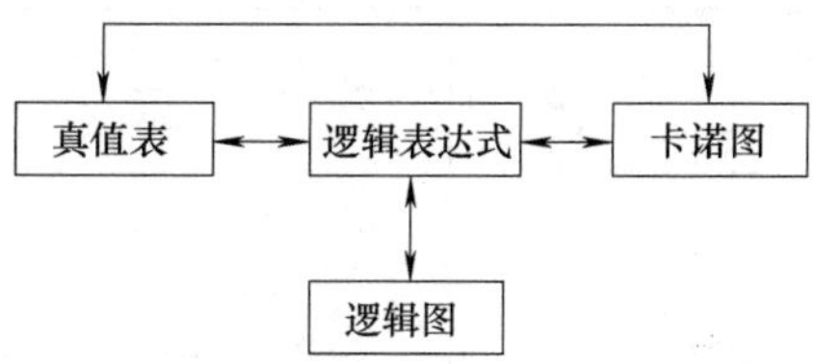

图11-21　四种逻辑函数表示方法之间的关系

五、关联标注法

如果单纯地使用上面介绍的各种限定性符号，有时还不能充分说明逻辑单元的各输入之间、各输出之间以及各输入与各输出之间的关系。为了解决这个问题，规定了关联标注法。

关联标注法中采用了“影响的”和“受影响的”两个术语，用以表示信号之间“影响”和“受影响”的关系。

为了便于理解关联标注法，首先讨论图11-22中的例子。这是一个有附加控制端的T触发器。输入信号b是否有效，受到输入信号a的影响。只有$a=1$时b端输入的脉冲上升沿才能使触发器翻转，而$a=0$时b端的输入不起作用。因此，a和b是两个有关联的输入，a是“影响输入”，b是“受影响输入”。在图11-22中，用加在标识符T前面的1表示受EN1的影响。

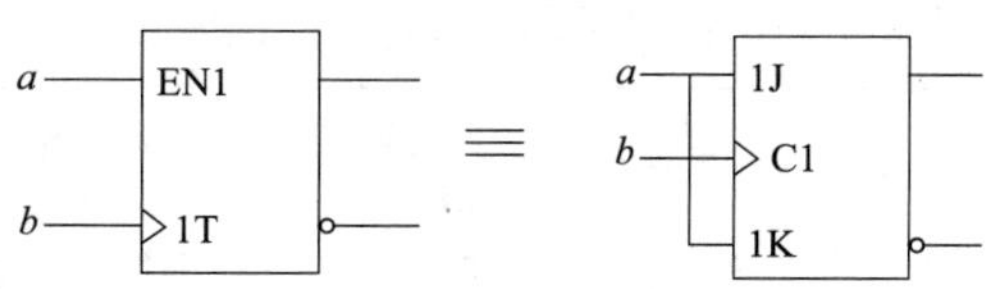

图11-22　关联标注法举例

1. 关联标注法的规则

① 用一个表示关联性质的字母和后跟的标识序号来标记“影响输入（或输出）”。

② 用与“影响输入（或输出）”相同的标识序号来标记“受影响输入（或输出）”。

如果“受影响输入（或输出）”另有其他标记，则应在这个标记前面加上“影响输入（或输出）”的标识序号。

③ 若一个输入或输出受两个以上“影响输入（或输出）”的影响时，则这些“影响输入（或输出）”的标记序号均应出现在“受影响输入（或输出）”的标记之前，并以逗号隔开。

④ 如果是用“影响输入（或输出）”内部逻辑状态的补状态去影响“受影响输入（或输出）”，应在“受影响输入（或输出）”的标识序号上加一个横线。

2. 关联类型

与关联、或关联和非关联用来注明输入和输出、输入之间、输出之间的逻辑关系。

互连关联用来表明一个输入或输出把其逻辑状态强加到另一个或多个输入、输出、输入和输出上。

控制关联用来标识时序单元的定时输入或时钟输入，以及表明受它控制的输入。

置位关联和复位关联用来规定当 R 输入和 S 输入处在它们的内部 1 状态时，RS 双稳态单元的内部逻辑状态。

使能关联用来标识使能输入及表明由它控制的输入、输出（例如哪些输出呈现高阻状态）。

方式关联用来标识选择单元操作方式的输入及表明取决于该方式的输入、输出。

地址关联用来标识存储器的地址输入。

表 11-7 中列出了各种关联使用的字母以及关联性质。

表 11-7 关联类型

关联类型	字母	“影响输入(输出)”对“受影响输入(输出)”的影响	
		“影响输入”为 1 状态时	“影响输入”为 0 状态时
地址	A	允许动作(已选地址)	禁止动作(未选地址)
控制	C	允许动作	禁止动作
使能	EN	允许动作	禁止“受影响输入”动作 置开路和三态输出在外部为高阻抗状态 置其他输出在 0 状态
与	G	允许动作	置 0 状态
方式	M	允许动作(已选方式)	禁止动作(未选方式)
非	N	求补状态	不起作用
复位	R	“受影响输出”恢复到 $S=0$、$R=1$ 时的状态	不起作用
置位	S	“受影响输出”恢复到 $S=1$、$R=0$ 时的状态	不起作用
或	V	置 1 状态	允许动作
互连	Z	置 1 状态	置 0 状态

第四节 组合逻辑电路部件

组合逻辑电路部件包括各种编码器、译码器、加法器、数值比较器、数据选择与分配器等。组合逻辑电路的基础单元是门电路。组合逻辑电路可以具有一个或多个输入端，同时具有一个或多个输出端，如图 11-23 所示。组合逻辑电路的特点是输出信号的状态仅与当时的输入信号的状态有关，而与该时刻之前的电路状态无关。分析组合逻辑电路的关键是正确应用逻辑代数。

一、加法器

加法器是算术运算电路中的基本运算单元，用于二进制数的加法运算。

(1) 半加器

两个一位二进制数相加，若不考虑低位来的进位，称为半加器。半加器的和数 $S=\overline{A}B+A\overline{B}$，进位数 $C=AB$。因此可以用一个异或门和一个与门组成半加器，如图 11-24 所示。其中 A、B 表示两个相加的数。

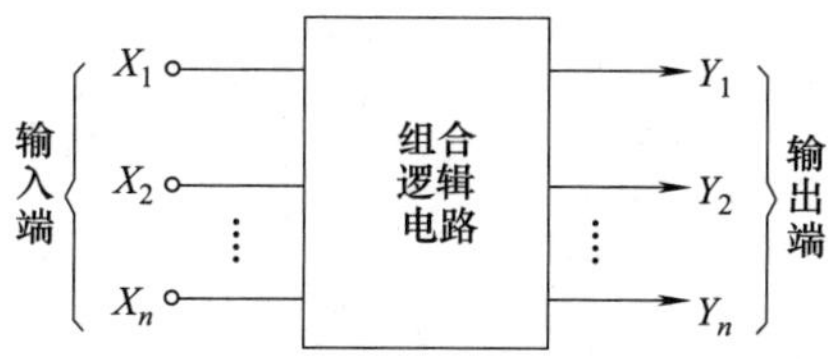

图 11-23　组合逻辑电路方框图

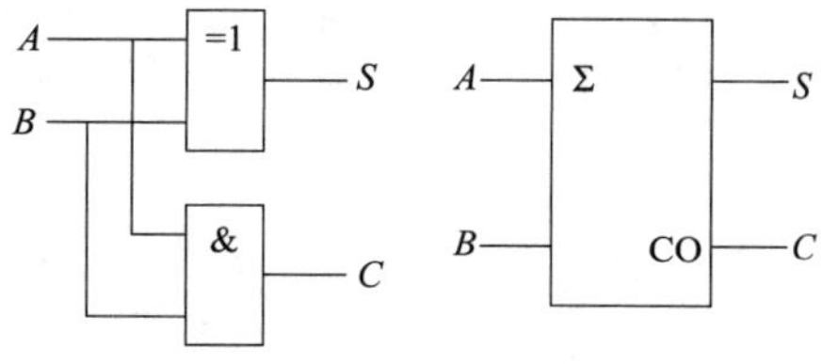

(a) 逻辑图　(b) 逻辑符号

图 11-24　半加器逻辑图及逻辑符号

(2) 全加器

两个一位二进制数相加，若考虑低位来的进位，称为全加器。全加器可用图 11-25 (a) 所示的逻辑图实现，其中 A_n、B_n 是本位的加数和被加数，C_{n-1} 是从低位来的进位数，S_n 为和数，C_n 为进位数。图 11-25 (b) 是全加器的逻辑符号。全加器的表达式为

$$S_n=(A_n\oplus B_n)\oplus C_{n-1}$$

$$C_n=A_nB_n+(A_n\oplus B_n)C_{n-1}$$

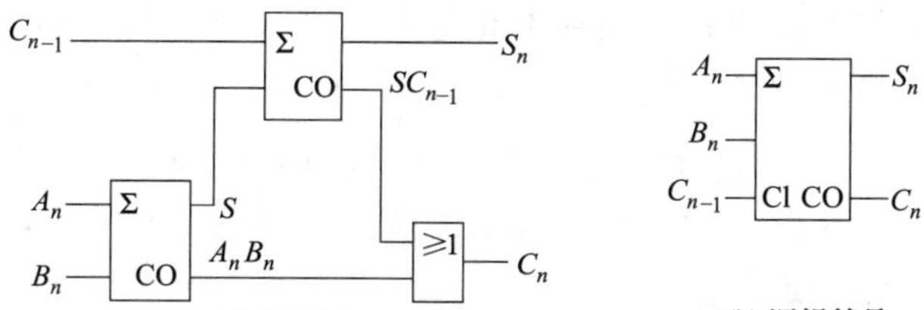

(a) 逻辑图　(b) 逻辑符号

图 11-25　全加器逻辑图及逻辑符号

二、编码器

编码就是用二进制代码来表示一个给定的十进制数或字符。完成这一功能的逻辑电路称为编码器。

如图 11-26 所示为 8421BCD 码编码器的一种逻辑图。只要将拨码开关拨到需编码的十进制数对应的位置，输出端 $DCBA$ 就会输出相应的位置，即输出端 $DCBA$ 就会输出相应的 8421BCD 码。

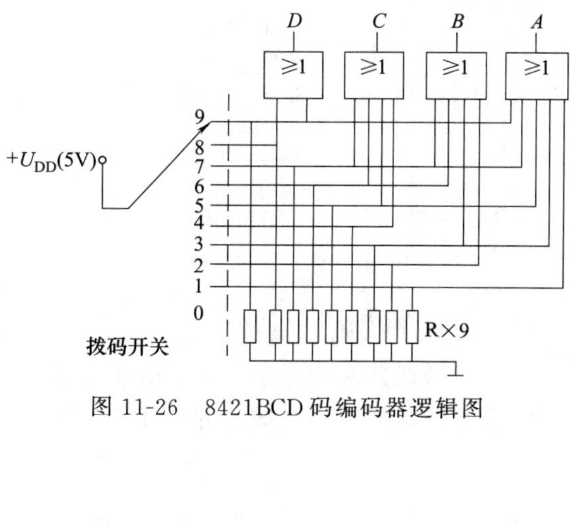

图 11-26　8421BCD 码编码器逻辑图

三、译码器

译码是编码的逆过程，即将代码所表示的信息翻译过来的过程。实现译码功能的电路称为译码器。

TTL 集成 CT74LS139 是双 2 线—4 线译码器，其端子图、逻辑图和简化框图如图 11-27 所示。

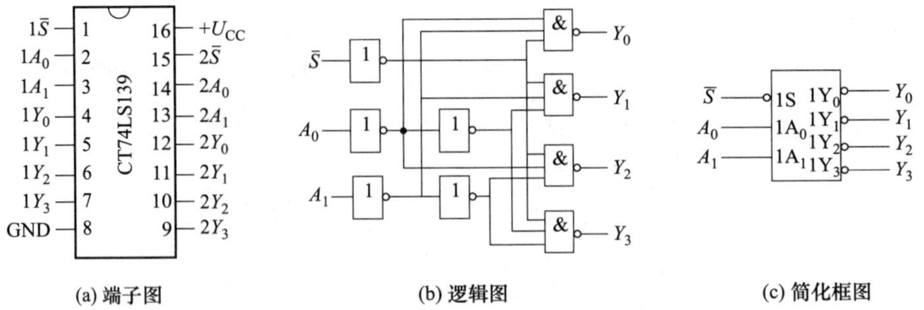

图 11-27 CT74LS139 双 2 线—4 线译码器

四、显示译码器

常见的显示译码器是数字显示电路，它由译码器、驱动器和显示器等部分组成。

（1）显示器

常用的显示器有半导体数码管、液晶数码管和荧光数码管等。这里仅介绍半导体数码管。

半导体数码管亦称 LED 数码管，其基本结构是 PN 结。制造 PN 结的半导体材料是磷砷化镓、磷化镓等。当 PN 结外加正向电压时，就能发出清晰的光线。单个 PN 结可以封装成发光二极管，多个 PN 结可分段封装成半导体数码管，如图 11-28 所示。发光二极管的工作电压为 1.5～3V，工作电流为几毫安到十几毫安。半导体数码管将十进制数码分成 7 段，又称为 7 段数码管，选择不同的字段发光，可显示 0～9 不同的字形。

半导体数码管中，7 个发光二极管有共阴极和共阳极两种接法，如图 11-29 所示。对于共阴极接法，接高电平的字段发光；对于共阳极接法，接低电平的字段发光。使用时，每个发光管要串接约 100Ω 的限流电阻。

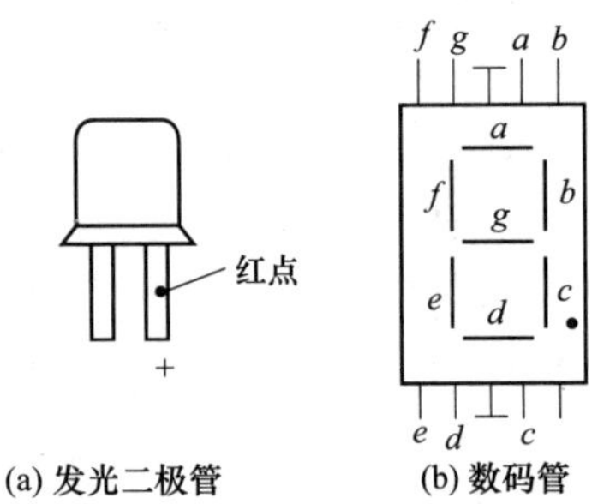

图 11-28 半导体显示器

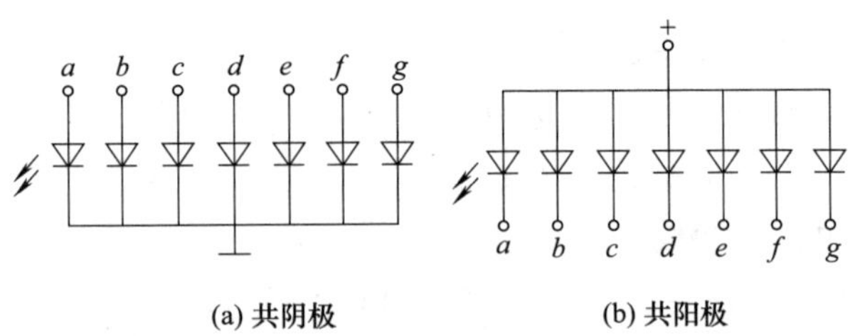

图 11-29 7 段数码管的两种接法

（2）显示译码器

显示译码器种类很多。7 段显示译码器把 BCD 代码译成驱动 7 段数码管的信号，显示出相应的十进制数码。集成电路 74LS48 是输出高电平有效的 7 段显示译码器，其端子排列图如图 11-30 所示。该集成电路除基本输入端和输出端外，还有三个辅助控制端：试灯输入端$\overline{LT}$、灭零输入端$\overline{RBI}$、灭灯输入/灭零输出端$\overline{BI}/\overline{RBO}$。$\overline{BI}/\overline{RBO}$既可以作输入用，也可作输出用。

① 试灯功能。若$\overline{LT}=0$，$\overline{BI}/\overline{RBO}$作为输出端，且$\overline{RBO}=1$，无论其他输入端为何状态，$a\sim g$ 均为高电平 1，所有段全亮，显示十进制数字 8。该输入端常用于检查 74LS48 显示译码器及数码管的好坏。$\overline{LT}=1$ 时，方可进行译码显示。

② 灭灯功能。$\overline{BI}/\overline{RBO}$作为输入端，且$\overline{BI}=0$，无论其他输入端为何状态，$a\sim g$ 均为低电平 0，数码管各段均熄灭。

③ 灭零功能。$\overline{BI}/\overline{RBO}$作为输出端，且$\overline{BI}=1$、$\overline{RBI}=0$，若 $A_3A_2A_1A_0=0000$ 时，$a\sim g$ 均为低电平 0，实现灭零功能。与此同时，$\overline{BI}/\overline{RBO}$输出低电平 0，表示译码器处于灭零状态。而对非 0000 状态的数码输入，则照常显示，$\overline{BI}/\overline{RBO}$输出高电平。

$\overline{RBO}$和$\overline{RBI}$配合使用，可实现无意义位的“消隐”，例如 5 位数显示器显示数为“03.150”，将无意义位的 0 消隐后，则显示“3.15”。

显示译码器 74LS48 与共阴极半导体数码管的连接示意图如图 11-31 所示。

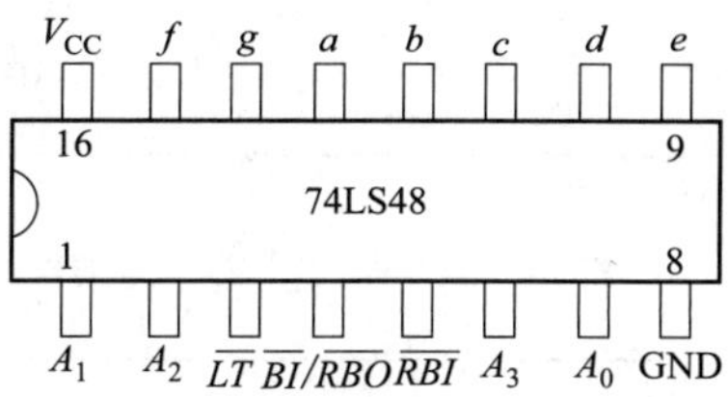

图 11-30　74LS48 端子排列图

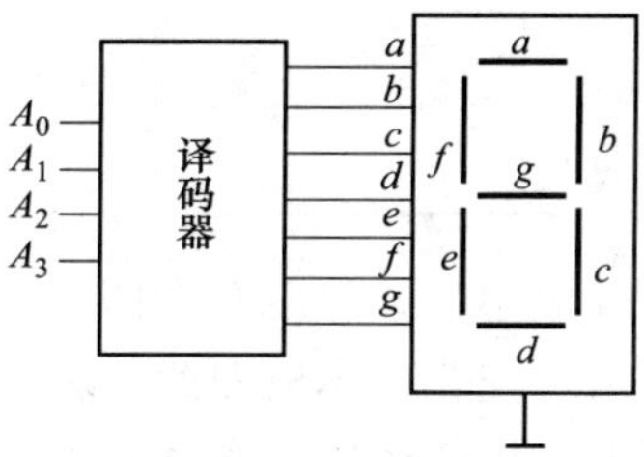

图 11-31　显示译码器与数码管连接示意图

五、数据选择器和数据分配器

(1) 数据选择器

数据选择器的功能是从多个数据输入端中，按要求选择其中一个输入端的数据传送到公共传输线上。

如图 11-32 所示是四选一数据选择器的逻辑电路。$D_0\sim D_3$ 为 4 路输入数据，Y 为一路数据输出端。A_1、A_0 为控制数据传送的地址输入信号，其状态决定了输出与哪一路输入数据相连。其真值表如表 11-8 所示。

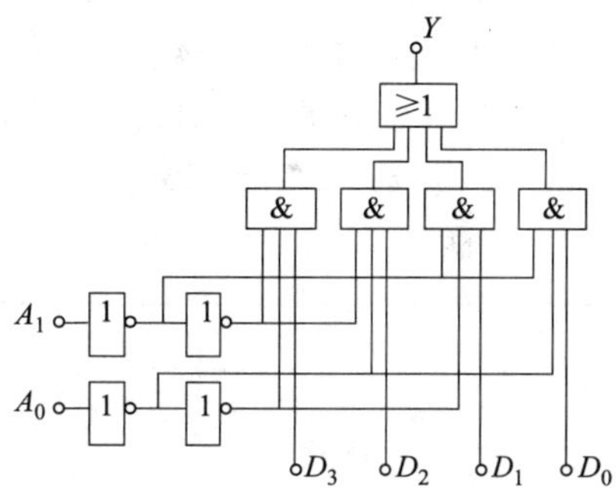

图 11-32　数据选择器

表 11-8　数据选择器真值表

输入		输出
A_1	A_0	Y
0	0	D_0
0	1	D_1
1	0	D_2
1	1	D_3

根据逻辑图可写出其逻辑表达式为

$$Y=\overline{A}_1\overline{A}_0D_0+\overline{A}_1A_0D_1+A_1\overline{A}_0D_2+A_1A_2D_3$$

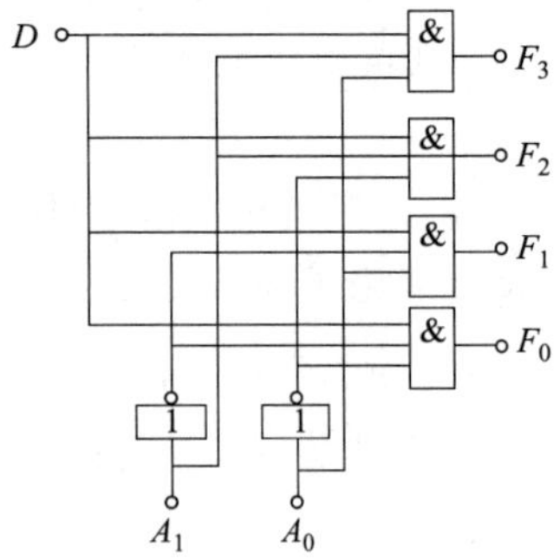

图 11-33 数据分配器

由该表达式可知，对于 A_1、A_0 的不同取值，Y 只能等于 $D_0 \sim D_3$ 中唯一的一个。

在实际应用中，可选用集成数据选择器，如 CD4529 为双四选一数据选择器，74LS151 为八选一数据选择器。

数据选择器除了能在多路数据中选择一路数据输出外，还能有效地实现组合逻辑函数，即构成逻辑函数发生器。

（2）数据分配器

数据分配器的功能与数据选择器相反，它将一路输入数据按需要分配给某一对应的输出端。

如图 11-33 所示为 1-4 分配器的逻辑电路图，其真值表如表 11-9 所示。

表 11-9 1-4 分配器真值表

输入		输出			
A_1	A_0	F_3	F_2	F_1	F_0
0	0	0	0	0	D
0	1	0	0	D	0
1	0	0	D	0	0
1	1	D	0	0	0

在实际应用中，并没有专门的集成电路数据分配器，数据分配器是译码器的一种特殊应用。作为数据分配器使用的译码器必须具有使能端，其使能端作为数据输入端使用，译码器的输入端作为地址输入端，其输出端则作为数据分配器的输出端，例如用 3 线—8 线译码器 74LS138 连成的 1-8 分配器如图 11-34 所示，其真值表如表 11-10 所示。

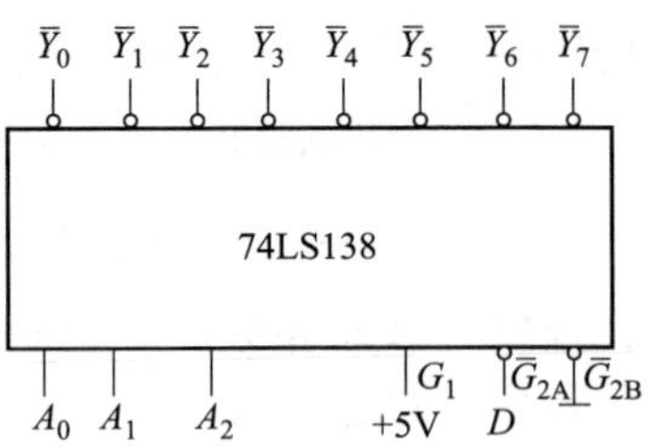

图 11-34 74LS138 构成的 1-8 分配器

表 11-10 1-8 分配器真值表

输入			输出							
A_2	A_1	A_0	$\overline{Y}_7$	$\overline{Y}_6$	$\overline{Y}_5$	$\overline{Y}_4$	$\overline{Y}_3$	$\overline{Y}_2$	$\overline{Y}_1$	$\overline{Y}_0$
0	0	0	1	1	1	1	1	1	1	D
0	0	1	1	1	1	1	1	1	D	1
0	1	0	1	1	1	1	1	D	1	1
0	1	1	1	1	1	1	D	1	1	1
1	0	0	1	1	1	D	1	1	1	1
1	0	1	1	1	D	1	1	1	1	1
1	1	0	1	D	1	1	1	1	1	1
1	1	1	D	1	1	1	1	1	1	1

六、常用器件符号

常用器件符号如图 11-35～图 11-40 所示。

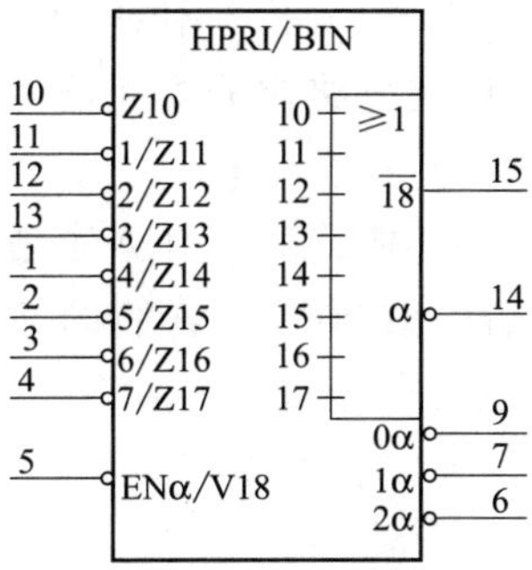

图 11-35　8 线—3 线优先编码器（74LS148）

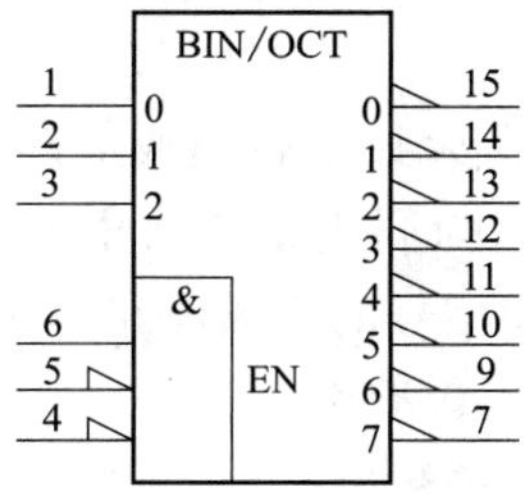

图 11-36　3 线—8 线译码器（74LS138）

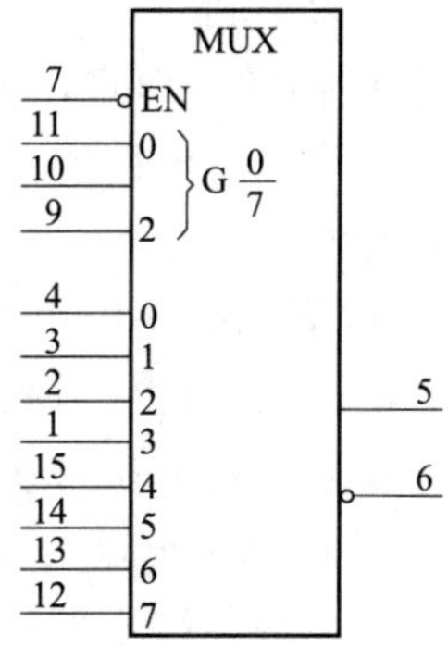

图 11-37　八选一数据选择器（74LS151）

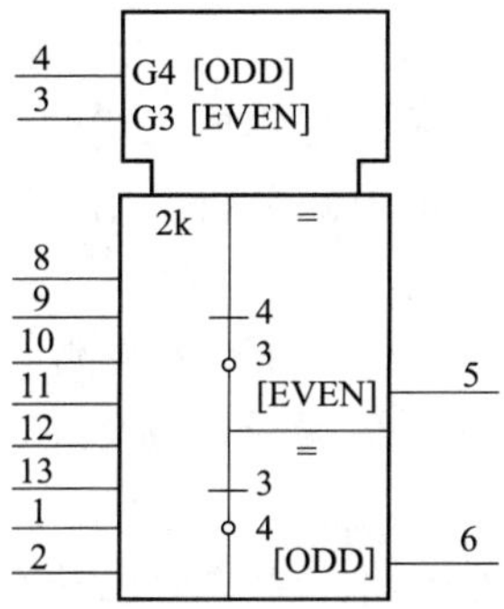

图 11-38　8 位奇偶校验器/产生器（74180）

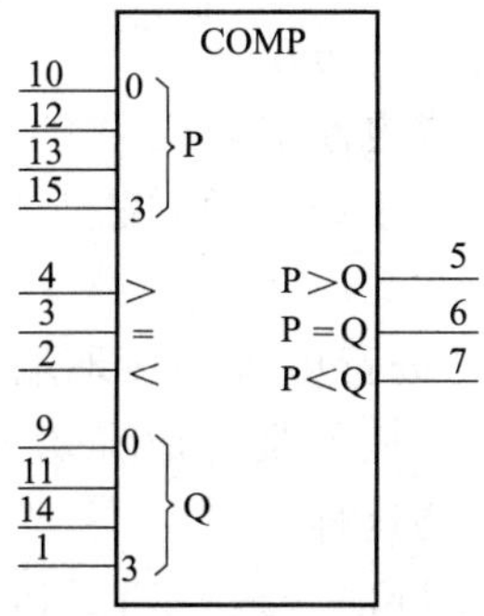

图 11-39　4 位数值比较器（74LS85）

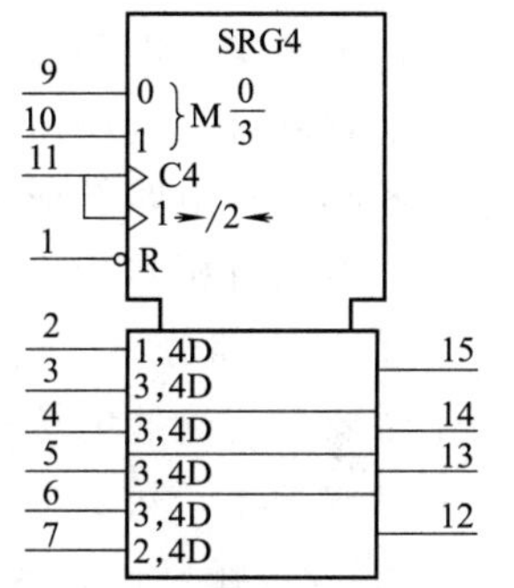

图 11-40　4 位双向移位寄存器（74LS194）

第五节　识读集成电路图

一、集成电路识图方法

对集成电路中应用电路的识读，是电路分析中的一个重点，也是难点之一。识图必须掌握以下几个方面，并在实践和应用中更好地理解和运用。

1. 集成电路图的功能

① 它表达了集成电路各引脚外电路结构、元器件参数等，从而表示了某集成电路的完整工作情况。

② 有些集成电路的应用电路画出了集成电路的内电路方框图，这对分析集成电路应用情况是相当方便的，但这种表示方式不多。

③ 应用电路有典型应用电路和实用电路两种。前者在集成电路手册中可以查到，后者出现在实用电路中。这两种应用电路相差不大，根据这一特点，在没有实际应用电路图时可以用典型应用电路图作参考，这一方法在维修中常常采用。

④ 一般情况集成电路应用电路表达了一个完整的单元电路，或一个电路系统，但有些情况下一个完整的电路系统要用到两个或更多的集成电路。

2. 集成电路图的特点

① 大部分应用电路不画出内电路方框图，这对识图不利，尤其对初学者进行电路工作

分析时更为不利。

② 对初学者而言，分析集成电路的应用电路比分析分立元器件的电路更为困难，这是对集成电路内部电路不了解的缘故。实际上识图也好，修理也好，集成电路比分立元器件电路更为方便。

③ 对集成电路应用电路而言，在大致了解集成电路内部电路和详细了解各引脚作用的情况下，识图是比较方便的。这是因为同类型集成电路具有规律性，在掌握了它们的共性后，可以方便地分析许多同功能不同型号的集成电路应用电路。

3. 集成应用电路的识图方法和注意事项

（1） 了解各端子的作用是识图的关键

要了解各端子的作用，可以查阅有关集成电路应用手册。知道了各端子作用之后，分析各端子外电路工作原理和元器件作用就方便了，例如：知道①端子是输入端子，那么与①端子所串联的电容器是输入端耦合电路，与①端子相连的电路是输入电路。

（2） 了解集成电路各端子作用的三种方法

一是查阅有关资料；二是根据集成电路的内电路方框图分析；三是根据集成电路的应用电路中各端子外电路特征进行分析。对于第三种方法，要求有比较好的电路分析基础。

（3） 电路分析步骤

① 直流电路分析。这一步主要是进行电源和接地端子外电路的分析。注意：电源端子有多个时要分清这些电源之间的关系，例如是否是前级、后级电路的电源端子，或是左、右声道的电源端子，对多个接地端子也要这样分清。

② 信号传输分析。这一步主要分析信号输入端子和输出端子外电路。当集成电路有多个输入、输出端子时，要搞清楚是前级还是后级电路的输出端子；对于双声道电路，还应分清左、右声道的输入和输出端子。

③ 其他端子外电路分析，例如找出负反馈端子、消振端子等。这一步的分析是最困难的，对初学者而言要借助端子作用的相关资料或内电路方框图。

④ 有了一定的识图能力后，要学会总结各种功能集成电路的端子外电路规律，并要掌握这种规律，这对提高识图速度是有用的。例如，输入端子外电路的规律是：通过一个耦合电容器或一个耦合电路与前级电路的输出端相连。输出端子外电路的规律是：通过一个耦合电路与后级电路的输入端相连。

⑤ 分析集成电路的内电路对信号的放大、处理过程时，最好是查阅该集成电路的内电路方框图。分析内电路方框图时，可以通过信号传输线路中的箭头指示，知道信号经过了哪些电路的放大或处理，最后信号是从哪个端子输出的。

⑥ 了解集成电路的一些关键测试点、端子直流电压规律，对检修电路是十分有用的。OTL（无输出变压器功率放大器）电路输出端的直流电压等于集成电路直流工作电压的一半；OCL（无输出电容功率放大器）电路输出端的直流电压等于0V；BTL（桥式功率放大器）电路两个输出端的直流电压是相等的，单电源供电时等于直流工作电压的一半，双电源供电时等于0V。当集成电路两个端子之间接有电阻时，该电阻将影响这两个端子上的直流电压；当两个端子之间接有线圈时，这两个端子的直流电压是相等的，若不相等，一定是线圈开路了；当两个端子之间接有电容或接RC串联电路时，这两个端子的直流电压肯定不相等，若相等，则说明该电容已经击穿。

⑦ 一般情况下不要去分析集成电路的内电路工作原理，这是相当复杂的。

另外，还需掌握集成电路的封装知识。所谓封装，是指安装半导体集成电路芯片用的外壳，它不仅起着安放、固定、密封、保护芯片和增强电热性能的作用，而且还是沟通芯片内部世界与外部电路的桥梁。芯片上的接点用导线连接到封装外壳的端子上，这些端子又通过印制板上的导线与其他器件建立连接。因此，封装对集成电路起着重要的作用。

4. 根据集成电路输入输出信号关系识图

在缺乏集成电路内部电路资料的情况下，不必去研究集成电路内部的结构和工作过程，而对其输入信号与输出信号的关系进行分析，从而看懂整个电路图。

① 幅度变化关系。集成电路的输出信号与输入信号相比，如果输出信号的幅度大于输入信号的幅度，就可以判定这个集成电路是一个放大电路，例如电压放大器、中频放大器、前置放大器、功率放大器等；如果输出信号的幅度小于输入信号的幅度，则说明该集成电路是一个衰减电路，例如衰减器、分压器等。

② 频率变化关系。集成电路的输出信号与输入信号相比，如果输出信号的频率低于输入信号的频率，则说明该集成电路是一个变频电路；如果输出信号的频率高于输入信号的频率，则说明该集成电路是一个倍频电路；如果输出信号的频带是输入信号的一部分，则说明该集成电路是一个滤波电路。

③ 阻抗变化关系。集成电路的输出信号与输入信号相比，其阻抗发生了变化，则称该集成电路是一个阻抗变换电路；如果输出信号的阻抗低于输入信号的阻抗，则说明该集成电路是电压跟随器、缓冲器等；如果输出信号的阻抗高于输入信号的阻抗，则说明该集成电路是阻抗匹配电路、恒流输出电路等。

④ 相位变化关系。集成电路的输出信号与输入信号相比，其相位发生了变化，则称该集成电路是一个移相电路。如果移相角度为 180°，可以称之为反相电路。

⑤ 波形变化关系。集成电路的输出信号与输入信号相比，其波形发生了变化，则称该集成电路是一个整形电路。

除此之外，还有诸如调制关系、解调关系、逻辑关系、控制关系等。有些集成电路的输入、输出信号可能同时包含数种上述基本关系，甚至具有更复杂的输入输出关系。

二、集成电路应用举例

1. 声光控楼道灯电路

如图 11-41 所示为声光控楼道灯电路。电路图中，位于左边的驻极体话筒 BM（接收声音信号）和光电二极管 VD（接收光信号）是电路的输入端，位于右边的照明灯 H 是负载，

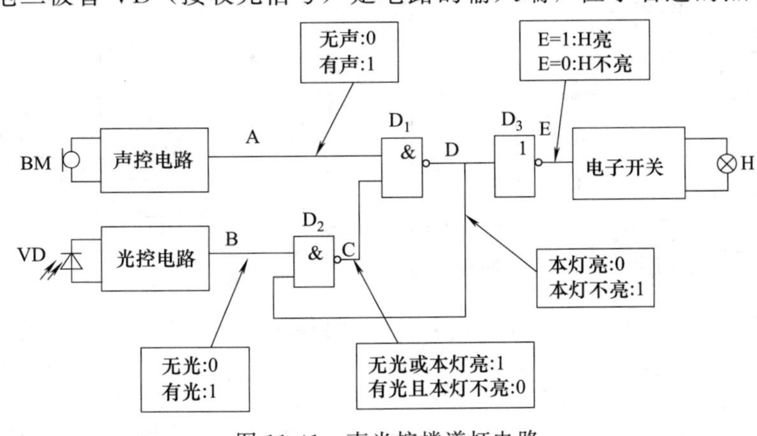

图 11-41　声光控楼道灯电路

信号处理流程方向为从左到右。识图的方法是从左到右、从输入端到输出端依次分析。

当驻极体话筒 BM 接收到声音信号时，经声控电路放大、整形和延时后，其输出端 A 点为 1，该信号送入与非门 D_1 的上输入端。如果这时是夜晚，无光亮，光控电路输出端 B 点为 0，同时由于灯未亮，故 D 点为 1，所以与非门 D_2 输出端 C 点为 1，该信号送入与非门 D_1 的下输入端。由于与非门 D_1 的两个输入端都为 1，其输出端 D 点变为 0，反相器 D_3 输出端 E 点为 1，使电子开关导通，照明灯 H 点亮。由于声控电路中含有延时电路，声音信号消失后再延时一段时间，A 点电平才变为 0，使照明灯 H 熄灭。当灯 H 点亮时，D 点的 0 同时加至 D_2 的下输入端，将其关闭，使得 B 点的光控信号无法通过。这样，即使灯光照射到光电二极管 VD 上，系统也不会误认为是白天而造成照明灯刚点亮就立即被关闭。

如果是在白天，环境光被光电二极管 VD 接收，光控电路输出端 B 点为 1，由于灯未亮，故 D 点也为 1，所以与非门 D_2 输出端 C 点为 0。该信号送入与非门 D_1 的下输入端，关闭了与非门 D_1，此时不论声控电路输出如何，D_1 输出端 D 点恒为 1，E 点则为 0，使电子开关关断，照明灯 H 不亮。

通过以上分析可以知道，声光控楼道灯的逻辑控制功能如下。

① 白天，整个楼道灯不工作。

② 晚上有一定声音时，楼道灯打开。

③ 声音消失后楼道灯延时一段时间关闭。

④ 晚上，灯点亮后不会被误认为是白天。

2. 水位检测电路

如图 11-42 所示是用 CMOS 与非门组成的水位检测电路。当水箱无水时，检测杆上的铜箍 A～D 与 U 端（电源正极）之间断开，与非门 G_1～G_4 的输入端均为低电平，输出端均为高电平。调整 3.3kΩ 电阻的阻值，使发光二极管处于微导通状态，亮度适中。

当水箱注水时，先注到高度 A，U 与 A 通过水接通，这时 G_1 的输入为高电平，输出为低电平，将相应的发光二极管点亮。随着水位的升高，发光二极管依次点亮。当最后一个点亮时，说明水已注满。这时 G_4 输出为低电平，而使 G_5 输出为高电平，晶体管 VT_1 和 VT_2 因而导通。VT_1 导通，断开电动机的控制电路，电动机停止注水；VT_2 导通，使蜂鸣器 HA 发出报警声响。

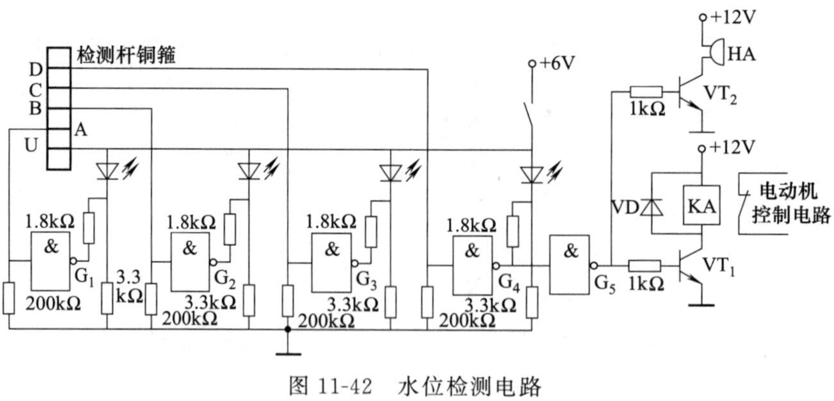

图 11-42 水位检测电路

3. 四人抢答电路

如图 11-43（a）所示是四人（组）参加智力竞赛的抢答电路，电路中的主要器件是

74LS175 型四上升沿 D 触发器，其外引线排列见图 11-43（b），它的清零端 $\overline{R}_D$ 和时钟脉冲 CP 是四个 D 触发器共用的。

抢答前先清零，Q_1～Q_4 均为 0，相应的发光二极管 LED 都不亮；$\overline{Q_1}$～$\overline{Q_4}$ 均为 1，与非门 G_1 输出为 0，扬声器不响。同时，G_2 输出为 1，将 G_3 开通，时钟脉冲 CP 可以经过 G_3 进入 D 触发器的 CP 端。此时，由于 S_1～S_4 均未按下，D_1～D_4 均为 0，所以触发器的状态不变。

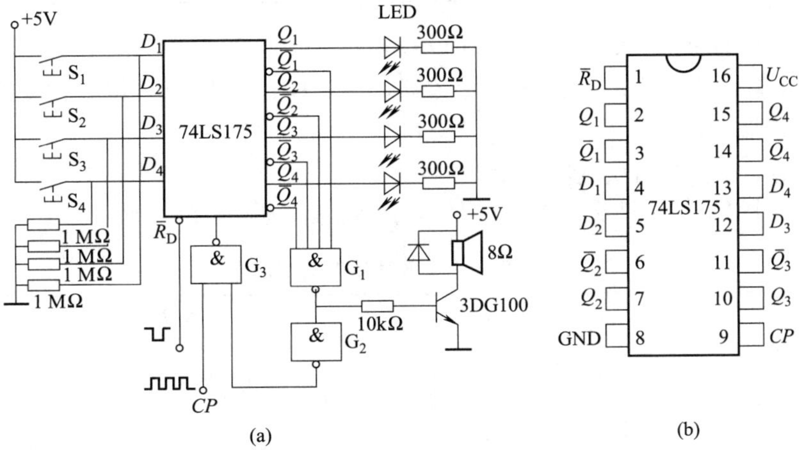

图 11-43　四人抢答电路

抢答开始，若 S_1 首先被按下，D_1 和 Q_1 均变为 1，相应的发光二极管亮；$\overline{Q_1}$ 变为 0，G_1 的输出为 1，扬声器响。同时，G_2 输出为 0，将 G_3 关断，时钟脉冲 CP 便不能经过 G_3 进入 D 触发器。由于没有时钟脉冲，因此再接着按其他按钮，就不起作用了，触发器的状态不会改变。

抢答完毕，清零，准备下次抢答用。

第六节　集成电路计数器

一个触发器有两种状态，可以用来寄存一位二进制数，或两个码，如要表达多位数、多种状态，就需将多只触发器构成计数器。

一、四位同步二进制集成电路计数器 74LS161

四位同步二进制计数器 74LS161 的端子排列图如图 11-44 所示，逻辑功能如表 11-11 所示。

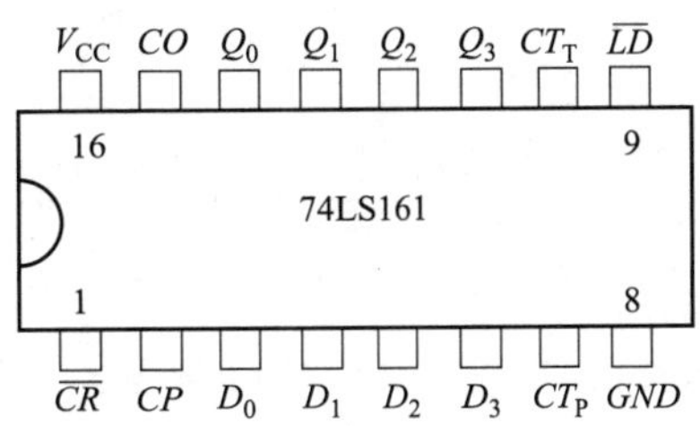

图 11-44　74LS161 的端子排列图

当复位端 $\overline{CR}=0$ 时，输出端 $Q_3Q_2Q_1Q_0$ 全为零，实现异步清零功能。

当 $\overline{CR}=1$，预置控制端 $\overline{LD}=0$，CP 脉冲上升沿到来时，将四位二进制数 D_3～D_0 置入 Q_3～Q_0，实现同步置数功能。

当 $\overline{CR}=\overline{LD}=1$，$CT_P \cdot CT_T=0$ 时，输出 Q_3～Q_0 保持不变。

若 $\overline{CR}=\overline{LD}=CT_T=CT_P=1$，计数器在 CP 脉冲的上升沿到来时进行同步加法计数，实现计数功能。

表 11-11 74LS161 逻辑功能表

$\overline{CR}$	$\overline{LD}$	CT_P	CT_T	CP	Q_3	Q_2	Q_1	Q_0	说明
0	×	×	×	×	0	0	0	0	清 0
1	0	×	×	↑	D_3	D_2	D_1	D_0	置数
1	1	0	×	×	Q_3	Q_2	Q_1	Q_0	保持
1	1	×	0	×	Q_3	Q_2	Q_1	Q_0	保持
1	1	1	1	↑	加法计数				

CO 为进位输出端，当计数溢出时，CO 端输出一个高电平进位脉冲。

74LS161 可直接用来构成十六进制计数器，通过$\overline{CR}$、$\overline{LD}$ 也可以方便地组成小于十六的任意进制计数器。

二、74LS161 计数器利用$\overline{CR}$ 端实现十进制

计数器采用 BCD8421 码。十进制计数器的状态表如表 11-12 所示。

表 11-12 十进制计数器的状态表

CP	Q_3	Q_2	Q_1	Q_0	CP	Q_3	Q_2	Q_1	Q_0
0	0	0	0	0	6	0	1	1	0
1	0	0	0	1	7	0	1	1	1
2	0	0	1	0	8	1	0	0	0
3	0	0	1	1	9	1	0	0	1
4	0	1	0	0	10	1	0	1	0(过渡状态)
5	0	1	0	1					

由于要用 74LS161 异步清零端$\overline{CR}$ 实现，所以状态表中写出了 1010 状态，电路中应将此状态反馈到$\overline{CR}$ 端，实现异步清零，如图 11-45 所示。当第 10 个 CP 脉冲上升沿到来时，计数器的状态为 $Q_3Q_2Q_1Q_0=1010$，与非门输出低电平送到$\overline{CR}$ 端，计数器复位为 0000，由于 1010 状态转瞬即逝，故称为过渡状态，显然过渡状态不是计数器的独立工作状态，所以图 11-45 中为十进制计数器。

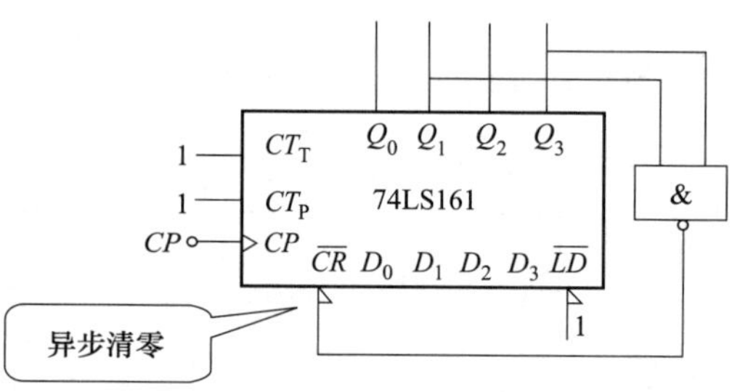

图 11-45 74LS161 用$\overline{CR}$ 端实现十进制

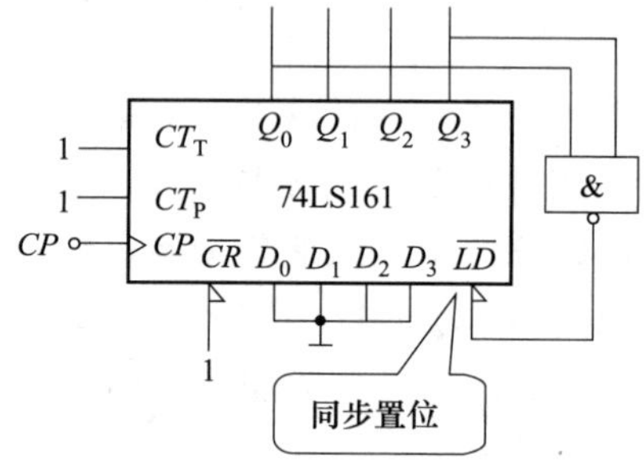

图 11-46 74LS161 用$\overline{LD}$ 端实现十进制

三、74LS161 计数器利用$\overline{LD}$ 端实现十进制

由于要求用 74LS161 同步预置端$\overline{LD}$ 实现十进制，所以应采用置位法，即当计数器计数到某一数值时，利用$\overline{LD}$ 端给计数器预置初始状态值，保证计数器循环工作，其电路如图 11-46 所示。图中与非门的输入信号取自 Q_3、Q_0，当第 9 个 CP 脉冲上升沿到来时，计数器的状态为 1001，与非门输出低电平，当第 10 个 CP 脉冲上升沿到来时，完成预置操作，计数器的状态为 $Q_3Q_2Q_1Q_0=D_3D_2D_1D_0=0000$，计数器清零。由于同步预置使最后

一个有效状态 1001 保持一个 CP 周期，所以 1001 是计数器的工作状态。与用 $\overline{CR}$ 端实现的十进制不同的是，利用同步预置端 $\overline{LD}$ 实现计数，不需要过渡状态。

四、图解二十四进制计数器

如果需要大于十六进制的计数器，可将 74LS161 串联使用，如图 11-47 所示是用两片 74LS161 构成的二十四进制计数器。

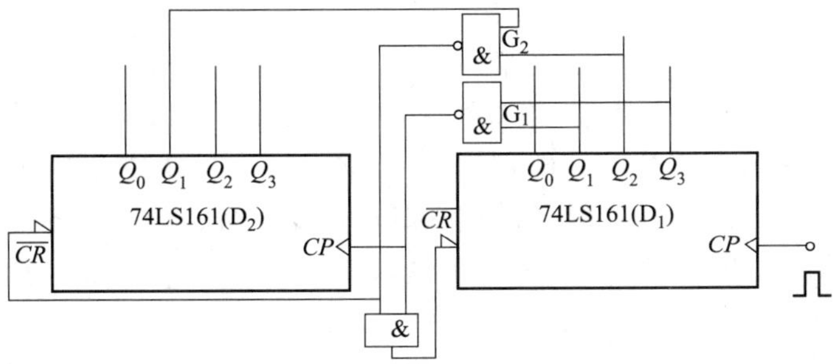

图 11-47　二十四进制计数器

五、计数器应用举例

如图 11-48 所示是数字钟的原理电路，它由下列三部分组成。

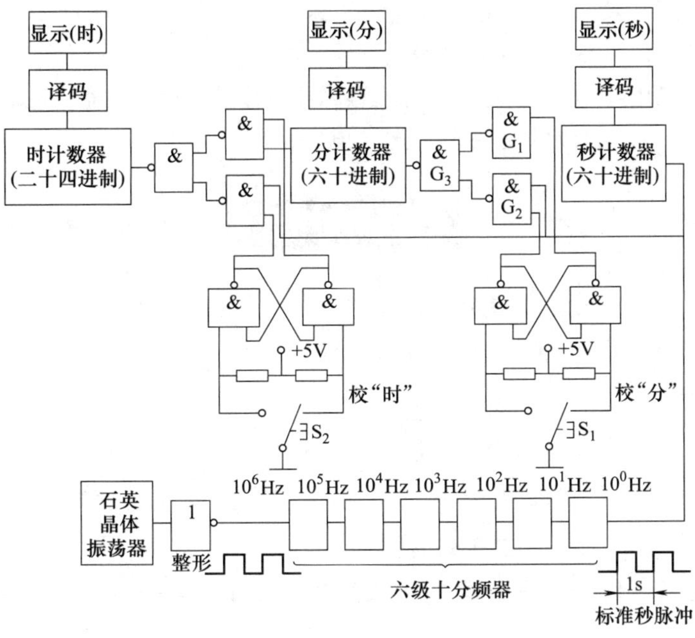

图 11-48　数字钟的原理电路

（1）标准秒脉冲发生电路

标准秒脉冲发生电路由石英晶体振荡器和六级十分频器组成。

石英晶体的振荡频率极为稳定，因而用它构成的多谐振荡器产生的矩形波脉冲的稳定性很高。为了进一步改善输出波形，在其输出端再接一非门，用于整形。

所谓分频，就是脉冲频率每经一级触发器就降低一半，即周期增加一倍。由二进制计数器的波形图可见，第一级触发器输出端 Q_0 的波形的频率是计数脉冲的 1/2，即每输入两个计数脉冲，Q_0 端输出一个脉冲。因此一位二进制计数器是一个二分频器。同理，每输入四个计数脉冲，第二级触发器的 Q_1 端输出一个脉冲，即其频率为计数脉冲的 1/4。以此类推，当二进制计数器有 n 位时，第 n 级触发器输出脉冲的频率是计数脉冲的 $1/2^n$。对十进制计数器而言，每输入十个计数脉冲，第四级触发器的 Q_3 端输出一个脉冲，所以它是一个十分频器。每个十分频器的输出信号就相应于标准时间。如果石英晶体振荡器的振荡频率为 1MHz（即 10^6 Hz），则经六级十分频后，输出脉冲的频率为 1Hz，即周期为 1s，此脉冲即为标准秒脉冲。

（2）时、分、秒计数/译码/显示电路

这部分包括两个六十进制计数器、一个二十四进制计数器以及相应的显示译码器。标准秒脉冲进入秒计数器进行六十分频（即经过 60 个脉冲）后，得出分脉冲；分脉冲进入分计数器，再经六十分频得出时脉冲；时脉冲进入时计数器。时、分、秒各计数器的计数经译码显示，最大显示值为 23 小时 59 分 59 秒，再输入一个秒脉冲后，显示清零。

（3）时、分校准电路

校“时”和校“分”的电路是相同的，现以校“分”电路来说明时间的校准。

① 在正常计时时，与非门 G_1 的一个输入端为 1，将它开通，使秒计数器输出的分脉冲加到 G_1 的另一输入端，并经 G_3 进入分计数器。而此时 G_2 由于一个输入端为 0，因此被关断，校准用的秒脉冲进不去。

② 在校“分”时，按下开关 S_1，情况与正常计时相反。G_1 被封闭，G_2 打开，标准秒脉冲直接进入分计数器，进行快速校“分”。

同理，在校“时”时，按下开关 S_2，标准秒脉冲直接进入时计数器，进行快速校“时”。

可见，G_1、G_2、G_3 构成的是一个二选一电路。

复习思考题

1. 矩形电压脉冲波形的主要参数有哪些？
2. 分别画出三种逻辑关系的门电路与门、或门、非门、异或门与同或门。
3. 什么是逻辑约定？
4. 说明常用的总限定符号的逻辑功能。
5. 说明常用的输入、输出有关的限定符号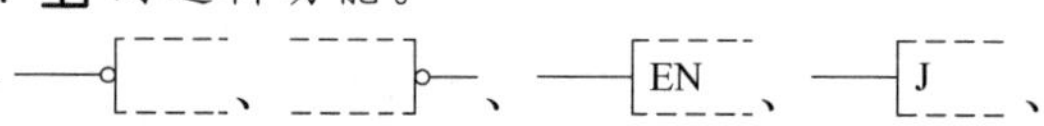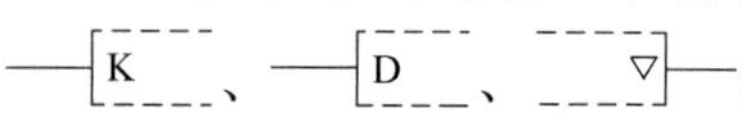的逻辑功能。
6. 组合逻辑电路可以具有一个或多个输入端，同时具有一个或多个输出端，请画出组合逻辑电路方框图。
7. 画出半加器、全加器的逻辑电路符号。
8. 集成电路图的功能有哪些？
9. 集成电路图的特点有哪些？
10. 了解集成电路各端子的作用有哪三种方法？
11. 如何从集成电路输入输出信号关系识图？
12. 如图 11-41 所示为声光控楼道灯电路，请简述声光控楼道灯的逻辑控制功能。
13. 如图 11-43（a）所示是四人（组）参加智力竞赛的抢答电路，试简述其工作原理。
14. 利用 74LS161 计数器 $\overline{CR}$ 端实现六进制。

参考文献

[1] 张宪，张大鹏. 电气制图与识图［M］. 2版. 北京：化学工业出版社，2013.

[2] 赵清，于喜洹. 新电工识图［M］. 4版. 北京：电子工业出版社，2017.

[3] 阮礽忠. 怎样看电气图［M］. 福州：福建科学技术出版社，2005.

[4] 付家才. 电气CAD工程实践技术［M］. 2版. 北京：化学工业出版社，2012.

[5] 商福恭. 电工识读电气图技巧［M］. 北京：中国电力出版社，2006.

[6] 赵宏家. 电气工程识图与施工工艺［M］. 5版. 重庆：重庆大学出版社，2021.

[7] 朱献清. 电气技术识图［M］. 北京：机械工业出版社，2007.

[8] 何利民，尹全英. 电气制图与读图［M］. 3版. 北京：机械工业出版社，2011.

[9] 赵雨生，李世林. 电气制图使用手册［M］. 北京：中国标准出版社，2000.

[10] 机械工业职业技能鉴定指导中心. 电工识图［M］. 北京：机械工业出版社，1999.

[11] 邵群涛. 电气制图与电子线路CAD［M］. 北京：机械工业出版社，2005.

[12] 全国电气信息结构、文件编制和图形符号标准化技术委员会，中国标准出版社第四编辑室. 电气简图用图形符号国家标准汇编［M］. 北京：中国标准出版社，2001.

[13] 修妍，孙兰凤，安蔚瑾. 工程制图［M］. 3版. 北京：高等教育出版社，2025.

[14] 张宪、李萍. 怎样识读电子电路图［M］. 北京：化学工业出版社，2009.

[15] 张宪、郭振武. 电气识图及其新标准解读［M］. 北京：化学工业出版社，2009.

[16] 王俊峰. 精讲电气工程制图与识图［M］. 北京：机械工业出版社，2008.

[17] 童幸生. 电子工程制图［M］. 3版. 西安：西安电子科技大学出版社，2018.

[18] 杨清德. 电工识图直通车［M］. 2版. 北京：电子工业出版社，2013.

[19] 黄继昌. 电子爱好者必备手册［M］. 北京：中国电力出版社，2011.

[20] 钱可强，王槐德，韩满林. 电气工程制图［M］. 北京：化学工业出版社，2004.

[21] 刘介才. 工厂供电设计指导［M］. 3版. 北京：机械工业出版社，2018.

[22] 郑凤翼. 新编电工识图实用手册［M］. 北京：金盾出版社，2006.

[23] 赵宏家. 电气工程识图与施工工艺［M］. 2版. 重庆：重庆大学出版社，2007.

[24] 朱献清，郑静. 电气制图［M］. 3版. 北京：机械工业出版社，2020.

[25] 全国电气信息结构、文件编制和图形符号标准化技术委员会. 工业系统、装置与设备以及工业产品结构原则与参照代号：第1部分 基本规则：GB/T 5094.1—2018［S］. 北京：中国标准出版社，2018.

[26] 全国电气信息结构、文件编制和图形符号标准化技术委员会. 工业系统、装置与设备以及工业产品结构原则与参照代号：第2部分 项目的分类与分类码：GB/T 5094.2—2018［S］. 北京：中国标准出版社，2018.